工业和信息化部"十四五"规划教材

高等职业教育计算机系列教材

信息技术基础

李　腾　　吴焱岷　　主　编

路　亚　　姜志强　　副主编

张科伦　　谢　楠

郎登何　　危光辉　　参　编

电子工业出版社

Publishing House of Electronics Industry

北京 · BEIJING

内 容 简 介

本书充分贯彻《高等职业教育专科信息技术课程标准（2021 年版）》要求，结合我国最新的信息技术发展成果，涵盖大数据、人工智能、云计算、现代通信技术、物联网、数字媒体、虚拟现实、区块链等内容，充分考虑大学生的知识结构和学习特点，注重信息技术基础知识的介绍和学生动手能力的培养。

本书包括计算机与信息技术基础、操作系统介绍及使用、WPS 文稿制作与展示、WPS 数据统计与分析、WPS 演示文稿制作与展示、信息检索、互联网与网络信息安全以及新一代信息技术等项目，各项目内容通过任务逐步展开，以满足高职项目化教学要求及学生的学习特点。同时，在每个项目之后都有与之对应的项目考核，以强化学生解决问题的能力，逐步提高其应用操作技能。

本书紧跟信息社会发展动态，内容新颖、结构清晰，配有电子课件、微课视频、演示动画、操作手册、实验指导书等丰富的在线共享教学资源，具有很强的趣味性和实用性。本书可作为高等职业院校信息技术课程教材，也可作为全国计算机等级考试的教学指导书和"1+X"WPS 办公应用职业技能等级培训用书，还可作为信息技术爱好者的自学用书。

图书在版编目（CIP）数据

信息技术基础 / 李腾，吴焱岷主编. —北京：电子工业出版社，2022.9
ISBN 978-7-121-44221-6

Ⅰ. ①信…　Ⅱ. ①李…　②吴…　Ⅲ. ①电子计算机－高等职业教育－教材　Ⅳ. ①TP3

中国版本图书馆 CIP 数据核字（2022）第 160271 号

责任编辑：徐建军　　　文字编辑：徐云鹏
印　　　刷：三河市鑫金马印装有限公司
装　　　订：三河市鑫金马印装有限公司
出版发行：电子工业出版社
　　　　　北京市海淀区万寿路 173 信箱　邮编　100036
开　　本：787×1 092　1/16　印张：22.25　字数：569.6 千字
版　　次：2022 年 9 月第 1 版
印　　次：2022 年 9 月第 1 次印刷
印　　数：1 500 册　定价：66.00 元

凡所购买电子工业出版社图书有缺损问题，请向购买书店调换。若书店售缺，请与本社发行部联系，联系及邮购电话：（010）88254888，88258888。

质量投诉请发邮件至 zlts@phei.com.cn，盗版侵权举报请发邮件至 dbqq@phei.com.cn。

本书咨询联系方式：（010）88254570，xujj@phei.com.cn。

前言
Preface

2021 年 4 月 1 日，教育部办公厅关于印发《高等职业教育专科信息技术课程标准（2021 年版）》（简称国标）中强调：信息技术已成为经济社会转型发展的主要驱动力，是建设创新型国家、制造强国、网络强国、数字中国、智慧社会的基础支撑。升级改造通识课程教学内容，推进数字化升级改造，构建未来技术技能，增强学生信息技术、数字技术应用基础能力，提升国民信息素养，对全面建设社会主义现代化国家具有重大意义。

本书充分贯彻《高等职业教育专科信息技术课程标准（2021 年版）》要求，结合我国最新的信息技术发展成果，充分考虑大学生的知识结构和学习特点，注重信息技术基础知识的介绍和学生动手能力的培养。本书由长期从事计算机基础教育工作的高校教师和国产办公软件领军企业的技术人员编写。本书以立德树人、培养学生创新思维为宗旨，以人才培养为目标，以质量提升为内涵，在教材的编写以及课程内容开发过程中落实课程思政要求并突出职业教育特点，以国产软件为牵引，彰显中国立场、中国智慧、中国价值的信念和信心，将思政教育的内涵以通俗易懂的方式融入教材。

本书内容以我国自主研发且可控的 WPS 办公软件进行编排，强调基础性与实用性，突出"能力导向，学生主体"原则，采取项目化课程设计，注重综合应用能力的培养，注重解决问题能力及团队协作精神的培养。本书把知识划分为 8 个项目，包括计算机与信息技术基础、操作系统介绍及使用、WPS 文稿制作与展示、WPS 数据统计与分析、WPS 演示文稿制作与展示、信息检索、互联网与网络信息安全以及新一代信息技术。本书内容结构打破原有学科知识编排，按照认知规律和岗位工作顺序构建"项目-任务"式教材体例，以职业能力为核心构建学习任务，以实现教材活页化，将职业能力落实到操作过程中，以实现手册化，为课程教学和实训开展提供最大便利。本书方便教师组织教学，帮助学生在学习的过程中迅速进入职业角色，明确职业特点和岗位职责。

本书由重庆电子工程职业学院的李腾、吴焱岷担任主编，重庆电子工程职业学院的路亚和北京金山办公软件股份有限公司的姜志强担任副主编。参加编写的还有郎登何、危光辉、张科伦、谢楠，全书由武春岭统稿。

为了方便教师教学，本书配有电子教学课件及相关资源，请有相关需求的教师登录华信教育资源网（www.hxedu.com.cn）注册后免费进行下载，如有问题可在网站留言板留言或与电子工业出版社联系（E-mail:hxedu@phei.com.cn）。

　　教材建设是一项系统工程，需要在实践中不断加以完善及改进。由于时间仓促、编者水平有限，书中难免有疏漏和不足之处，敬请同行专家和广大读者给予批评和指正。

编　者

目 录
Contents

计算机与信息技术基础

项目介绍

　　计算机是 20 世纪先进的科学技术发明之一，对人类的工作和生活都具有极其重要的影响。它的应用领域从最初的军事与科研扩展到社会的各个领域，特别是随着互联网和通信技术的发展，使得计算机已成为当今社会各个行业不可或缺的办公设备，人与计算机的关系也变得越来越密切。所以，掌握和使用计算机已经成为人们工作和生活中一项必不可少的技能。本项目包含的学习内容是后续几个项目学习的基础，需要全面了解和掌握。

任务安排

　　任务 1　认识计算机

　　任务 2　组装计算机

　　任务 3　计算机信息处理

学习目标

　　◇　了解计算机的发展过程。

　　◇　了解计算机的特点、应用及分类等方面的知识。

　　◇　了解和掌握计算机系统组成的相关知识。

　　◇　了解和掌握计算机信息处理的相关知识。

任务1　认识计算机

任务描述

小张是一名大一的新生，学校为新生开设的课程中有一门是"信息技术基础"。学习这门课程首先需要了解计算机的发展过程，掌握计算机的特点、应用和分类。

任务分析

从第一台电子计算机诞生到现在已有70多年的时间，作为初学者首先需要了解的是计算机的发展过程，以及计算机的特点、应用和分类。

1.1.1　计算机的发展历程

计算机的产生与发展

1. 第一台计算机

1946年2月14日，第一台电子数字计算机ENIAC（Electronic Numerical Integrator and Computer，埃尼阿克）在美国宾夕法尼亚大学诞生，如图1.1所示。

图1.1　工作中的ENIAC

第二次世界大战期间，美国军方要求宾夕法尼亚大学莫奇来（Mauchly）博士和他的学生爱克特（Eckert）设计以电子管取代继电器的"电子化"计算机，目的是用来计算炮弹弹道。这台计算机在1946年2月交付使用，共服役了9年。它共用了18800余只电子管，10000余只电容，7000余只电阻，占地170m^2，重达30t，每秒可进行5000次加法运算，耗电总量超过174kW·h。由于耗电量太大，据传ENIAC每次开机时，整个费城西区的电灯亮度都受到影响。虽然ENIAC的稳定性和可靠性都比较差，但是这个庞然大物的出现还是开创了人类科技的新纪元，也拉开了人类第4次科技革命（信息革命）的帷幕。

2. 计算机的发展

从第一台电子计算机诞生到现在已有70多年的时间，在此期间，计算机有了飞速的发展。在人类科技史上还没有哪一门学科的发展速度可以与电子计算机学科相提并论。在计算机的发展过程中，电子元件的进步起到了决定性作用，它是计算机更新换代的主要标志，如果按照计算机所采用的电子元件来划分计算机时代，则可以把计算机的发展划分为四代。

第一代计算机（1946—1958年）：电子管计算机。这代计算机采用电子管作为基本元件，体积大，耗电量大，运算速度慢，存储容量小，可靠性差。主要应用于科学计算。

第二代计算机（1959—1964年）：晶体管计算机。这代计算机采用晶体管作为基本元件，比第一代计算机的性能提高了数十倍，软件配置开始出现，一些高级程序设计语言相继问世，外围设备也由几种增加到数十种。除了科学计算，计算机开始应用于数据处理和工业控制等领域。

第三代计算机（1965—1971年）：中小规模集成电路计算机。这代计算机采用中、小规模集成电路作为基本元件，在一块几平方毫米的芯片上集成几十到几百个电子元件，使计算机的体积和耗电量显著降低，计算速度、存储容量、可靠性都有较大提高，价格进一步下降，产品走向通用化、系列化和标准化。计算机开始应用于文字处理和图形图像处理领域。

第四代计算机（1972年至今）：大规模、超大规模集成电路计算机。这代计算机采用大规模、超大规模集成电路作为基本元件，在一块几平方毫米的芯片上集成几百到几十万个电子元件，使计算机的体积和耗电量更小，运算速度提高到每秒上千万次到上亿次，其可靠性进一步提高，应用领域从科学计算、事务管理、过程控制逐步走向家庭。

1.1.2　计算机的特点

计算机之所以能成为现代化信息处理的重要工具，主要因为它具有以下突出特点。

1. 运算速度快

目前，计算机的运算速度一般在几百万次/秒至几亿次/秒之间，甚至更快，使大量复杂的科学计算问题得以解决。例如，卫星轨道的计算、24小时天气预报的计算等，过去人工计算需要几年、几十年才能完成的工作，现在用计算机只需几分钟就可以完成。

2. 计算精度高

计算机控制的导弹之所以能准确地击中预定的目标，与计算机的精确计算是分不开的。计算机用于数值计算可以达到千分之一到几百万分之一的精度，是其他计算工具无法相比的。

3. 存储容量大

计算机内部的存储器具有记忆特性，可以存储大量的信息。这些信息不仅包括各类数据信息，还包括加工这些数据的程序。

4. 具有逻辑判断功能

计算机能根据判断的结果自动执行不同的操作或命令。

5. 自动化程度高

由于计算机具有存储记忆能力和逻辑判断能力，所以人们可以将预先编好的程序组纳入计算机内存，在程序控制下，计算机能摆脱人的干预，自动、连续地进行各种操作。

6. 通用性强

计算机能应用到各个领域，进行各种不同的信息处理。

1.1.3　计算机的应用

计算机的应用几乎涵盖人类生活的一切领域，可以说包罗万象、不胜枚举。据统计，计算机已应用于8000多个领域，并且还在不断扩大。根据计算机的应用特点可以归纳为以下几个方面。

1．科学计算

科学计算是指利用计算机来完成科学研究和工程技术中提出的数学问题的计算。早期的计算机主要用于科学计算。科学计算问题是大量的、复杂的。利用计算机高速计算、大存储容量和连续运算的能力，可以解决人工无法解决的各种科学计算问题。目前，科学计算仍然是计算机应用的一个重要领域。

2．数据处理

数据处理是指对各种数据进行收集、存储、整理、分类、统计、加工、利用、传播等一系列活动的统称。数据处理又称信息处理，是目前计算机应用的主要领域。信息处理是指用计算机对各种形式的数据，如文字、图像、声音等收集、存储、加工、分析和传输的过程，常泛指非科学计算方面、以管理为主的所有应用。

3．过程控制

过程控制是指利用计算机及时采集检测数据，按最优值迅速对控制对象进行自动调节或自动控制。采用计算机进行过程控制，不仅可以大大提高控制的自动化水平，而且可以提高控制的及时性和准确性，从而改善劳动条件，提高产品质量及合格率。

4．计算机辅助系统

计算机辅助系统用于帮助工程技术人员进行各种工程设计工作。计算机辅助系统主要包括计算机辅助设计（Computer Aided Design，CAD）、计算机辅助教学（Computer Assisted Instruction，CAI）、计算机辅助制造（Computer Assisted Manufacturing，CAM）等。

5．人工智能

人工智能（Artificial Intelligence）是指计算机模拟人类的智能活动，使计算机具有识别语言、文字、图形和进行推理、学习及适应环境的能力，如感知、判断、理解、学习、问题求解和图像识别等。现在人工智能的研究已取得不少成果，有些已开始走向实用阶段。例如，能模拟高水平医学专家进行疾病诊疗的专家系统、具有一定思维能力的智能机器人等。

6．计算机网络

计算机技术与现代通信技术的结合构成了计算机网络。计算机网络的建立不仅解决了一个单位、一个地区、一个国家中计算机与计算机之间的通信，实现了各种软、硬件资源的共享，而且大大促进了国际间的文字、图像、视频和声音等数据的传输与处理。

7．电子商务

电子商务的发展前景广阔，它不仅能通过网络为各企业管理业务往来，还具有高效率、低成本、高收益等特点。

1.1.4　计算机的分类

计算机的种类很多，可以从不同的角度对计算机进行以下分类。

1．按信息的表示方式分类

按信息的表示方式可以将计算机分为模拟计算机、数字计算机及数字模拟混合计算机。

模拟计算机主要处理模拟信息，而数字计算机主要处理数字信息，数字模拟混合计算机既可处理数字信息，也可处理模拟信息。

2．按应用范围分类

按应用范围可以将计算机分为通用计算机和专用计算机。

通用计算机是为能解决常规应用问题、增强通用性而设计的计算机，专用计算机是为解决一个或一类特定问题而设计的计算机。

3. 按外型大小和处理能力分类

按规模和处理能力可以分为以下几类。

（1）巨型计算机。巨型计算机一般用在国防和尖端科技领域。目前，巨型计算机主要用于战略武器（如核武器和反导弹武器）的设计、空间技术、石油勘探、天气预报等领域。研制巨型计算机也是衡量一个国家经济实力和科技水平的重要标志。

（2）大、中型计算机。这类计算机具有较高的运算速度，每秒可以执行几千万条指令，并且有较大的存储空间，往往用于科学计算、数据处理等。

（3）小型计算机。这类计算机外型较小，结构简单，运行环境要求较低。一般为中、小型企业事业单位或某部门所用。

（4）微型计算机。这类计算机就是个人计算机，其体积小巧、轻便，广泛用于个人、公司等，是目前发展最快的一类。

（5）服务器。随着计算机网络的日益推广和普及，一种可供网络用户共享的、高性能的计算机应运而生，这就是服务器。服务器上的资源可供网络用户共享。

（6）工作站。工作站通过网络连接，互相之间可以进行信息传送，实现资源、信息的共享。

拓展训练——小组讨论

举例说一说，现代计算机主要应用在哪些具有代表性的领域。

任务2　组装计算机

➡ 任务描述

小张同学想配置一台价格适中、性能稳定的台式计算机，要求能够运行主流的操作系统并能满足日常使用的应用软件，从而满足学习、娱乐、上网等需求。

➡ 任务分析

要成功配置一台满足日常需求的计算机，所需了解的内容包括计算机硬件系统和计算机软件系统的相关知识，此外还需了解计算机的一些相关性能指标。

1.2.1　计算机系统概述

一个完整的计算机系统包括硬件系统和软件系统两大部分。

计算机硬件系统是指构成计算机的所有实体部件的集合。直观地看，计算机硬件就是各种物理设备，它们都是看得见摸得着的，是计算机进行工作的物质基础，也是计算机软件发挥作用、施展技能的舞台。计算机系统结构图如图1.2所示。

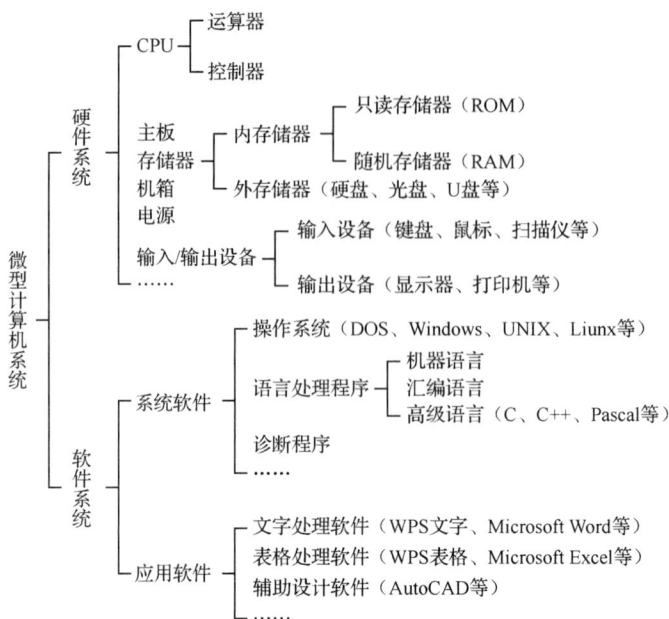

图 1.2　计算机系统结构图

计算机软件是指在硬件设备上运行的各种程序及有关资料。所谓程序实际上是用于指挥计算机执行各种动作以便完成指定任务的指令集合。用户让计算机做的工作可能是很复杂的，因而指挥计算机工作的程序也可能是庞大而复杂的，有时还可能要对程序进行修改和完善。为了便于阅读和修改，必须对程序进行必要的说明或整理出有关资料。这些说明或资料（称为文档）在计算机执行过程中可能是不需要的，但对于用户阅读、修改、维护、交流，这些程序却是必不可少的。因此，也有人简单地用一个公式来说明其包括的基本内容：软件=程序+文档。

通常，人们把没有安装任何软件的计算机称为硬件计算机或裸机。普通用户面对的一般不是裸机，而是在裸机上配置若干软件之后构成的计算机系统。有了软件，就把一台实实在在的物理机器变成一台具有抽象概念的逻辑机器，从而使人们不必更多地了解机器本身就可以使用计算机，软件在计算机和计算机使用者之间架起了桥梁。正是由于软件的丰富多彩，可以出色地完成各种不同的任务，才使得计算机的应用领域日益广泛。当然，计算机硬件是支撑计算机软件工作的基础，没有足够的硬件支持，软件也就无法正常工作。实际上，在计算机技术的发展进程中，计算机软件随硬件技术的迅速发展而发展；反过来，软件的不断发展与完善又促进了硬件的发展，两者的发展密切交融，缺一不可。

1.2.2　计算机硬件系统

计算机的硬件系统由主机和外部设备组成，包括输入设备、输出设备、运算器、控制器和存储器 5 部分。具体来说有主板、中央处理器、存储器及输入/输出设备等。

计算机硬件系统

1. 主板

主板是计算机系统中最大的电路板，主板上分布着芯片组、CPU 插座、内存插槽、总线扩展槽、输入/输出接口等。主板按结构分为 AT 主板和 ATX 主板；按其大小分为标准板、Baby

板和 Micro 板等。主板是计算机系统的主体和控制中心，它几乎集合了全部硬件系统的功能，控制着计算机各部分之间协调工作。典型的 PC 主板结构图如图 1.3 所示。

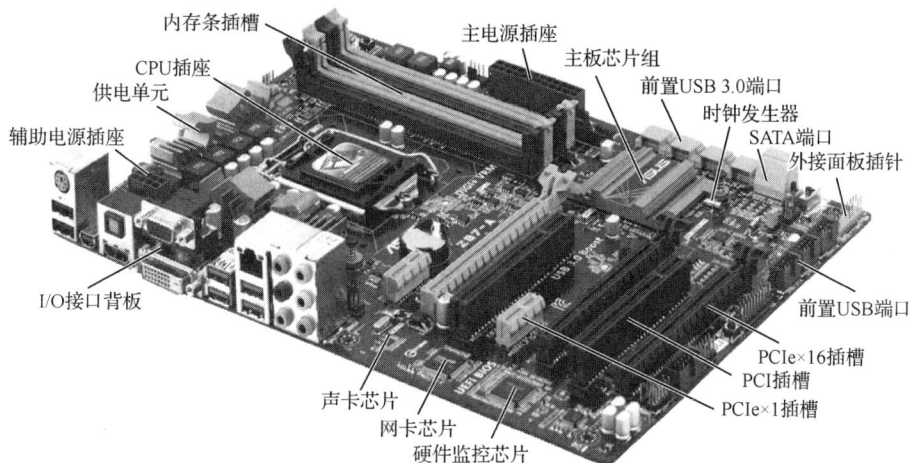

图 1.3 PC 主板结构图

选购主板的注意事项如下：

① 对 CPU 的支持情况，与主板和 CPU 是否配套。

② 对内存、显卡、硬盘的支持情况，要求接口配套且兼容性和稳定性好。

③ 扩展性能与外围接口。考虑计算机的日常使用，主板上除了有 AGP 扩展槽和 DIMM 插槽，还应有 PCI、AMR、CNR、ISA 等扩展槽。

④ 是否集成显卡。一般情况下，相同配置的机器，集成显卡的性能不如相同档次的独立显卡，但集成显卡的兼容性和稳定性较好。

⑤ 主板的用料和制作工艺。就主板电容而言，全固态电容的主板好于半固态电容的主板。

⑥ 最好选择知名品牌的主板。目前，知名品牌的主板有华硕（ASUS）、技嘉（GIGABYTE）、微星（MSI）等。

2. 中央处理器（CPU）

中央处理器（Central Processing Unit，CPU）是计算机系统的核心，其包括运算器和控制器两个部件。

计算机所发生的全部动作都由 CPU 控制。其中，运算器主要完成各种算术运算和逻辑运算，是对信息加工和处理的部件；控制器是对计算机发布命令的"决策机构"，用来协调和指挥整个计算机系统的操作，它本身不具有运算功能，而是通过读取各种指令，并且对其进行翻译、分析后对各部件做出相应的控制。

CPU 是计算机的心脏，它决定计算机的性能和速度，代表计算机的档次。CPU 的运行速度通常用主频表示，以赫兹（Hz）作为计量单位。在评价计算机时，首先看它的 CPU 属于哪种类型，再看其主频的高低，主频越高，速度越快，性能越好。一般 CPU 的外观如图 1.4 所示。

选购 CPU 的注意事项如下：

① CPU 和主板的配套情况，CPU 的前端总线频率应不大于主板的前端总线频率。

② 确定 CPU 的品牌，可以选用 Intel 或 AMD，AMD 的"性价比"较高，而 Intel 的稳定性较好。

图 1.4　CPU 的外观

③ 查看 CPU 的参数，主要看主频、前端总线频率、缓存大小、工作电压等，如 2000 年前后的 Pentium D-2.8GHz/2MB/800/1.25V，Pentium D 指 Intel 奔腾 D 系列处理器，2.8 GHz 指 CPU 的主频，2 MB 指二级缓存的大小，800 指前端总线频率为 800MHz，1.25V 指 CPU 的工作电压，工作电压越低越好，因为工作电压越低，CPU 产生的热量越少。

④ 查看 CPU 的风扇转速，风扇转得越快，风力越大，降温效果越好。

3．内存储器

内存储器又称主存储器，简称内存、主存，是通过总线与 CPU 相连的设备。内存的主要作用是存放关键性程序、输入/输出数据和中间计算结果，由于 CPU 要频繁处理内存中的数据，所以内存的速度和大小直接影响计算机的性能。内存的外观如图 1.5 所示。按功能可分为随机存储器和只读存储器两类。

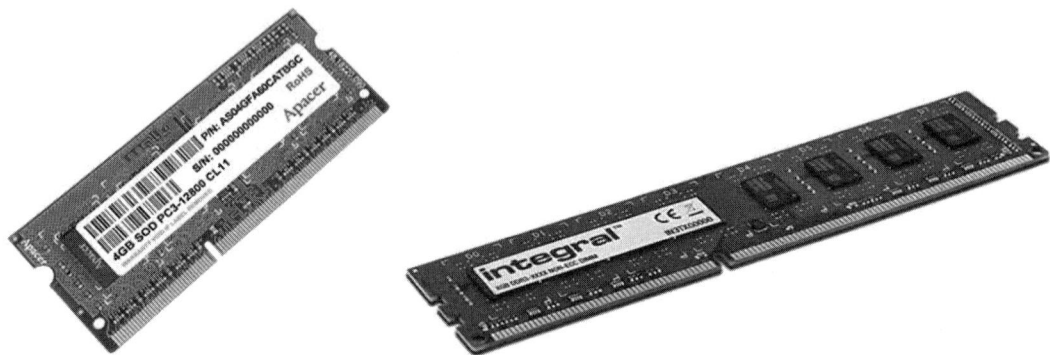

图 1.5　内存的外观

（1）随机存储器（Random Access Memory，RAM）。RAM 是一种可读写存储器，其内容可以随时根据需要读出，也可以随时重新写入新的信息。这种存储器又可以分为静态 RAM（Static RAM，SRAM）和动态 RAM（Dynamic RAM，DRAM）两种。SRAM 的存取速度较快，但价格较高，适宜特殊场合使用，例如，高速缓冲存储器一般用 SRAM 做成；DRAM 的存取速度比 SRAM 慢，但价格较低，在个人计算机中普遍用它做成内存条。不论是 SRAM 还是 DRAM，在计算机断电后，RAM 中的数据或信息都将全部丢失。RAM 在计算机中主要用来临时存放正在运行的用户程序和数据，以及临时从外存储器调用的系统程序。

（2）只读存储器（Read Only Memory，ROM）。ROM 是一种内容只能读出而不能写入或修改的存储器，其存储的信息一般在制作时就已经被生产厂家写入。在计算机运行过程中，

ROM 中的信息只能被读出，而不能写入新的内容。计算机断电后，ROM 中的信息不会丢失。只读存储器除了 ROM，还有 PROM、EPROM 和 EEPROM 等类型。PROM 是可编程只读存储器，它在制造时不把数据和程序写入，而是由用户根据需要自行写入，一旦写入，就不能修改。EPROM 是可擦除可编程只读存储器。与 PROM 相比，EPROM 是可以反复多次擦除原来写入的内容而重新写入新内容的只读存储器。但 EPROM 与 RAM 不同，虽然其内容可以通过擦除而多次更新，但只要更新固化好以后，就只能读出，而不能像 RAM 那样可以随机读出和写入信息。EEPROM 称为电可擦除可编程只读存储器。EEPROM 现多用 Flash RAM 制作，称为闪存。目前，闪存普遍用于可移动电子硬盘和数码照相机等设备的存储器中。不论是哪种 ROM，其中存储的信息都不受断电的影响，具有永久保存的特点。

选购内存条的注意事项如下：

① 选择内存条的品牌，最好选知名品牌的产品。例如，Kingston（金士顿），其兼容性好，稳定性高，但要注意购买合格的产品；Dell（戴尔）、AData（威刚）、APacer（宇瞻）也是不错的品牌。

② 内存条容量的大小。当前常见的内存容量有 2GB、4GB、8GB 和 16GB。

③ 内存条的工作频率。内存条的工作频率与 CPU 主频一样，习惯上被用来表示内存的速度，它代表该内存所能达到的最高工作频率。目前，较主流的是内存频率为 800 MHz 的 DDR2 内存条，以及一些内存频率更高的 DDR3 和 DDR4 内存条。

④ 仔细辨别内存条的真伪。

4. 外存储器

外存储器又称辅助存储器，简称外存或辅存，用于存放暂时不用的程序和数据，它不能直接被 CPU 访问，外存中的信息只有被调入内存时才能被 CPU 访问。外存相对于内存而言，其特点是存取速度较慢，但存储容量大，价格较低，信息不会因断电而丢失。目前，常用的外存有硬盘、移动硬盘、光盘和 U 盘等。

（1）硬盘。硬盘是计算机中非常重要的存储设备，它对计算机的整体性能有很大的影响。硬盘一般封装在一个金属盒子里，固定在主机箱内（见图 1.6），具有存储容量大、存取速度快、可靠性高的特点。目前，常用的硬盘直径为 3.5in（1in=0.0254 m）或 2.5in，容量一般为几十 GB 到几百 GB 甚至几 TB。

硬盘在使用前要进行分区和格式化，通常在 Windows 中"我的电脑"里看到的 C、D、E 盘等就是硬盘的逻辑分区。

选购硬盘的注意事项如下：

① 硬盘容量的大小。

② 硬盘的接口类型。硬盘接口的速度直接影响程序运行的快慢和系统性能的高低，目前流行的是 SATA 接口。

③ 硬盘的品牌选择。目前，市场上知名品牌的硬盘有希捷、三星、西部数据等。

（2）移动硬盘。移动硬盘（见图 1.7）是以硬盘为存储介质，与计算机之间交换大容量数据，强调便携性的存储产品。移动硬盘多采用 USB、IEEE 1394 等传输速度较快的接口，可以较快的速度与系统进行数据传输。移动硬盘所具有的出色特性包括容量大（100～500GB 或 1TB～4TB），携带方便，存储方便，安全性、可靠性高，兼容性好，传输速度快等，使它受到越来越多用户的青睐。

图 1.6　硬盘的外观　　　　　　　　　　图 1.7　移动硬盘的外观

（3）光盘。光盘是利用光学方式进行读/写的外存储器，要使用光盘，计算机必须配置光盘驱动器，即 CD-ROM 驱动器。光盘及光盘驱动器的外观如图 1.8 所示。

光盘可以存放各种文字、声音、图形、图像和动画等多媒体数字信息，并且具有价格低、存储容量大、可靠性高、易长期保存等特点。一张 CD-ROM 光盘的容量在 650MB 左右，只要存储介质不出现问题，光盘上的信息就会一直存在。

光盘盘片有 3 种类型：只读型光盘（Compact Disk-Read Only Memory，CD-ROM）、只写一次型光盘（Write Once，Read Many，WORM）和可擦写型光盘（Rewriteable）。目前，常用的光盘是 CD-ROM 或 DVD-ROM，顾名思义，只能从这类光盘上读取信息，而不能改变其内容。目前，市场上流行的激光唱片、影碟、游戏盘、数据盘等都属于 CD-ROM 或 DVD-ROM。

（4）U 盘。U 盘是采用闪存芯片作为存储介质的一种新型移动存储设备，因其采用标准的 USB 接口与计算机连接而得名。U 盘的外观如图 1.9 所示。

图 1.8　光盘及光盘驱动器的外观　　　　　　图 1.9　U 盘的外观

U 盘具有质量轻、体积小、容量大、不需要驱动器、无外接电源、即插即用、存取速度快等特点，能实现在不同计算机之间进行文件交换。U 盘的存储容量一般为 8～512GB。使用时应避免在读/写数据时拔出 U 盘。

5. 机箱

机箱一般包括外壳、支架、面板上的各种开关、指示灯等。外壳用钢板和塑料结合制成，硬度高，主要起保护机箱内部元件的作用。支架主要用于固定主板、电源和各种驱动器。机箱作为计算机配件中的一部分，是计算机主机的"房子"。从外观上分为立式和卧式两种，如图 1.10 所示。

选购机箱时的注意事项如下：

① 制作材料。

② 制作工艺。

③ 使用的方便程度。

④ 机箱的散热能力。

⑤ 机箱的品牌。

图 1.10　立式和卧式机箱的外观

6．输入设备

输入设备用于将信息用各种方法输入计算机，并且将原始信息转化为计算机所能接收的二进制数，使计算机能够处理。常用的输入设备主要有键盘、鼠标、扫描仪、触摸屏、手写板、光笔、话筒、摄像头、数码照相机、IC 卡读卡器、条形码扫码器、数字化仪等。

（1）键盘。键盘是最常用的输入设备，可用来输入数据、文本、程序和命令等。在键盘内部有专门的控制电路，当用户按下键盘上的任意一个键时，键盘内部的控制电路会产生一个相应的二进制代码，并且把这个代码传入计算机。常用的键盘有 101 键、104 键的等，不同种类的键盘其键位分布基本一致，一般分为功能键区、主键盘区（打字键区）、编辑键区、辅助键区（数字键区）和状态指示区。如图 1.11 所示为 104 键键盘。

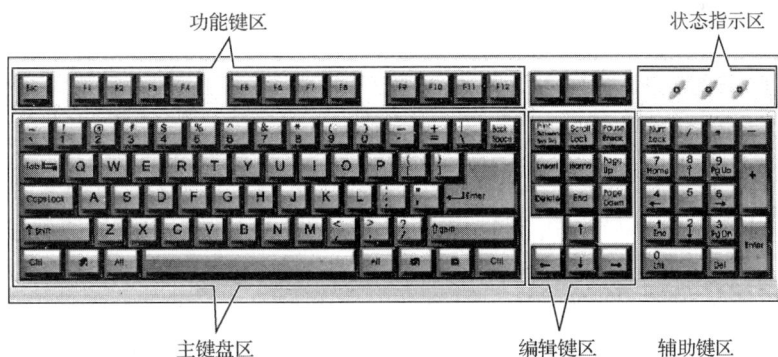

图 1.11　104 键键盘

常用键的功能和用法如表 1.1 所示。

表 1.1　常用键的功能和用法

常　用　键	功能及用法
Tab	制表键。每按一次，光标向右移动 8 个字符位置。在文字处理软件中每次移动的字符数可由用户决定
Caps Lock	大小写转换键。控制"Caps Lock"灯的亮或灭，"Caps Lock"灯亮，为大写状态，否则为小写状态

常 用 键	功能及用法
Ctrl	控制功能键。这个键须与其他键同时组合使用，才能完成某些特定功能
Shift	换挡键（主键盘左、右下方各一个，其功能一样）。其主要用途如下： ① 同时按"Shift"和具有上、下挡字符的键，上挡字符起作用。 ② 用于大小字母输入。当处于大写状态时，同时按"Shift"和字母键，输入小写字母；当处于小写状态时，同时按"Shift"和字母键，输入大写字母
Alt	组合功能键。这个键须与其他键同时使用，才能完成某些特定功能
Space	空格键（键盘下方最长的键）。按一下产生一个空格
Backspace	或写为"←"，退格键。删除光标所在位置左边的一个字符
Enter	或写为"↙"，回车键。结束一行输入，光标到下一行
Esc	用来终止某项操作。在有些编辑软件中，按一下此键，弹出系统菜单
F1～F12	功能键，在不同的应用软件中，能够完成不同的功能。例如，在 Windows 中，按"F1"键可以查看选定对象的帮助信息，按"F10"键可以激活菜单栏等
Print Screen	用于对屏幕进行截图，即打印屏幕键。在 Windows 中，按"Alt+Print Screen"组合键可以将当前的活动窗口复制到剪贴板中
Scroll Lock	滚屏幕状态和自锁状态
Pause/Break	暂停键。当屏幕在滚动显示某些信息时按下此键，可以暂停显示，直到再按下任意键为止。按"Ctrl+Pause"组合键，可以终止当前程序的运行
→	光标右移一个字符
←	光标左移一个字符
↑	光标上移一行
↓	光标下移一行
Home	光标移到行首
End	光标移到行尾
Page Up	光标移到上一页
Page Down	光标移到下一页
Insert	插入/改写状态转换
Delete	删除光标所在的字符

（2）鼠标。随着 Windows 操作系统的发展和普及，鼠标已成为计算机必备的标准输入设备。其主要功能是用于控制显示器上的光标并通过菜单或按钮向系统发出各种操作命令。鼠标因其外形像一只拖着长尾巴的老鼠而得名。

按其工作原理及内部结构的不同，鼠标可以分为机械式、光机式和光电式三种。此外，还有将鼠标与键盘合二为一的输入设备，即在键盘上安装与鼠标作用相同的跟踪球，其在笔记本电脑中应用很广泛。近年来还出现了 3D 鼠标和无线鼠标等。有线鼠标与无线鼠标如图 1.12 所示。

图 1.12　有线鼠标与无线鼠标

选购键盘和鼠标时的注意事项如下：

① 键盘和鼠标的价格都比较便宜，由于两者的使用率较高，容易损坏，建议选择价格适中的产品。

② 键盘和鼠标的品牌有 Logitech（罗技）、Microsoft（微软）、Razer（雷蛇）、DeLUX（多彩）、双飞燕、明基等。

（3）扫描仪。扫描仪（见图 1.13）是进行文字和图片输入的重要设备之一。它可以将大量的文字和图片信息用扫描方式输入计算机，以便计算机对这些信息进行识别、编辑、显示或输出。

通过扫描仪得到的图像文件可以提供给图像处理程序进行处理；如果再配上光学字符识别（OCR）程序，则可以把扫描得到的图片格式的中英文图像转变为文本格式，供文字处理软件进行编辑，从而免去人工输入过程。

（4）摄像头。网络摄像头是监控器的一种，只不过网络摄像头在传统的监控器上增加了与互联网结合的功能。更确切地说，网络摄像头是一种结合传统摄像机与网络技术所产生的新一代摄像机，它可以将影像透过网络传至地球另一端，并且远端的浏览者不需要用任何专业软件，只要用标准的网络浏览器（如 Internet Explorer、Edge、Firefox、Chrome 等）即可监视其影像。

常见的摄像头如图 1.14 所示。

图 1.13　扫描仪　　　　　　　　　　　　　　　图 1.14　摄像头

（5）数码照相机。数码照相机（Digital Camera，DC）简称数码相机，是一种利用电子传感器把光学影像转换成电子数据的照相机。有别于传统照相机通过光线引起底片上的化学变化来记录图像。数码相机的成像元件是光感应式的电荷耦合器件（CCD）或互补金属氧化物半导体（CMOS），该成像元件的特点是光线通过时能根据光线的不同转化为电子信号。数码相机最早出现在美国，20 多年前，美国曾利用它通过卫星向地面传送照片，后来数码相机转为民用并不断地拓展其应用范围。

7. 输出设备

输出设备的功能是将计算机的处理结果转换为人们所能接受的形式并输出。这些信息可以通过打印机打印在纸上或显示在显示器屏幕上。常用的输出设备有显示器、打印机、绘图仪等。

（1）显示器。显示器（见图 1.15）是计算机最基本的输出设备，能以数字、字符、图形或图像等形式将数据、程序运行结果、信息的编辑状态显示出来。

显示器的主要技术参数有显示器尺寸、分辨率等。显示器尺寸是指屏幕对角线尺寸，通常以 in 为单位，现在一般主流尺寸有 17in、19in、21in、22in、24in、27in 等。常

图 1.15　显示器

用的显示屏有标屏（窄屏）与宽屏两种，标屏的宽高比为 4:3（还有少量比例为 5:4），宽屏的宽高比为 16:10 或 16:9。分辨率指屏幕上可以显示的像素个数，如分辨率 1024×768，表示屏幕上每行有 1024 个像素点，有 768 行。对于相同尺寸的屏幕，分辨率越高，所显示的字符或图像越清晰。

选购显示器时的注意事项如下：

① 液晶显示器对比度和亮度的选择。

② 显示像元的排列。

③ 液晶显示器的响应时间和视频接口。

④ 液晶显示器的分辨率和可视角度。

⑤ 品牌。目前，比较知名的显示器品牌有 AOC、戴尔、飞利浦、三星等。

（2）打印机。打印机（见图 1.16）是将计算机的处理结果打印到纸上的输出设备。打印机一般通过电缆线连接在计算机的 USB 接口上。按打印颜色的不同，打印机可分为单色打印机和彩色打印机；按工作方式的不同，打印机可分为击打式打印机和非击打式打印机，击打式打印机中最常见的是针式打印机，非击打式打印机中最常见的是喷墨打印机和激光打印机。

| 针式打印机 | 喷墨打印机 | 激光打印机 |

图 1.16　打印机

① 针式打印机。针式打印机又称点阵打印机，由走纸机构、打印头和色带组成。针式打印机的缺点是噪声大，打印速度慢，打印质量不高，打印头容易损坏；优点是打印成本低，可连页打印、多页打印（复印效果）。在使用中，用户可以根据需求来选择多联纸，一般常用的多联纸有 2 联、3 联、4 联纸，也有使用 6 联纸的。多联纸一次性打印只有针式打印机能够快速完成，喷墨打印机、激光打印机都无法实现多联纸一次性打印。

对于医院、银行、邮局、彩票、保险、餐饮等行业用户来说，针式打印机是他们的必备产品之一，因为只有通过针式打印机才能快速地完成各种单据的复写，为用户提供高效的服务，并且能为这些窗口行业用户存底。

② 喷墨打印机。喷墨打印机是在针式打印机之后发展起来的，采用非击打的工作方式，在控制电路的控制下，墨水通过喷嘴喷射到纸面上形成微墨点输出字符和图形。比较突出的优点有体积小、操作简单方便、打印噪声低、使用专用纸张时可以打出和照片相媲美的图片等。缺点是墨水的消耗量大，长期不用的喷墨打印机，墨盒、打印头干结堵塞后，就不能再使用了。

③ 激光打印机。激光打印机是一种常见的在普通纸张上快速印制高质量文本与图形的打印机。它是激光技术和静电照相技术相结合的产物。相比于其他打印设备，激光打印机有打印速度快、成像质量高等优点，但使用成本相对较高。

打印机与计算机的连接采用并口或 USB 标准接口，将打印机与计算机连接后，必须安装相应的打印机驱动程序才可以使用打印机。

8. 总线

总线（Bus）是 CPU、内存、输入/输出设备传递信息的硬件通道，主机的各个部件通过总线相连接，外部设备通过相应的接口电路再与总线相连接，从而形成计算机硬件系统。按照计算机所传输的信息种类，计算机的总线可以分为数据总线（Data Bus，DB）、地址总线（Address Bus，AB）和控制总线（Control Bus，CB）三部分。数据总线在 CPU 与内存或 I/O 设备之间传送数据；地址总线用来传送存储单元或输入/输出接口的地址信息；控制总线则用来传送控制和命令信号。其工作方式一般是由发送数据的部件分时地将信息发往总线，再由总线将这些数据同时发往各个接收信息的部件，但究竟由哪个部件接收数据则由地址来决定。由此可见，总线除了包括上述三组信号线，还必须包括相关的控制和驱动电路。

1.2.3 计算机软件系统

软件是指为方便使用计算机和提高使用效率而使用程序设计语言编写的程序。软件内容丰富，种类繁多，通常根据软件用途可将软件系统分为系统软件和应用软件两大类，如图 1.17 所示。

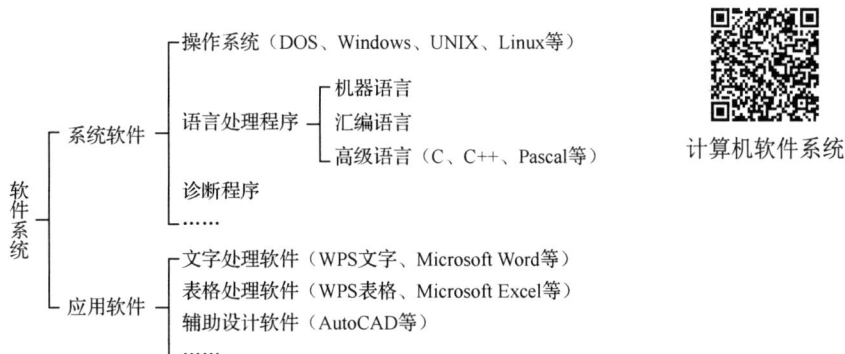

图 1.17　软件系统组成

1. 系统软件

系统软件由一组控制计算机系统并管理其资源的程序组成，其主要功能包括启动计算机，存储、加载和执行应用程序，对文件进行排序、检索，将程序语言翻译成机器语言等。实际上，系统软件可以看成用户与计算机的接口，它为应用软件和用户提供控制、访问硬件的手段，这些功能主要由操作系统完成。此外，编译系统和各种工具软件也属此类，它们从另外一方面辅助用户使用计算机。

（1）操作系统。操作系统（Operating System，OS）是管理、控制和监督计算机软件、硬件资源协调运行的程序系统，由一系列具有不同控制和管理功能的程序组成。操作系统是直接运行在计算机硬件上的最基本的系统软件，是系统软件的核心。没有操作系统的支持，用户无法使用其他软件或程序。常用的操作系统有 Windows 操作系统、UNIX 操作系统和 Linux、Mac OS 等操作系统。

（2）程序设计语言。人们要使用计算机，就必须与计算机进行交流，要交流就必须使用计算机语言。目前，程序设计语言可分为 4 类：机器语言、汇编语言、高级语言和第四代高级语言。机器语言是计算机硬件系统能够直接识别的、不需要翻译的计算机语言。汇编语言是用助记符表示指令功能的计算机语言。机器语言和汇编语言都是面向机器的一种低级语言，不具备通用性和可移植性。高级语言是由各种意义的词和数学公式按照一定的语法规则组成的，它更容易阅读、理解和修改，编程效率高。高级语言不是面向机器的，而是面向问题的，与具体机器无关，具有很强的通用性和可移植性。高级语言的种类很多，有面向过程的语言，如 Fortran、Basic、Pascal、C 等；有面向对象的语言，如 C++、Visual Basic、Java 等。

第四代高级语言的出现是出于商业需要。这类语言由于具有"面向问题""非过程化程度高"等特点，可以成数量级地提高软件生产率，缩短软件开发周期，因此得到用户的青睐。

（3）语言处理程序。程序是计算机语言的具体体现，是计算机为解决问题而编制的。对于用高级语言编写的程序，计算机是不能直接识别和执行的。要执行高级语言编写的程序，首先要将该程序翻译成计算机能识别和执行的二进制机器指令，然后才能供计算机执行。

（4）数据库管理系统。利用数据库管理系统可以有效地保存和管理数据，并且利用这些数据得到各种有用的信息。数据库管理系统具有建立、维护和使用数据库的功能，并且能提供数据共享和安全性保障。数据库管理系统按数据模型的不同，分为层次型、网状型和关系型。其中关系型数据库使用最广泛，如 SQL Server、FoxPro、Oracle、Access、Sybase、MySQL 等都是常用的关系型数据库管理系统。

（5）工具软件。工具软件又称服务性程序，是指支持和维护计算机正常处理工作的一种系统软件，包括各种硬件设备的驱动程序和各种硬件诊断程序。

硬件设备的驱动程序包括显示驱动、打印驱动及声卡驱动等。硬件诊断程序包括主机硬件诊断、显示器诊断、键盘诊断及磁盘诊断等。

2. 应用软件

系统软件之外的所有软件都称为应用软件，应用软件可以拓宽计算机系统的应用领域，放大硬件的功能。应用软件是由计算机生产厂家或软件公司为支持某一应用领域、解决某个实际问题而专门编制的程序，如办公软件 Office 和 WPS、计算机辅助设计软件 AutoCAD、图形处理软件 Photoshop、压缩解压缩软件 WinRAR、反病毒软件瑞星等。

1.2.4 计算机的性能指标

衡量一台微型计算机性能好坏的技术指标主要有以下几个方面。

1. 字长

计算机在同一时间内处理的一组二进制数称为一个计算机的"字"，而这组二进制数的位数就是字长。在其他指标相同时，字长越长，计算机处理数据的速度就越快，精度也越高。计算机的字长一般为 32 位、64 位等。

2. 主频

主频是指 CPU 的时钟频率，通常以时钟频率来表示系统的运算速度。一般来说，时钟频率越高，其运算速度越快。主频一般以 MHz（兆赫兹）或 GHz（千兆赫）为单位。例如，Pentium III 800 表示微处理器的型号为 Pentium III，主频为 800MHz；Intel 酷睿 i9-19200K 微处理器的型号为酷睿 i9，主频为 2.4～5.2GHz，三级缓存 30MB。

3. 运算速度

运算速度是衡量计算机性能的一项重要指标。运算速度是指计算机在单位时间内所能执行运算指令的条数，一般用"百万条指令/秒"（Million Instruction Per Second，MIPS）来描述。

4．内存储器容量

内存储器是 CPU 可以直接访问的存储器，需要执行的程序与需要处理的数据就是存放在这里的。内存储器容量的大小反映计算机即时存储和处理信息的能力。随着操作系统的升级，应用软件的不断丰富及其功能的不断扩展，人们对计算机内存容量的需求也不断提高。例如，运行 Windows Server 2000 操作系统至少需要 128MB 的内存容量，运行 Windows Server 2019 操作系统则需要 4GB 以上的内存容量，运行 Windows 10 操作系统则至少需要 2GB 的内存容量。内存容量越大，系统处理数据的速度就越快。目前，大多使用 4～16GB 的内存。

5．外存储器的容量

外存储器的容量通常是指硬盘容量（包括内置硬盘和移动硬盘）。外存储器容量越大，可存储的信息就越多，可安装的应用软件也越丰富。

以上只是一些主要性能指标。除了上述这些主要性能指标，微型计算机还有其他一些指标，如所配置外围设备的性能指标及所配置系统软件的情况等。另外，各项指标之间也不是彼此孤立的，在实际应用时，应该把它们综合起来考虑，并且要遵循"性能价格比"的原则。

拓展训练——小组讨论

如果你想配置一台台式计算机，根据目前自身的学习需求及家庭经济情况，结合现在电脑市场上各种硬件指标，列出所需配置的计算机的各项硬件规格和型号。

任务3 计算机信息处理

计算机信息处理

➡ 任务描述

经过学习，小张对计算机有了初步认识，也产生了浓厚兴趣。这一次，老师要求同学们了解数制的概念并能掌握各数制间的转换方法，以及数据在计算机中的表示形式。

➡ 任务分析

为了掌握计算机信息处理的相关知识，同学们需要了解数制的概念并掌握各数制间的转换方法；了解信息的存储单位及常见的信息编码。

1.3.1 数制、数制转换

1．数制

数制也称计数制，是指用一组固定的符号和统一的规则来表示数值的方法。

（1）进位计数制。

按进位的原则进行计数的方法称为进位计数制。例如，在十进位计数制中，是按照"逢十进一"的规则进行计数的。

计数制有基数、基本数码（通常称为基码）和位权 3 个要素。

① 基数。所谓基数，就是进位计数制的每位数上可能有的数码个数。例如，十进制数每位上的数码，有 0，1，2，…，9 共 10 个数码，所以基数为 10。

② 基码。一个数的基码就是组成该数的所有数字和字母。

③ 位权。每个数字在数中的位置称为位数，每个位数对应的值称为位权。在各进位计数制中，位权的值为基数的位数次幂。例如，十进制数 2458 从低位到高位的位权分别为 10^0（个）、10^1（十）、10^2（百）、10^3（千），因此有

$$2458=2\times10^3+4\times10^2+5\times10^1+8\times10^0$$

（2）十进制。

十进制的基码是 0，1，2，…，9 这 10 个不同的数字，在进行运算时采用的是"逢十进一，借一当十"的规则，基数为 10，位权是以 10 为底的幂。例如，十进制数 426.05 可以按位权表示为$(426.05)_{10}=4\times10^2+2\times10^1+6\times10^0+0\times10^{-1}+5\times10^{-2}$。

（3）二进制。

二进制的基码是 0，1 两个数字，在进行运算时采用的是"逢二进一，借一当二"的规则，基数为 2，位权是以 2 为底的幂。例如，二进制数 110001 可以按位权表示为$(110001)_2=1\times2^5+1\times2^4+0\times2^3+0\times2^2+0\times2^1+1\times2^0$。

二进制数的运算规则如下。

① 加法运算。

0+0=0　　　　　　　　0+1=1

1+0=1　　　　　　　　1+1=0（从高位进 1）

② 减法运算。

0-0=0　　　　　　　　1-1=0

1-0=1　　　　　　　　0-1=1（从高位借 1）

③ 乘法运算。

0×0=0　　　　　　　　1×1=1

0×1=1×0=0

（4）八进制。

八进制的基码是 0，1，2，…，7 这 8 个数字，在进行运算时采用的是"逢八进一，借一当八"的规则，基数为 8，位权是以 8 为底的幂。例如，八进制数 107.13 可以按位权表示为$(107.13)_8=1\times8^2+0\times8^1+7\times8^0+1\times8^{-1}+3\times8^{-2}$。

（5）十六进制。

十六进制的基码是 0，1，2，…，9 这 10 个数字和 A，B，C，D，E，F 这 6 个字母，6 个字母分别对应十六进制中的 10，11，12，13，14，15，在进行运算时采用的是"逢十六进一，借一当十六"的规则，基数为 16，位权是以 16 为底的幂。例如，十六进制数 2FDE 可以按位权表示为$(2FDE)_{16}=2\times16^3+15\times16^2+13\times16^1+14\times16^0$。

各种数制的表示方法如表 1.2 所示。

表 1.2　各种数制的表示方法

数　　制	进 位 规 则	基　　数	基　　码	位　　权	数 制 标 识
二进制	逢二进一	2	0，1	2^i（i 为整数）	B
八进制	逢八进一	8	0~7	8^i（i 为整数）	O
十进制	逢十进一	10	0~9	10^i（i 为整数）	D
十六进制	逢十六进一	16	0~9，A~F	16^i（i 为整数）	H

几种数制的对应关系如表 1.3 所示。

表 1.3　几种数制的对应关系

十　进　制	二　进　制	八　进　制	十　六　进　制
0	0000	0	0
1	0001	1	1
2	0010	2	2
3	0011	3	3
4	0100	4	4
5	0101	5	5
6	0110	6	6
7	0111	7	7
8	1000	10	8
9	1001	11	9
10	1010	12	A
11	1011	13	B
12	1100	14	C
13	1101	15	D
14	1110	16	E
15	1111	17	F

2. 各种数制间的转换

不同进制的数之间可以进行相互转换。

（1）二进制数、八进制数、十六进制数转换为十进制数。

非十进制数转换为十进制数的方法是一样的，只需将其各位上的数字与其对应位权值的乘积相加，所得的和即为对应的十进制数。

【例 1-1】分别将二进制数$(110.101)_2$、八进制数$(16.24)_8$、十六进制数$(A10B.8)_{16}$ 转换为十进制数。

$$(110.101)_2 = 1\times2^2 + 1\times2^1 + 0\times2^0 + 1\times2^{-1} + 0\times2^{-2} + 1\times2^{-3} = (6.625)_{10}$$

$$(16.24)_8 = 1\times8^1 + 6\times8^0 + 2\times8^{-1} + 4\times8^{-2} = (14.3125)_{10}$$

$$(A10B.8)_{16} = 10\times16^3 + 1\times16^2 + 0\times16^1 + 11\times16^0 + 8\times16^{-1} = (41227.5)_{10}$$

（2）十进制数转换为二进制数、八进制数、十六进制数。

将十进制数转换为非十进制数，对其整数部分，要采用除基数取余数的方法（直到余数为 0 为止），最后将所取余数按从下而上的顺序排列；而对其小数部分，则采用乘基数取整数的方法（每次的乘积必须先变为纯小数后再做乘法，直到小数部分为 0，或者满足要求的精度为止）。然后将所取整数按从上而下的顺序排列。

【例 1-2】将十进制数$(47.125)_{10}$转换为二进制数。

整数部分 47 除 2 取余

小数部分 0.125 乘 2 取整

$$
\begin{array}{r|r}
2 & 47 \\
2 & 23 \\
2 & 11 \\
2 & 5 \\
2 & 2 \\
2 & 1 \\
& 0
\end{array}
\begin{array}{l}
\cdots\cdots 余\ 1 \\
\cdots\cdots 余\ 1 \\
\cdots\cdots 余\ 1 \\
\cdots\cdots 余\ 1 \\
\cdots\cdots 余\ 0 \\
\cdots\cdots 余\ 1
\end{array}
$$

$$
\begin{array}{r}
0.125 \\
\times \quad 2 \\
\hline
0.250 \quad 0 \\
\times \quad 2 \\
\hline
0.500 \quad 0 \\
\times \quad 2 \\
\hline
1.000 \quad 1
\end{array}
$$

其中，$(47)_{10}=(101111)_2$，$(0.125)_{10}=(0.001)_2$，所以 $(47.125)_{10}=(101111.001)_2$。

【例 1-3】将十进制数 $(179.48)_{10}$ 转换为八进制数。

整数部分 179 除 8 取余

小数部分 0.48 乘 8 取整

$$
\begin{array}{r|r}
8 & 179 \\
8 & 22 \\
8 & 2 \\
& 0
\end{array}
\begin{array}{l}
\cdots\cdots 余\ 3 \\
\cdots\cdots 余\ 6 \\
\cdots\cdots 余\ 2
\end{array}
$$

$$
\begin{array}{r}
0.48 \\
\times \quad 8 \\
\hline
0.84 \quad 3 \\
\times \quad 8 \\
\hline
0.72 \quad 6 \\
\times \quad 8 \\
\hline
0.76 \quad 5
\end{array}
$$

其中，$(179)_{10}=(263)_8$，$(0.48)_{10}=(0.365)_8$（近似取 3 位），所以 $(179.48)_{10}=(263.365)_8$。

【例 1-4】将十进制数 $(179.48)_{10}$ 转换为十六进制数。

整数部分 179 除 16 取余

小数部分 0.48 乘 16 取整

$$
\begin{array}{r|r}
16 & 179 \\
16 & 11 \\
& 0
\end{array}
\begin{array}{l}
\cdots\cdots 余\ 3 \\
\cdots\cdots 余\ B
\end{array}
$$

$$
\begin{array}{r}
0.48 \\
\times \quad 16 \\
\hline
2.88 \\
+ \quad 4.8 \\
\hline
0.68 \quad 7 \\
\times \quad 16 \\
\hline
4.08 \\
+ \quad 6.8 \\
\hline
0.88 \quad A
\end{array}
$$

其中，$(179)_{10}=(B3)_{16}$，$(0.48)_{10}=(0.7A)_{16}$（近似取 2 位），所以 $(179.48)_{10}=(B3.7A)_{16}$。

（3）二进制数和八进制数之间的转换。

因为 $8=2^3$，所以需要 3 位二进制数表示 1 位八进制数。

二进制数转换成八进制数时，以小数点为中心向左、右两边延伸，每 3 位一组，小数点前不足 3 位时，前面添 0 补足 3 位；小数点后不足 3 位时，后面添 0 补足 3 位。然后将各组二进制数转换成八进制数。

【例 1-5】将二进制数 $(10110011.011110101)_2$ 转换为八进制数。

$$
\underline{010} \quad \underline{110} \quad \underline{011} \ . \ \underline{011} \quad \underline{110} \quad \underline{101}
$$
$$
\downarrow \qquad \downarrow \qquad \downarrow \qquad \downarrow \qquad \downarrow \qquad \downarrow
$$
$$
2 \qquad 6 \qquad 3 \quad . \quad 3 \qquad 6 \qquad 5
$$

$(10110011.011110101)_2 = 010\ 110\ 011.011\ 110\ 101=(263.365)_8$

八进制数转换成二进制数可概括为"一位拆三位"，即把一位八进制数写成对应的三位二进制数，然后按顺序连接起来。

【例 1-6】 将八进制数(1234)$_8$转换为二进制数。

$$
\begin{array}{cccc}
1 & 2 & 3 & 4 \\
\downarrow & \downarrow & \downarrow & \downarrow \\
001 & 010 & 011 & 100
\end{array}
$$

(1234)$_8$=001 010 011 100=(1010011100)$_2$

（4）二进制数和十六进制数之间的转换。

因为 16=2^4，所以需要 4 位二进制数表示 1 位十六进制数。

类似于二进制数转换成八进制数，二进制数转换成十六进制数时也是以小数点为中心向左、右两边延伸的，每 4 位一组，小数点前不足 4 位时，前面添 0 补足 4 位；小数点后不足 4 位时，后面添 0 补足 4 位。然后将各组的 4 位二进制数转换成十六进制数。

【例 1-7】 将二进制数(10110101011.011101)$_2$转换为十六进制数。

$$
\begin{array}{ccccc}
0101 & 1010 & 1011 & .\ 0111 & 0100 \\
\downarrow & \downarrow & \downarrow & \downarrow & \downarrow \\
5 & A & B & .\ 7 & 4
\end{array}
$$

(10110101011.011101)$_2$=0101 1010 1011.0111 0100 =(5AB.74)$_{16}$

十六进制数转换成二进制数时，将十六进制数中的每位拆成 4 位二进制数，然后按顺序连接起来。

【例 1-8】 将十六进制数(3CD)$_{16}$转换为二进制数。

$$
\begin{array}{ccc}
3 & C & D \\
\downarrow & \downarrow & \downarrow \\
0011 & 1100 & 1101
\end{array}
$$

(3CD)$_{16}$=0011 1100 1101=(1111001101)$_2$

3. 信息的存储单位

在计算机内部，信息都是采用二进制的形式进行存储、运算、处理和传输的。信息存储单位有位、字节和字等。

（1）位。

计算机中最小的数据单位是二进制的一个数位，简称位。正如我们前面所讲的那样，一个二进制位可以表示两种状态（0 或 1），两个二进制位可以表示 4 种状态（00、01、10、11）。显然，位越多，所表示的状态就越多。

（2）字节。

字节是计算机中用来表示存储空间大小的最基本单位。由 8 位二进制数组成 1 字节，通常用 B 表示。例如，计算机内存的存储容量、磁盘的存储容量等都是以字节为单位进行表示的。

除了用字节表示存储容量，还可以用千字节（KB）、兆字节（MB）、吉字节（GB）和太字节（TB）等表示存储容量。它们之间存在下列换算关系：

1B=8bit

1KB=2^{10}B=1024B

1MB=2^{10}KB=1024KB

1GB=2^{10}MB=1024MB

1TB=2^{10}GB=1024GB

（3）字。

字和计算机中字长的概念有关。字长是指计算机在进行处理时一次作为一个整体进行处理的二进制数的位数，具有这一长度的二进制数就被称为该计算机中的一个字。字通常取字节的整数倍，是计算机进行数据存储和处理的运算单位。

计算机按照字长进行分类，可以分为 8 位机、16 位机、32 位机和 64 位机等。字长越长，计算机所表示数的范围就越大，处理能力也越强，运算精度也就越高。在不同字长的计算机中，字的长度也不相同。例如，在 8 位机中，一个字含有 8 个二进制位，而在 64 位机中，一个字则含有 64 个二进制位。

1.3.2　计算机数值数据表示

在计算机中的数都需要转换成二进制数才能处理。计算机中的数不仅要转换成二进制数，还要解决数的符号如何表示、小数点位置及有效数值范围等问题。

1. 机器数和真值

将一个数连同符号一同数字化，并以二进制编码形式存储在计算机中，我们将这个存储在计算机中的二进制数称为机器数，机器数代表的数值称为机器数的真值，例如：

N_1=+0.1001B　　　N_2=-0.1001B　　　N_3=+1001B　　　N_4=-1001B

这 4 个数都叫作真值。真值还可以用十进制数、十六进制数等表示。

机器数和真值是完全不同的两个概念，它们在表示形式上也是不同的。机器数的最高位是符号位，最高位之后的其余位才表示数值，机器数可以分为有符号数和无符号数，机器数是计算机对有符号数的表示，无符号数是指计算机字长的所有二进制位都用来表示数值，没有符号位；而真值没有符号位，它所有的数位都表示数值。

计算机处理的数通常既有整数又有小数，但计算机中通常只表示整数或纯小数，那么计算机如何处理呢？是约定小数点隐含在一个固定位置上还是小数点可以任意浮动？在计算机中，用二进制表示实数的方法有两种，即定点数和浮点数，小数点不占数位。

（1）定点数：所谓定点数，即小数点在数中的位置是固定不变的，约定小数点隐含在一个固定位置上。定点数的表示通常有以下两种方法：

① 约定小数点隐含在有效数值位的最高位之前，符号位之后，计算机中能表示的数都是纯小数，该数又被称为定点小数。

② 约定小数点隐含在最低位之后，计算机中能表示的数都是整数，该数又被称为定点整数。

（2）浮点数。

为了在位数有限的前提下扩大数值的表示范围，又保持数的有效精度，计算机采用浮点表示法。浮点表示法与科学计数法相似。浮点数是指一个数的小数点的位置是浮动的，不是固定的。例如，123.45 可以写作：

123.45=$1.2345×10^2$

　　　　=$1234.5×10^{-1}$

　　　　=$0.12345×10^3$

2. 机器数的表示

对计算机要处理的数的符号数值化以后，为了方便对机器数进行算术运算并提高速度，人们对机器数进行了各种编码，其中最常用的编码有原码、反码和补码。

（1）原码表示法。

设 X 的有效数码为 $X_1X_2\cdots X_{n-1}$，其 n 位原码的定义如下：

当 $0 \leqslant X < 1$ 时，$[X]_原 = 0.X_1X_2\cdots X_{n-1}$

当 $-1 < X \leqslant 0$ 时，$[X]_原 = 1.X_1X_2\cdots X_{n-1}$

当 $0 \leqslant X < 2^{n-1}$ 且为整数时，$[X]_原 = 0X_1X_2\cdots X_{n-1}$

当 $-2^{n-1} < X \leqslant 0$ 且为整数时，$[X]_原 = 1X_1X_2\cdots X_{n-1}$

其中，$[X]$ 为机器数的原码，X 为真值，n 为机器的字长。

注意：在计算机中，小数点隐含，不占数位。

例如，$n = 8$

$[+0]_原 = 00000000B$　　$[-0]_原 = 10000000B$　　$[+1]_原 = 00000001B$　$[-1]_原 = 10000001B$

$[+127]_原 = 01111111B$　　　　　　　　　　$[-127]_原 = 11111111B$

$[+0.111011B]_原 = 0.1110110B$　　　　　　$[-0.111011B]_原 = 1.110110B$

由此可以看出，在原码表示中，0 有 +0 和 -0 之分；在原码表示中，除符号位，其余 $n-1$ 位表示数的绝对值。

（2）反码表示法。

设 X 的有效数码为 $X_1X_2\cdots X_{n-1}$，其 n 位反码的定义如下：

当 $X \geqslant 0$ 时，$[X]_反 = 0\,X_1X_2\cdots X_{n-1}$

当 $X \leqslant 0$ 时，$[X]_反 = 1\overline{X_1}\,\overline{X_2}\cdots\overline{X}_{n-1}$

其中，$[X]$ 为机器数的反码，X 为真值，n 为机器的字长。

注意：在计算机中，小数点隐含，不占数位。

例如，$n = 8$

$[+0]_反 = 00000000B$　　$[-0]=11111111B$　　$[+1]_反 = 00000001B$　　　$[-1]=11111110B$

$[+127]_反 = 01111111B$　　　　　　　　　　$[-127]_反 = 10000000B$

$[+0.111011B]_反 = 0.1110110B$　　　　　　$[-0.111011B]_反 = 1.0001001B$

由此可以看出，正数的反码与原码相同，负数的反码是保持原码的符号位不变，其余数值按位求反；在反码表示中，0 也有 +0 和 -0 之分；在反码表示中，最高位仍为符号位，其余 $n-1$ 位表示数的绝对值或与数值相关的信息。

（3）补码表示法。

对于补码的概念，我们以日常生活中经常遇到的钟表"对时"为例来说明。假定现在为北京时间 8 时整，而一只表却指向 11 时整。为了校正此表，可以采用倒拨和顺拨两种方法。倒拨就是逆时针减少 3h（把倒拨视为减法，相当于 11-3=8），时钟指向 8；还可将时钟顺拨 9h，时钟同样也指向 8，把顺拨视为加法，相当于 11+9=12（自动丢失）+8=8。这个自动丢失的数（12）就叫作模（mod）。上述的加法称为"按模 12 的加法"，用数学式子可以表示为 11+9=8(mod12)。

因时针转一周会自动丢失一个数 12，所以（11-3）与（11+9）是等价的，故称 9 和 -3 对模 12 互补，9 是 -3 对模 12 的补码。引进补码概念后，就可以将原来的减法 11-3=8 转化为加法 11+9=8(mod12)。

通过上述例子不难理解计算机中负数的补码表示法。在字长为 n 的计算机中，对于有符号位的纯小数，模为 2；对于整数，模为 2^n。真值 X 的补码定义如下：

当 $0 \leq X < 1$ 时，$[X]_{补}=[X]_{原}$

当 $-1 \leq X \leq 0$ 时，$[X]_{补}=2-|X|$

当 $0 \leq X < 2^{n-1}$ 且为整数时，$[X]_{补}=[X]_{原}$

当 $-2^{n-1} < X \leq 0$ 且为整数时，$[X]_{补}=2^n-|X|$

其中，$[X]$ 为机器数的补码，X 为真值，n 为机器的字长。

注意：在计算机中，小数点隐含，不占数位。

例如，$n=8$

$[+0]_{补}=00000000B$　　$[-0]_{补}=00000000B$　　$[+1]_{补}=00000001B$　　$[-1]_{补}=1111111B$

$[+127]_{补}=01111111B$　　　　　　　　$[-127]_{补}=0000001B$

$[+0.111011B]_{补}=0.1110110B$　　　　$[-0.111011B]_{补}=1.0001010B$

由此可以看出，正数的补码与原码相同，负数的补码等于它的反码加 1；在补码表示中，0 没有 +0 和 -0 之分；在补码表示中，最高位仍为符号位，其余 $n-1$ 位表示数的绝对值或与数值相关的信息。

[例] 求真值 119 和 -119 的原码、反码、补码（$n=16$）。

解：$-119=-000000001110111B$　　　　$+119=+000000001110111B$

$[-119]_{原}=1000000001110111B$　　　$[+119]_{原}=0000000001110111B$

$[-119]_{反}=1111111110001000B$　　　$[+119]_{反}=0000000001110111B$

$[-119]_{补}=1111111110001001B$　　　$[+119]_{补}=0000000001110111B$

1.3.3 计算机非数值数据表示

计算机中数据的概念是广义的，计算机除了能处理数值数据，还能处理非数值数据。因此，计算机不但需要给数值进行二进制编码，还必须给字符、汉字、图像、声音、视频等信息进行二进制编码。常见的有以下几种信息编码。

1. ASCII 码

ASCII（American Standard Code for Information Interchange，美国信息互换标准代码）由 7 位二进制数对字符进行编码，用 0000000～1111111 共 2^7 即 128 种不同的数码串分别表示常用的 128 个字符，其中包括 10 个数字、英文大小写字母各 26 个、32 个标点和运算符号、34 个控制符。这个编码已被国际标准化组织批准为国际标准 ISO/IEC 646，我国相应的国家标准为GB2312—1980。常用的 ASCII 码字符集如表 1.4 所示。

2. 汉字编码

计算机在处理汉字信息时，由于汉字字形比英文字符复杂得多，其偏旁部首等远不止 128 个，所以计算机处理汉字输入和输出时要比处理英文复杂。计算机汉字处理过程的代码一般有 4 种形式，即汉字输入码、汉字交换码、汉字机内码和汉字字形码。汉字输入码是为从键盘输入汉字而编制的汉字编码，又称汉字外部码，简称外码。汉字输入码的编码方法有数字码、字间码、字形码、混合编码 4 类，简单地说，有区位码输入、拼音输入、五笔输入等，但不论采用哪种汉字输入码输入，经转换后同一个汉字都将得到相同的汉字机内码。

表 1.4　常用的 ASCII 码字符集

ASCII 值	字　符	ASCII 值	字　符	ASCII 值	字　符	ASCII 值	字　符
32	sp	56	8	80	P	104	h
33	!	57	9	81	Q	105	i
34	"	58	:	82	R	106	j
35	#	59	;	83	S	107	k
36	$	60	<	84	T	108	l
37	%	61	=	85	U	109	m
38	&	62	>	86	V	i10	n
39	`	63	?	87	W	111	o
40	(	64	@	88	X	112	p
41	)	65	A	89	Y	113	q
42	*	66	B	90	Z	114	r
43	+	67	C	91	[	115	s
44	,	68	D	92	\	116	t
45	-	69	E	93	]	117	u
46	.	70	F	94	^	118	v
47	/	71	G	95	_	119	w
48	0	72	H	96	'	120	x
49	1	73	I	97	a	121	y
50	2	74	J	98	b	122	z
51	3	75	K	99	c	123	{
52	4	76	L	100	d	124		
53	5	77	M	101	e	125	}
54	6	78	N	102	f	126	~
55	7	79	O	103	g	127	del

3. BCD 码

BCD 码即用二进制编码来表示十进制数，二进制是表示形式，本质是十进制。BCD 是"Binary Coded Decimal"的简写。

它是通过对二进制计数符号的特定组合所表示的十进制数，其编码规则为：用 4 位二进制数表示一位十进制数。BCD 码既有二进制的形式，又有十进制的特点，因此，常常又称其为二—十进制编码。

大家已经知道，两位二进制数有 4 种组合，即 00、01、10、11，3 位二进制数有 8 种组合，4 位二进制数有 16 种组合，而 BCD 码只需要 10 种组合，因此，用 4 位二进制数组合成十进制数就必须去掉 16 种组合中多余的 6 种组合。常用 000，0001，…，1001 共 10 种组合表示十进制的 10 个计数符号。

BCD 码有很多种，如 8421BCD 码、2421BCD 码、余 3 码、格雷码等。使用广泛的 BCD 码为 8421BCD 码，其中 8421 表示该编码各位所代表的位权。如一个 8421BCD 码为 01101001，从形式上看与二进制数没有什么区别，但实际上它表示的数值与二进制表示的数值是完全不同的。如果将 8421BCD 码 01101001 按二进制位权展开，则为 105D，而实际上它表示的是十进制数 69，也就是说，一个 8421BCD 码的值必须将 4 位二进制数作为一个计数符号来处理，在进行运算时采用"逢十进一"的规则。

1.3.4　基本逻辑运算

逻辑运算包含 3 种基本运算方式：与运算（逻辑乘）、或运算（逻辑加）和非运算（逻辑非）。其他逻辑运算均由这 3 种基本运算构成，如与非运算、或非运算、异或运算、同或运算等。

1. 与运算

如果逻辑变量 A、B 进行与运算，L 表示其运算结果，则其逻辑表达式为：

$L=AB$ 或 $L=A \wedge B$ 或 $L=A \cdot B$

其基本运算规则为：$0 \cdot 0=0$　　$0 \cdot 1=0$　　$1 \cdot 0=0$　　　$1 \cdot 1=1$

$$A \cdot 1=A \quad A \cdot 0=0 \quad A \cdot A=A \quad A \cdot \bar{A}=0$$

注意与一般代数的区别，此处的 A 为逻辑变量，其取值只能是 0 或 1。由其运算结果可以归纳为：二者为真则结果必为真，有一为假则结果必为假。同样，这个结论也可推广到多个变量：

各变量均为真则结果必为真，有一为假则结果必为假。

由此可知，在多输入"与"门电路中，只要其中一个输入为 0，则输出必为 0；只有全部输入均为 1 时，输出才为 1。

有时也将与运算称为逻辑乘。当 A 和 B 为多位二进制数时，如：

$A=A_1A_2A_3 \cdots A_n$

$B=B_1B_2B_3 \cdots B_n$

在进行逻辑乘运算时，各对应位分别进行与运算：

$Y = A \cdot B$

　　$=(A_1 \cdot B_1)(A_2 \cdot B_2)(A_3 \cdot B_3) \cdots (A_n \cdot B_n)$

[例] 设 A=11001010B，B=00001111B，求：$Y=A \cdot B$。

解：$Y=A \cdot B$

　　　$=(1 \cdot 0)(1 \cdot 0)(0 \cdot 0)(0 \cdot 0)(1 \cdot 1)(0 \cdot 1)(1 \cdot 1)(0 \cdot 1)$

　　　$=00001010$

2. 或运算

如果逻辑变量 A、B 进行或运算，L 表示其运算结果，则其逻辑表达式为：

$L=A+B$ 或 $L=A \vee B$

其基本运算规则为：$0+0=0$　　　$0+1=1$　　$1+0=1$　　　$1+1=1$

$$A+0=A \quad A+1=1 \quad A+A=A \quad A+\bar{A}=1$$

注意与一般代数的区别，此处的 A 为逻辑变量，其取值只能是 0 或 1。由其运算结果可以归纳为：只要有一为真则结果必为真。这个结论也可推广到多个变量，如果 A、B、C、D、$\cdots$ 各变量全为假则结果必为假，有一为真结果必为真。

由此可知，在多输入的"或"门电路中，只要其中一个输入为 1，则其输出必为 1；只有全部输入均为 0 时，输出才为 0。

有时也将或运算称为逻辑加。当 A 和 B 为多位二进制数时，如：

$A = A_1 A_2 A_3 \cdots A_n$

$B = B_1 B_2 B_3 \cdots B_n$

在进行逻辑或运算时，各对应位分别进行或运算：

$Y = A + B$

$\quad = (A_1+B_1)(A_2+B_2)(A_3+B_3)\cdots(A_n+B_n)$

[例] 设 A=10101B，B=11011B，求：$Y=A+B$。

解：$Y = A + B$

$\qquad = (1+1)(0+1)(1+0)(0+1)(1+1)$

$\qquad = 11111$

3. 非运算

非运算又称逻辑取反或逻辑反运算。假设一事物的性质为 A，则其经过非运算之后，其性质必与 A 相反，其表达式为：

$L = \overline{A}$

这实际上也是反相器的性质。所以在电路实现上，反相器是非运算的基本元件。

其基本运算规则为：$\overline{1} = 0 \quad \overline{0} = 1 \quad \overline{\overline{1}} = 1 \quad \overline{\overline{0}} = 0 \quad \overline{\overline{A}} = A$

当 A 为多位数时，如：

$A = A_1 A_2 A_3 \cdots A_n$

则其逻辑非为：$Y = \overline{A_1}\,\overline{A_2}\,\overline{A_3} \cdots \overline{A_n}$

[例] 设 A=10100000B，求 $Y = \overline{A}$。

解：Y=01011111B

拓展训练——数制转换训练、逻辑运算训练

1. 写出以下几个数按权展开的表达式，并求出它们的十进制数值。

（1）10101010.101B   （2）33.7Q   （3）2B70H

2. 将以下几个数转换成二进制数。

（1）A301H   （2）7EF.CH   （3）56.125

3. 将下列二进制数转换成八进制数和十六进制数。

（1）11010101B   （2）0.0001011B   （3）101010.10101B

4. 将下列十进制数写成字长为 16 位的二进制原码、反码、补码。

（1）+2   （2）-64   （3）+119   （4）-256

5. 完成以下逻辑运算

（1）$1101 \vee 1011 \wedge \overline{1001}$ （2）$1110 \wedge (1101 + 1100)$

项目考核

一、填空题

1. UPS 的中文译名是（　　）。

   A. 稳压电源   B. 不间断电源   C. 高能电源   D. 调压电源

2. 在下列设备组中，完全属于外部设备的一组是（ ）。

    A．激光打印机、移动硬盘、鼠标

    B．CPU、键盘、显示器

    C．SRAM 内存条、CD-ROM 驱动器、扫描仪

    D．U 盘、内存储器、硬盘

3. 把内存中的数据保存到硬盘上的操作称为（ ）。

    A．显示   B．写盘   C．输入   D．读盘

4. 操作系统是计算机软件系统中（ ）。

    A．最常用的应用软件   B．最核心的系统软件

    C．最通用的专用软件   D．最流行的通用软件

5. 在下列英文缩写和中文名字的对照中，错误的是（ ）。

    A．CAD——计算机辅助设计   B．CAM——计算机辅助制造

    C．CIMS——计算机集成管理系统   D．CAI——计算机辅助教育

6. 电子计算机的最早应用领域是（ ）。

    A．数据处理   B．数值计算

    C．工业控制   D．文字处理

7. 目前，市场上销售的 USB FLASH DISK（俗称 U 盘）是一种（ ）。

    A．输出设备   B．输入设备

    C．存储设备   D．显示设备

8. 计算机硬件系统主要包括运算器、存储器、输入设备、输出设备和（ ）。

    A．控制器   B．显示器

    C．磁盘驱动器   D．打印机

9. 对 CD-ROM 可以进行的操作是（ ）。

    A．读或写   B．只能读不能写

    C．只能写不能读   D．能存不能取

10. 硬盘属于（ ）。

    A．内部存储器   B．外部存储器

    C．只读存储器   D．输出设备

11. 组成 CPU 的主要部件是（ ）。

    A．运算器和控制器   B．运算器和存储器

    C．控制器和寄存器   D．运算器和寄存器

12. 运算器（ALU）的功能是（ ）。

    A．只能进行逻辑运算   B．对数据进行算术运算或逻辑运算

    C．只能进行算术运算   D．做初等函数的计算

13. 世界上第一台计算机是 1946 年由美国研制成功的，该计算机的英文缩写名为（ ）。

    A．MARK-II   B．ENIAC

    C．EDSAC   D．EDVAC

14. 现代微型计算机中所采用的电子器件是（ ）。

    A．电子管   B．晶体管

    C．小规模集成电路   D．大规模和超大规模集成电路

15. 下列软件中，属于应用软件的是（　　）。

    A．Windows XP   B．PowerPoint 2010

    C．UNIX   D．Linux

16. 计算机软件系统包括（　　）。

    A．系统软件和应用软件   B．编译系统和应用软件

    C．数据库管理系统和数据库   D．程序和文档

17. 对于 J 进制数，如果小数点左移一位，则该数（　　）。

    A．扩大 J 倍   B．缩小 J 倍

    C．扩大 10 倍   D．缩小 10 倍

18. 4 位整数的补码表示的范围是（　　）。

    A．1～15   B．1～16

    C．–7～7   D．–8～7

19. 与二进制数 11001101 等值的十进制数是（　　）。

    A．257   B．205

    C．206   D．203

20. 设异或门的输入变量为 A、B，输出变量为 Y，则当 A、B 分别为（　　）时，$Y=1$。

    A．0，0   B．1，1   C．0，1   D．1，0

二、思考题

为自己配置一台普通家用计算机，要求能够运行主流操作系统，能满足日常使用的应用软件要求，并且能满足学习、工作、娱乐、上网等需求。

实施思路如下。

步骤 1：先到相关网站了解计算机配置、价格等方面的资讯。

步骤 2：按照自己的需求，选择不同档次、型号、生产厂家的计算机配件。

步骤 3：列出所配置计算机的配置清单。

三、拓展训练：指法训练

1. 打字姿势。打字姿势归纳为"直腰、弓手、立指、弹键"，如图 1.18 所示。

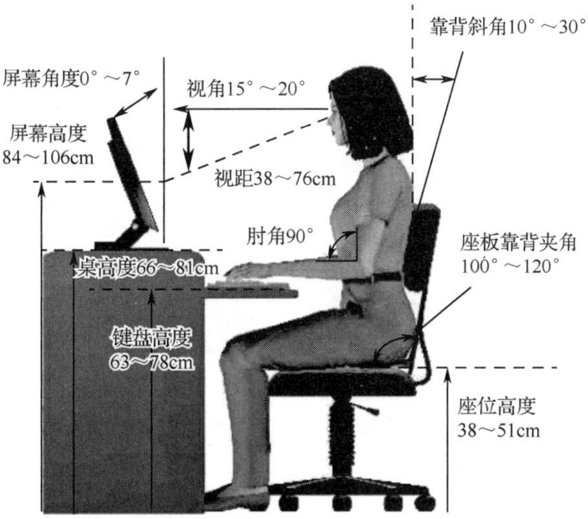

图 1.18　打字姿势图

2．指法练习。指法练习是指手指在键盘上进行的分区练习，左、右手手指分别负责键盘上不同的输入键。按照指法图纠正错误的打字指法，掌握正确的手指分工，如图 1.19 所示。

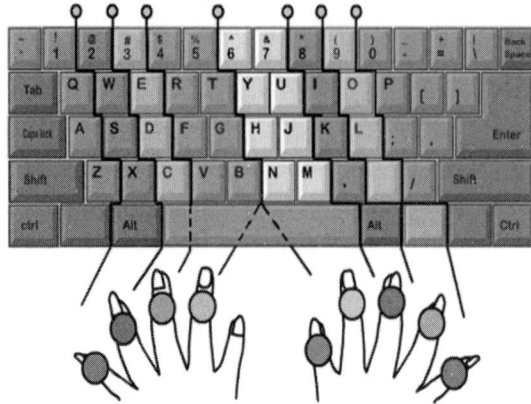

图 1.19　指法练习图

操作系统介绍及使用

项目介绍

在信息化时代，各类电子设备、智能设备已融入人们的生活中。随着这类设备的不断发展，人们的生活便利程度也不断提高。使用智能电子设备时，在操作者和设备之间其实还存在着操作系统来协调人机交互。从人们日常工作及家庭娱乐常用的个人计算机、智能手机、智能手表到支撑互联网应用的后台服务器、各类科学研究使用的功能强大的巨型计算机，每台计算机都配有各自的操作系统，可以说操作系统已经成为现代智能信息系统不可分割的重要组成部分。本项目主要介绍常见操作系统的基本概念、发展历史、功能，并以 Windows 10 操作系统为例讲解操作系统的基本操作和应用。

任务安排

任务 1　常见操作系统

任务 2　认识 Windows 10 操作系统

任务 3　Windows 文件管理

任务 4　Windows 设置

学习目标

◇ 理解操作系统的概念、功能。

◇ 了解常见操作系统的发展历史。

◇ 熟悉 Windows 10 系统桌面环境及对基本操作对象的操作。

◇ 熟练掌握文件与文件夹的管理方法。

◇ 掌握应用"Windwos 设置"管理 Windows 10 操作系统。

任务 1　常见操作系统

任务描述

小欧准备申请重电云科技有限公司的工作岗位。在职位申请的面试中，需要提前准备一下计算机基础知识的讲解，小欧打算介绍国内外主要操作系统并对操作系统发展历史、功能和分类进行介绍。

任务分析

操作系统是操作用户与硬件设备沟通的桥梁，是计算机系统、智能设备不可或缺的组成部分。虽然计算机操作系统发源于美国，但近二十年来，我国自主研发的操作系统得到了快速发展。要更好地介绍操作系统应系统地了解操作系统的发展历史、功能和分类。

任务实施

操作系统（Operating System，OS）是管理和控制计算机硬件与软件资源的计算机程序，是直接运行在裸机上的最基本的系统软件，它是计算机系统的硬件与软件资源控制程序的调度枢纽。操作系统是最接近于硬件层的系统软件，如图 2.1 所示，其他软件都必须在操作系统的支持下运行。为了能使这些硬件资源高效地、尽可能并行地被用户程序使用，也为了给用户程序提供易用的访问这些硬件的方法，我们必须为计算机配备操作系统软件。

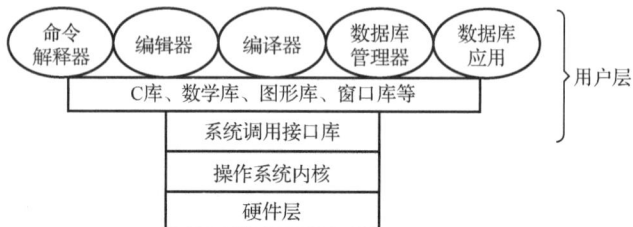

图 2.1　计算机系统软件结构层次

操作系统既是计算机系统的核心，也是信息安全产业的基础之一。在计算机发展史上，出现过许多不同的操作系统，目前，被广泛使用的有 Windows、类 Linux、UNIX、Mac OS 4 种；也有用于小型设备（如手机、掌上电脑、游戏机等）的嵌入式操作系统；随着云计算技术的发展，还出现了云操作系统，如 OpenStack、阿里飞天操作系统等。

微软公司于 2014 年 4 月 8 日停止对使用 Windows XP 系统的用户提供支持和安全更新。在工业和信息化部召开的 2014 年第一季度工业通信业发展情况新闻发布会上，工业和信息化部相关负责人表示，微软公司单方面停止 Windows XP 系统技术支持服务将给基础通信网络带来直接安全风险，威胁基础通信网络的整体安全，工业和信息化部将继续加大力度，支持我国 Linux 操作系统的研发和应用。而 2019 年，谷歌公司突然宣布停止与华为公司的合作，禁止其使用完整版的安卓系统，再次推动了国产操作系统的发展。目前，国内主要操作系统有红旗 Linux、中标麒麟、鸿蒙、飞天等操作系统。

2.1.1 UNIX 操作系统

UNIX 操作系统由肯·汤普森（Ken Thompson）和丹尼斯·里奇（Dennis Ritchie）发明。它的部分技术来源可追溯到 1965 年由美国电话电报公司（AT&T）贝尔实验室、美国麻省理工学院和通用电气公司联合发起的 Multics 工程计划。以肯·汤普森为首的贝尔实验室研究人员吸取了 Multics 工程计划失败的经验教训，于 1969 年实现了一种分时操作系统的雏形，1970 年，该系统正式取名为 UNIX。自 1970 年后，UNIX 系统在贝尔实验室内部的程序员之间逐渐流行起来。

1971—1972 年，丹尼斯·里奇在 B 语言基础上发明了 C 语言，是 UNIX 系统发展过程中的一个重要里程碑。1973 年，丹尼斯·里奇将 UNIX 系统的绝大部分源代码都用 C 语言进行了重写，相较汇编语言对硬件依赖性强的情况，这为提高 UNIX 系统的可移植性打下了基础，也为提高系统软件的开发效率创造了条件。

目前，UNIX 操作系统仍被广泛用于教学研究和民航中，常用产品包括 FreeBSD、AIX、HP-UX 等。

2.1.2 Linux 操作系统

Linux 是一种免费使用和自由传播的类 UNIX 操作系统，其内核由林纳斯·托瓦兹（Linus Torvalds）于 1991 年 10 月 5 日首次发布。它主要受 Minix 和 UNIX 思想的启发，是一个基于 POSIX 的多用户、多任务、支持多线程和多 CPU 的操作系统。它能运行主要的 Unix 工具软件、应用程序和网络协议。Linux 继承了 UNIX 以网络为核心的设计思想，是一个性能稳定的多用户网络操作系统

1991 年，托瓦兹还是芬兰赫尔辛基大学的一名学生。他在学习过程中开始接触荷兰大学教授安德鲁·塔能鲍姆（Andrew Tanenbaum）于 20 世纪 80 年代中期开发的一款小型、类 UNIX 操作系统的内核 Minix。塔能鲍姆将 Minix 连同源码完全开放，作为大学操作系统设计课程的教学工具，让人们可以在 386 计算机上构建并运行 Minix 内核。因为这个操作系统的初衷只是作为一个教学模型，并不是一个实用的系统，所以功能很简单，体积也很小，并且以后也没有进行进一步的开发和扩充。正因为其主要用于教学，Minix 在设计上几乎独立于硬件架构，所以未对 386 处理器的能力加以充分利用。为了开发出一个高效且功能齐备的 UNIX 内核，托瓦兹开始自力更生。数月之后，托瓦兹开发出一个内核"雏形"，可以编译并运行各种 GNU 程序，并于 1991 年 10 月 5 日进行了发布。

Linux 一经发布就在网络上引起广泛关注。此后，Linux 的发展可以用一发而不可收来形容。很多商业公司和民间组织都看好这个系统，并加入 Linux 的阵营，各种各样的发行版满足着各种应用场景的需求。目前，各种发行版本有 RedHat、CentOS、Ubuntu、SUSE、Debian 及国内的红旗 Linux、中标麒麟等，谷歌公司的移动端操作系统 Android 也是一种基于 Linux 内核（不包含 GNU 组件）的自由及开放源代码的操作系统。

2.1.3 Windows 操作系统

Windows 操作系统是一款由美国微软公司开发的窗口化操作系统，是目前世界上使用广泛

的操作系统之一。Windows 操作系统采用 GUI 图形化操作模式，比从前的指令操作系统更人性化，操作更方便。微软公司自 1985 年推出 Windows 1.0 以来，Windows 操作系统经历了十多年变革，从最初运行在 DOS（Disk Operating System，磁盘操作系统）下的 Windows 3.0，到现在全球广泛使用的 Windows 7、Windows 10 和 Windows 11。

DOS 是 1979 年由微软公司为 IBM 个人电脑开发的 MS-DOS，它是一个单用户单任务操作系统。后来 DOS 的概念也包括其他公司生产的与 MS-DOS 兼容的系统。DOS 家族包括 MS-DOS、PC-DOS、DR-DOS、FreeDOS、Novell DOS、PTS-DOS、ROM-DOS、JM-OS 等。微软图形界面操作系统 Windows NT 问世以来，DOS 是以后台程序的形式出现的，名为 Windows 命令提示符，可以通过单击"运行"按钮输入"CMD"进入。

Windows 的原意是窗户、视窗，视窗系统使我们对计算机的应用更直接、更亲密、更易用。微软公司第一款图形用户界面 Windows 1.0 的发布时间是 1985 年 11 月，之后其家族不断壮大，2009 年 10 月 22 日正式推出 Windows 7，2012 年 10 月 26 日正式推出 Windows 8，2015 年 7 月 29 日正式推出 Windows 10。微软公司 Windows 操作系统的主要产品如图 2.2 所示。

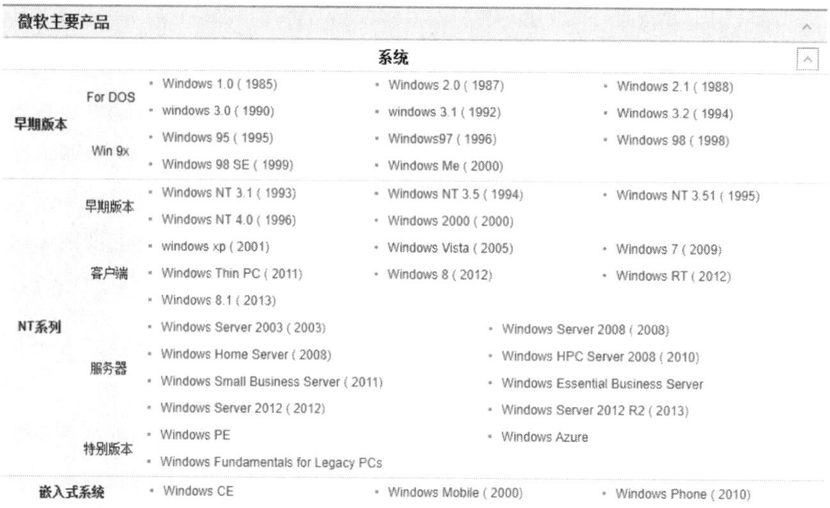

微软主要产品				∧
		系统		∧
早期版本	For DOS	· Windows 1.0（1985）	· Windows 2.0（1987）	· Windows 2.1（1988）
		· windows 3.0（1990）	· windows 3.1（1992）	· Windows 3.2（1994）
	Win 9x	· Windows 95（1995）	· Windows97（1996）	· Windows 98（1998）
		· Windows 98 SE（1999）	· Windows Me（2000）	
NT系列	早期版本	· Windows NT 3.1（1993）	· Windows NT 3.5（1994）	· Windows NT 3.51（1995）
		· Windows NT 4.0（1996）	· Windows 2000（2000）	
	客户端	· windows xp（2001）	· Windows Vista（2005）	· Windows 7（2009）
		· Windows Thin PC（2011）	· Windows 8（2012）	· Windows RT（2012）
		· Windows 8.1（2013）		
	服务器	· Windows Server 2003（2003）	· Windows Server 2008（2008）	
		· Windows Home Server（2008）	· Windows HPC Server 2008（2010）	
		· Windows Small Business Server（2011）	· Windows Essential Business Server	
		· Windows Server 2012（2012）	· Windows Server 2012 R2（2013）	
	特别版本	· Windows PE	· Windows Azure	
		· Windows Fundamentals for Legacy PCs		
嵌入式系统		· Windows CE	· Windows Mobile（2000）	· Windows Phone（2010）

图 2.2　微软公司 Windows 操作系统的主要产品

2.1.4　Mac OS 操作系统

Mac OS 是一套由苹果公司开发的运行于麦金塔（Macintosh）系列计算机上的、基于 XNU 混合内核的图形化操作系统，如图 2.3 所示。1984 年 1 月 24 日，苹果公司发布了第一台麦金塔个人计算机，其搭载的操作系统 System 1.0 是第一个划时代的图形界面操作系统。尽管其只能显示黑白两种颜色，但其中的很多技术到今天还在使用，如基于窗口用图标的 UI、光标、回收站（Trash）、窗口可以被鼠标移动，可以使用鼠标拖动文件和目录以完成文件的复制等功能。

Mac OS 是首套在商用领域获得成功的图形用户界面操作系统。Mac OS 以 Mac OS 9 为分水岭被分成操作系统的两个系列，即"Classic Mac OS"和"Mac OS X"（此处的 X 表示罗马数字的 10）。

图 2.3 苹果公司 Mac OS 操作系统界面

Classic Mac OS 采用 Mach 内核，在 Mac OS 7.6 以前用"System x.xx"来称呼，如前述的 System 1.0。新的 Mac OS X 结合 BSD Unix、OpenStep 和 Mac OS 9 的元素，它的最底层基于 UNIX 系统，其代码被称为 Darwin，实行的是"部分开放源代码"策略。

1991 年发布的操作系统 System 7 具有 256 色的图标，以及更好的多媒体和网络连接支持，自此麦金塔计算机能够支持彩色。

在 1997 年夏季，苹果公司发布了划时代的操作系统——Mac OS 8。Mac OS 8 带来了更加方便的互联网连接，功能更强的多媒体应用，更加绚丽的图标等。

1999 年 10 月发布的 Mac OS 9 被认为是 2000 年前，最后一次大升级版本的 Mac OS 操作系统，并将是我们所熟悉的 Mac OS 的最后一个版本。

2000 年 1 月，苹果公司在 San Francisco MacWorld 的展览会上第一次公开了 Mac OS X。Mac OS X 采用 Darwin 内核，Darwin 内核是 UNIX 系统的一个变种，具有类 UNIX 操作系统的高稳定性，并且 Mac OS X 还具有一套全新设计的用户界面，实现了平滑动感，设计精美的图标、菜单和停靠栏等，获得了用户较高的评价。此后苹果公司对 Max OS X 进行了多次更新。

2011 年 7 月 20 日，Mac OS X 被苹果公司改名为 OS X。2016 年，为与 iOS、tvOS、watchOS 相照应，OS X 改名为 Mac OS。

北京时间 2020 年 6 月 23 日，在 2020 苹果公司全球开发者大会上，苹果公司正式发布了 Mac OS 的下一个版本：Mac OS 11.0，正式称为 Mac OS Big Sur。该版本使用了新的界面设计，增加了 Safari 浏览器的翻译功能等。2020 年 11 月 12 日，Mac OS Big Sur 正式版发布。

2.1.5 OpenStack 操作系统

OpenStack 是一个管理大型计算、存储、网络资源池的开源的云操作系统。OpenStack 由 NASA（美国国家航空航天局）和 Rackspace 合作研发并发布。OpenStack 为私有云和公有云提供可扩展的弹性的云计算服务。该系统的目标是提供实施简单、可大规模扩展、丰富、标准统一的云计算管理平台。该项目由几个主要的组件组合起来完成一些具体的工作，如图 2.4 所示。

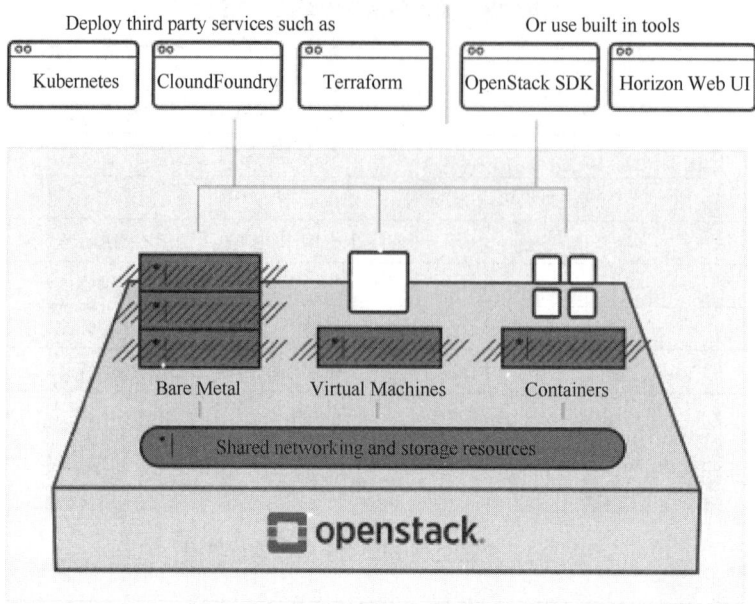

图 2.4　OpenStack 云操作系统示意图

整个 OpenStack 由控制节点、计算节点、网络节点、存储节点四大部分组成。其中，控制节点负责对其余节点的控制，包括虚拟机建立、迁移、网络分配、存储分配等；计算节点负责虚拟机运行；网络节点负责外网络与内网络之间的通信；存储节点负责对虚拟机的额外存储管理等。

通过 OpenStack 用户能够使用 Web 界面、命令行或 API 接口配置资源，高效地管理云平台。

2.1.6　红旗 Linux 操作系统

在 1992 年海湾战争和 1999 年北约入侵南斯拉夫中都使用了信息战，瘫痪了对方的操作系统，这使我国意识到拥有自己独立操作系统的重要性。红旗 Linux 是中国科学院软件研究所奉命研制的、基于自由软件 Linux 的自主操作系统。红旗 Linux 1.0 版发布于 1999 年 8 月，最初主要用于关系国家安全的重要政府部门。2000 年，中国科学院软件研究所和上海联创投资管理有限公司共同组建了北京中科红旗软件技术有限公司，后逐步发展为中科红旗信息科技产业集团（简称中科红旗）。

中科红旗是一家总部位于北京，集国家自主可控网络安全和信息化核心技术研发、孵化、产业化于一体的高新技术企业集团，是五项国家"核高基"课题成果承接单位，是国家信息技术应用创新工作委员会、国家信息技术服务标准工作组、中国卫星导航定位协会、北京市软件和信息服务业协会、北京市信息技术应用创新工作委员会、北京信息化协会等十余家行业协会或组织的成员。

红旗 Linux 是由中科红旗开发的一系列 Linux 发行版，包括桌面版、工作站版、数据中心服务器版、HA 集群版和红旗嵌入式 Linux 等产品。红旗 Linux 是我国应用数量较多、较成熟的 Linux 发行版之一。如图 2.5 所示为其产品宣传页面。

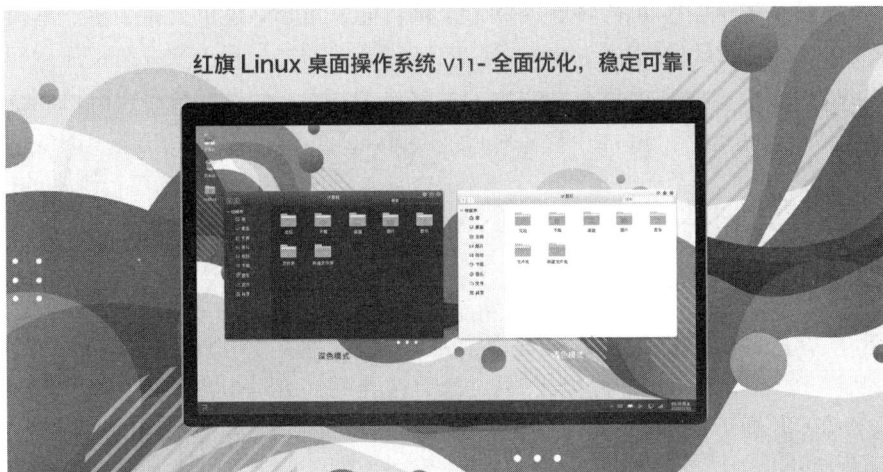

图 2.5 红旗 Linux 桌面操作系统宣传页面

2.1.7 中标麒麟操作系统

2010 年 12 月 16 日，两大国产操作系统——民用的"中标 Linux"操作系统和国防科技大学研制的"银河麒麟"操作系统在上海正式宣布合并，双方今后将共同以"中标麒麟"的新品牌统一出现在市场上，并将开发军民两用的操作系统。

银河麒麟（Kylin）是由国防科技大学研制的开源服务器操作系统，该操作系统是 863 计划重大攻关科研项目，目标是打破国外操作系统的垄断，研发一套中国自主知识产权的服务器操作系统。它具有高安全、高可靠、高可用、跨平台、中文化（具有强大的中文处理能力）特点。

中标软件有限公司（简称中标软件）成立于 2003 年，是操作系统产品专业化研发与推广企业，以操作系统技术为核心，重点打造安全创新等差异化特性产品。中标软件旗下拥有"中标麒麟""中标普华""中标凌巧"三大产品品牌。中标麒麟操作系统系列产品主要以操作系统技术为核心，安全可信为特色；中标普华以办公软件为核心；中标凌巧是移动终端操作系统。

中标麒麟软件产品已经在政府、国防、金融、教育、财税、公安、审计、交通、医疗、制造等行业得到深入应用，应用领域涉及我国信息化和民生各个方面，多个领域已经进入核心应用部分。如图 2.6 所示为银河麒麟操作系统桌面。

2.1.8 鸿蒙操作系统

2012 年，华为公司开始规划自有操作系统——鸿蒙操作系统（HarmonyOS，以下简称鸿蒙）。2019 年发生美国西方国家打压华为公司的事件，促使华为公司加大鸿蒙的研发力度，有数千名研发人员投入研发，耗时 9 年，于 2021 年 6 月 2 日正式发布。

鸿蒙是一款基于微内核、面向 5G 物联网、面向全场景（移动办公、运动健康、社交通信、媒体娱乐等）的分布式操作系统。鸿蒙是新一代的智能终端分布式操作系统，为不同设备的智能化、互联与协同提供统一的语言，带来简捷、流畅、连续、安全可靠的全场景交互体验。鸿蒙遵循基于同一套系统能力、适配多种终端形态的分布式理念，能够支持手机、平板电脑、智能穿戴、智慧屏、车机等终端设备。

图 2.6　银河麒麟操作系统桌面

鸿蒙不是安卓系统的分支或修改而来的，是与安卓、iOS 不一样的操作系统。其在性能上比肩安卓系统，而且华为公司还为基于安卓生态开发的应用能够平稳迁移到鸿蒙上做好衔接。鸿蒙将打通手机、计算机、平板电脑、电视、工业自动化控制、无人驾驶、车机设备、智能穿戴等硬件和应用场景，将所有设备的操作系统进行统一。鸿蒙架构中的内核会把之前的 Linux 内核、鸿蒙微内核与 LiteOS 合并为一个鸿蒙微内核。同时由于鸿蒙系统微内核的代码量只有 Linux 宏内核的千分之一，使其受黑客攻击的几率大幅降低。鸿蒙的出现对我国自主研发操作系统的发展来说具有划时代的意义。如图 2.7 所示为鸿蒙操作系统宣传图。

图 2.7　鸿蒙操作系统宣传图

2.1.9　飞天操作系统

飞天（Apsara）是由阿里云自主研发、服务全球的超大规模通用计算操作系统。飞天诞生于 2009 年 2 月，为全球 200 多个国家和地区的创新创业企业、政府、机构等提供服务。它可以将遍布全球的百万级服务器连成一台超级计算机，以在线公共服务的方式为社会提供计算能力。从 PC 互联网、移动互联网，到万物互联网，互联网成为世界新的基础设施。飞天希望解决人类计算的规模、效率和安全问题。飞天的革命性在于将云计算的三个方向整合起来：提供足够强大的计算能力，提供通用的计算能力，提供普惠的计算能力。

飞天的优势：自主可控，对云计算底层技术体系的把控力，自主研发，自己解决核心问题；调度能力 10K（单集群 1 万台服务器）的任务分布式部署和监控；数据能力具备 EB（10 亿 GB）级的大数据存储和分析能力；安全能力为中国 35%的网站提供防御；大规模实践经受双 11、12306 春运购票等极限并发场景挑战；开放的生态兼容大多数生态软件和硬件，如 CLoudfudry、Docker、Hadoop。

2.1.10 操作系统发展历史

操作系统发展历史

操作系统并不是与计算机硬件一起诞生的，它是在人们使用计算机的过程中，为了满足两大需求——提高资源利用率、增强计算机系统性能，伴随着计算机技术本身及其应用的日益发展，而逐步形成和完善起来的。操作系统的演进经历了五个阶段。

1. 第一阶段：手工操作阶段（1945—1955 年）

最早的计算机没有操作系统，使用者直接手工操作插接板来驱动计算机工作，如图 2.8 所示。由于这一过程需要人工干预，就形成了手工操作慢而 CPU 处理快的矛盾。所以，这种工作方式有严重的缺点：一是资源浪费，二是使用不便。

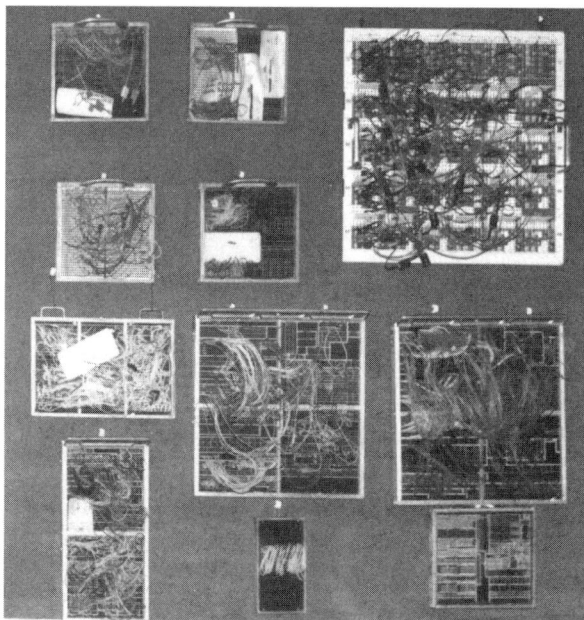

图 2.8 通过插接板手工控制计算机

2. 第二阶段：批处理阶段（1955—1965 年）

为了解决人工干预的问题，需缩短建立作业和人工操作的时间。在批处理阶段，用户和计算机之间没有直接的交互。用户将准备好的作业记录在打孔卡或磁带上，如图 2.9 所示；然后通过输入设备将作业提交给计算机 CPU 处理。批处理的主要优点是在一定程度上缓和了人机速度不同的矛盾，资源利用率有所提升；主要缺点是内存中仅能有一道用户程序运行，只有该程序运行结束后才能调入下一道程序，CPU 用大量的空闲时间等待 I/O 完成，资源利用率依然很低。

图 2.9　打孔卡

3. 第三阶段：多道程序系统阶段（1965—1980 年）

早期的单道批处理系统中只有一道作业在内存，因此系统资源的利用率仍不高。为了提高资源利用率和系统吞吐量，在 20 世纪 60 年代中期引入了多道程序设计技术，形成多道程序系统。该类系统将多个作业分批提交给计算机系统，由计算机自动完成后再输出结果，从而减少作业建立和结束过程中的时间浪费。多道程序系统的出现，形成了操作系统的雏形。在此阶段还出现了分时系统，即实现在同一时间将计算资源共享给多个用户，从而更加充分地利用计算机的资源。常见的分时系统有 UNIX、Linux。

4. 第四阶段：个人计算机、网络、分布式、云操作系统阶段（1980 年至今）

这一阶段随着大规模集成电路的发展，计算机制造成本大幅降低，进入了个人计算机时代。各类个人计算机操作系统得到了空前发展，微软、苹果、Linux 桌面操作系统成为人们熟知的操作系统。随着互联网及云计算技术的发展，网络操作系统、分布式操作系统和云操作系统也得到广泛的应用。

2.1.11　操作系统功能和分类

1. 操作系统的功能

操作系统是计算机硬件与软件资源的桥梁，其主要功能包括进程与处理机管理、存储管理、设备管理、文件管理、作业管理。

（1）进程与处理机管理。

中央处理机（CPU，又称中央处理器）是计算机系统中最重要的资源之一。用户程序进入内存后，只有获得 CPU，才能真正得以运行。在 2.1.10 中介绍过，系统用多道程序设计技术可使内存中同时有几个用户作业程序存在。当一个程序因等待某事件（如输入、输出）的完成而暂时放弃使用 CPU 时，操作系统就可以把 CPU 资源重新分配给其他可运行的作业程序，从而提高它的利用率。操作系统还要处理进程的调度，如根据情况改变其运行状态等。

（2）存储管理。

多道程序运行时竞争的存储资源是内存，所以操作系统中的存储管理是针对内存而言的。也就是说，存储管理的对象是内存，其主要工作包括管理内存分配使用、制定分配回收策略、保证作业程序互不影响等。

（3）设备管理。

在计算机系统中，除了处理机和内存，全都是设备管理的对象，主要是一些输入/输出设备和外存。由于外部设备品种繁多，性能千差万别，因此，设备管理是操作系统中最为复杂、庞大的部分。

设备管理的主要工作包括分配回收设备、保证输入/输出操作的完成、优化设备使用效果等。

（4）文件管理。

程序与数据都以文件的形式存放在外存（如硬盘、软盘）上，是计算机系统的软件资源。用户是通过文件的名称来访问所需的文件的，为了满足用户的这种需求，操作系统文件管理的主要工作包括记录文件有关信息、管理外存的存储空间情况、制定文件存储空间分配策略、提供文件的使用命令等。

（5）作业管理。

作业是指用户在一次算题过程中或一个事务处理中要求计算机系统所做的工作的集合。作业管理的主要工作包括记录作业状态及系统资源需求、制定作业调度策略、提供良好系统环境等。

2. 操作系统的分类

操作系统一般可分为三种基本类型，即批处理系统、分时系统和实时系统。随着计算机体系结构的发展，又出现了多种操作系统，如嵌入式操作系统、个人操作系统、网络操作系统、分布式操作系统和云操作系统等。

拓展训练——小组讨论

（1）向小组成员介绍你熟悉的操作系统。

（2）操作系统的功能和分类有哪些？

（3）使用操作系统会面临哪些风险？

（4）我国为什么要大力发展国产操作系统？

任务2 认识 Windows 10 操作系统

➡ 任务描述

小欧如愿进入重电云科技有限公司工作，目前主要负责公司综合办公室基本的管理工作。为帮助小欧快速熟悉公司工作环境及工作流程，公司将安排小欧在多个工作岗位上实习。办公室配置了一台计算机，已经安装 Windows 10 操作系统。由于小欧对新系统不熟悉，为了对后续的工作打好基础，他准备熟悉操作系统的基本概念、Windows 10 系统界面、Windows 基本操作对象，掌握启动和关闭 Windows 10 的方法、用户界面元素及其基本操作。

➡️ 任务分析

应用计算机能够高效处理各项事务，操作系统是进行人机对话的基本平台，在这个平台上可以进行网上办公、公文处理、数据统计、图像处理、动画制作、影视编辑等。能够操作、管理、维护操作系统平台是对现代各工作岗位的基本要求。Windows 10 是当前应用较为广泛的桌面操作系统，本书以 Windows 10 为例介绍操作系统基础知识以及运行在 Windows 10 上的应用软件。通过本任务的学习和实践，要求熟悉计算机操作系统的概念和 Windows 10 启动、关闭的相关知识，以及对桌面上基本操作对象（窗口、对话框、菜单）的操作。

➡️ 任务实施

2.2.1　Windows 10 操作系统

Windows 个性化设置

Windows 操作系统是目前世界上使用广泛的操作系统之一，如图 2.10 所示的就是其产品的代表性图标——"视窗"。微软公司于 2015 年 7 月 29 日正式推出 Windows 10。虽然此时距离 Windows XP 发布已有 14 年，距离 Windows 7 发布也有 6 年，但它们仍是微软公司诸多产品中使用率很高的桌面操作系统产品。那么 Windows 10 操作系统究竟有哪些大的变革？它与 Windows XP、Windows 7 操作系统有何区别？相较于 Windows 8 的开始菜单的回归，Windows 10 备受关注的就是开机速度的加快、平板模式、更加友好的任务栏、桌面新版通知中心、全新的 Edge 浏览器、重新定义搜索的语音助手等。

图 2.10　"视窗"图标

在 Windows 10 的研发过程中，微软公司广泛听取用户的需求，如从第一个技术预览版开始就有超过 400 万会员参与 Windows 10 的测试。微软公司收到大量的建议和意见，并采纳了部分呼声很高的建议。此外，微软公司总结多款操作系统开发过程中的失败教训和成功经验，贯彻"移动为先，云为先"的设计思路开发出 Windows 10 操作系统。Windows 10 操作系统除了针对云服务、智能移动设备、自然人机交互等新技术进行融合，还对固态硬盘、生物识别、高分辨率屏幕等硬件进行优化完善与支持。

学习 Windows 操作系统之前，首先应掌握计算机开、关机的相关知识。

（1）启动计算机。

确保计算机电源已接通，显示器已打开，按主机箱上的电源开关即可启动计算机。系统首先进行硬件自检，在启动计算机操作系统后，所看到的屏幕画面称为 Windows 系统桌面。启动计算机的方法有冷启动、热启动和复位启动 3 种。

① 冷启动。在计算机未启动状态下启动。

② 热启动。在计算机启动状态下重新启动计算机。方法是单击"开始"按钮→单击"电源"按钮→在弹出的快捷菜单中选择"重启"命令。

③ 复位启动。复位启动也是在计算机启动状态下重新启动计算机，但与热启动不同之处是，其使用场景为当计算机遇到系统突然没有响应，如鼠标不能移动、键盘不能输入等情况，无法采取正常的操作重新启动计算机时。此时，可以通过复位来实现重新启动，方法是按主机箱上的"Reset"键。

（2）关闭计算机。

其操作步骤如下：

① 单击"开始"按钮→单击"电源"按钮→在弹出的快捷菜单中选择"关机"命令。

② 关闭计算机系统。

③ 依次关闭显示器及外设电源。

（3）计算机睡眠。

计算机睡眠是计算机由工作状态转为等待状态的一种新的节能模式。使计算机进入睡眠状态的操作为：单击"开始"按钮→单击"电源"按钮→在弹出的快捷菜单中选择"休眠"命令。

唤醒睡眠状态计算机的方法一般为：移动、单击鼠标或敲击键盘上的任意按键。

2.2.2　Windows 10 系统桌面

Windows 10 具有良好的人机交互界面，与之前的 Windows 系统相比，该系统的界面变化较大，如桌面元素的使用、任务栏的操作、"开始"菜单的"磁贴"、窗口的使用等。

Windows 操作系统初步介绍

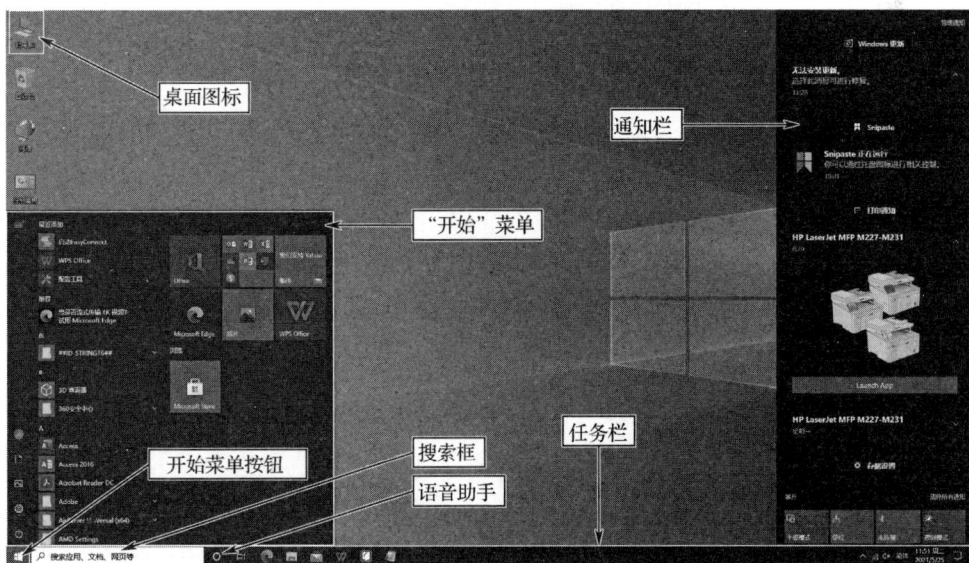

Windows 10 系统启动后，用户看到的界面就是 Windows 10 的系统桌面，该系统桌面包括桌面图标、通知栏、"开始"菜单和任务栏等，如图 2.11 所示。

图 2.11　Windows 10 的系统桌面

1. 桌面图标

桌面上的小图片称为桌面图标（Desktop Icon），简称图标。在桌面操作系统中，文件、文件夹、应用程序等都用简明的图标表示。图标一般由图片和文字组成，图片作为标识便于用户寻找、用文字说明图标的名称或功能。将鼠标指针放在图标上，将出现文字，标识其名称、内容、创建时间或功能描述等。要想打开文件或程序，只需双击该图标即可。

Windows 10 系统桌面上常用的图标有"此电脑""回收站""用户的文件""控制面板""网络"等。

（1）此电脑。显示硬盘、CD-ROM 驱动器和网络驱动器中的内容。

（2）回收站。存放被删除的文件或文件夹；若有需要，在未彻底删除文件前可还原误删的文件。

（3）用户的文件。用户的文件是用户的个人文件夹，包括"图片收藏""我的音乐""联系人"等个人文件夹，可用来存放用户日常使用的文件。

（4）控制面板。用户可在此查看并更改基本的系统设置，如系统安全命令、修改时间/时区、添加/删除软件、设置用户账户、更改辅助功能命令等。

（5）网络。显示指向网络中的计算机、打印机和网络上其他资源的快捷方式。

初次进入 Windows 10 系统时并非所有常用图标都显示在桌面上。为了操作方便，可以通过设置将它们显示出来。操作步骤如下：

① 右击桌面空白处，在弹出的快捷菜单中选择"个性化"命令，在打开的设置窗口中选择"主题"，进入主题设置界面，如图 2.12 所示。

图 2.12　主题设置界面

② 在主题设置界面中，单击"桌面图标设置"，弹出如图 2.13 所示的"桌面图标设置"对话框。

图 2.13　"桌面图标设置"对话框

③ 在"桌面图标设置"对话框中，勾选需要添加的常用图标，单击"应用"或"确定"按钮，即可完成显示常用图标的操作。

显示和隐藏图标的效果如图 2.14 和图 2.15 所示。

图 2.14　Windows 10 桌面图标显示效果

图 2.15　Windows 10 桌面图标隐藏效果

2. "开始"菜单

Windows 10 的"开始"菜单有了较大的改变，它融合了 Windows 8 和传统"开始"菜单的样式，分为"菜单""应用列表""磁贴面板"三部分，如图2.16所示。"开始"菜单可以通过单击"开始菜单按钮"或按键盘上的"⊞"键（Windows键）来启动，它是操作系统设置、计算机程序、文件夹的快速通道，方便用户启动各种程序和文档。

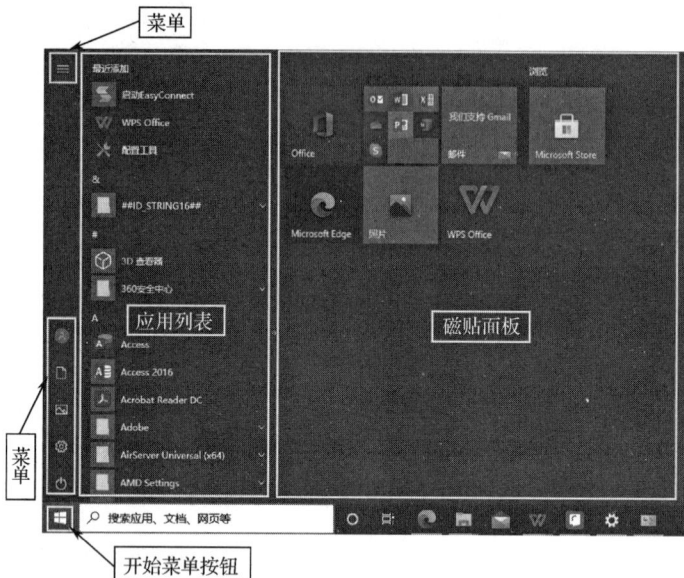

图 2.16　Windows 10 "开始" 菜单

（1）菜单。

菜单面板默认为收起状态，如图 2.16 左侧所示。鼠标指针在菜单面板范围内停留约 0.5s 可展开菜单面板；单击 "▤" 按钮即可展开/收起菜单面板。展开的菜单面板如图 2.17 所示。

图 2.17　展开的菜单面板

在图 2.17 中，从上到下的图标分别为 "账号" "文档" "图片" "设置" "电源"。单击 "账号" 图标即可进行锁定账户、注销账号、切换账号等操作；单击 "文档" 或 "图片" 图标即可打开当前登录用户的文档或图片文件夹；单击 "设置" 图标即可打开 Windows 设置面板；单击 "电源" 图标可对计算机进行休眠、重启、关机操作。

（2）应用列表。

在应用列表中，显示了所有计算机中安装的添加到应用列表的应用程序，如图 2.18 所示。应用列表按照应用程序名称的首字母进行分类排序，可通过鼠标滚轮或拖动鼠标滚动条浏览应用列表；还可通过应用程序名称首字母快速进行定位，操作方法为单击图 2.18 中框选的首字母处，在图 2.19 的首字母列表中，单击所要查找应用程序的首字母即可进行快速定位。

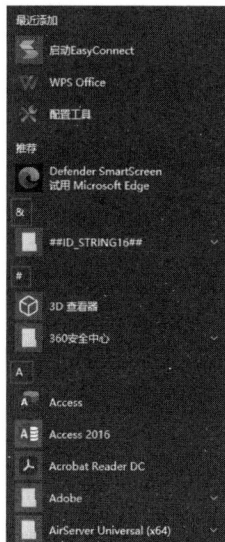

图 2.18　Windows 10 应用列表　　　　　　图 2.19　应用列表快速定位

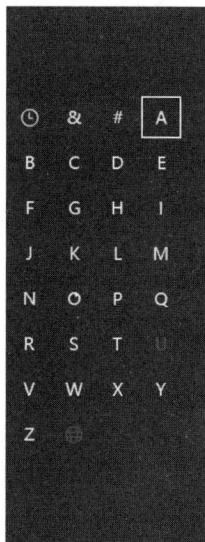

（3）调整"开始"菜单布局与"磁贴面板"。

① 调整"开始"菜单大小。

当"开始"屏幕的磁贴数量较多时，可通过调整"开始"菜单大小来显示更多的内容。具体操作为单击"开始"按钮→左击"开始"菜单的边缘→通过拖动调整"开始"菜单大小，如图 2.20 所示，调整后的"开始"菜单能够显示更多的内容。

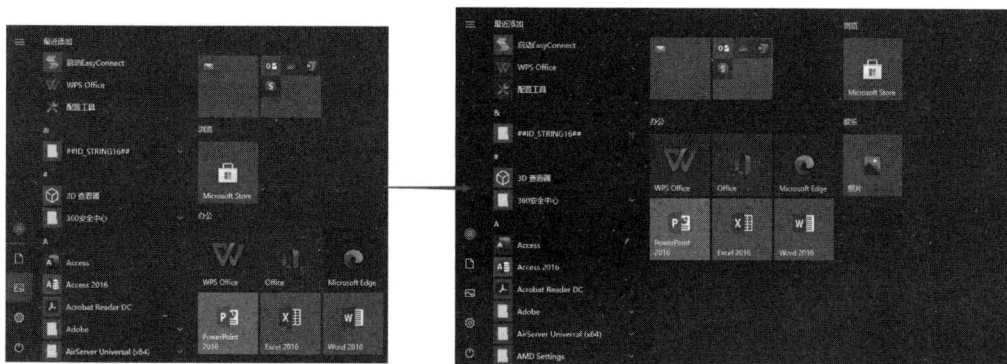

图 2.20　调整"开始"菜单大小

② 添加/移除磁贴。

用户可以根据自己的需求，把应用程序图标添加到"开始"屏幕或者从其中移除。

把应用程序图标添加到"开始"屏幕的方法有两种，一种是直接将图标拖到"开始"屏幕区域内；另一种是在图标上右击→选择"固定到'开始'屏幕"，添加进来的图标即可成为一个磁贴。

把应用程序图标从"开始"屏幕移除，则是在"开始"屏幕内的磁贴上右击→选择"从'开始'屏幕取消固定"。

③ 磁贴分类。

当"开始"屏幕中的磁贴较多时，可对磁贴进行分类。可将磁贴拖放在同一区域，该区域磁贴形成一个组，单击组的顶部可对组进行命名，如图 2.21 所示。

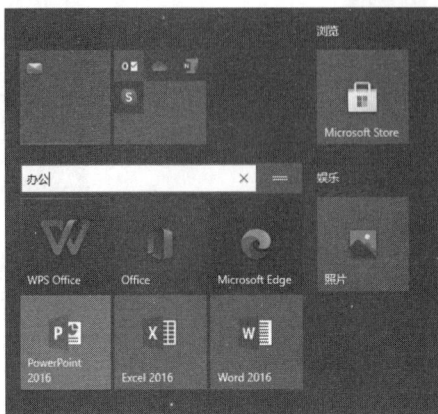

图 2.21　磁贴的分类

3. "开始"屏幕

微软公司 2012 年发布的操作系统 Windows 8 中采用全新的 Modern 开始界面。Windows 10 在"开始"菜单中融合了这种风格，该部分的界面被称为"开始"屏幕，界面中的那些方格被称为"磁贴"（英文名称为 Tile）。磁贴并不是简单地将快捷图标放大，其显示的信息可以以各种形式呈现，如邮件的应用程序顺序地显示最新的电子邮件，并在右下角显示收件箱未读邮件的数量；天气预报程序显示天气情况信息等。"开始"屏幕可通过在"'开始'菜单设置"中开启"使用全屏'开始'屏幕"打开，效果如图 2.22 所示。

图 2.22　"开始"屏幕

4. 任务栏

Windows 10 操作系统的任务栏一般在屏幕的底部，如图 2.23 所示。任务栏主要由 7 部分组成，分别是"开始菜单按钮""搜索栏""语音助手""任务视图""快速启动区""系统图标显示区"和"显示桌面按钮"。

开始菜单按钮 搜索栏 语音助手 任务视图 快速启动区 系统图标显示区 显示桌面按钮

图 2.23　任务栏

下面对任务栏上的几个主要部分的功能进行说明。

（1）搜索栏。在搜索栏可以搜索本机及互联网上的内容。也可在搜索框中以"应用""文档""网页""设置""视频""文件夹"等类别为搜索范围。

（2）语音助手。Cortana（中文名为微软小娜）是微软公司发布的一款个人智能助理。它"能够了解用户的喜好和习惯""帮助用户进行日程安排、问题回答、网络搜索"等。如果配备了麦克风，则单击语音助手"◙"按钮后可通过语音向其下达指令，如"打开日历""搜索×××"等。

（3）任务视图。单击任务视图按钮"目"可打开面板，查看当前运行的任务并进行切换，或者查看、查找最近运行过的活动。快速对运行中的任务进行切换还可使用快捷键"Alt+Tab"。

（4）快速启动区。快速启动区主要放置固定在任务栏上的程序及打开着的程序和文件的任务按钮，用于快速启动相应的程序，或者在应用程序窗口间切换。

（5）系统图标显示区。该区域包括"时间""音量"等系统图标和在后台运行的程序的图标。可在"任务栏设置"中调整该区域显示的系统图标。

（6）显示桌面按钮。显示桌面按钮在任务栏的最右侧，当单击该按钮时，所有窗口全部最小化，显示整个桌面，再次单击该按钮，窗口全部还原。该功能还能通过键盘上的 Windows 键"田"+D 键（先按 Windows 键，再按 D 键）实现。

2.2.3　任务栏设置

右击任务栏空白区域，选择快捷菜单中的"任务栏设置"，弹出任务栏设置对话框，可以设定任务栏的各类属性或者显示方式，如图 2.24 所示。可设置"锁定任务栏""任务栏在屏幕上的位置""选择哪些图标显示在任务栏上""打开或关闭系统图标""合并任务栏按钮"等。

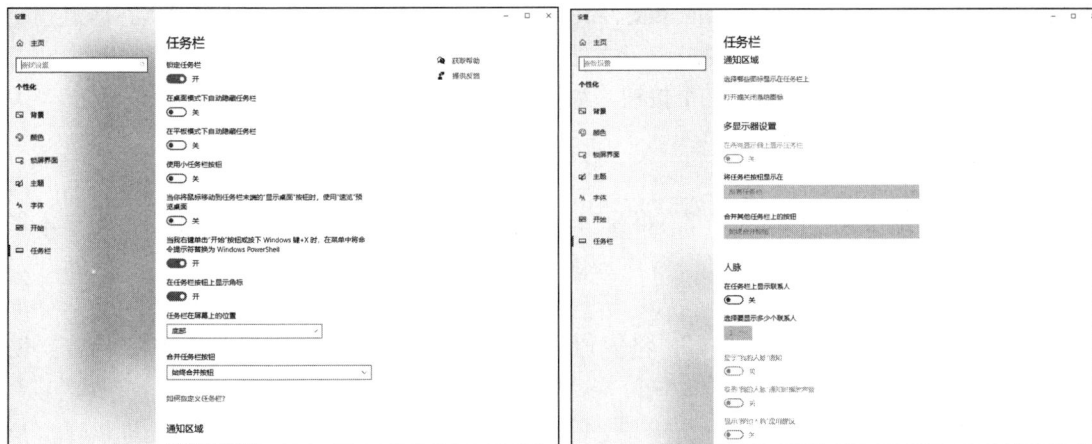

图 2.24　任务栏设置

2.2.4 基本操作对象

1. 窗口

窗口是 Windows 操作环境中最基本的对象，当用户打开一个文件夹、文件或运行一个程序时，Windows 系统会打开一个矩形方框，这就是 Windows 环境下的窗口。虽然不同的窗口在内容和功能上会有所不同，但大多数窗口都具有很多共同点和类似操作。

Windows 10 中系统创建的窗口可以分为文件夹窗口、应用程序窗口、对话框窗口三种类型。文件夹窗口如图 2.25 所示。

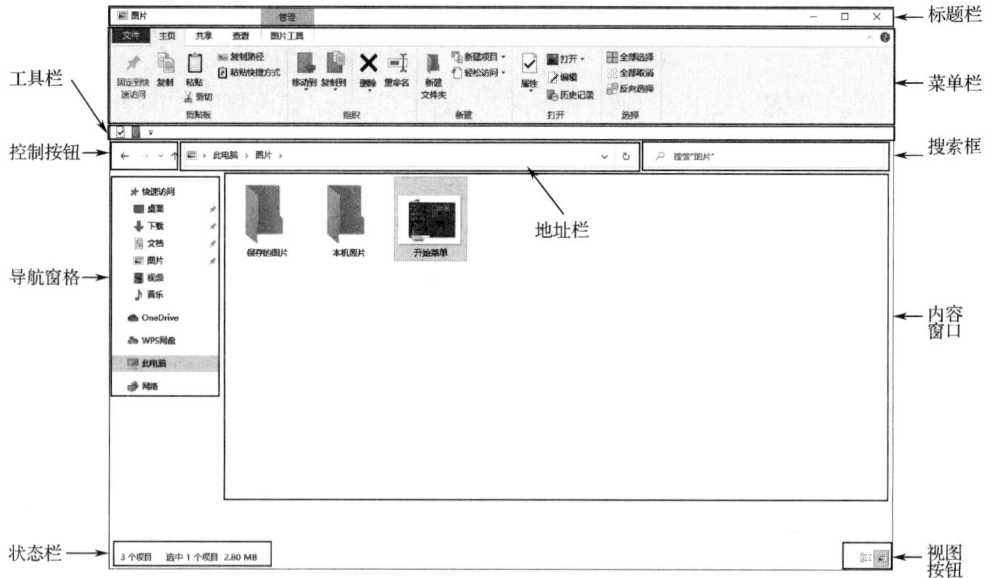

图 2.25　Windows 10 的文件夹窗口

标题栏显示文件夹的名称以及右侧的窗口最小化、最大化、关闭窗口按钮；菜单栏可选择文件夹操作、共享和查看等功能；工具栏可自定义快速访问操作工具按钮；导航窗口可快速进行文件目录结构的查看和访问；控制按钮可进行文件夹访问位置的快速切换；搜索框可对文件进行搜索；内容窗口显示文件夹中的子文件夹或文件；状态栏显示文件夹或文件状态信息的摘要；视图按钮可调整文件夹内容窗口中子文件夹和文件的显示方式。

一般在应用窗口的右上角有三个按钮，如图 2.26 所示，分别为"最小化""最大化""关闭"按钮。

① 窗口最小化及恢复。

首先单击"最小化"按钮"－"，将窗口最小化；接着在"快速启动区"单击"记事本"图标，恢复窗口。

② 窗口最大化及恢复。

首先单击"最大化"按钮"□"，将窗口最大化；接着单击"向下还原"按钮"❏"，恢复窗口。

③ 关闭窗口。

单击"关闭"按钮"×"，将窗口关闭。

图 2.26　应用窗口

2. 对话框

对话框是 Windows 系统的一种特殊窗口，是系统与用户"对话"的窗口，用来在用户界面中向用户显示信息，或者在需要的时候获得用户的输入响应。

不同功能的对话框在组成上也会不同。一般情况下，对话框中包括标题栏、选项卡、命令按钮、下拉列表、单选按钮、复选框等。如图 2.27 所示为"文件夹选项"对话框。

以"记事本"应用为例，在应用窗口的菜单栏中单击"文件"→单击"另存为"→在弹出的"另存为"对话框（如图 2.28 所示）中选择保存的路径并为文件命名→单击"保存"按钮。这样即可对编辑的文件以指定的文件名和指定的路径进行保存。

图 2.27　"文件夹选项"对话框

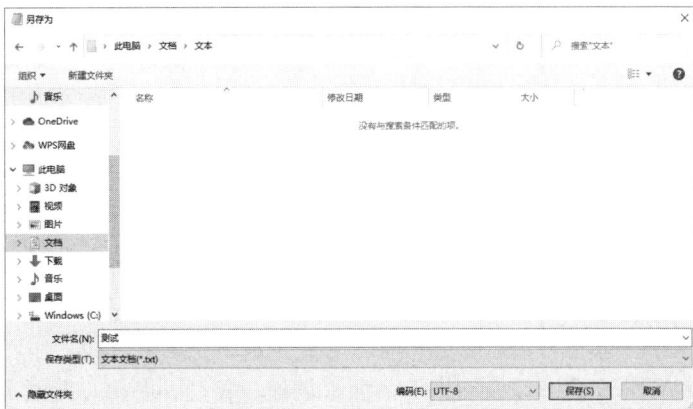

图 2.28　"另存为"对话框

3. 菜单

菜单是将命令用列表的形式组织起来，当用户需要执行某种操作时，只要从中选择对应的命令即可进行操作。

Windows 中的菜单包括"开始"菜单、应用程序下拉菜单、右键快捷菜单等。在菜单中，常出现一些符号，这些符号的名称及含义如表 2.1 所示。

表 2.1　菜单中常用符号的名称及含义

名　称	含　义
灰色菜单	表示在当前状态下可使用
命令后的快捷键	表示可以直接使用该快捷键执行命令
命令后的 >	表示该命令有下一层子菜单，单击或鼠标在上面停留后会向右展开菜单
命令后的 ∨	表示该命令有下一层子菜单，单击或鼠标在上面停留后会向下展开菜单
命令后的…	表示执行该命令会弹出对话框
命令前的√	表示一组多选命令中有"√"标识的一个或多个命令当前被选中
命令前的●	表示一组单选命令中有"●"标识的命令当前被选中

拓展训练——小组讨论

（1）Windows 10 的桌面主要包括哪些内容？

（2）对话框与窗口的标题栏有何不同？

（3）如何在"开始"菜单中将"WPS"的启动图片固定在"磁贴面板"？

（4）如何在任务栏快速启动中添加常用的启动图标？

任务 3　Windows 文件管理

➡ 任务描述

小欧在重电云科技有限公司工作了一段时间，他现在已经熟练掌握 Windows 10 系统的基本操作，同事们也越来越信任他，会交给他一些计算机文件的管理工作，如会议纪要文档、活动照片、活动视频的分类保存，以及相关文件的查找等。随着文件类型和文件数量的增加，小欧管理起来有些吃力了，希望通过本任务系统学习文件管理的知识，更高效地完成这些文件管理工作。

➡ 任务分析

在计算机中，所有的资料、数据都是以文件和文件夹的形式存在的。文件和文件夹是操作系统管理的重要资源，几乎所有的任务都涉及文件和文件夹的操作。只有掌握文件和文件夹的管理和基本操作，才能更好地运用操作系统完成学习和工作。本任务中我们要关注文件和文件夹的基本概念，以及它们的命名、创建、移动、删除、搜索等基本操作。

➡ 任务实施

2.3.1　文件

管理文件和文件夹

文件（这里指的是计算机文件）是存储在某种存储设备上的，在逻辑上具有完整意义的数据流，其特点是所存储的信息可以长期、多次使用，不会因为断电而消失。虽然一个文件表现为单一的流，但它经常在磁盘不同的位置存储为多个数据碎片（甚至是多个磁盘）。操作系统会将它们组织成文件系统，每个文件放在特定的文件夹中。

文件是一组相关信息的集合，是操作系统存取磁盘信息的基本单位。文件的类型在计算机中有多种，如图片文件、音乐文件、文本文档、视频文件、可执行程序等。

1. 命名规则

为了方便人们区分计算机中的不同文件，需要为每个文件设定一个指定的名称。通过文件的所在路径和文件名能够确认唯一的文件。

（1）文件的命名规则。

① 在 Windows 10 系统中，文件名由主文件名和扩展名组成，格式为"主文件名.扩展名"，主文件名一般代表文件内容的标识，扩展名代表文件的类型。

② 文件名可以由 26 个英文字母、0～9 这 10 个数字，以及空格、下画线等特殊符号组成，但禁止使用"/""\"":"""*""？""""""<"">""|"这 9 个字符，文件名也可以用任意中文命名。

③ 文件名可使用空格，但文件名开头和文件名结尾的空格会被操作系统自动舍去。

④ 文件名不得超过 255 个字符。

⑤ 文件扩展名为文件名最后一个"."后面的字符。文件扩展名一般由多个字符组成，表示文件的类型，不可随意修改，否则系统将无法识别。

（2）通配符。通配符是用在文件名中表示一个或一组文件名的符号，一般用于文件搜索。通配符有"？"和"*"两种。

①"？"代表在该位置处可以是任意一个合法的字符，如"?ab.dps"表示主文件名有三个字符，且第二个字符为 a、第三个字符为 b 的所有 dps 文件。

② "*"代表在该位置处可以是任意多个合法的字符，如"*.wps"表示所有的 wps 文件；"w*.wps"表示第一个字符是 w 的所有 wps 文件；"*.*"表示所有文件。

2. 文件的类型

文件的类型由文件的扩展名标识。为了便于识别，在桌面操作系统中不同类型的文件通常用图标表示。在 Windows 10 中不同类型文件的图标如图 2.29 所示。

图 2.29　不同类型文件的图标

在保存文件时，应用程序会自动给大多数文件加上默认的扩展名，当然用户在存盘时也可以特别指定文件的扩展名。系统对扩展名与文件类型有特殊约定，常见的文件类型及其扩展名如表 2.2 所示。

3. 文件的属性

文件的属性是指将文件分为不同类型，以便存放和传输，它定义了文件的某种独特性质。文件的属性信息在如图 2.30 所示的属性对话框中。在该对话框的"常规"选项卡中，包括文件名、文件类型、打开方式、位置、大小、占用空间、创建时间、修改时间、访问时间等。文件的属性有只读和隐藏两种。如果将文件设置为"只读"属性，则该文件不允许被更改和删除；

如果将文件设置为"隐藏"属性，则该文件在常规显示中不会被看到。

表 2.2 常见的文件类型及其扩展名

类型	扩展名	文 件 类 型	类型	扩展名	文 件 类 型	类型	扩展名	文 件 类 型
文档处理	*.txt	文本文件	音频文件	*.midi	乐器数字接口文件	压缩文件	*.rar	rar 压缩文件
	*.wps	WPS 文字文件		*.mp3	动态影像专家压缩标准音频层面 3 文件		*.zip	zip 压缩文件
	*.dsp	WPS 演示文件		*.wav	波形声音文件	其他文件	*.reg	注册表的备份文件
	*.et	WPS 表格文件		*.aiff	音频交换文件格式文件		*.bin	二进制文件
	.doc /.docx	Word 文档文件		*.ogg	Ogg Vorbis 文件		*.dll	Windows 动态链接库
	.xls /.xlsx	Excel 表格文件	视频文件	*.avi	音频视频交错格式文件		*.lib	编程语言中的库文件
	.ppt /.pptx	PowerPoint 演示文稿文件		*.mpeg	动态图像专家组文件		*.drv	驱动程序文件
图像文件	*.bmp	位图文件		*.mp4	动态图像专家组-4 文件		*.fon	字体文件
	.jpg /.jpeg	联合图像专家组		*.rm /*.rmvb	RealMedia 文件格式文件		*.ini	系统配置文件
	*.png	便携式网络图形文件		*.wmv	Windows 媒体视频格式文件		*.bat	批处理文件
	*.gif	图形交换格式文件		*.mov	QuickTime 封装格式文件		*.exe	应用程序文件

图 2.30 属性对话框

更改文件属性的操作步骤如下：

（1）选中要更改属性的文件。

（2）选择"文件"→"属性"命令，或者右击，在弹出的快捷菜单中选择"属性"命令，弹出属性对话框，如图 2.30 所示。

（3）选择"常规"选项卡。

（4）在该选项卡的"属性"选项组中选定需要的属性复选框。

（5）单击"应用"按钮，然后单击"确定"按钮。

提示：文件夹的属性设置与文件的属性设置类似。

2.3.2 文件夹

多数文件保存在计算机的磁盘中，为了方便管理，Windows 对计算机所能用到的磁盘进行了编号。硬盘从 C 开始编号，如果一块硬盘在分区里分了三个区，就依次编号为 C、D、E，光盘编号紧接着最后一个硬盘号，A 和 B 是软盘的编号。"盘"允许划分成若干个存储区，这些存储区叫文件夹。文件夹是用来组织和管理磁盘文件的一种数据结构，是计算机磁盘空间里为了分类存储文件而建立独立路径的目录，它提供了指向对应磁盘空间的路径地址。

1. 文件夹的结构

文件夹一般采用多层次结构（树状结构），在这种结构中每个磁盘有一个根文件夹，该根文件夹可包含若干文件和文件夹。文件夹不但可以包含文件，而且可以包含下一级文件夹，以此类推，形成多级文件夹结构。良好的文件夹分层及分类能够帮助用户更好地管理文件、查找文件，文件夹结构如图 2.31 所示。

2. 文件夹的路径

用户在磁盘上寻找文件时，所历经的文件夹线路叫路径。盘符与文件夹名之间以"\"分隔，文件夹与下一级文件夹之间也以"\"分隔，文件夹与文件名之间仍以"\"分隔。路径分为绝对路径和相对路径。绝对路径是指从根文件夹开始的路径，以逻辑盘符作为开始；相对路径是指从当前文件夹开始的路径。

例如，"D:\Pictures\风景图片\湖泊图片\鄱阳湖候鸟.jpg"表示存储在 D 盘→"Pictures"文件夹→"风景图片"子文件夹中的"湖泊图片"子文件夹中的"鄱阳湖候鸟.jpg"文件。该路径

图 2.31 文件夹结构

指明了文件所在的盘符和所在具体位置的完整路径，该路径为绝对路径。

如果用户现在的位置是在 D 盘"Pictures"文件夹窗口，想找到"鄱阳湖候鸟.jpg"文件，只要从当前位置开始，向下找到"风景图片"子文件夹，再向下找到"湖泊图片"子文件夹，再向下找到"鄱阳湖候鸟.jpg"文件，表示为"风景图片\湖泊图片\鄱阳湖候鸟.jpg"，这种以当前文件夹开始的路径称为相对路径。

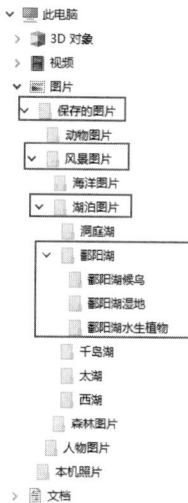

2.3.3 文件资源管理器

文件资源管理器是 Windows 提供的资源管理工具。通过资源管理器可以查看计算机上的所有资源，特别是它提供的树形的文件系统结构，使我们能更清楚、更直观地查看、管理计算机中的文件和文件夹等资源。

1. 打开文件资源管理器

打开文件资源管理器的方法是选择"开始"→"Windows 系统"→"文件资源管理器"菜

单命令，或者右击"开始"菜单，在弹出的快捷菜单中选择"文件资源管理器"命令，文件资源管理器界面如图 2.32 所示。打开文件资源管理器后，可以在任务栏中的文件资源管理器图标上右击，选择"固定到任务栏"，便于下次快速打开文件资源管理器。

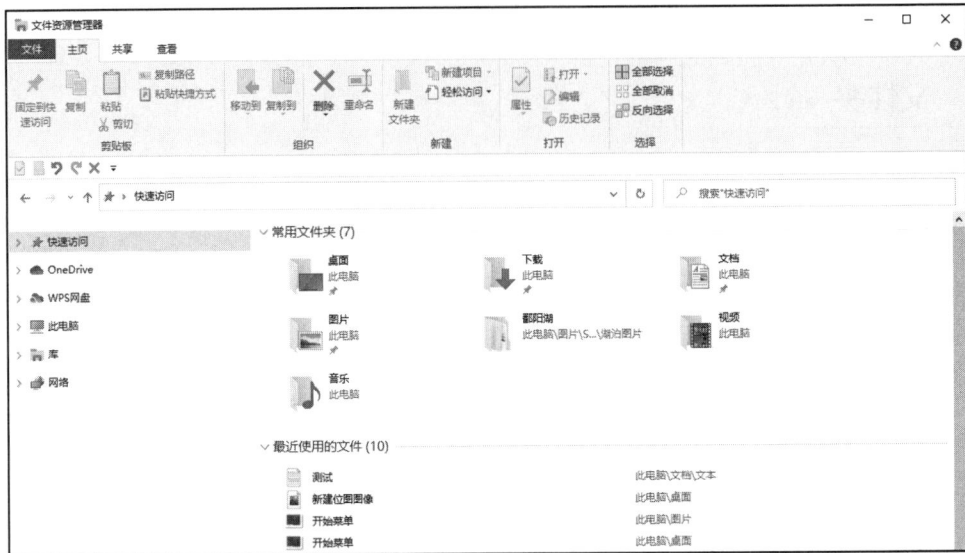

图 2.32　文件资源管理器界面

2. 认识文件资源管理器

在文件资源管理器中，整个计算机的资源主要划分为快速访问、云存储网盘、此电脑、库、网络五大类。这是为了让用户更好地组织、管理和应用资源，为人们提供更高效的操作，例如，在快速访问中可以查看最近打开过的文件和文件夹等，从而方便再次使用；云存储网盘可添加各类网盘的快速访问，以便快速处理云端数据及文件。

文件资源管理器中的库是浏览、组织、管理和搜索具备共同特性的文件的一种方式。库最大的优势是可以有效地阻止、管理位于不同分区的文件夹中的文件，而无须从其存储位置移动这些文件。库不仅不需要用户将分散于不同位置、不同分区，甚至是家庭网络的不同计算机中的文件复制到同一文件夹中，而且可以帮助用户避免保存同一文件的多个副本。默认的库提供文档库、图片库、音乐库和视频库。

（1）文档库。该库主要用于组织和排列文档、电子表格、演示文稿及其他与文本有关的文件。默认情况下，文档库的文件存储在"文档"文件夹中。

（2）图片库。该库主要用于组织和排列数字图片，图片可以从照相机、扫描仪或从其他人的电子邮件中获取。默认情况下，图片库的文件存储在"图片"文件夹中。

（3）音乐库。该库主要用于组织和排列数字音乐，如从音频 CD 翻录或从 Internet 下载的歌曲。默认情况下，音乐库的文件存储在"音乐"文件夹中。

（4）视频库。该库主要用于组织和排列视频，如取自数码相机或摄像机的剪辑，或者从 Internet 下载的视频文件。默认情况下，视频库的文件存储在"视频"文件夹中。

3. 使用导航窗格

使用导航窗格可以查找和浏览文件和文件夹，也可以将项目直接移到或复制到目标位置。如果在已打开窗口的左侧没有看到导航窗格，则可以选择"查看"→"导航窗格"菜单命令，勾选"导航窗格"即可将其显示出来。

（1）使用库查找文件。

使用库可以访问各种位置中的文件夹，操作方法是通过单击库将其打开后，包含在库中的所有文件夹中的内容都将显示在文件列表中。

（2）使用导航窗格对库进行操作。

① 创建新库。右击"库"文件夹，在弹出的快捷菜单中选择"新建"→"库"命令。

② 重命名库。右击需要重命名的库，在弹出的快捷菜单中选择"重命名"命令，输入新名称，按"Enter"键即可。

- 移动或复制文件到库的默认保存位置。如果文件与库的默认保存位置在同一硬盘中，则直接移动文件；如果在不同的硬盘中，则复制这些文件到默认保存位置。
- 查看库中的文件夹。双击库名将其展开，此时在库下列出其所有的文件夹。
- 删除库中的文件夹。右击要删除的文件夹，在弹出的快捷菜单中选择"从库中删除位置"命令。

2.3.4 文件与文件夹的基本操作

1. 选定文件或文件夹

在 Windows 中，对文件或文件夹进行操作之前，必须先选定文件或文件夹。选定的文件或文件夹的名称以深色加亮显示。

（1）选定单个文件或文件夹。选定单个文件或文件夹只需用鼠标单击选定的对象即可。

（2）选定多个文件或文件夹。

① 选定连续的多个文件或文件夹。单击第一个要选择的对象，按住"Shift"键不放，再单击最后一个要选择的对象，即可选择多个连续对象。

② 选定非连续的多个文件或文件夹。单击第一个要选择的对象，按住"Ctrl"键不放，用鼠标依次单击要选择的对象，即可选择多个非连续对象。

③ 选定全部文件或文件夹。可使用快捷键"Ctrl+A"选定全部文件或文件夹。

2. 新建文件夹

用户可以创建新文件夹存放各种形式的文件。创建新文件夹的操作步骤如下：

（1）双击桌面上的"此电脑"图标，打开"此电脑"。

（2）双击要新建文件夹的磁盘，打开该磁盘。

（3）选择菜单栏上的"主页"→单击"新建文件夹"按钮，或者右击，在弹出的快捷菜单中选择"新建"→"文件夹"命令，即可新建一个文件夹。

（4）在新建的文件夹名称文本框中输入文件夹的名称，按"Enter"键或用鼠标单击其他地方确认即可。

3. 重命名文件或文件夹

（1）显示扩展名。默认情况下，Windows 系统会隐藏文件的扩展名，以保护文件的类型。若用户需要查看其扩展名，就要进行相关设置，使扩展名显示出来，操作步骤如下：

① 在"文件资源管理器"窗口的菜单栏上，选择"文件"菜单中的"更改文件夹和搜索选项"命令。

② 在弹出的"文件夹选项"对话框中，选择"查看"选项卡，在"高级设置"列表框中，

取消勾选"隐藏已知文件类型的扩展名"复选框，如图 2.33 所示，单击"确定"按钮，即可显示扩展名。

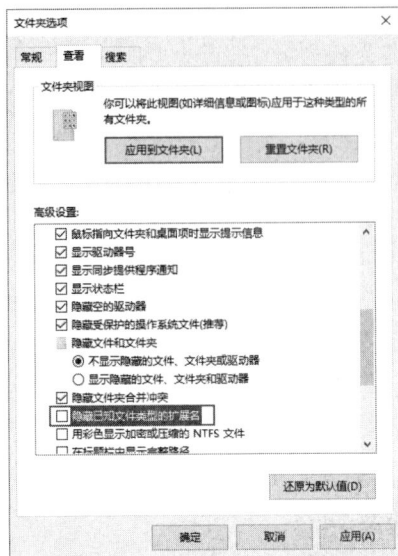

图 2.33　"文件夹选项"对话框

（2）重命名。重命名文件或文件夹就是给文件或文件夹重新命名，使其可以更符合用户的要求。

重命名文件或文件夹的操作步骤如下：

① 选择要重命名的文件或文件夹。

② 在"文件资源管理器"窗口的菜单栏上，选择"主页"→单击"重命名"按钮，或者右击，在弹出的快捷菜单中选择"重命名"命令。

③ 这时文件或文件夹的名称将处于编辑状态（蓝色反白显示），用户可直接输入新的名称进行重命名操作，也可在文件或文件夹名称处直接单击两次（两次单击的间隔时间应稍长一些，以免使其变为双击），使其处于编辑状态，输入新的名称进行重命名操作。

提示：为文件或文件夹命名时，要选取有意义的名字，尽量做到"见名知意"。修改文件名时要保留文件扩展名，否则会导致系统无法正常打开该文件。

4. 复制、剪切和粘贴文件或文件夹

复制、剪切与粘贴操作一般都是成对出现的。复制和剪切对象都可以实现移动对象，区别在于复制对象是期望将一个对象从一个位置移到另一个位置，操作完成后，原位置对象保留，即一个对象变成两个对象放在不同位置；剪切对象是期望将一个对象从一个位置移到另一个位置，操作完成后，原位置不再存在该对象。

（1）复制。复制的方法有以下几种：

① 菜单栏。选择对象，单击菜单栏的"主页"中的"复制到"按钮，指定目标路径后即可复制对象。

② 快捷菜单。右击对象，在弹出的快捷菜单中选择"复制"命令，然后打开需要复制的目标路径文件夹，在空白处右击，在弹出的快捷菜单中选择"粘贴"命令，完成复制对象的操作。

③ 快捷键。选中对象，使用快捷键"Ctrl+C"启动复制操作，在目标路径使用快捷键"Ctrl+

V"完成复制对象操作。

（2）剪切。剪切的方法有以下几种：

① 菜单栏。选择对象，单击菜单栏的"主页"中的"移动到"按钮，选择目标路径后即可实现剪切。

② 快捷菜单。右击对象，在弹出的快捷菜单中选择"剪切"命令，然后打开需要复制的目标路径文件夹，在空白处右击，在弹出的快捷菜单中选择"粘贴"命令，完成剪切对象操作。

③ 快捷键。选择对象，使用快捷键"Ctrl+X"启动剪切操作，在目标路径使用快捷键"Ctrl+V"完成剪切对象操作。

5. 删除文件或文件夹

当文件或文件夹不再需要时，用户可将其删除。在 Windows 10 系统中，删除文件时，默认不进行文件删除确认，而是直接将文件或文件夹放到"回收站"中，用户可以选择将其彻底删除或还原到原来的位置。

删除文件或文件夹的操作方法如下：

（1）选择要删除的文件或文件夹。若要选定多个相邻的文件或文件夹，可按住"Shift"键进行选择；若要选定多个不相邻的文件或文件夹，可按住"Ctrl"键进行选择。然后选择"文件"→"删除"命令，或者右击，在弹出的快捷菜单中选择"删除"命令。

（2）选择要删除的文件或文件夹，然后按"Delete"键。

（3）右击要删除的文件或文件夹，在弹出的快捷菜单中选择"删除"命令。

（4）直接拖动需要删除的对象到回收站中。

使用上述方法删除的本地磁盘中的对象其实并未真正从磁盘中删除，只是被放入回收站，用户可以在清空回收站之前，右击文件或文件夹，在弹出的快捷菜单中选择"还原"命令来恢复。从网络位置删除的对象、从可移动媒体（如 U 盘、移动硬盘）删除的对象或超过"回收站"存储容量的对象不会被放到"回收站"中，而会被彻底删除且不能还原。因此，操作系统在删除此类文件前会进行询问，如图 2.34 所示，此时单击"是"按钮，将彻底删除所涉及的文件或文件夹。

图 2.34　文件删除确认

6. 删除与还原"回收站"中的文件或文件夹

"回收站"为用户提供了一个安全的删除文件或文件夹的解决方案，用户从硬盘中删除文件或文件夹时，Windows 10 会将其自动放入"回收站"中，直到用户将其清空或还原到原位置。

删除或还原"回收站"中文件或文件夹的操作步骤如下：

（1）双击桌面上的"回收站"图标。

（2）打开"回收站"窗口，如图 2.35 所示。

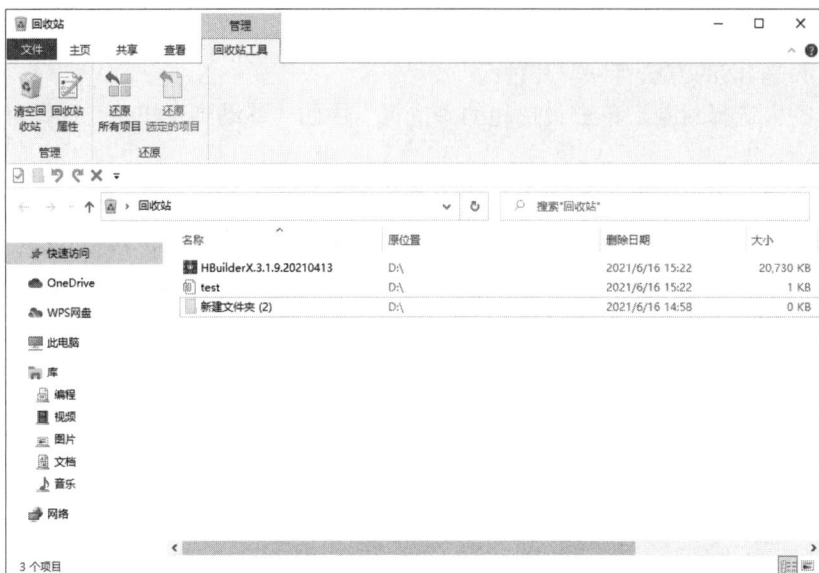

图 2.35 "回收站" 窗口

（3）若要删除"回收站"中所有的文件和文件夹，可单击"清空回收站"选项；若要还原所有的文件和文件夹，可单击"还原所有项目"选项；若要还原文件或文件夹，可选中该文件或文件夹，单击窗口中的"还原选定的项目"选项，或者右击该对象，在弹出的快捷菜单中选择"还原"命令；若要还原多个文件或文件夹，可按"Ctrl"键选定多个文件或文件夹。

删除"回收站"中的文件或文件夹意味着将该文件或文件夹彻底删除，无法再还原；如果还原已删除文件夹中的文件，则该文件夹将在原来的位置重建，然后在此文件夹中还原文件。当"回收站"满（回收站容量可以设置，但受限于磁盘空间）后，Windows 10 将自动清除"回收站"中的空间以存放最近删除的文件和文件夹。也可以选中要删除的文件或文件夹，将其拖到"回收站"中进行删除。如果要直接删除文件或文件夹，而不将其放入"回收站"中，则可在拖到"回收站"时按住"Shift"键，或者选中该文件或文件夹，按"Shift+Delete"组合键。

7. 搜索文件或文件夹

搜索即查找。使用计算机时常会出现找不到某个文件或文件夹的情况，此时可借助搜索功能进行查找，操作步骤如下。

（1）打开"文件资源管理器"窗口，在右上角的搜索编辑框中输入要查找的文件或文件夹名称（如果不确定文件或文件夹全名，可只输入部分名称），此时系统自动开始搜索，等待一段时间后即可显示搜索结果，如图 2.36 所示。

（2）在"菜单栏"的"搜索"中，还可以选择"类型""大小""其他属性"等来缩小搜索范围。

（3）对于搜索到的文件或文件夹，用户可对其进行复制、移动或打开等操作。

设置适合的搜索范围很重要，由于现在的硬盘容量很大，若把所有硬盘搜索一遍将会耗费很长时间。如果能确定文件存放的大致文件夹，则可先在步骤（1）的窗口左侧导航窗格中指定搜索范围，然后再进行搜索。

另外，在输入文件名时还可使用通配符。常用的通配符有星号（*）和问号（?）两种，2.3.1中已介绍，此处不再赘述。

图 2.36 搜索文件或文件夹

8. 创建快捷方式

快捷方式是对系统各种资源的链接,一般通过快捷图标来表示,使用户可以方便、快捷地访问系统资源。应用程序安装在不同的路径中,要打开应用程序,需要进入其运行文件所在的目录,然后双击程序运行。如果建立了某应用程序的快捷方式,则可以将快捷方式放到任何地方,如桌面、"开始"菜单、用户常用的文件夹等,双击快捷方式就可以运行该程序。

在桌面上建立某文件或文件夹快捷方式的方法有以下两种。

(1)右击桌面空白处,在弹出的快捷菜单中选择"新建"→"快捷方式"命令,在弹出的"创建快捷方式"对话框的文本框中输入文件或文件夹的正确路径,如图 2.37 所示,单击"下一步"按钮,在弹出的对话框中输入快捷方式的名称,如图 2.38 所示,单击"完成"按钮即可。

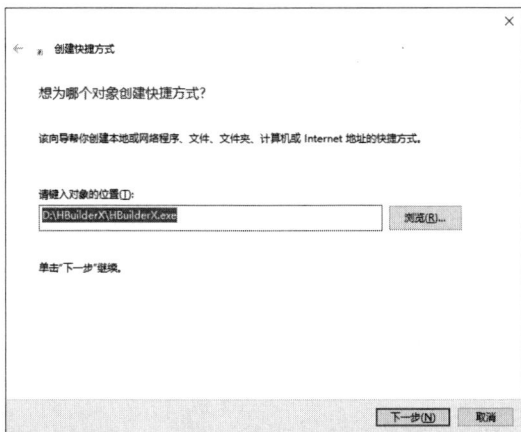

图 2.37 路径设置

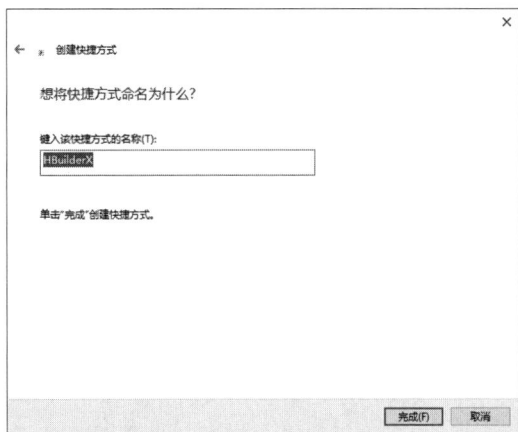

图 2.38 名称设置

（2）右击需要创建快捷方式的文件或文件夹，在弹出的快捷菜单中选择"发送到"→"桌面快捷方式"命令即可。

快捷方式仅记录文件所在路径，当路径所指向的文件更名、被删除或更改位置时，快捷方式不可使用。

9. 综合应用

（1）建立文件夹。

在 E 盘下建立一个新的文件夹"宣传海报制作"，操作步骤如下：

① 双击"计算机"图标，在打开的窗口中双击 E 盘驱动器图标，打开 E 盘窗口。

② 在"文件"菜单中选择"新建"→"文件夹"命令，在文件夹图标下输入"宣传海报制作"，按"Enter"键或在空白区域单击即可完成创建。然后使用同样的方法在"宣传海报制作"文件夹中建立"图片"和"文档"两个子文件夹。

（2）重命名文件夹。

选中 E 盘中的"宣传海报制作"文件夹，单击"文件"→"重命名"命令，原文件夹名处于可编辑状态，输入"宣传海报制作原始材料"，在窗口任意空白位置单击或按"Enter"键即可。选中文档文件夹，右击该文件夹，在弹出的快捷菜单中选择"重命名"命令，将其命名为"宣传文档"。

（3）设置文件夹属性。

打开 E 盘下的"宣传海报制作原始材料"文件夹，右击"宣传文档"文件夹，在弹出的快捷菜单中选择"属性"命令，弹出文件夹属性对话框，勾选"只读"复选框，将文件设置为只读属性。

（4）移动文件。

打开素材文件夹，把文件"年会（素材）.docx"移动到"E：\宣传海报制作原始材料\文档"文件夹中；将相关的图片等文件移到"E：\宣传海报制作原始材料\图片"文件夹中。

① 选中存放在素材文件夹中的"年会（素材）.docx"文件，然后选择"编辑"→"剪切"命令，将文件放到剪切板上。

② 双击"宣传海报制作原始材料"文件夹图标，打开该文件夹，再双击"文档"文件夹图标，在打开的窗口中选择"编辑"→"粘贴"命令。

使用同样的方法将其他文件及图片分别移到指定的文件夹中。

（5）进行数据备份。

① 选中"E：\宣传海报制作原始材料"文件夹，选择"编辑"→"复制"命令。

② 单击"返回到计算机"按钮，双击 D 盘图标打开 D 盘，选择"编辑"→"粘贴"命令。

（6）创建文件夹的快捷方式。

小欧在制作宣传海报时经常要打开 E 盘"宣传海报制作原始材料"文件夹下的"年会（素材）.docx"文件，他觉得这样很麻烦，因此想在桌面上为文件"年会（素材）.docx"建立快捷方式，以便能快速打开这个文件。操作步骤如下：

① 双击"计算机"图标，在打开的窗口中双击 E 盘驱动器图标，再在打开的窗口中双击"宣传海报制作原始材料"文件夹。

② 右击"年会（素材）.docx"文件，在弹出的快捷菜单中选择"发送到"→"桌面快捷方式"命令。

（7）删除指定的文件夹。

① 双击"计算机"图标，在打开的窗口中双击 E 盘驱动器图标，再在打开的窗口中双击"宣传海报制作原始材料"文件夹，双击"文档"子文件夹，选中"负责人的联系方式.txt"文件。

② 选择"文件"→"删除"命令将该文件删除，或者右击该文件，在弹出的快捷菜单中选择"删除"命令，删除该文件。

拓展训练——小组讨论

（1）在文件和文件夹的管理中可以使用哪些快捷键？

（2）对半透明化的文件或文件夹进行"粘贴"操作会产生什么结果？

（3）文件应如何归类才能便于日常管理？

（4）如何查找 D 盘中包含"人事任免"关键字的 WPS 文件？

任务4　Windows 设置

➜ 任务描述

小欧作为重电云科技有限公司综合办公室的成员，已经工作一段时间了，在使用计算机的过程中，希望操作系统环境能够符合自己的使用习惯以提高工作效率。小欧希望调整分辨率大小以便阅读文件、安装工作中需要使用的软件、设置锁屏界面来保障计算机安全等。通过完成本任务中学习 Windows 设置的知识点，小欧将实现这些设置。

➜ 任务分析

为了满足用户的个性化需求，操作系统不仅需要为用户提供易于使用的交互界面和工作环境，还需要为用户提供方便管理和使用操作系统的相关工具，从而实现个性化定制。Windows 10 操作系统可以通过"Windows 设置"针对个性化设置、应用管理、硬件管理、账户设置等进行管理，从而便于用户使用。

➜ 任务实施

Windows 设置介绍

2.4.1　Windows 设置介绍

启用 Windows 设置的方法有多种，常用的有以下两种：

（1）单击"开始"菜单，再单击"设置"按钮⚙。

（2）右击"开始"菜单，再单击"设置"。

（3）在"任务栏"的"搜索栏"中输入"设置"，然后在搜索结果中单击"设置"。

Windows 10 的"Windows 设置"窗口如图 2.39 所示。可通过"查找设置"搜索要查找的设置项目，也可通过下方的分类进入相应的设置项目。

图 2.39 "Windows 设置"窗口

2.4.2 应用的添加与管理

1. 打开或关闭 Windows 功能

（1）打开"Windows 设置"窗口，单击"应用"按钮，打开"应用"设置窗口，如图 2.40 所示。

图 2.40 "应用"设置窗口

（2）单击"程序和功能"超链接，再单击"启用或关闭 Windows 功能"超链接，弹出"Windows 功能"对话框，可看到"启用或关闭 Windows 功能"列表。可根据实际情况启用或关闭相应的 Windows 功能，如图 2.41 所示。

2. 安装应用程序

（1）下载需要安装的应用程序，在安装包中找到安装文件（扩展名为.exe 的文件），一般为 Setup.exe 或 Install.exe。

（2）双击安装文件，根据安装向导完成应用程序的安装。

3. 卸载应用程序

打开"应用"设置窗口，单击"应用和功能"，设置界面的应用后单击"卸载"按钮，如图 2.42 所示，按照系统提示删除程序。

图 2.41 "Windows 功能"对话框

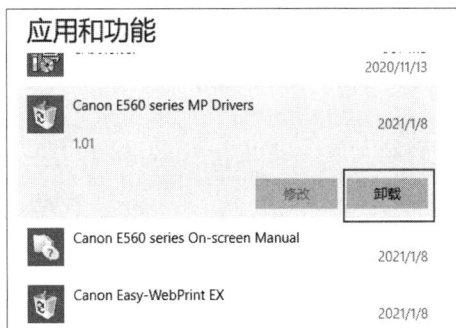

图 2.42 单击"卸载"按钮

2.4.3 硬件的管理与应用

1. 键盘设置

（1）打开"Windows 设置"窗口，单击"轻松使用"按钮，在出现的窗口中选择"轻松使用"，然后单击"键盘"，即可对键盘的相关属性进行设置，如图 2.43 所示，如"使用屏幕键盘""使用粘滞键"等。

图 2.43 "键盘"设置界面

（2）单击"键盘"设置界面下方的"输入设置"超链接，打开如图 2.44 所示的"输入"设置界面，可设置"在我键入时显示文本建议""自动更正我键入的拼写错误""多语言文本建议"等。

图 2.44 "输入"设置界面

（3）单击"键盘"设置界面下方的"语言和键盘设置"超链接，可添加"首选语言"、设置"Windows 显示的语言"、设置"始终首选的输入法""切换输入法"等操作。

2. 鼠标设置

（1）单击图 2.43 中的"鼠标"，即可打开如图 2.45 所示的"鼠标"设置界面。

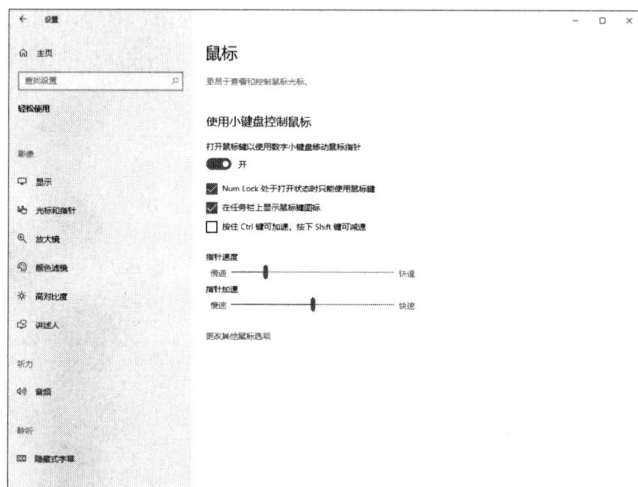

图 2.45 "鼠标"设置界面

（2）选择"使用小键盘控制鼠标"，可实现小键盘移动鼠标，并调节"指针速度""指针加速"。其中，"1"向左下移动；"2"向下移动；"3"向右下移动；"4"向左移动；"5"左击；"6"向右移动；"7"向左上移动；"8"向上移动；"9"向右上移动；"+"右击；"0"左键长按。

（3）单击"更改其他鼠标选项"超链接，可对鼠标"选择主按钮""滚动鼠标滚轮即可滚动""调整鼠标和光标大小"等进行设置，如图 2.46 所示。

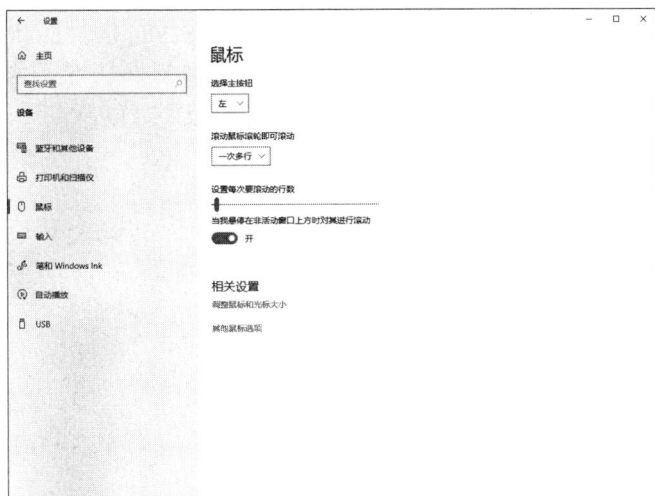

图 2.46 更改其他鼠标选项

2.4.4 个性化设置

通过对计算机的个性化设置可反映用户的风格和个性。可以通过更改计算机的主题、颜色、声音、桌面背景、屏幕保护程序、字体大小和用户账户图片来为计算机添加个性化设置。下面来设置几种个性化的显示。

1. 桌面背景设置

在 Windows 10 系统中，桌面背景可设置为图片、纯色和幻灯片。系统自带多个桌面背景图片供用户选择，设置桌面背景的操作步骤如下：

（1）右击桌面空白处，在弹出的快捷菜单中单击"个性化"命令，打开"个性化"设置窗口，如图 2.47 所示，在该窗口中单击"背景"。

图 2.47 "个性化"设置窗口

（2）在"背景"设置界面中，可将背景设置为图片、纯色或幻灯片放映，如图 2.48 所示。选择背景为图片还需要设置图片的契合度；选择背景为幻灯片放映，需要指定一个包含图片的文件夹作为幻灯片图片来源，并设置图片切换频率和是否无序播放。

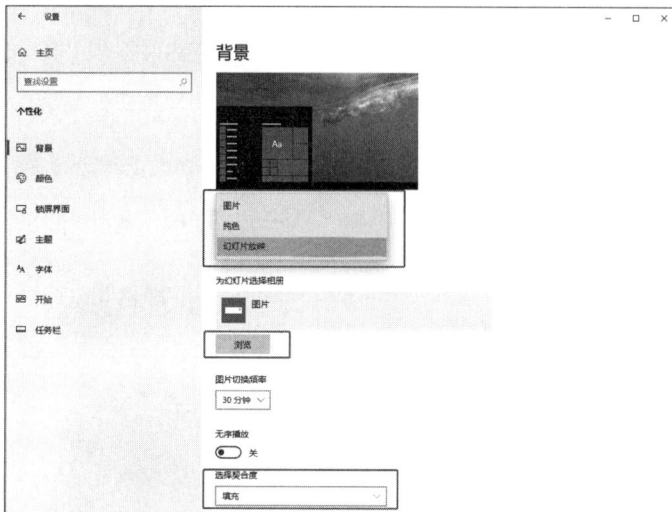

图 2.48 "背景"设置界面

设置桌面背景还可通过打开"Windows 设置"窗口后单击"个性化"按钮进入"个性化"设置窗口进行设置。

2. 桌面主题设置

桌面主题是图标、字体、颜色、声音和其他窗口元素的预定义的集合，它可使用户的桌面具有与众不同的外观。Windows 10 提供了多个自带主题，还可通过网络下载更多个性化主题。用户可以根据需要切换不同主题，操作步骤如下：

在如图 2.47 所示的"个性化"设置窗口中单击"主题"，然后在"更改主题"处选择一个主题。选择"鲜花"主题的效果如图 2.49 所示，该主题包含 6 张背景图片。

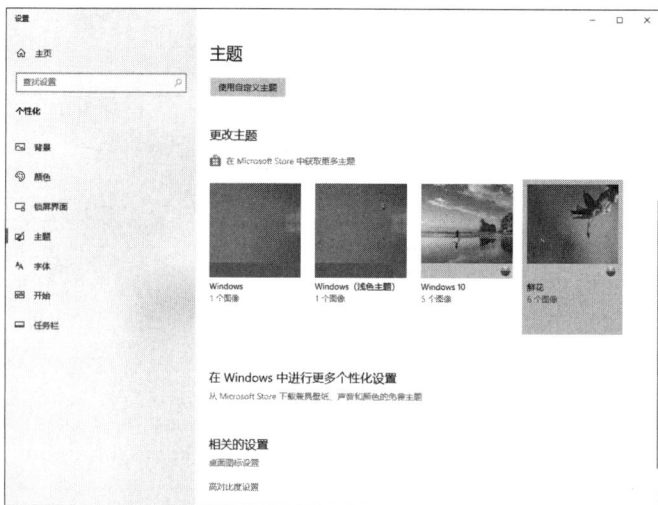

图 2.49 选择"鲜花"主题的效果

设置完成后，右击桌面空白处，在弹出的快捷菜单中选择"下一个桌面背景"命令，即可更换主题的桌面墙纸。

3. 锁屏界面设置

锁屏界面是计算机锁定时展示的界面。锁屏界面设置在图2.47"个性化"设置窗口的"锁屏界面"设置界面中设置，可对"背景""从Cortana获取花絮、提示等""屏幕超时设置""屏幕保护程序设置"等进行设置。

（1）屏幕超时设置是对屏幕和计算机睡眠的时长进行设置。可以设置若干分钟、若干小时或者从不自动关闭屏幕、从不自动休眠计算机。

（2）屏幕保护程序是专门为保护显示器而设计的一种程序。屏幕保护主要有保护显示器、保护个人隐私、省电三个作用，用户可以根据需要进行设置。操作步骤如下：

① 在"锁屏界面"设置界面中单击"屏幕保护程序设置"超链接。

② 在弹出的"屏幕保护程序设置"对话框中，在"屏幕保护程序"的下拉选项中选择一个屏幕保护程序主题，并且在"等待"中设置屏幕保护的启动时间，如图2.50所示。

图2.50 "屏幕保护程序设置"对话框

4. 外观设置

用户可以通过外观设置，根据自己的喜好选取系统的主题色，并应用到"开始"菜单、任务栏、窗口等。操作步骤如下：

（1）打开"个性化"设置窗口，单击"颜色"，打开"颜色"设置界面，如图2.51所示。

（2）选择自己喜欢的颜色，勾选相关选项，即可完成外观设置。

5. 分辨率设置

屏幕分辨率指显示器所能显示的像素数。由于屏幕上的点、线和面都是由像素组成的，因此，显示器可显示的像素越多，画面就越精细，在同样的屏幕区域内能显示的信息也越多。用户可以根据需要进行设置。操作步骤如下：

（1）右击桌面空白处，在弹出的快捷菜单中选择"显示设置"命令。

（2）在"显示分辨率"下拉列表中，用鼠标拖动来修改分辨率，如图2.52所示。

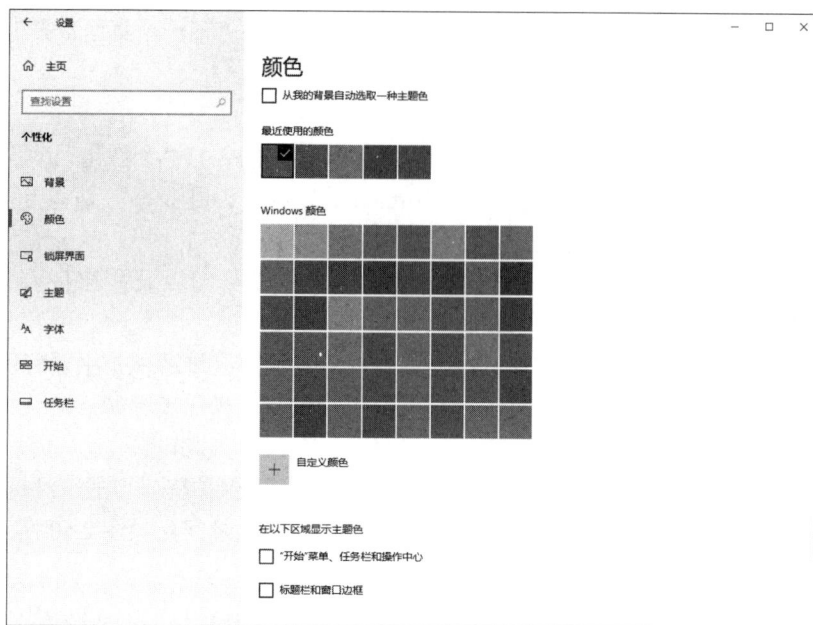

图 2.51 "颜色"设置界面

图 2.52 分辨率的设置

（3）预览后，选择"保留设置"或"还原"即可完成分辨率设置。

2.4.5 用户账户设置

在 Windows 10 系统中，有两种用户类型，即管理员账户、标准用户账户。计算机管理员账户拥有最高权限，允许更改所有的计算机设置；标准用户账户只允许用户更改基本设置。

要创建新用户，必须以管理员的身份登录，操作步骤如下。

1．创建账户

（1）打开"Windows 设置"窗口，单击"账户"按钮。

（2）在"账户"设置窗口，单击"其他用户"，如图 2.53 所示。

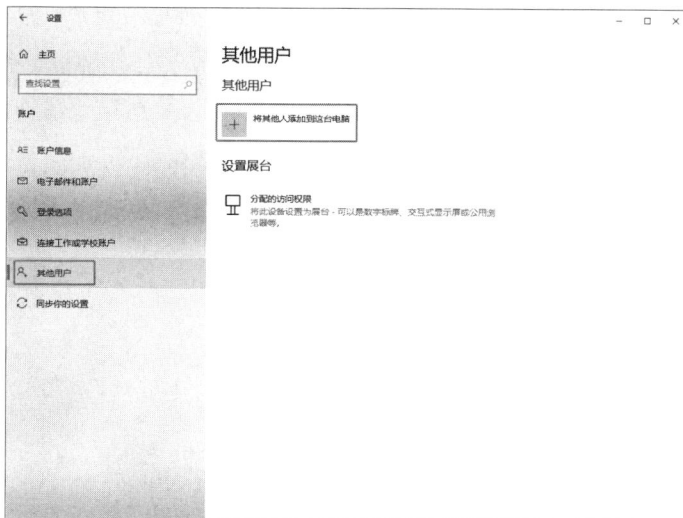

图 2.53 "账户"设置窗口

（3）单击图 2.53 中的"将其他人添加到这台电脑"，打开"计算机管理"窗口，在"用户"文件夹上右击选择"新用户"，在弹出的"新用户"对话框中填写用户的相关信息，单击"创建"按钮即可完成新账户的创建，如图 2.54 所示。

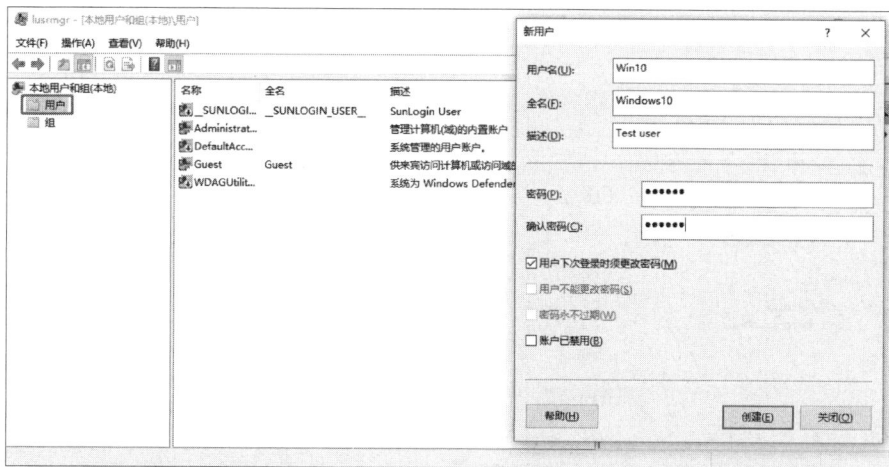

图 2.54 创建新账户

2．更改账户属性

（1）在如图 2.53 所示的窗口中，选择一个账号，可对其进行"更改账户类型"和"删除"。

（2）修改其他用户的密码，右击"开始"按钮→选择"计算机管理"→选择"本地用户和组"→单击"用户"→在需要更改密码的用户上右击选择"更改密码"。然后按提示完成对密码的修改。

2.4.6　系统属性设置

（1）右击"此电脑"图标，在弹出的快捷菜单中选择"属性"命令，打开如图 2.55 所示的"系统"窗口。

图 2.55　"系统"窗口

（2）在"系统"窗口中单击"高级系统设置"，弹出如图 2.56 所示的"系统属性"对话框，选择"计算机名"选项卡，输入新的计算机名称，也可以单击"更改"按钮更改计算机名、工作组和域，如图 2.57 所示。

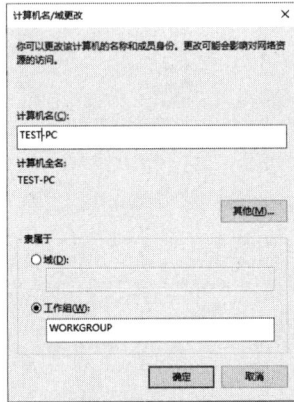

图 2.56　"系统属性"对话框　　　图 2.57　计算机名、工作组、域的更改

2.4.7　设置自动更新

（1）打开"Windows 设置"窗口，单击"更新和安全"按钮，打开"更新和安全"设置窗口，如图 2.58 所示。

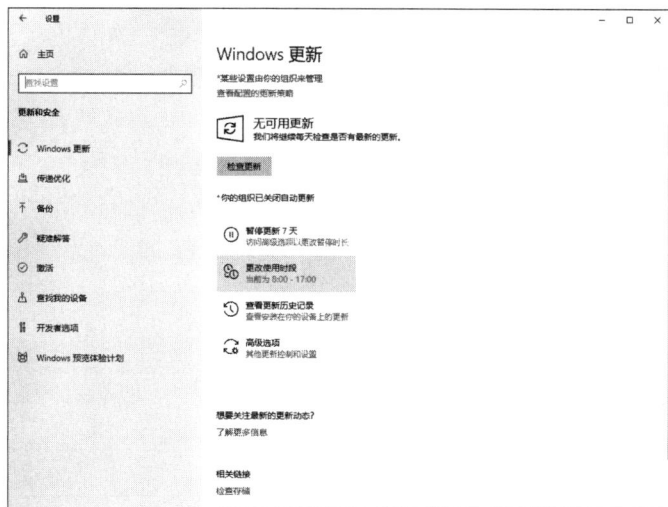

图 2.58　"更新和安全"设置窗口

（2）单击"高级选项"可对系统更新进行设置，如图 2.59 所示。

图 2.59　"更新和安全"高级选项窗口

2.4.8　修改系统时间

（1）单击任务栏中的"日期、时间显示区域"，打开日期、时间窗口，单击"日期和时间设置"超链接。

（2）在弹出的"日期和时间"对话框中选择"日期和时间"选项卡，单击"更改日期和时间"按钮，打开如图 2.60 所示的窗口。

（3）在打开的"时间和语言"设置窗口中单击"日期和时间"，可完成系统时间的修改，如图 2.61 所示。如果打开"自动设置时间"，系统将通过网络对时以同步日期和时间，如果关闭"自动设置时间"，则可"手动设置日期和时间"。

图 2.60　日期和时间窗口

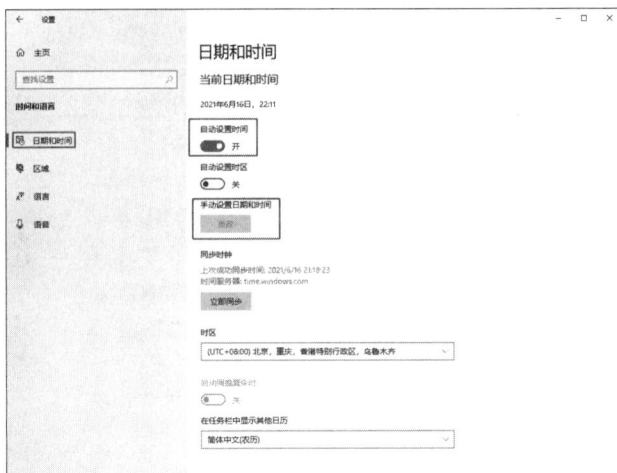

图 2.61　单击"日期和时间"

拓展训练——小组讨论

（1）如何快速找到需要设置的选项？

（2）谈谈你安装过的软件。

（3）如何设置个性化的操作系统主题？谈谈你如何设置主题、背景、锁屏界面、分辨率等。

（4）你是否选择"自动设置时间"？谈谈你的应用场景。

项目考核

一、选择题

1. 下列哪个操作系统不是国产操作系统？（　　　）

　　A．红旗 Linux　　　B．鸿蒙　　　　　C．Linux　　　　　D．中标麒麟

2. 下列哪个不是操作系统的功能？（　　　）

　　A．文件管理　　　　　　　　　　　B．进程和处理机管理

　　C．考试管理　　　　　　　　　　　D．作业管理

3. Windows 10 是一种（　　　）。

　　A．数据库软件　　　　　　　　　　B．应用软件

　　C．系统软件　　　　　　　　　　　D．文字处理软件

4. 在 Windows 10 操作系统中，将打开窗口拖到屏幕顶端，窗口会（　　　）。

　　A．关闭　　　　　　B．消失　　　　　C．最大化　　　　　D．最小化

5. 计算机系统中必不可少的软件是（　　　）。

　　A．操作系统　　　　　　　　　　　B．语言处理程序

　　C．工具软件　　　　　　　　　　　D．数据库管理系统

6．在下列说法中，正确的是（　　）。

   A．操作系统是用户和控制对象的接口

   B．操作系统是用户和计算机的接口

   C．操作系统是计算机和控制对象的接口

   D．操作系统是控制对象、计算机和用户的接口

7．在下列说法中，正确的是（　　）。

   A．文件确实被删除，无法恢复

   B．在没有存盘操作的情况下，可恢复，否则不可恢复

   C．文件被放入回收站，可以通过"查看"菜单的"刷新"命令恢复

   D．文件被放入回收站，可以通过回收站操作恢复

8．Windows 10 有 4 个默认库，分别是视频、图片、（　　）和音乐。

   A．文档　　　　　　B．汉字　　　　　　C．属性　　　　　　D．图标

9．Windows 10 中，文件的类型可以根据（　　）来识别。

   A．文件的大小　　　　　　　　　　B．文件的用途

   C．文件的扩展名　　　　　　　　　D．文件的存放位置

10．在 Windows 10 中，个性化设置包括（　　）。

   A．主题　　　　　　B．桌面背景　　　　C．窗口颜色　　　　D．声音

11．WPS 文字的默认扩展名为（　　）。

   A．.doc　　　　　　B．.com　　　　　　C．.wps　　　　　　D．.xls

12．Windows 10 中的菜单有窗口菜单和（　　）菜单两种。

   A．对话　　　　　　B．查询　　　　　　C．检查　　　　　　D．快捷

13．在 Windows 10 中，（　　）桌面上的程序图标即可启动一个程序。

   A．选定　　　　　　B．右击　　　　　　C．双击　　　　　　D．拖动

14．在 Windows 10 中，活动窗口表示为（　　）。

   A．最小化窗口　　　　　　　　　　B．最大化窗口

   C．对应任务按钮在任务栏上往外凸　　D．对应任务按钮在任务栏上往里凹

15．右击任何对象将弹出（　　），可用于对该对象的常规操作。

   A．图标　　　　　　B．快捷菜单　　　　C．按钮　　　　　　D．菜单

二、判断题

1．正版 Windows 10 操作系统不需要激活即可使用。（　　）

2．操作系统的主要功能有六种。（　　）

3．操作系统在计算机诞生之初已经存在。（　　）

4．Windows 是国产操作系统。（　　）

5．我国正大力推进国产操作系统的发展。（　　）

6．粘贴文件后，原文件会被删除。（　　）

7．直接切断计算机供电的做法对 Windows 10 系统有损害。（　　）

8．使用"开始"菜单上的"我最近的文档"命令将迅速打开最近使用的文档。（　　）

9．设置为"自动设置时间"后，时间通过网络进行更新。（　　）

10．一个主题中可能包含多个背景图片。（　　）

三、操作题

1．更改桌面背景，设置更改背景时间为 5min。

2．在 Windows 10 系统中下载一个软件，安装后在 Windows 设置中卸载。

3．查询 D 盘中所有 WPS 文件名或扩展名，并将结果保存为图片，取名为"查询 1.bmp"。

4．将一个常用的软件固定在"开始"菜单的"磁贴面板"。

5．设置屏幕分辨率为 1280×768，设置屏幕保护程序为"彩带"，等待时间为 10min。

项目 3

WPS 文稿制作与展示

项目介绍

WPS 文字是金山公司开发的 WPS Office 办公组件之一，主要用于文字处理工作。WPS 旨在为用户提供方便、快捷和智能的文档格式设置工具，利用它可轻松、高效地组织和编写文档，帮助用户轻松、快乐地创作，帮助企业和组织高效地运行与发展。

任务安排

任务 1　创建和排版文稿

任务 2　WPS 文字图文混排

任务 3　WPS 文字长文档格式编排

任务 4　WPS 文字表格制作

任务 5　WPS 文稿审阅与共享

学习目标

✧ 会设置文本的字符格式和段落格式。

✧ 会为文本或段落添加边框和底纹。

✧ 会设置图片格式、图文混排。

✧ 会定义样式、创建模板文件。

✧ 会对文档中的表格进行格式编辑及数据计算。

✧ 会进行邮件合并操作。

✧ 会文档审阅与共享。

任务1 创建和排版文稿

文稿排版初探

任务描述

重电云科技有限公司准备对我国航天事业进行宣传，需要完成"天问一号成功着陆火星：美国、欧洲、俄罗斯发文祝贺"文稿的排版输出。样稿效果图如图3.1所示。

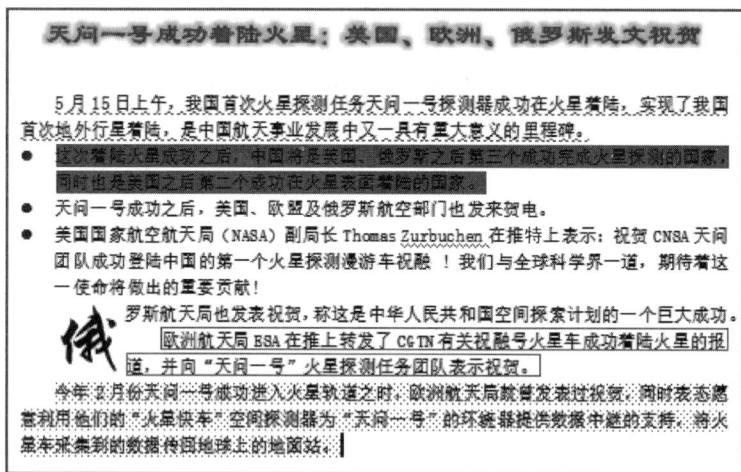

图3.1 "天问一号成功着陆火星：美国、欧洲、俄罗斯发文祝贺"样稿效果图

任务分析

要完成任务，可使用WPS文稿进行编辑和排版，首先应该创建一个文稿，然后进行文本输入，并且对文本进行编辑，包括对文本进行插入、删除、移动、复制、查找、替换、撤销或重复等基本操作；接下来为提高文档的显示效果，可以对文档进行排版处理，包括进行字符格式、段落格式、边框和底纹、首字下沉等格式设置，以及学会使用格式刷；最后对文档中的英文单词进行拼写检查，学习为中文文本添加拼音。

任务实施

任务要求

（1）启动WPS文字，新建一个空白文稿，以"天问一号成功着陆火星：美国、欧洲、俄罗斯发文祝贺.wps"为文件名，保存在"我的电脑"的E盘根目录下。

（2）打开素材文件夹中的"天问一号成功着陆火星.wps"文档，将其复制到"天问一号成功着陆火星：美国、欧洲、俄罗斯发文祝贺.wps"文档中。

（3）输入标题"天问一号成功着陆火星：美国、欧洲、俄罗斯发文祝贺"，将其设置为"隶书、加粗、小三号、深红色、居中对齐"，文本效果为"红色，18pt发光，强调文字颜色2"。

（4）正文各段落字体均设置为"宋体、五号"，首行缩进2字符。

（5）设置标题的段间距为"段后1行"，正文内容行距为"固定值15磅"。

（6）设置正文第1段的首字下沉，字体为"华文行楷"，下沉3行，距正文0厘米。

（7）对正文第 1 段的内容添加红色波浪下画线。

（8）将正文第 2 段文字底纹设置为"浅绿色"，应用于文字。

（9）将各小标题的数字编号设置为"实心圆项目符号"。

（10）设置正文第 3 段文字内容边框为"红色单实线"，宽度为"1.5 磅"。

（11）设置各小标题底纹为"样式 20%"，颜色为"浅蓝"，应用于文字。

（12）操作完成后，选择"文件"选项卡→"保存"命令，保存文件。

实施思路

（1）启动 WPS 文字，选择"文件"选项卡→"文件"菜单→"新建"命令，新建一个 WPS 空白文稿。以"天问一号成功着陆火星：美国、欧洲、俄罗斯发文祝贺.wps"为文件名，保存在"我的电脑"的 E 盘根目录下。

（2）打开素材文件夹中的"天问一号成功着陆火星.wps"文档，将文档中的所有内容复制到"天问一号成功着陆火星：美国、欧洲、俄罗斯发文祝贺.wps"文档中。

（3）输入标题"天问一号成功着陆火星：美国、欧洲、俄罗斯发文祝贺"，将标题"天问一号成功着陆火星：美国、欧洲、俄罗斯发文祝贺"内容选定，选择"开始"选项卡→"字体"组，设置标题字体为"隶书"，加粗，字号为"小三号"，颜色为"深红色"，文本效果为"巧克力黄，5pt 发光，着色 2"，如图 3.2 所示；选择"开始"选项卡→"段落"组，设置标题居中对齐。

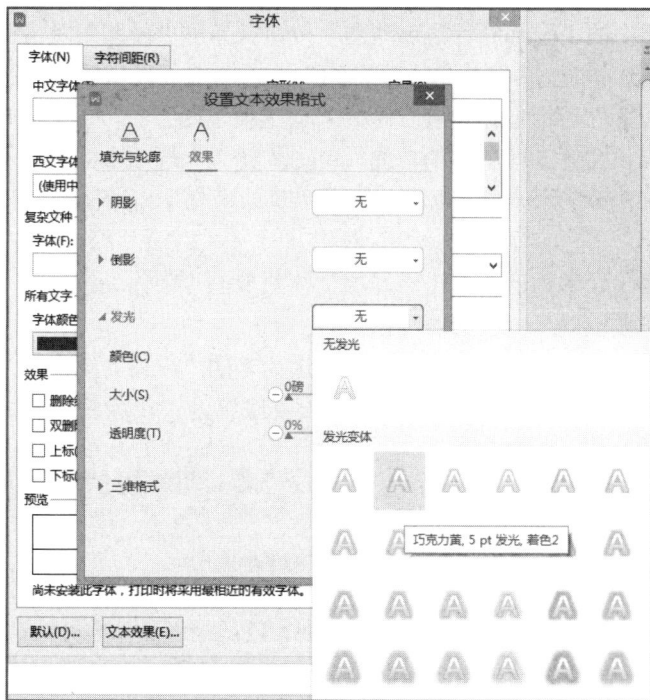

图 3.2 文本效果设置

（4）选定正文所有内容，选择"开始"选项卡→"字体"组，设置字体为"宋体"，字号为"五号"；单击"开始"选项卡的"段落"组中的"段落对话框启动器"按钮，弹出"段落"对话框，设置正文各段首行缩进 2 字符，如图 3.3 所示。

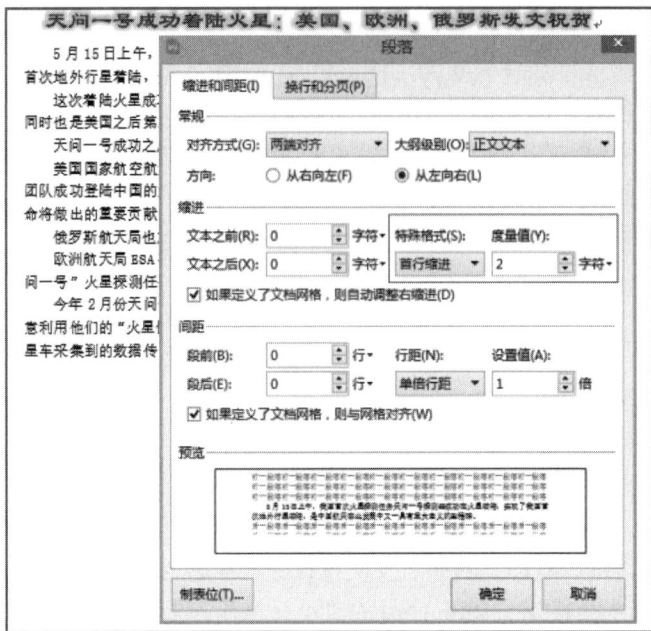

图 3.3　首行缩进 2 字符

（5）选定标题"天问一号成功着陆火星：美国、欧洲、俄罗斯发文祝贺"，单击"开始"选项卡的"段落"组中的"段落对话框启动器"按钮，弹出"段落"对话框，设置标题的段间距为"段后 1 行"；选定正文内容，单击"开始"选项卡的"段落"组中的"段落对话框启动器"按钮，弹出"段落"对话框，设置行距为"固定值 15 磅"。

（6）将光标置于正文第 5 段首字的前面，单击"插入"选项卡的"文本"组中的"首字下沉"按钮，在"首字下沉"对话框中设置字体为"华文行楷"，下沉行数为"3"，距正文为"0"厘米，如图 3.4 所示。

（7）选定正文第 1 段的内容，单击"开始"选项卡的"字体"组中的"下画线"按钮，设置字符的下画线为"波浪线"，颜色为"红色"。

（8）选定正文第 2 段的内容，单击"开始"选项卡的"段落"组中的"边框"按钮，弹出"边框和底纹"对话框，选择"底纹"选项卡，设置底纹为"浅绿色"，应用于为"文字"，如图 3.5 所示。

图 3.4　"首字下沉"对话框

图 3.5　"底纹"选项卡

（9）选定各小标题的数字编号，单击"开始"选项卡的"段落"组中的"项目符号"按钮，选择实心圆项目符号，如图 3.6 所示。

（10）选定正文第 6 段的内容，单击"开始"选项卡的"段落"组中的"边框"按钮，弹出"边框和底纹"对话框，选择"边框"选项卡，设置边框为"方框"，线型为"单实线"，颜色为"红色"，宽度为"1.5 磅"，如图 3.7 所示。

图 3.6　项目符号　　　　　　　　　　　　　图 3.7　"边框"选项卡

（11）选定第 7 段内容，单击"开始"选项卡的"段落"组中的"边框"按钮，弹出"边框和底纹"对话框，选项"底纹"选项卡，设置样式为"20%"，颜色为"浅蓝"，应用于为"文字"。

（12）操作完成后，选择"文件"选项卡→"保存"命令，保存文件。

3.1.1　WPS 文字简介

1. WPS 文字的启动

WPS 2019 支持自主切换窗口管理模式。传统"多组件模式"下，文字、表格、演示和 PDF 四大组件分别单独使用不同窗口，桌面上生成相应的四个图标。新版"整合模式"下，多种类型的文档标签都聚合进同一窗口界面中，桌面上只生成唯一图标。在"多组件模式"下启动 WPS 文字的方法有多种，常用的有以下几种：

选择"开始"→"所有程序"→"WPS 2019"→"WPS 文字"选项，启动 WPS 文字。

双击桌面上已建好的 WPS 文字的快捷方式图标。

双击任意一个 WPS 文档，打开相应的文件。

2. WPS 文字窗口简介

WPS 文字窗口主要包括标题栏、"文件"选项卡、快速访问工具栏、功能区、编辑窗口、显示按钮、滚动条、缩放滑块、状态栏，如图 3.8 所示。

（1）标题栏：显示正在编辑文档的文件名及所使用的软件名。

（2）"文件"选项卡：包含新建、打开、关闭、另存为和打印等基本命令。

（3）快速访问工具栏：包含一些常用命令，如保存和撤销，用户也可以添加个人常用命令。

（4）功能区：包含编辑时需要用到的一些命令，其与其他软件中的菜单或工具栏相同。

WPS 文字概述

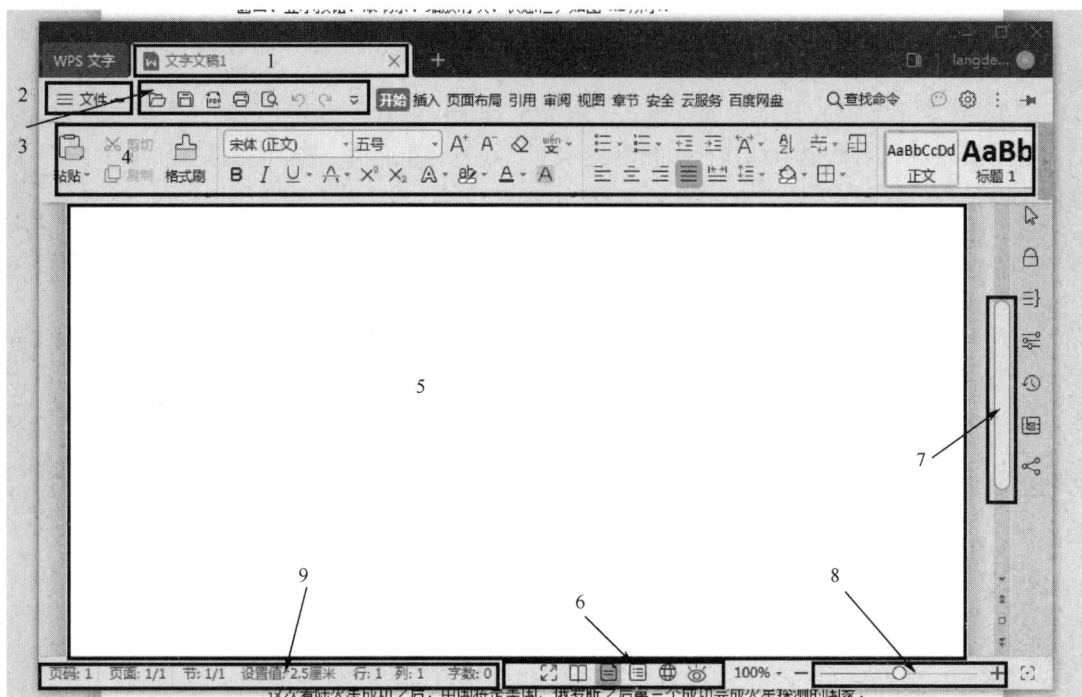

图 3.8　WPS 文字窗口

（5）编辑窗口：显示正在编辑的文档内容。

（6）显示按钮：可用于更改正在编辑文档的显示模式以符合用户要求。

（7）滚动条：可用于更改正在编辑文档的显示位置。

（8）缩放滑块：可用于更改正在编辑文档的显示比例设置。

（9）状态栏：显示正在编辑文档的相关信息。

3. WPS 文字的退出

完成文稿的编辑后要退出 WPS 文字工作环境，常用的方法有以下几种：

单击 WPS 文字窗口右上角的"关闭"按钮。

选择"文件"选项卡中的"退出"命令。

在标题栏上右击，在弹出的快捷菜单中选择"关闭"命令。

3.1.2　创建文稿

1. 新建文稿

在 WPS 文字中，用户不仅可以新建没有内容的空白文稿，还可以使用 WPS 模板快速建立 WPS 文稿。

（1）文稿：启动 WPS 文字时，在窗口中单击"新建"按钮，创建一个默认文件名为"文字文稿 1"的空白文档；或者选择"文件"选项卡→"文件"→"新建"选项，如图 3.9 所示，也可创建一个空白文档。

（2）创建文稿：WPS 文字提供了很多设置好的文档模板，如图 3.10 所示，也可以通过选择不同的模板快速创建各种类型的文稿，如公文、合同协议、计划报告等。

图 3.9　新建文档

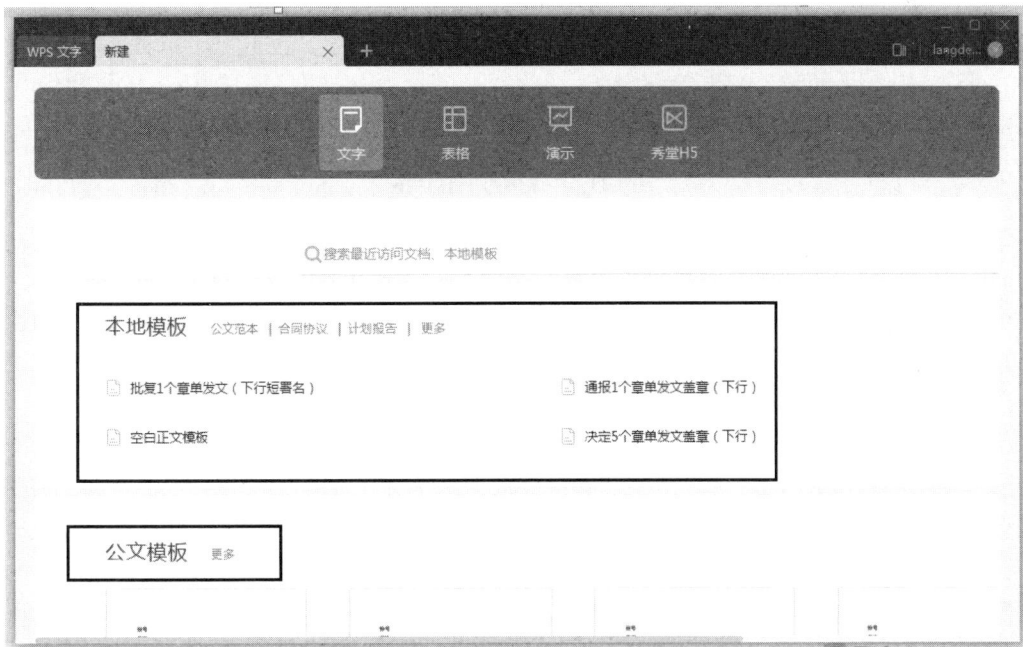

图 3.10　按模板创建文稿

2. 保存文稿

在 WPS 文字中，中断工作或退出时必须保存文稿，否则，文稿会丢失。保存文稿后，文稿将以文件的形式存储在计算机中，可以打开、修改和打印该文稿。

（1）新文稿保存：单击"快速访问工具栏"中的按钮，或者单击"文件"选项卡中的"保存"按钮，都可以保存文档。如果是第一次保存文稿，单击"保存"按钮后会弹出"另存为"对话框，如图 3.11 所示。

（2）文档另存为：如果要修改文档保存的名称或保存的位置，则单击"文件"选项卡中的"另存为"按钮，弹出"另存为"对话框，如图 3.11 所示，根据需要选择新的存储路径或输入新的文档名称即可。

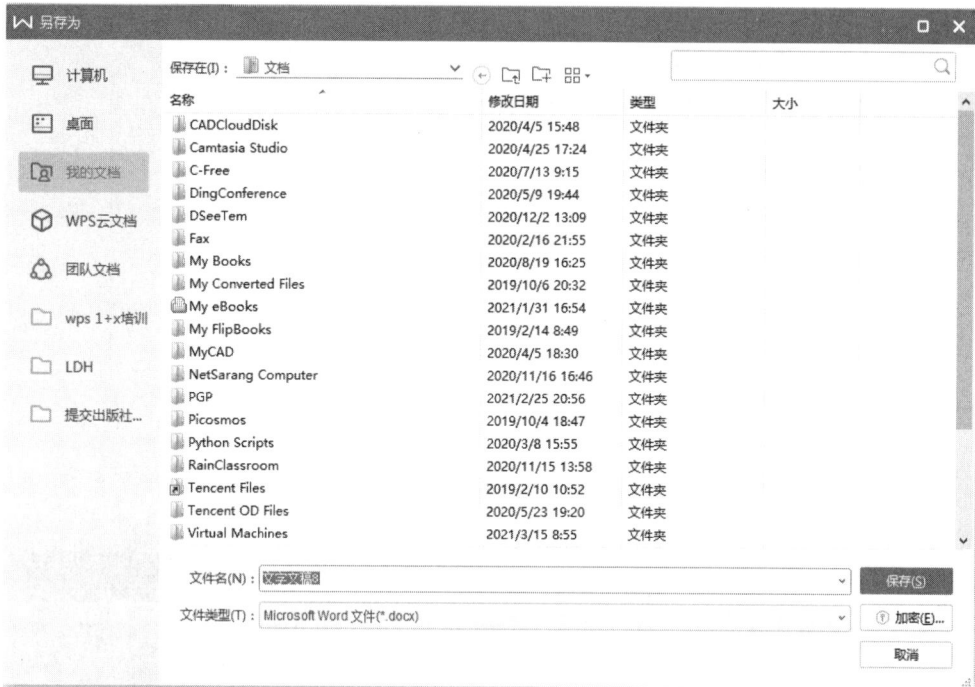

图 3.11 "另存为"对话框

（3）保存与另存为的区别：对于在 WPS 文字窗口中新建的文稿，保存和另存为的作用是相同的，都会弹出"另存为"对话框，可以选择保存的位置和名称等；对于已经保存的文档，两者是有区别的，保存不会弹出"另存为"对话框，只是对原来文件进行覆盖，另存为时会弹出"另存为"对话框，可以选择保存的位置和名称，不会对文件的原件进行修改，而是在另外一个选择路径进行一个全新文件的保存，但如果不改变路径和名称，则会替换原文件。

（4）文档保存类型：WPS 文字默认保存为扩展名为.wps 的文字文件。可以通过图 3.11 中"文件类型"下拉列表中的选项更改文档的保存类型，选择"Word97-2003 文档"选项可将文档保存为 Word 的多种类型（如 doc、doc 等），也可以选择"PDF"保存为 PDF 类型的文件。

3.1.3　编辑文稿

文稿编辑是 WPS 文字的基本功能，主要完成文本的输入、选择、移动、复制等基本功能，并且为用户提供查找和替换等功能。

1. 打开文档

对已经存在的 WPS 文稿，在对文稿进行编辑之前，首先必须打开文稿文件。打开的方法：可以直接双击要打开的文件图标；也可以先启动 WPS 文字，再单击"文件"选项卡中的"打开"按钮，在弹出的"打开"对话框中选择要打开的文件。

2. 输入文本

打开 WPS 文字后，利用 WPS 的"即点即输"功能，用户可以在文档的任意位置通过光标快速定位插入点，进行输入操作，被输入的内容显示在光标所在处。

（1）普通文本的输入：用户只需将光标置于指定位置，选择合适的输入法后就可以进行文本录入操作。

（2）特殊符号的输入：在输入文本时，一些键盘上没有的特殊符号（如俄、日、希腊文字，数学符号，图形符号等），除了利用汉字输入法中的软键盘，WPS文字还提供了"插入符号"功能。先把光标置于要插入符号的位置，然后单击"插入"选项卡的"符号"组中的"符号"按钮，在弹出的下拉菜单中会列出最近插入过的符号和"其他符号"按钮。如果需要插入的符号在列表框中，则单击该符号即可；否则，单击"其他符号"按钮，弹出如图3.12所示的"符号"对话框。在该对话框的"字体"下拉列表中选择适当的字体（如普通文本），在符号列表框中选择所需插入的符号，单击"插入"按钮，就可以将所选择的符号插入文档的插入点处。

图3.12 "符号"对话框

3．选择文本

在对文本进行编辑排版之前，先要选定相关文本。从要选定文本的起点处按下鼠标左键，一直拖动至终点处松开鼠标即可选择文本，选中的文本将以蓝底黑字的形式出现。

如果将鼠标指针移到文档左侧的空白处，则指针会变为指向右上方的箭头。此时，单击鼠标，可选定当前这行文字；双击鼠标，可选定当前这段文字；三击鼠标，可选定整篇文字。

4．插入和删除文本

插入文本：在插入文本时，需要确认当前文档是处于"插入"方式还是"改写"方式。在插入方式下，只要将光标移到需要插入文本的位置，输入新文本，光标右边的字符即可随着新文本的输入逐一向右移动；在改写方式下，光标右边的字符将被新输入的字符所替代。在WPS文字窗口左下方的状态栏上可以显示和切换输入方式，如图3.13所示，按"Insert"键也可以实现改写和插入状态的切换。

图3.13 状态栏

删除文本：将光标移到要删除字符的左边，然后按"Delete"键，或者将光标移到此字符的右边，然后按"Backspace"键即可，也可以选中文本后按"Delete"/"Backspace"键进行块删除。

5. 复制和移动文本

当需要录入文档中的已有内容时，可以通过复制操作来完成。先选中文本，然后右击，在弹出的快捷菜单中选择"复制"命令，接着将光标移到目的位置后右击，在弹出的快捷菜单中选择"粘贴"命令中的合适选项即可完成文本的复制。文本的复制还可以通过快捷键"Ctrl+C"或"开始"选项卡中的"复制"按钮来完成。

文本的移动操作：选择要移动的文本，进行"复制"，将光标移到目标位置，进行"粘贴"，删除原位置文本，或者选择要移动的文本，按下鼠标左键并移动至目标位置后松开鼠标左键。

6. 查找和替换文本

查找：利用 Word 的查找功能可以方便、快速地在文档中找到指定文本。单击"开始"选项卡的"查找和替换"组中的"查找"按钮或按"Ctrl+F"组合键，弹出如图 3.14 所示的"查找和替换"对话框。在"查找内容"文本框中输入要查找的关键字后按"Enter"键，即可列出整篇文档中所有包含该关键字的匹配结果项，并且在文档中高亮显示相匹配的关键字。

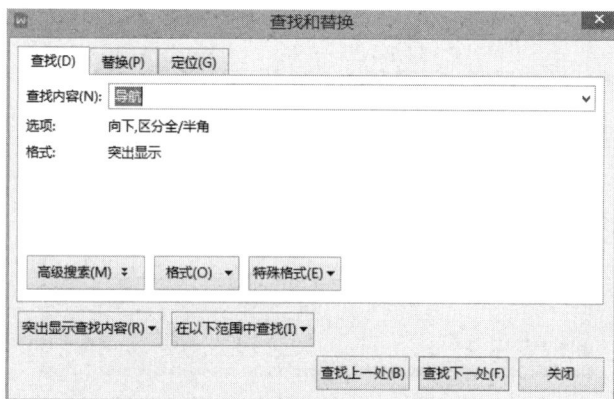

图 3.14 "查找和替换"对话框（1）

替换：替换操作是在查找操作的基础上进行的。单击"开始"选项卡的"查找和替换"组中的"替换"按钮或按"Ctrl+H"组合键，弹出如图 3.15 所示的"查找和替换"对话框，在"查找内容"文本框中输入要查找的内容，在"替换为"文本框中输入要替换的内容，单击"格式"下拉按钮，在弹出的下拉列表中，有字体、段落、样式等选项；选择"样式"选项，弹出如图 3.16 所示的"替换样式"对话框，根据需要对样式进行设置后，单击"确定"按钮，返回"查找和替换"对话框，根据情况单击"替换"按钮或"全部替换"按钮进行替换操作。

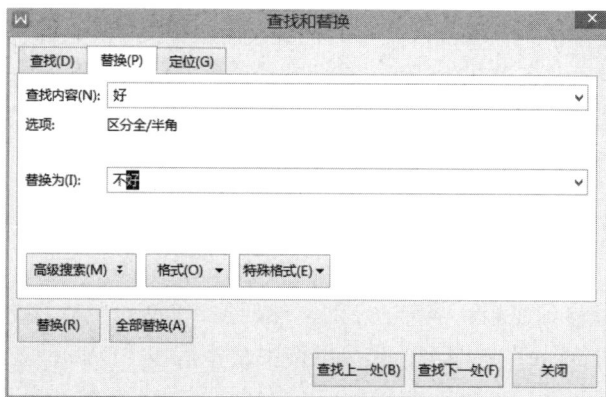

图 3.15 "查找和替换"对话框（2）

图 3.16　"替换样式"对话框

7. 撤销和重复

对于编辑过程中的误操作，可以通过单击"快速访问工具栏"中的"撤销"按钮来挽回；对于所撤销的操作，可以通过"重复"按钮来恢复，如图 3.17 所示。

图 3.17　"撤销"按钮和"重复"按钮

8. 插入另一个文档

利用插入文件的功能，可以将几个文档连接成一个文档。其操作步骤是单击"插入"选项卡中的"对象"按钮，在弹出的下拉列表中选择"文件中的文字"命令，弹出"插入文件"对话框，然后在该对话框中选定所要插入的文档即可。

3.1.4　排版文稿

文稿编辑完成后，要对整篇文稿进行排版，使得文稿具有美观的视觉效果，通常排版要在页面视图下进行。

1. 视图模式

WPS 文字中提供了多种视图模式供用户选择，主要包括 5 种视图模式，即阅读版式视图、页面视图、大纲视图、Web 版式视图、导航窗格。

（1）阅读版式视图。自动布局文稿内容，轻松翻阅文稿。

（2）页面视图。可以显示文档的打印结果外观。

（3）大纲视图。主要用于设置和显示 WPS 文稿的标题层级结构。

（4）Web 版式视图。以网页的形式显示 WPS 文档。

（5）导航窗格。可选择导航窗格的显示位置。

如果要切换视图方式，可以单击"视图"选项卡的"文档视图"组中所需要的视图模式按钮，如图 3.18 所示，也可以在 WPS 文稿窗口的右下方单击"视图"按钮选择视图。

图 3.18　WPS 文档视图

2．段落格式的设置

WPS 中以一个回车换行符表示一段，段落格式的设置主要包括段落对齐方式、段落缩进、段落间距、行间距等。设置的方法：先选定段落，然后单击"开始"选项卡的"段落"组中的相关按钮，如图 3.19 所示；或者单击图 3.19 右下角的"段落对话框启动器"按钮，通过弹出的"段落"对话框来设置段落格式，如图 3.20 所示。

段落对齐方式分为左对齐、右对齐、居中、两端对齐和分散对齐 5 种。

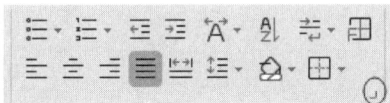

图 3.19　"开始"选项卡中的"段落"组　　　　图 3.20　"段落"对话框

段落缩进：决定段落到左、右页边距的距离。段落的缩进方式有左缩进、右缩进、首行缩进和悬挂缩进 4 种。

段落间距：指所选段落与上一段落或下一段落之间的距离。

行间距：指所选段落中相邻两行之间的距离。行间距、段落间距的单位可以是厘米、毫米、磅、英寸、当前行距的倍数。

3．字符格式的设置

字符格式的设置主要包括对字符字体、字型、字号、颜色、下画线、着重号等的设置。对字符格式的设置决定了字符在屏幕上显示和打印输出的样式，可以通过功能区、对话框和浮动工具栏来完成对字符格式的设置。需要注意的是，不管使用哪种方式，都需要在设置前先选择字符，即先选中再设置。

（1）通过"开始"选项卡中的"字体"组来设置字符格式：先选定要设置格式的文本，然后单击"开始"选项卡的"字体"组中的相关按钮，完成字符格式的设置，如图 3.21 所示，包括字体、字号、加粗、倾斜、下画线、文字颜色、文本效果等格式的设置。

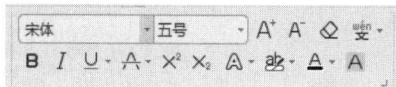

图 3.21 "开始"选项卡中的"字体"组

（2）通过"字体"对话框来设置字符格式：先选定要设置格式的文本，单击图 3.21 右下角的"字体对话框启动器"按钮，弹出如图 3.22 所示的"字体"对话框，进行字符格式设置。

（3）通过浮动工具栏来设置字符格式：选中字符并将光标置于其后，在选中字符的右上角会出现如图 3.23 所示的浮动工具栏，利用其进行字符格式设置的方法与通过功能区的命令按钮进行设置的方法相同。

图 3.22 "字体"对话框

图 3.23 浮动工具栏

4. 首字下沉

在一篇文档中，把段落的第一个字进行首字下沉的设置可以突显段落的位置和整个段落的重要性，从而起到引人入胜的效果。首字下沉的具体操作是先将插入点移到要设置首字下沉段落的任意处，然后单击"插入"选项卡的"文本"组中的"首字下沉"按钮，在弹出的下拉框中选择"无""下沉"和"悬挂"三种首字下沉格式选项命令中的一种，如果选择"无"，则如图 3.24 所示。如果需设置更多"首字下沉"格式的参数，则可以单击下拉框中的"下沉"格式选项命令，弹出"首字下沉"对话框进行设置，如图 3.25 所示。

5. 格式刷

使用格式刷可以将文本格式进行复制，此处所指的格式不仅包括字符格式，还包括段落格式、项目符号设置等。

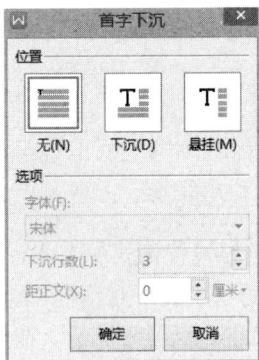

图 3.24　选择"无"格式选项命令　　　图 3.25　"首字下沉"对话框

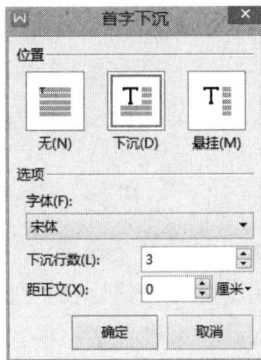

先选定设置好格式的文本，然后单击"开始"选项卡的"剪贴板"组中的"格式刷"按钮，如图 3.26 所示，此时鼠标指针变为刷子形状，再将鼠标移到要复制格式的文本开始处，拖动鼠标到要复制格式的文本结束处，放开鼠标即可完成格式复制。

"格式刷"按钮使用一次后，格式刷功能就会自动关闭。如果需要连续多次使用某文本格式，则必须双击"格式刷"按钮，然后用格式刷去刷其他文本。

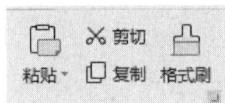

图 3.26　格式刷

6. 边框和底纹设置

WPS 提供了各种现成的和可以自定义的图形边框、底纹方案和填充效果，用来强调文字、表格和表格单元格、图形，以及整个页面，从而增加用户对文档内容的兴趣和关注程度，并且能够对文档起到美化效果。

设置边框和底纹时，先选定要设置的文本，然后单击"开始"选项卡的"段落"组中的"边框"按钮或"底纹"按钮，如图 3.27 所示，在弹出的下拉框中选择需要的命令。

如果想对边框和底纹进行进一步设置，则可以选择下拉框中的"边框和底纹"命令，在弹出的"边框和底纹"对话框中进行相应的边框和底纹设置，如图 3.28 和图 3.29 所示。在设置边框和底纹的时候，需要注意的是，边框和底纹的应用范围可以是文字也可以是段落，在"边框和底纹"对话框的"边框"或"底纹"选项卡中的"应用于"列表框中可以进行相应选择。

7. 项目符号和编号

项目符号和编号是放在文本前的符号或数字，可以起到强调作用。合理使用项目符号和编号，可以使文档的层次结构更清晰、更有条理，并且能提高文档编辑的速度。先选定要添加项目符号的文字，然后单击"开始"选项卡的"段落"组中的"项目符号"按钮，也可单击该按钮旁边的向下箭头，弹出"项目符号"列表框，如图 3.30 左图所示。若需选择其他符号可在"项目符号"引表框下面选择"自定义项目符号"选项，弹出"项目符号和编号"对话框，如图 3-30 右图所示。在该对话框中选择项目符号中的一种，单击右下角的"自定义"按钮，弹出"自定义项目符号列表"对话框，如图 3.31 左图所示，单击"字符"按钮，弹出"符号"对话框，如图 3-31 右图所示，单击所需要添加的符号即可。给文本添加项目编号的操作与此类似。

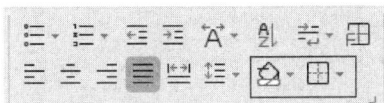

图 3.27 "边框"按钮和"底纹"按钮

图 3.28 "边框"选项卡

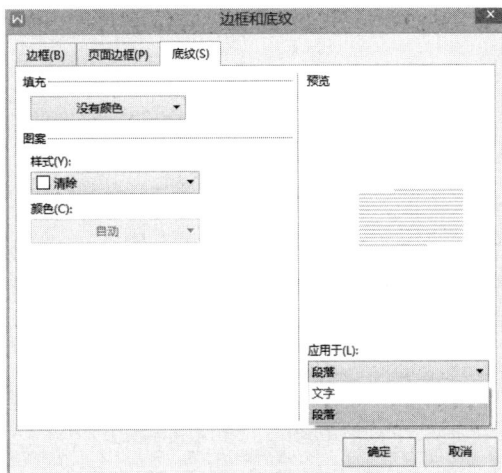

图 3.29 "底纹"选项卡

图 3.30 "项目符号"列表框和"项目符号和编号"对话框

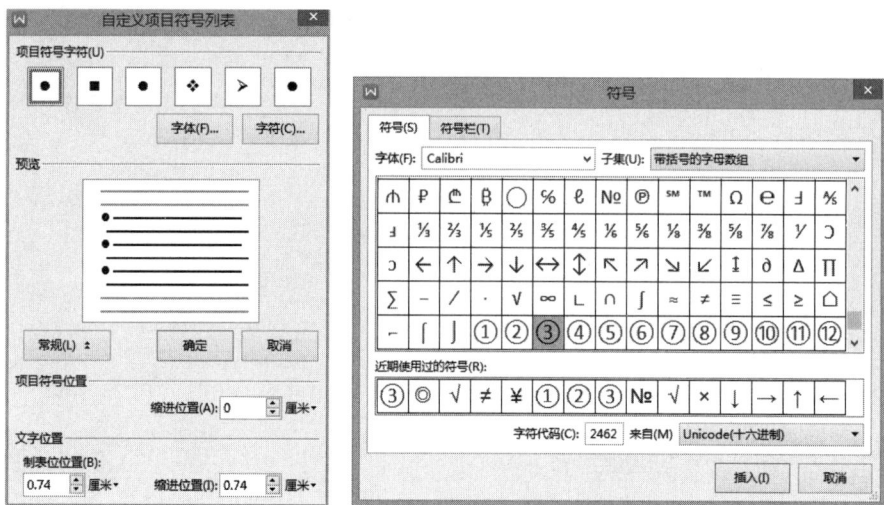

图 3.31 "自定义项目符号列表"对话框和"符号"对话框

8. 拼写检查

使用 WPS 文字进行输入时，在默认情况下许多应用程序会自动检查拼写是否正确。如果有的语句下标有红色波浪线，则表示应用程序认为该语句拼写有误；如果显示绿色波浪线，则表示应用程序认为这段语句可能存在语法错误。如果想对整篇文档进行检查，可以先将光标移至文档开始位置，然后单击"审阅"选项卡的"校对"组中的"拼写检查"按钮，如图 3.32 所示。在弹出的"拼写检查"对话框中会突出显示第一个错误，可选择想进行的操作。按照这种方法重复检查，直到弹出拼写检查已经完成的对话框，再单击"确定"按钮，如图 3.33 所示。

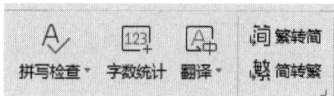

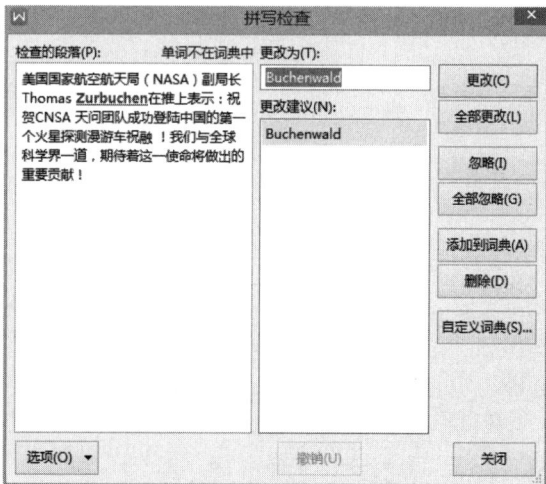

图 3.32 "拼写检查"按钮　　　　　　图 3.33 "拼写检查"对话框

9. 添加拼音

如果要在中文排版时给中文添加拼音，需要先选定添加拼音的文字，然后单击"开始"选项卡的"字体"组中的"其他选项"下拉按钮，在弹出的下拉列表中选择"拼音指南"命令，弹出"拼音指南"对话框，如图 3.34 所示。在该对话框中可以对"拼音文字"进行修改，也可以对拼音最后的显示效果通过"对齐方式""偏移量""字体""字号"选择框进行调整。

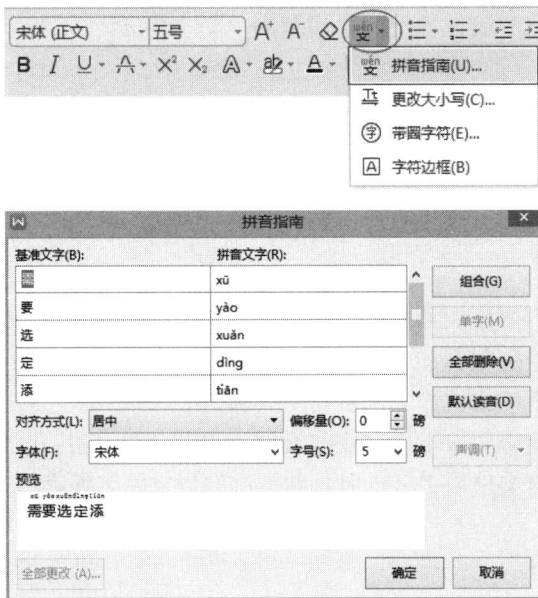

图 3.34　添加拼音

拓展训练——WPS 文稿排版

1. "云计算优势" 文稿排版

打开素材文件夹中的"云计算优势.wps"文档，对"云计算优势"文稿进行排版，排版效果图如图 3.35 所示。

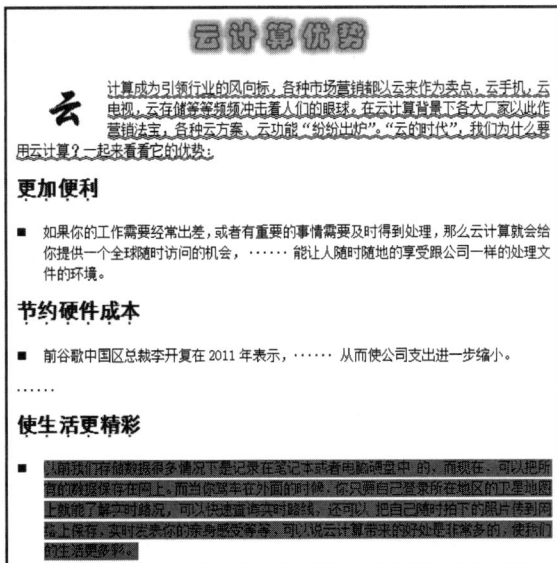

图 3.35　"云计算优势"文稿排版效果图

（1）新建一个空白文档，打开素材文件夹下的"云计算优势.wps"文件，将文本复制到空白文档中。

（2）将文档标题文字"云计算优势"设置为"华文彩云，二号"，字符间距加宽 3 磅，并且为其添加"填充-蓝色，透明强调文字颜色 1，轮廓-强调文字颜色 1"的文本效果，段落为"段前段后间隔 1 行"，对齐方式为"居中对齐"。

（3）正文各段落文字均设置为"宋体，五号"，段落为"首行缩进 2 字符"，行距为"1.5 倍、两端对齐"。

（4）设置正文第 1 段的首字下沉，字体为"华文行楷"，下沉为"2 行"，距正文为"0.5 厘米"。

（5）为正文第 1 段内容添加紫色双波浪下画线。

（6）设置二级子标题加粗、加着重符。

（7）为二级子标题下的正文添加项目符号"■"。

（8）将"使生活更精彩"以下内容底纹设置为"蓝色"，应用于"文字"。

（9）操作完成后，将文件以"云计算优势.wps"为文件名保存在"我的电脑"E 盘的根目录下。

2. "工匠精神的内涵"文稿排版

打开素材文件夹中的"工匠精神的内涵.wps"文档进行排版，排版效果图如图 3.36 所示。

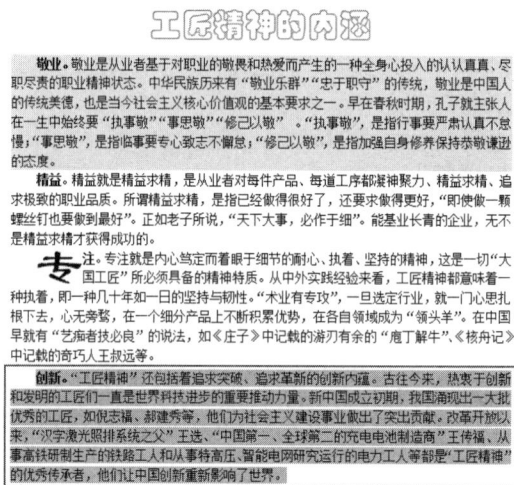

图 3.36 "工匠精神的内涵"文稿排版效果图

（1）打开"项目四素材"文件夹下的"工匠精神的内涵.wps"文件。

（2）将文档标题文字"工匠精神的内涵"设置为"华文彩云，一号"，并且为其添加"渐变填充-橙色，强调文字颜色 6，内部阴影"的文本效果，对齐方式为"居中对齐"。

（3）正文各段落文字均设置为"宋体，五号"，段落为"首行缩进 2 字符"，行距为"单倍行距、两端对齐"。

（4）为正文第 1 段加上样式 15%的底纹，应用于"段落"。

（5）将正文第 3 段设置为"首字下沉，隶书，下沉 2 行"。

（6）将正文最后的文字底纹设置为"浅绿色"，应用于"文字"，边框设置为"红色单实线"，宽度为"1.5 磅"。

（7）正文前 2 个字加粗。

3. 添加拼音

打开素材文件夹中的"拼音添加.wps"文档，给文本排版并添加拼音，效果图如图 3.37 所示。

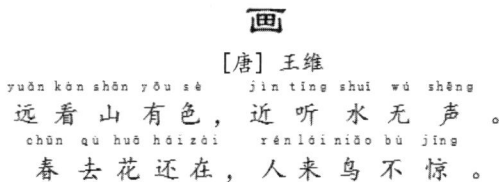

图 3.37 添加拼音效果图

（1）将文档标题文字"画"设置为"隶书，一号"，"[唐]王维"设置为"楷体，四号"。

（2）将正文文字设置为"楷体，三号"，字符间距加宽 3 磅。

（3）给文本添加拼音，并且设置拼音的对齐方式为"居中"，偏移量为"3 磅"，字体为"宋体"，字号为"8 磅"，将所有内容居中。

（4）操作完成后，将文件以"拼音添加.wps"为文件名保存在"我的电脑"E 盘的根目录下。

任务2 WPS 文字图文混排

WPS 图文混排初探

🡢 任务描述

为了加强公司员工之间的了解、交流与协作，重电云科技有限公司决定组织员工到九寨沟参观考察，现在需要制作一份"美丽的九寨沟"的文稿，样稿效果图如图 3.38 所示。

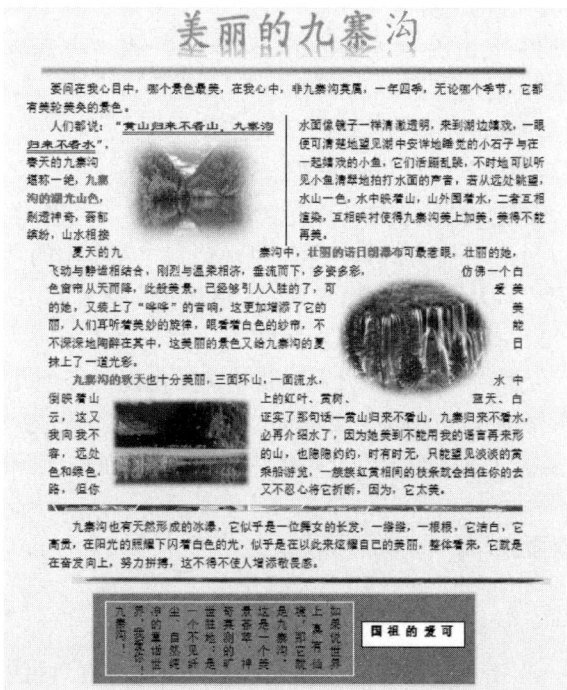

图 3.38 "美丽的九寨沟"样稿效果图

➡ 任务分析

对文稿进行排版时，首先应进行整体的页面设置，包括纸张大小、页边距等的设置，如果后做这些工作，将会增加工作量；本文稿的中间部分都是单行段落，并且文字量小，因此要进行分栏处理；标题是艺术字，既美观又突出；文稿中会用到一些图片，在进行图文混排时要注意整体美观；在文稿的最后要把一些文字放在文本框中，并对文本框的内容及轮廓进行设置。

➡ 任务实施

任务要求

打开素材文件——美丽的九寨沟.wps，按以下要求进行编辑。

（1）纸张方向：设置页面纸张方向为纵向。

（2）页面布局：设置页边距上、下都为 2 厘米，左、右都为 2.5 厘米。

（3）设置页面背景颜色为"白色背景 1，深色 5%"。

（4）将各段正文内容设置为"首行缩进 2 字符"，将第 2～5 段设置成栏宽相等的两栏格式，并显示分隔线。

（5）艺术字设置：将标题"美丽的九寨沟"设置为艺术字样式"填充-橙色，着色 4，软边缘，渐变轮廓-浅绿，着色 6，深色 50%"，文本填充为"绿色"，文本轮廓为"浅绿"，文本效果为"倒影"中的"半倒影，接触"，文本环绕设置为"上下型环绕"，文字设置为"华文楷体，小初"。

（6）设置"黄山归来不看山，九寨沟归来不看水"的文字为"隶书，小四号"，颜色为"深蓝"，添加双实线下画线，颜色设置为"红色"。

（7）设置"九寨沟的湖光山色""壮丽的诺日朗瀑布"和"九寨沟的秋天"的文字为"宋体，五号，加粗"，颜色为"红色"。

（8）在倒数第 3 段后面插入图片分隔线"1.jpg"。

（9）在倒数第 2 段后面插入图片分隔线"2.jpg"。

（10）在样稿中所示位置分别插入图片"九寨沟的湖.jpg""九寨沟的瀑.jpg"和"九寨沟的秋.jpg"，调整至合适的大小，环绕方式为"紧密型环绕"，"九寨沟的湖.jpg""九寨沟的瀑.jpg"的样式为"柔化边缘矩形"，大小为"4 厘米高，5 厘米宽"，"九寨沟的秋.jpg"的样式为"柔化边缘椭圆"，大小为"3.5 厘米高，5.5 厘米宽"。

（11）在样稿中所示位置绘制矩形，设置形状轮廓颜色为"橙色"，粗细为"1.5 磅"。

（12）在绘制的矩形形状上放置三个文本框，无边框，左、右为"横排文本框"，中间为"竖排文本框"，按照样稿将文本内容放到文本框中，并将绘制的矩形和三个文本框组合成一个整体。

（13）打印设置：双面打印。

实施思路

1. 页面布局

（1）设置纸张方向：单击"页面布局"选项卡的"页面设置"组中的"纸张方向"按钮，在下拉列表中选择"纵向"即可设置纸张方向。

（2）设置页边距：单击"页面布局"选项卡的"页面设置"组中的"页边距"按钮，在下拉列表中选择"自定义边距"命令，弹出如图 3.39 所示的对话框；在该对话框中设置页边距上、下都为 2 厘米，左、右都为 2.5 厘米。

（3）设置页面背景：单击"页面布局"选项卡的"页面背景"组中的"背景"按钮，在下拉列表中选择主题颜色为"白色，背景 1，深色 5%"。

（4）分栏：选中第 2 段正文内容，设置"首行缩进 2 字符"，单击"页面布局"选项卡的"页面设置"组中的"分栏"按钮，在下拉列表中选择"更多分栏"命令，弹出"分栏"对话框，如图 3.40 所示；在该对话框中选择"两栏"，勾选"分隔线"复选框和"栏宽相等"复选框，应用于选择"所有文字"。

图 3.39　"页面设置"对话框　　　　图 3.40　"分栏"对话框

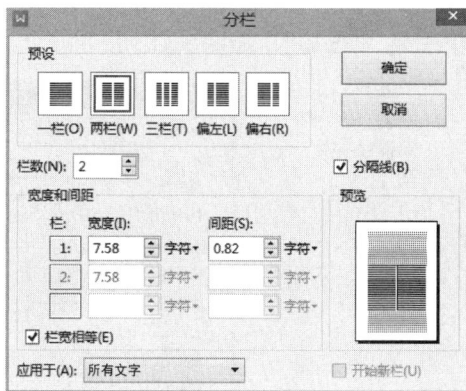

2. 艺术字设置

（1）选择标题文本，设置文字为"华文楷体，小初"，单击"插入"选项卡的"文本"组中的"艺术字"按钮，选择艺术字样式为"填充-橙色，强调文字颜色 6，渐变轮廓-强调文字颜色 6"。

（2）设置艺术字格式：单击"绘图工具格式"选项卡的"艺术字样式"组中的"文本填充"按钮，选择标准色中的"浅绿"；单击"文本轮廓"按钮，选择标准色中的"浅绿"；单击"文本效果"按钮，选择"映像"中的 "紧密映像，接触"。

（3）设置文字环绕：单击"绘图工具格式"选项卡的"排列"组中的"自动换行"按钮，在下拉列表中选择"上下型环绕"。

3. 文本设置

（1）选中"黄山归来不看山，九寨沟归来不看水"的内容，设置文字为"隶书，三号"，颜色为"深蓝"。

（2）选中"九寨沟的湖光山色""壮丽的诺日朗瀑布"和"九寨沟的秋天"，设置文字为"宋体，五号，加粗"，颜色为"红色"。

（3）选中"黄山归来不看山，九寨沟归来不看水"，单击"开始"选项卡的"字体"组中的"下画线"按钮，在弹出的下拉框中选择双实线，设置下画线颜色为"红色"即可。

4. 插入图片

（1）将光标置于倒数第 3 段后面，按"Enter"键换行，再将光标置于空白行中，单击"插入"选项卡的"插图"组中的"来自文件"按钮，插入图片"1.jpg"，单击"绘图工具"选项卡中的"文字环绕"按钮，设置环绕方式为"嵌入型"，调整图片宽度。

（2）用（1）的实现方式在倒数第 2 段后面，插入图片分隔线"2.jpg"。

（3）将光标定位到样稿中所示位置，分别插入"九寨沟的瀑.jpg""九寨沟的湖.jpg"和"九寨沟的秋.jpg"（如果图片不能正常显示，则将图片所在的行距设置为单倍行距），设置环绕方式为"紧密型环绕"，"九寨沟的瀑.jpg""九寨沟的湖.jpg"的样式为"柔化边缘矩形"，大小为"4 厘米高，5 厘米宽"，"九寨沟的秋.jpg"的样式为"柔化边缘椭圆"，大小为"3.5 厘米高，5.5 厘米宽"。

5. 绘制形状

单击"插入"选项卡的"插图"组中的"形状"按钮，选择矩形，在样稿中的相应位置绘制矩形。在"设置对象格式"对话框中，设置形状填充颜色为"白色"，形状线条颜色为"橙色"，粗细为"1.5 磅"，如图 3.41 所示。

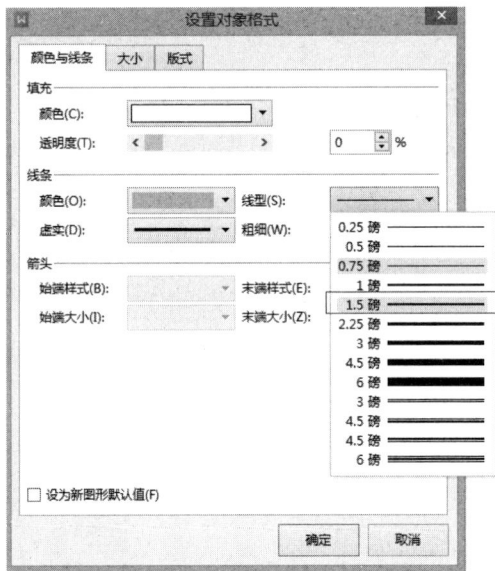

图 3.41 "设置对象格式"对话框

6. 设置文本框

（1）单击"插入"选项卡的"文本"组中的"横向"按钮，选择绘制文本框，放在绘制的矩形左边，文本框形状轮廓无，添加效果图中的文本数据；选择绘制竖排文本框，文本框形状轮廓无，添加文本信息"可爱的祖国"；选择绘制文本框，放在绘制的矩形右边，文本框形状轮廓无，添加效果图中的文本数据。

（2）按住"Shift"键的同时选定矩形和文本框，右击，在弹出的快捷菜单中选择"组合"命令。

7. 打印设置

将光标置于第 1 页中，单击"文件"→"打印"按钮，选定"双面打印"及设置面码范围、打印份数等内容，设置完成后单击"确定"按钮，即可打印输出。

3.2.1　页面布局

1. 纸张方向

纸张方向分为纵向和横向两种。单击"页面布局"选项卡的"页面设置"组中的"纸张方向"按钮，在弹出的下拉列表中进行选择即可。

2. 页边距

页边距指文本内容四周距纸边的距离，包括上、下、左、右边距。单击"页面布局"选项卡的"页面设置"组中的"页边距"按钮，可以看到 WPS 提供的一些默认选项，也可以在下拉列表中选择"自定义边距"，在弹出的"页面设置"对话框的"页边距"选项卡中进行设置，如图 3.42 所示。

3. 纸张大小

单击"页面布局"选项卡的"页面设置"组中的"纸张大小"按钮，在下拉列表中有多种预设的纸张大小，如图 3.43 所示；也可以根据需要选择该下拉列表中的"其他页面大小"命令，在弹出的"页面设置"对话框的"纸张"选项卡中进行设置。

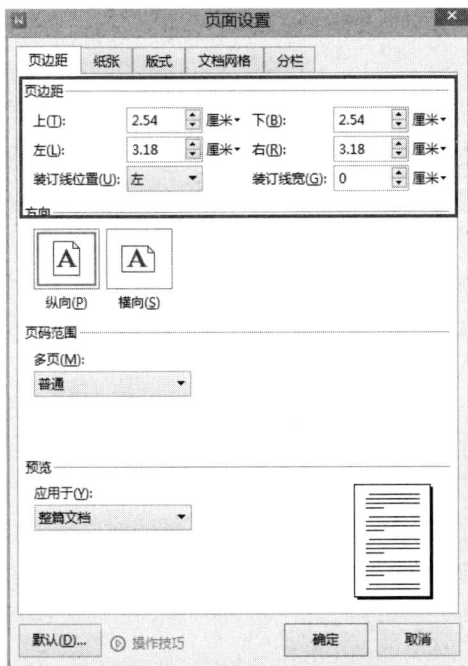

图 3.42　"页面设置"对话框　　　　图 3.43　纸张大小下拉列表

4. 页面颜色

页面的背景可以是纯粹的颜色，也可以是图案或纹理。单击"页面布局"选项卡中的"背景"按钮，弹出如图 3.44 所示的下拉列表，在下拉列表的颜色面板中，用户可以选择自己喜欢的颜色。选择"页面布局"选项卡→"背景"→"其他背景"，单击"渐变"按钮，弹出"填充效果"对话框，如图 3.45 所示，在该对话框中有"渐变""纹理""图案"和"图片"4 个选项卡，用于设置特殊的填充效果，设置完成后单击"确定"按钮即可。在设置页面背景颜色时，要注意不能影响对文本内容的阅读。

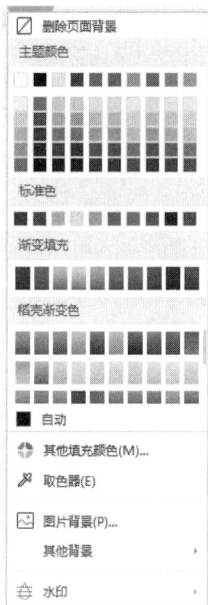

图 3.44　页面颜色下拉列表

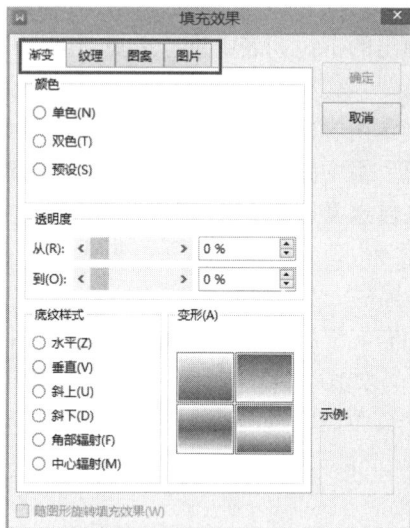

图 3.45　"填充效果"对话框

5. 分栏

分栏是将文档中的文本分成两栏或多栏，是进行文档编辑的一种基本方法。选中要分栏的文本，单击"页面布局"选项卡的"页面设置"组中的"分栏"按钮，在弹出的分栏列表中有"一栏""两栏""三栏"选项。

如果想对分栏进行更复杂的设置，如栏宽、间距等，可在下拉列表中选择"更多分栏"命令，弹出"分栏"对话框，在该对话框中取消对"栏宽相等"复选框的选定，即可分别设置各栏的宽度及栏间距，如图 3.46 所示。"应用于"选项可以用来设置分栏范围，分栏可以应用于"整篇文档"，也可以应用于所选文本。如果分栏后需要显示分隔线，可勾选图 3.46 中的"分隔线"复选框，设置完成后单击"确定"按钮。

图 3.46　"分栏"对话框

3.2.2 艺术字

艺术字是一种包含特殊文本效果的绘图对象。可以对艺术字进行旋转、着色、拉伸或调整字间距等操作，以达到最佳效果。

1. 插入艺术字

将鼠标放在要插入艺术字的位置，单击"插入"选项卡的"文本"组中的"艺术字"按钮，在打开的艺术字预设样式面板中选择合适的艺术字样式。此时文档中将自动插入含有默认文字"请在此放置您的文字"和所选样式的艺术字，并且在功能区将显示"绘图工具"的上下文菜单。

2. 编辑艺术字

选择要修改的艺术字，选择"绘图工具格式"选项卡，在功能区将显示艺术字的各类操作按钮，如图 3.47 所示。

图 3.47 "绘图工具格式"选项卡

在"艺术字样式"分组中，可以重新选择艺术字的外观样式，单击"填充"按钮，可以对艺术字填充颜色或纹理；单击"轮廓"按钮，可以对艺术字轮廓的颜色、线型、粗细等进行设置；单击"形状效果"按钮，可以为艺术字添加阴影、倒影、发光、三维旋转等效果。

3.2.3 图形处理

1. 图片

（1）插入图片。

单击"插入"选项卡的"插图"组中的"图片"按钮，弹出"插入图片"对话框，在本地磁盘中选择自己所需的图片后，单击"插入"按钮即可。插入图片之后，在功能区将会显示"图片工具"选项卡，选择该选项卡，功能区将显示图片的各类操作按钮，插入图片后的效果如图 3.48 所示。

图 3.48 插入图片后的效果

（2）文字环绕。

环绕决定了图片之间及图片和文字之间的位置关系。单击"图片工具"选项卡中的"文字环绕"按钮，在下拉菜单中可以选择图片的环绕方式，如图3.49所示。

图3.49　文字环绕

WPS文字中提供了7种文字环绕方式，每种文字环绕方式的含义如下所述。

嵌入型：图片作为一行文字的一部分。

四周型环绕：不管图片是否为矩形，文字都以矩形方式环绕在图片的四周。

紧密型环绕：文字紧靠图片的边缘进行环绕。

衬于文字下方：图片在下、文字在上，分为两层，文字覆盖图片。

浮于文字上方：图片在上、文字在下，分为两层，图片覆盖文字。

上下型环绕：文字环绕在图片的上方和下方。

穿越型环绕：文字可以穿越不规则图片的空白区域环绕。

（3）移动图片。

拖动图片可以移动其位置，除了"嵌入型"环绕方式的图片只能放在段落标记处，其他环绕方式的图片都可以拖放到任何位置。单击键盘上的方向键可以对图片进行上、下、左、右的微移。

（4）修饰图片。

在WPS中可以对图片添加边框和设置一些特殊效果。选择"图片工具"选项卡，在"图片样式"组中选择"抠除背景""色彩"，以及增减对比度和亮度，对图片进行修饰；还可以单击"边框"按钮和"效果"按钮，对图片进行自定义修饰。

（5）缩放图片。

选定图片，图片四周会出现8个控制手柄，通过拖动控制手柄可以对图片进行缩放，如果需要对图片的尺寸进行精确控制，则可以单击"图片工具"选项卡的"大小"组中的"大小对话框启动器"按钮，弹出"布局"对话框，在该对话框的"大小"选项卡中对图片进行精确控制，勾选"锁定纵横比"复选框，图片的长与宽将按相同的比例进行缩放。

（6）裁剪图片。

选定图片，单击"图片工具"选项卡的"大小"组中的"裁剪"按钮，图片四周会出现8

个裁剪手柄，将鼠标移到任意一个手柄上进行拖动，线框内的部分即为留下的图形部分，线框外的部分即为被删除的部分，拖动完毕后按"Enter"键即可完成裁剪。这种裁剪操作是可以恢复的，即可以通过裁剪的方式把原来被裁掉的内容重新显示出来。

2．形状

（1）插入形状。

单击"插入"选项卡的"插图"组中的"形状"按钮，在弹出的下拉列表中选择要绘制的形状，此时鼠标指针会变成十字形状，拖动鼠标即可绘制相应大小的自选形状。

（2）编辑形状。

选定所绘制的形状，可出现"绘图工具"选项卡，选择"编辑形状"后出现"更改形状"和"编辑顶点"两个选项，在"更改形状"中选择预设形状将直接应用到所绘制的形状上，选择"编辑顶点"，用户可以根据需要调整所需要的形状。单击"填充"按钮，选择下拉列表中的命令可实现对形状内部填充颜色、纹理或图案；单击"轮廓"按钮，选择下拉列表中的命令可实现对形状轮廓颜色、粗细及线型的编辑。

也可以通过形状的属性面板对形状进行处理，单击文稿中的形状，在窗口右侧即可出现形状的属性面板，如图3.50所示。

（3）形状的旋转及变形。

选定形状，这时形状的上面会出现一个旋转状的箭头线，称为"旋转控制点"，将鼠标移至该控制点上进行拖动即可旋转图形。有些形状在被选中时周围会出现一个或多个黄色菱形块，称为"调整控制点"，用鼠标拖动这些控制点可以对形状进行变形。

（4）在形状中添加文字。

选定形状，右击，在弹出的快捷菜单中选择"添加文字"，即可实现在图形中添加文字。形状中的文字可以像普通文字一样进行字体和段落的设置。

（5）形状的排列。

将多个形状进行组合之后，它们就变成一个整体，可以把它们当成一个对象进行编辑。将要进行组合的形状全部选定，然后单击"绘图工具"选项卡的"排列"组中的"组合"按钮，在下拉列表中选择"组合"命令，可将选定的多个形状组合成一个整体，

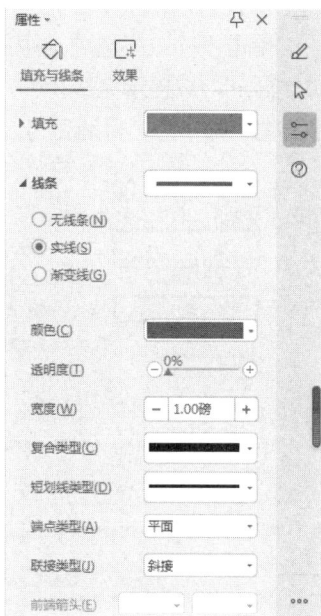

图3.50　形状的属性面板

组合之后的对象也可以"取消组合"。图3.51显示的是"组合"之前的状态，每个笑脸都是单独的；图3.52显示的是"组合"之后的状态，3个笑脸作为一个整体，可以一起移动，一起编辑。

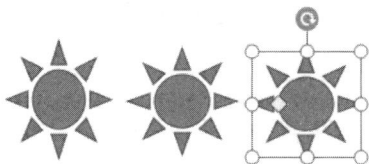

图3.51　"组合"之前

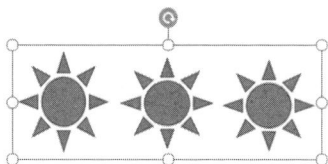

图3.52　"组合"之后

有时需要将多个形状（或对象）进行对齐并等间距排列。将要进行组合的形状全部选定，单击"绘图工具"选项卡的"排列"组中的"对齐"按钮，在弹出的下拉列表中选择对齐和排列方式。图3.53显示的是"排列"之前的状态，3个笑脸高、低各不相同，间距也不一样；图3.54

显示的是经过"底端对齐"和"横向分布"之后的状态。

图 3.53 "排列"之前　　　　　　　　　图 3.54 "排列"之后

当多个形状有重叠时，可能需要更改形状的叠放次序。选定某个形状，选择"绘图工具"选项卡，然后单击"上移一层""下移一层""衬于文字上方"或者"衬于文字下方"按钮，可以更改选定形状的叠放位置。

3. 截屏、条形码和二维码

（1）插入截屏、条形码和二维码。

单击"插入"选项卡中的"更多"按钮，在弹出的下拉列表中可选择"截屏""条形码"或"二维码"，按提示完成操作。截屏可以选择矩形、椭圆等形状，如图 3.55 所示；条形码支持数字、大小写字母、普通符号及控制符，如图 3.56 所示；二维码支持文字和网址，如图 3.57 所示。

图 3.55 插入截屏　　　　　　　　　图 3.56 插入条形码

图 3.57 插入二维码

（2）编辑截屏、条形码和二维码。

编辑截屏、条形码和二维码的设置与图片设置一样。

3.2.4　文本框

文本框是一种特殊的文本对象，放在文本框中的文本可以在页面内任意移动，并且可以随意调整文本框的大小。

1. 插入文本框

单击"插入"选项卡的"文本"组中的"文本框"下拉按钮，在弹出的如图 3.58 所示的下拉列表中单击一种预设的文本框样式，将自动在文档中插入相应外观样式的文本框，然后将其内部文字改成自己的内容。也可以在下拉菜单中选择"稻壳文本框"设计的外观丰富的样式，修改文字即可应用文本框，插入后的效果如图 3.59 所示。

图 3.58　插入预设文本框

图 3.59 选择插入"稻壳文本框"的一种效果

2. 编辑文本框

单击文本框中间的空白文本编辑区，即可在文本框中输入内容。如果文本框太小，不能显示全部输入内容，则可通过拖动文本框的控制点来调整文本框的大小。

设置文本框外观时，要先选定文本框，然后单击"绘图工具"选项卡的"形状样式"组中的"填充"按钮，选择下拉列表中的命令，可对文本框内部填充颜色、纹理或图案，也可用取色器取色；单击"轮廓"按钮，选择下拉列表中的命令，可对文本框轮廓的颜色、粗细及线型进行编辑。也可以单击"形状样式"组中右下角的按钮，在右侧的文本框"属性面板"中设置文本框的外观。

3.2.5 打印设置

完成对文稿的各种设置后，就可以对文稿进行打印输出。选择文件"选项卡→"文件"，然后选择"打印"命令或按"Ctrl+P"组合键，即可弹出"打印"对话框，如图 3.60 所示。

在该对话框中，用户可以设定打印的份数、打印范围、是否双面打印等，设置完成后，单击"打印"按钮就可以进行打印输出。

如果只想打印文档中的某些页面，则应在"页码范围"中输入要打印的页码，多个页码之间用逗号分隔。如果设置为"1，3，8"，则只打印第 1 页、第 3 页和第 8 页；如果打印连续的多个页面，则可以用"-"连接起止页；如果设置为"2-18"，则从第 2 页一直打印到第 18 页。如果有一个很多页的文档需要进行双面打印，则需要将单面打印更改为手动双面打印。还可以选择"文件"选项卡中的"选项"命令，在弹出的"Word 选项"对话框中选择"高级"选项卡，勾选"逆序打印页面"复选框，设置完成后，单击"打印"按钮进行打印，打印机将先依次打印出所有的奇数页，取出打印后的纸张，将其翻过来放入打印机，可继续完成偶数页的打印。

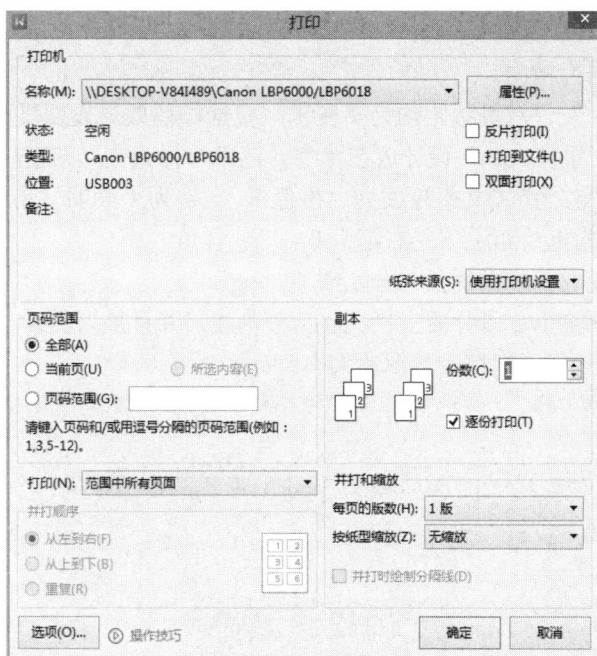

图 3.60 "打印"对话框

拓展训练——"重庆火锅"文稿排版

打开素材文件夹中的"重庆火锅.wps"文档，对该文档进行排版，排版效果图如图 3.61 所示。

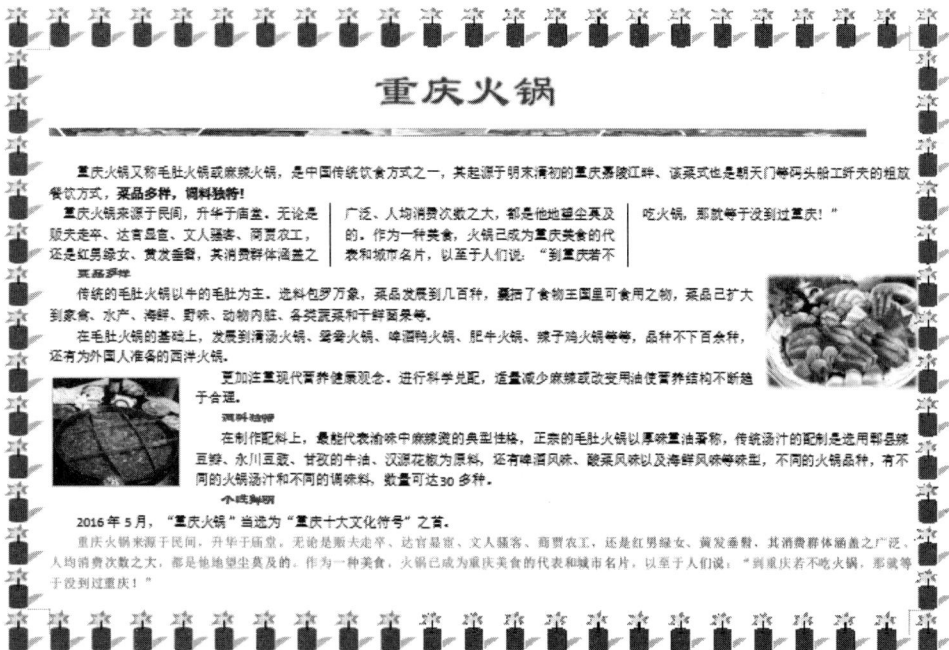

图 3.61 排版效果图

任务要求

（1）设置纸张方向为横向。

（2）设置上、下、左、右页边距均为 2 厘米，根据样稿效果设置页面边框。

（3）将标题文字"重庆火锅"设计成艺术字，艺术字样式为"渐变填充-金色，轮廓-着色 4"，设置文本填充为"红色"，文本轮廓为"橙色"，文字为"隶书、小初、加粗"，文字环绕为"上下型环绕"，文本框边距上下左右都为 0。

（4）按照样稿效果在标题后面插入分割线"1.jpg"。

（5）按照样稿效果将第 2 段分成三栏，显示分割线，并且插入图片"火锅 1.png"，图片样式为"柔化边缘矩形"，根据样稿设置图片大小。

（6）将文字"菜品多样""调料独特"和"个性鲜明"设置为"华文隶书、五号、加粗、红色"。

（7）在样稿中所示位置插入图片"火锅 2.png"，设置图片边框为"橙色"，粗细为"1.5 磅"。

（8）将最后一段文本设置为绿色、加粗。

任务 3　WPS 文字长文档格式编排

WPS 文字长文档格式编排初探

任务描述

重电云科技有限公司是一家校企合作单位，接受来自学校的毕业生实习并指导毕业论文写作。本任务要求指导学生完成毕业论文排版，包括格式编排，样式的定义与应用，页眉、页脚、页码的添加，目录的自动生成等操作，目录样稿效果图如图 3.62 所示，内容样稿效果图如图 3.63 所示。

目录

图 3.62　目录样稿效果图

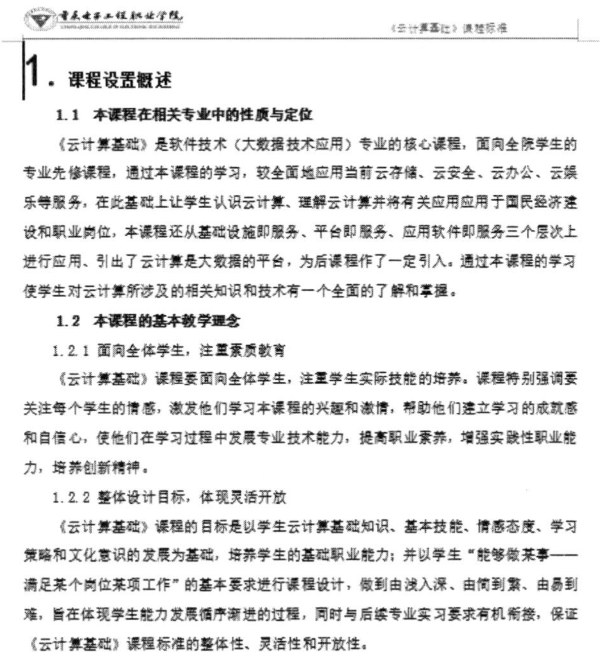

《云计算基础》课程标准

1. 课程设置概述

1.1 本课程在相关专业中的性质与定位

《云计算基础》是软件技术（大数据技术应用）专业的核心课程，面向全院学生的专业先修课程，通过本课程的学习，较全面地应用当前云存储、云安全、云办公、云娱乐等服务，在此基础上让学生认识云计算、理解云计算并将有关应用应用于国民经济建设和职业岗位，本课程还从基础设施即服务、平台即服务、应用软件即服务三个层次上进行应用、引出了云计算是大数据的平台，为后课程作了一定引入。通过本课程的学习使学生对云计算所涉及的相关知识和技术有一个全面的了解和掌握。

1.2 本课程的基本教学理念

1.2.1 面向全体学生，注重素质教育

《云计算基础》课程要面向全体学生，注重学生实际技能的培养。课程特别强调要关注每个学生的情感，激发他们学习本课程的兴趣和激情，帮助他们建立学习的成就感和自信心，使他们在学习过程中发展专业技术能力，提高职业素养，增强实践性职业能力，培养创新精神。

1.2.2 整体设计目标，体现灵活开放

《云计算基础》课程的目标是以学生云计算基础知识、基本技能、情感态度、学习策略和文化意识的发展为基础，培养学生的基础职业能力；并以学生“能够做某事——满足某个岗位某项工作”的基本要求进行课程设计，做到由浅入深、由简到繁、由易到难，旨在体现学生能力发展循序渐进的过程，同时与后续专业实习要求有机衔接，保证《云计算基础》课程标准的整体性、灵活性和开放性。

图 3.63　内容样稿效果图

任务分析

对于毕业设计类长文档，最好先设置格式，再往里面填内容。长文档通常设有章、节等标题，所以需要设置各级标题的样式，在编写完内容后依据这些标题来自动生成目录；页眉、页码的设置也是长文档中比较常见的，本任务要求为奇数页和偶数页设置不同的页眉。

任务实施

任务要求

打开素材文件——云计算基础课程标准素材.wps，按以下要求进行编辑。

（1）页面设置：上、下、左、右均为 2.5 厘米，装订线为 1 厘米。

（2）定义样式：定义样式并将定义的样式应用到正文和各级标题上。

① 设置一级标题样式：标题 1 字体设置为“宋体、三号、加粗”；段落设置为“左对齐，段前、段后间距 1 行”。

② 设置二级标题样式：标题 2 字体设置为“宋体、四号、加粗”；段落设置为“左对齐、段前、段后间距 1 行”。

③ 设置三级标题样式：标题 3 字体设置为“宋体、小四、加粗”；段落设置为“左对齐，首行缩进 2 字符，段前、段后间距 1 行”。

④ 设置正文样式 1：正文 1 字体设置为“宋体、五号、加粗”；段落设置为“两端对齐、首行缩进 2 字符”。

⑤ 设置正文样式 2：正文 2 字体设置为“宋体、五号”；段落设置为“两端对齐、首行缩进 2 字符、1.5 倍行距”。

（3）插入分节符：在文档封面与正文之间插入分节符，添加目录页，并且在目录与正文之间插入分节符，在每部分内容之间插入分节符。

（4）生成目录：生成三级标题目录。要求目录中"标题1"显示为黑体、小四，"标题2"和"标题3"均为宋体、五号，其中"目录"文本的格式为"居中、小一、隶书"。

（5）设置页眉：从手册正文开始设置页眉，其中，奇数页的页眉右侧为章名；偶数页的页眉左侧为文档标题。

（6）设置页脚：底端、外侧。

（7）设置页码：页码格式为"第　页"，起始页码为1。

（8）按照样稿设置封面。

实施思路

1. 页面设置

单击"页面布局"选项卡的"页面设置"组中的"页边距"按钮，在弹出的下拉列表中选择"自定义边距"命令，弹出"页面设置"对话框，选择"页边距"选项卡进行设置，在"多页"选框中选择"对称页边距"，在页边距中设置上、下、左、右的值均为2.5厘米，装订线为1厘米，如图3.64所示。

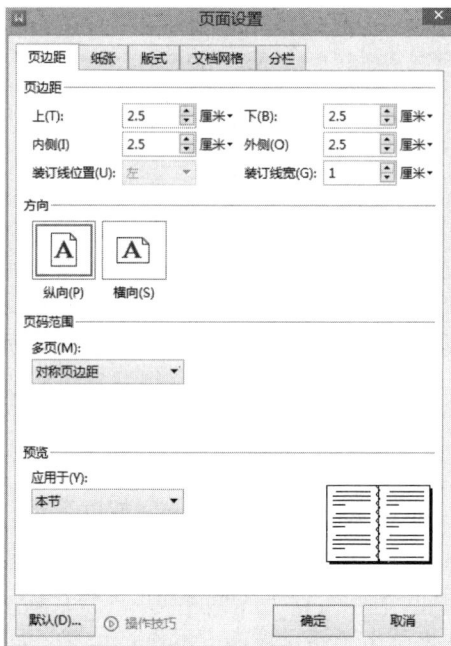

图3.64　页面设置

2. 样式的定义及应用

（1）修改"标题1"的样式：选择"开始"选项卡，在"样式"组中找到样式库中的"标题1"样式，右击"标题1"样式，在弹出的快捷菜单中选择"修改样式"命令，弹出"修改样式"对话框，单击"格式"按钮，按要求分别对"字体"和"段落"进行设置，如图3.65所示。

（2）按照上述方法继续修改"标题2""标题3""正文1"和"正文2"的样式。如果在样式组中找不到相应的标题样式，则选择新建样式进行设置即可。

（3）应用样式：选中文本内容，单击相应的样式，将样式应用到文本上。

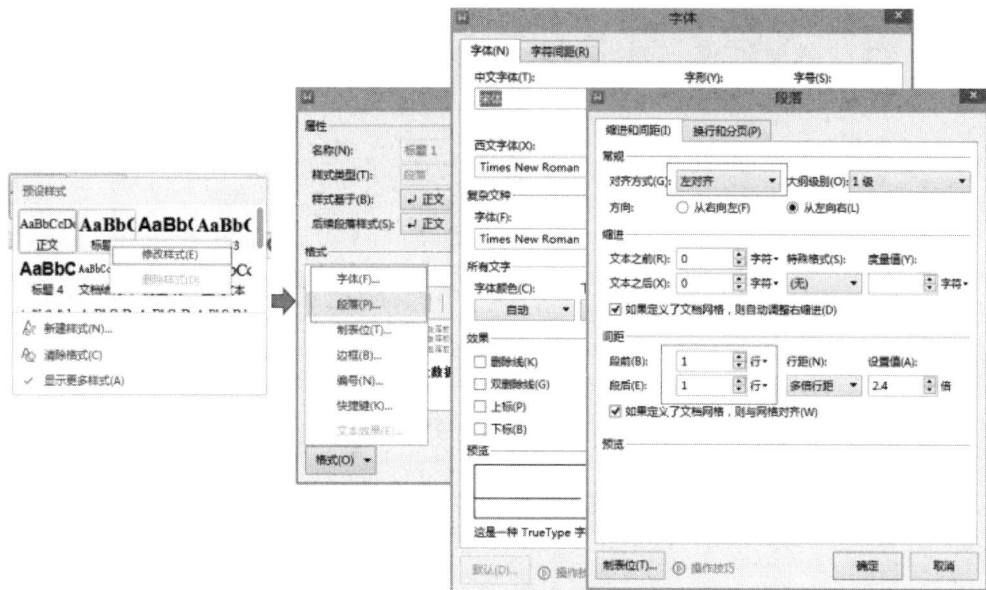

图 3.65　修改样式

3. 插入分节符

（1）单击"页面布局"选项卡的"页面设置"组中的"分隔符"按钮，选择"下一页分节符"命令，在"封面"与"正文"之间增加目录页，如图 3.66 所示。

图 3.66　"分隔符"菜单

（2）在"目录"和"正文"之间插入分节符，并且在每部分内容之间均插入一个分节符。

4. 生成目录

将光标置于目录页内，单击"引用"选项卡的"目录"组中的"目录"按钮，选择"智能目录"中的三级目录，如图 3.67 所示。

5. 设置页眉、页脚

（1）插入页眉：单击"插入"选项卡中的"页眉页脚"按钮，弹出"页眉页脚"选项卡，单击"页眉"按钮，选择"编辑页眉"命令，此时光标会跳转到页眉编辑处，如图 3.68 所示。

（2）编辑页眉：分别编辑每章（也是每节）的页眉，单击"页眉页脚"选项卡中的"页眉页脚选项"按钮，弹出"页眉/页脚设置"对话框，勾选"奇偶页不同"复选框，如图 3.69 所示，然后分别在奇数页页眉的右侧写上章标题，偶数页页眉的左侧写上文档标题。

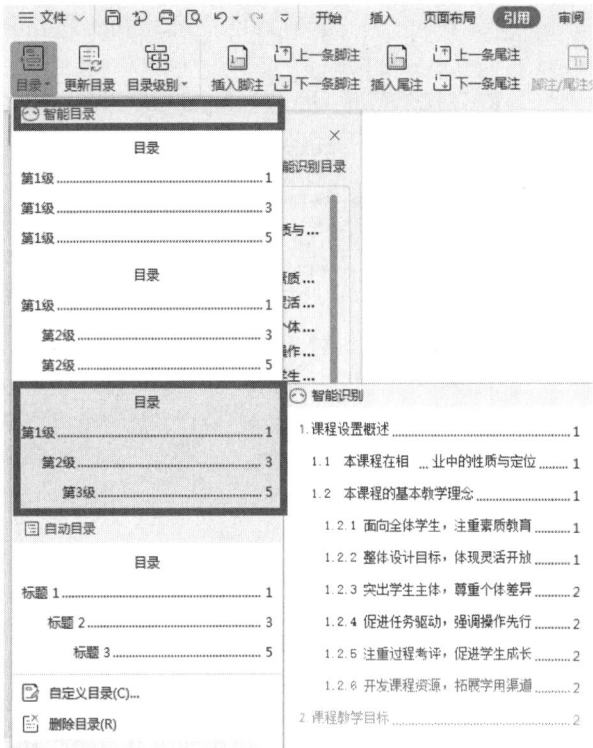

图 3.67　生成智能目录

图 3.68　插入页眉操作

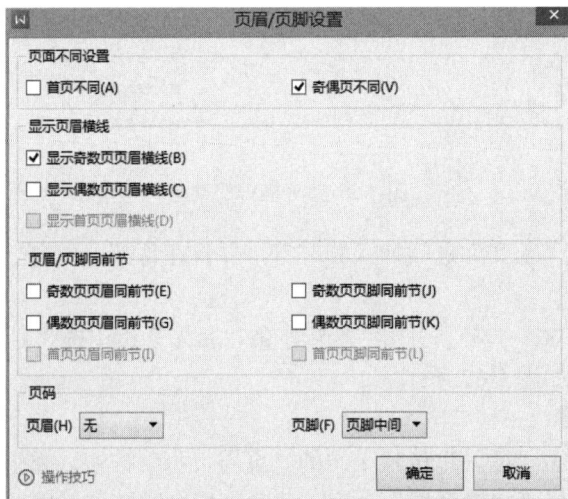

图 3.69　"页眉/页脚设置"对话框

（3）设置页码：单击"插入"选项卡中的"页码"按钮，选择"页脚"中的一种样式，如果某章的页码与前面的页码不连续，则需要设置页码格式。单击"插入"选项卡中的"页码"

按钮，选择"页码"命令，弹出"页码"对话框，在该对话框中选中"续前节"单选按钮，如图 3.70 所示。

图 3.70 设置页码格式

3.3.1 模板

样式是针对文本和段落格式设定的，而模板是针对整篇文档的格式设定的，包括样式、页面设置、自动图文集、文字等。WPS 文字中内置了多种模板，如求职简历模板、法律合同模板、职场办公等，另外，WPS 还推荐了各类行业职业模板，如 IT、建筑、财务等特定模板，借助这些模板，用户可以创建比较专业的、格式美观的文稿。

1. 使用模板创建新文档

打开 WPS 软件，单击"WPS 文字"中的"新建"按钮，在如图 3.71 所示的窗口中选择"根据行业"，打开"根据行业"推荐模板窗口，如图 3.72 所示，其中展示推荐行业的模板，也可以在"品类专区"选择模板类型，选择"更多模板"，可打开稻壳更多模板窗口，如图 3.73 所示。

图 3.71 "模板"窗口

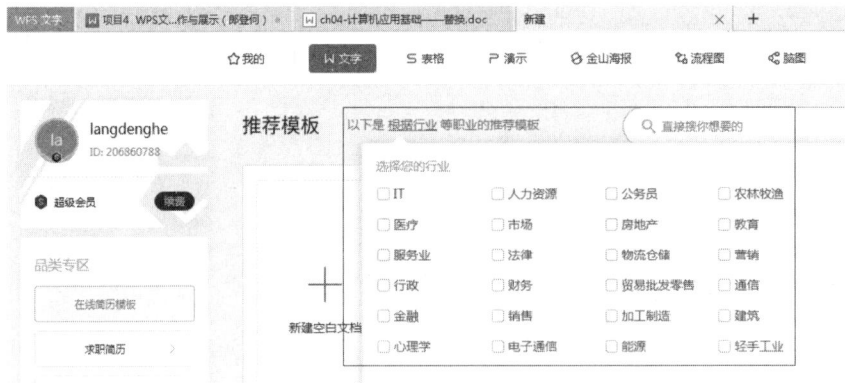

图 3.72 "根据行业"推荐模板窗口

图 3.73 稻壳更多模板窗口

2. 创建新模板

除了 WPS 文字推荐模板，用户还可以创建自己的模板。在文档中设置格式及样式后，单击"文件"菜单中的"另存为"命令，在弹出的对话框中，将"文件类型"设置为"WPS 文字 模板文件（*.wpt）"，设置相应的保存路径及文件名后，单击"保存"按钮即可，如图 3.74 所示。双击模板文件可以创建新文档。

图 3.74 保存模板文件

3.3.2　样式

　　样式就是应用于文档中的文本、表格和列表的一组格式。当应用样式时，系统会自动完成该样式中所包含的所有格式的设置工作，可以大大提高排版的工作效率。

　　样式通常有字符样式、段落样式、表格样式和列表样式等。WPS 允许用户自定义上述类型的样式，同时提供了多种内建样式，如标题、正文等样式，从而可以快速地对选定内容进行格式设置。

1．应用样式

　　选中需要应用样式的文本内容，单击"开始"选项卡的"样式"组中右下角的按钮，在"预设样式"中选择需要的样式。

2．编辑样式

　　如果对系统提供的内置样式不满意，则可以对其进行修改，在快速样式集中右击某一样式名称，在弹出的快捷菜单中选择"修改"命令，在弹出的"修改样式"对话框中，可重新设置样式的字体、段落等格式，如图 3.75 所示。

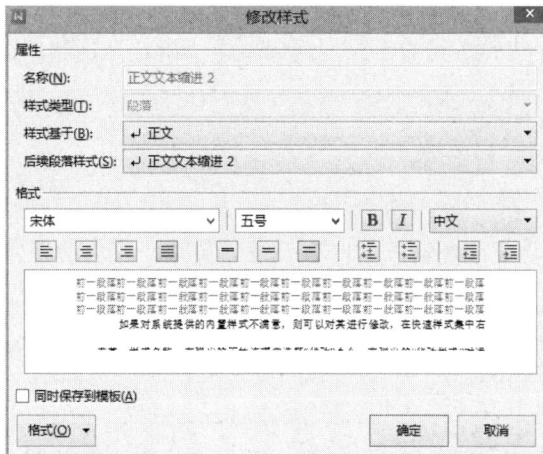

图 3.75　"修改样式"对话框

3．新建样式

　　用户可以根据需要创建新样式。在"样式"组中单击右下角的按钮，打开样式任务窗格，如图 3.76 所示，单击"新建样式"按钮，弹出"新建样式"对话框，如图 3.77 所示。

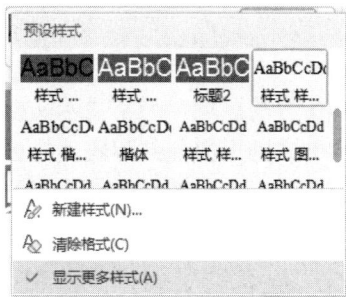

图 3.76　样式任务窗格

图 3.77 "新建样式"对话框

在"名称"文本框中输入新建样式的名称,单击"样式类型"下拉按钮,在下拉列表中选择"段落",在"格式"组中设置字体、字号、对齐等选项,勾选"同时保存到模板"复选框,单击"格式"按钮可进行其他格式的设置,最后单击"确定"按钮,即可完成样式的创建。

3.3.3 分隔符

1. 分页符

WPS 具有自动分页功能,当输入的内容超过一页时,将自动创建新的一页,但当一页未满又希望重新开始新的一页时,可通过插入人工分页符来实现。将光标置于要插入分页符的位置,单击"插入"选项卡中的"分页"按钮,在下拉列表中选择"分页符",即可实现人工分页。

2. 分节符

在一篇长文档中,有时会有许多章节,各章节在页边距、页面大小、页眉和页脚的设置等方面可能会有不同,这时可采用插入分节符的方法来解决。分节后的每节都可单独设置页边距、页面大小、页眉和页脚等。将光标置于要分节的位置,单击"插入"选项卡中的"分页"按钮,在下拉列表中选择分节符类型中的一种即可,分节符类型包括下一页分页符、连续分节符、偶数页分节符和奇数页分节符。

3.3.4 页眉和页脚

页眉和页脚是文档中存放特殊内容的区域,通常显示文档的附加信息,常用来插入标题、日期、页码、公司徽标等,分别位于文档页面顶部和底部的页边距中。

1. 插入页眉和页脚

单击"插入"选项卡中的"页眉页脚"按钮,弹出"页眉页脚"选项卡,如图 3.78 所示。

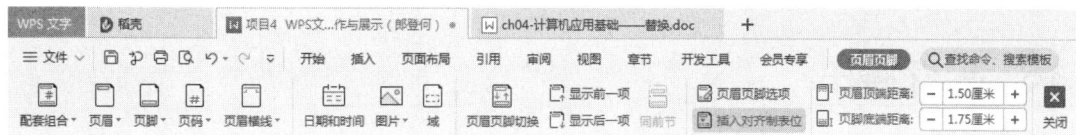

图 3.78 "页眉页脚"选项卡

同时，在文稿上边距区域出现"页眉"或"页脚"编辑区，如图 3.79 和图 3.80 所示。在页眉或页脚编辑区"输入文字"处输入页眉或页脚文本内容即可。

图 3.79 "页眉"编辑区

图 3.80 "页脚"编辑区

2. 设置页眉和页脚

单击"页眉页脚"选项卡中的"页眉页脚切换"按钮，可以在文档当前页的页眉和页脚之间进行切换。如果长文档中不同节需要设置不同的页眉，则单击"链接到前一条页眉"按钮，使其变成灰色，然后单击"上一节"或"下一节"按钮，在不同节中分别设置不同的页眉或页脚。

3. 添加页码

在排版的过程中，给页面标上编码即添加页码，可以帮助我们快速检索定位，单击"插入"选项卡中的"页码"按钮，可以在为稻壳会员提供的页码样式资源库中进行选择；也可以在预设样式中进行选择。如果没有合适的页码样式，则单击"页码"按钮，在弹出的"页码"对话框中，可以设置页码的样式、页码在页面的位置、是否包含章节号，如图 3.81 所示。

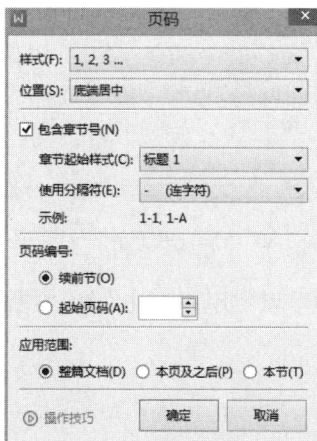

图 3.81 "页码"对话框

3.3.5 脚注和尾注

脚注和尾注是对文本的补充说明。脚注一般位于页面的底部，可以作为文档某处内容的注释；尾注一般位于文档的末尾，列出引文的出处等。在 WPS 中，脚注与尾注的操作位置在"引用"选项卡中，如图 3.82 所示。脚注和尾注均由两部分组成，即注释引用标记和其对应的文本。

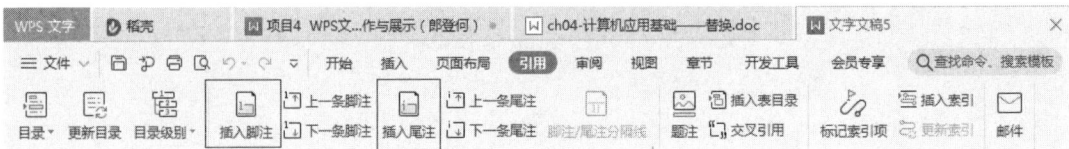

图 3.82 "引用"选项卡

1. 插入脚注和尾注

把光标定位到正文需要进行注释的地方，单击"引用"选项卡中的"插入脚注"按钮（或"插入尾注"按钮），正文中会自动进行编号，此时将光标置于页脚处（或文档末尾处），等待输入脚注内容（或尾注内容）。

2. 修改脚注和尾注格式

如果需要修改脚注和尾注的编号格式，则单击"脚注"组中右下角的按钮，弹出如图 3.83 所示的"脚注和尾注"对话框，在"格式"区域中进行设置。

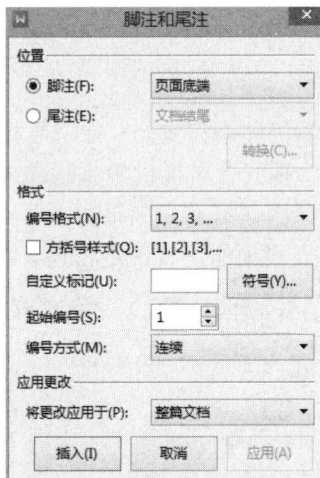

图 3.83 "脚注和尾注"对话框

在"脚注和尾注"对话框中也可以实现"脚注"和"尾注"的转换。

3.3.6 目录

长文档中通常会有目录，方便对内容进行查阅，在 WPS 中可以根据文档格式的设置自动生成目录，并且可通过目录直接定位到某个段落。

1．生成目录

依据大纲级别生成目录，大纲级别 1 最高。大纲级别 1 包含大纲级别 2，3，4，5，…大纲级别 2 包含大纲级别 3，4，5，6，…依次类推。如果想做多层目录，那么修改标题样式的大纲级别即可，如"标题 1"的大纲级别为 1，"标题 2"的大纲级别为 2，依次类推。设置大纲级别的操作如图 3.84 所示。

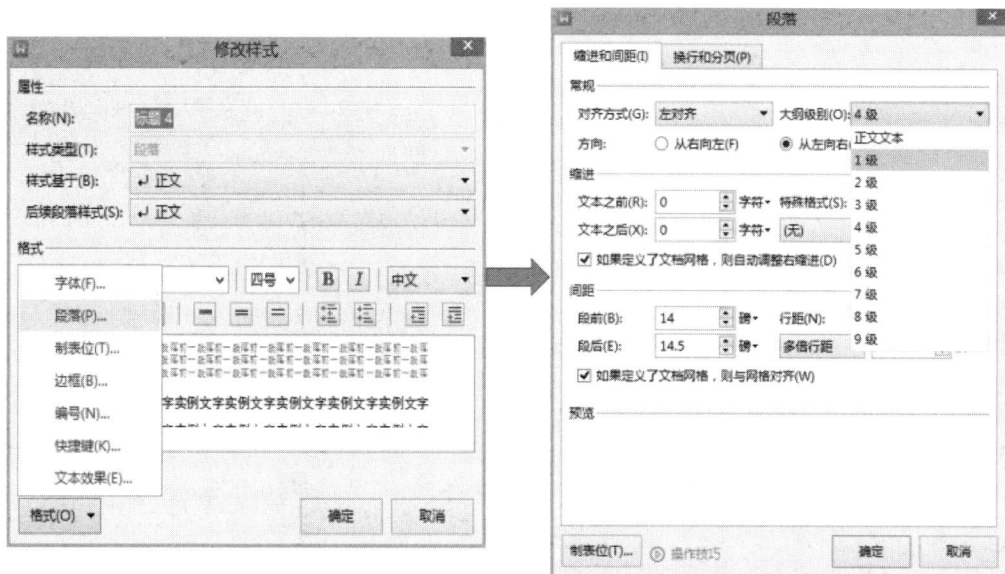

图 3.84　设置大纲级别的操作

将文本的各级标题分别应用"标题 1""标题 2""标题 3"等样式。标题大纲级别设置还可以先选择大纲视图，选择大纲视图后将打开"大纲"选项卡，在"大纲"选项卡下设置标题对应的大纲级别即可，如图 3.85 所示。设置标题大纲级别后，将光标置于待插入目录的位置，单击"引用"选项卡的"目录"组中的"目录"按钮，在下拉列表中选择"自动目录"，即可依据标题或大纲级别生成自动目录，如图 3.86 所示。如果想自定义目录外观，则可以在下拉列表中选择"插入目录"，弹出"目录"对话框进行设置，如图 3.87 所示。

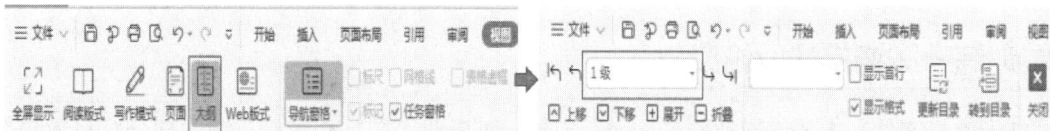

图 3.85　设置标题对应的大纲级别

2．更新目录

若对文档标题进行了修改，或者对内容进行增减之后需要更新目录，使目录与内容一致，可在目录处右击，在弹出的下拉菜单中选择"更新域"命令，弹出"更新目录"对话框，选中"更新整个目录"或"只更新页码"单选按钮，如图 3.88 所示。

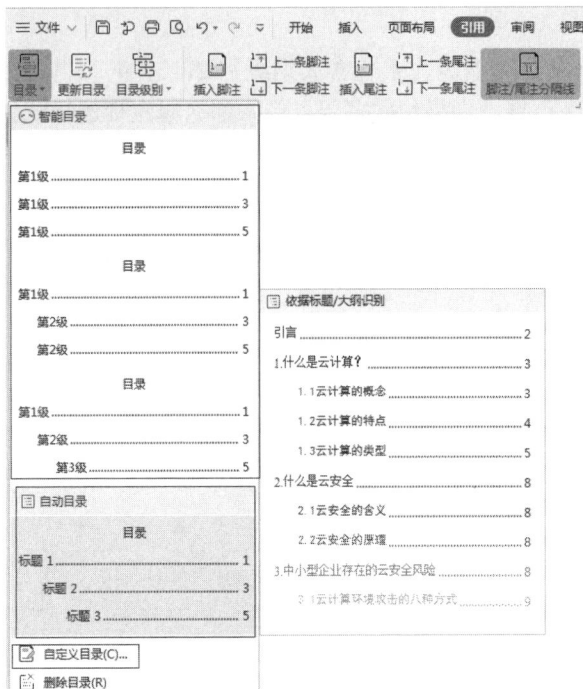

图 3.86　生成自动目录

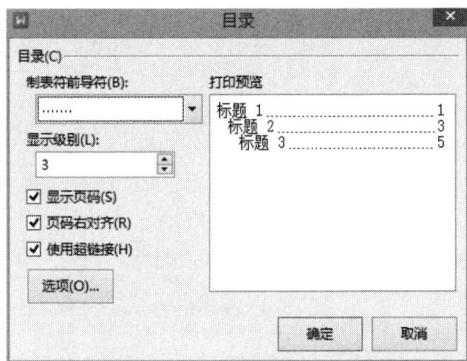

图 3.87　"目录"对话框

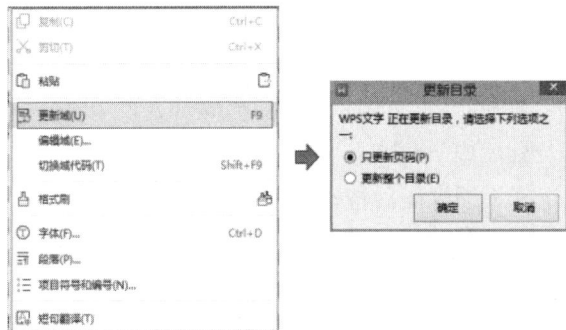

图 3.88　更新目录

拓展训练——编排毕业论文

打开素材文件夹中的"毕业论文.wps"文档，对毕业论文文档进行排版，部分样稿效果图如图 3.89 和图 3.90 所示。

（1）页面设置：上、下均为 3.5 厘米，左、右均为 3 厘米。

（2）定义样式：定义样式并将定义的样式应用到正文和各级标题上。

① 设置大标题样式：大标题的文字设置为"居中、黑体、三号"，段落设置为"段前 30 磅，段后 30 磅"，行距为"最小值方式和设置值 20 磅"，标题只有两个字时汉字之间空两个空格，标题只有 3 个字时汉字之间空 1 个空格，标题多于 3 个字时汉字之间无须空格。

② 设置一级标题样式：标题 1 的文字设置为"黑体、四号"，段落设置为"段前 18 磅，段后 18 磅"，行距为"最小值方式和设置值 20 磅"，如果紧接大标题则段前为 0 磅。

中文摘要

中文摘要

电子商务是利用网络和产品的数字传输，实现了交易和资金的流动。随着经济和社会的发展，电子商务已经进入到人们的日常生活，影响和改变着人们的生活方式，作为一种不可缺少的生活贸易的一种方式。云计算被视为第三次 IT 革命，强劲的发展势头，目前已广泛应用于教育，医疗等领域。电子商务作为一个重要的互联网应用，云计算的应用，不仅可以大大降低成本，而且还可以防止大量网民上网访问造成堵塞或泥泞的现象，所以电商要积极申请云计算以获得更好的发展。

"云计算"诞生于我国电子商务发展的高峰时期，在二十一世纪第一个十年里，"云计算"从一个理念迅速转化成为了商业实践模式，"商务云"也成为了商家和新一轮电商争夺的关键。在电商革命中，"云计算"成为了新的标志，它指的是一种网络计算模式，以即用即付的服务理念吸引了一大批消费者和电商商家。目前看来，"云计算"对于电子商务的发展已经起到了历史性的影响，不仅改变了市场份额，更带来了新一轮的挑战和期冀。

本次研究内容是分析中小企业电子商务系统目前应用的现状并指出电子商务系统应用中的主要问题。通过对云计算概念和特点的了解，指出云计算在中小企业的电子商务领域具有广阔的应用前景。

关键词："云计算"；"电子商务"；"中小企业"。

图 3.89　论文的中文摘要及目录样稿效果图

第一章　云计算概述

1.1 背景

1. 经济方面：(1) 全球化经济一体化 (2) 日益复杂的世界和不可确定性的黑天鹅现象 (3) 需求是云计算发展的动力。

2. 社会层面：(1) 数字一代的崛起 (2) 消费行为的改变

3. 政治层面：(1) 社会转型：出口型向内需型社会转型，如何满足人民大众日益增长并不断个性化的需要是一项严峻的挑战。(2) 产业升级：制造型向服务型、创新型的转变。(3) 政策支持：十二五规划对物联网、三网融合、移动互联网以及云计算战略的大力支持。

1.2 概念

云计算（cloud computing）是基于互联网的相关服务的增加、使用和交付模式，通常涉及通过互联网来提供动态易扩展且经常是虚拟化的资源。

云计算常与网格计算、效用计算、自主计算相混淆。

网格计算：分布式计算的一种，由一群松散耦合的计算机组成的一个超级虚拟计算机，常用来执行一些大型任务；

效用计算：IT 资源的一种打包和计费方式，比如按照计算、存储分别计量费用，像传统的电力等公共设施一样；

自主计算：具有自我管理功能的计算机系统。

事实上，许多云计算部署依赖于计算机集群（但与网络的组成、体系结构、目的、工作方式大相径庭），也吸收了自主计算和效用计算的特点。

1.3 特点

(1) 超大规模

"云"具有相当的规模，Google 云计算已经拥有 100 多万台服务器，Amazon、IBM、微软、Yahoo 等的"云"均拥有几十万台服务器。企业私有云一般拥有数百上千台服务器。"云"能赋予用户前所未有的计算能力。

(2) 虚拟化

云计算支持用户在任意位置、使用各种终端获取应用服务，所请求的资源来自"云"，而不是固定的有形的实体。应用在"云"中某处运行，但实际上用户无需了解、也不用担心应用运行的具体位置。只需要一台笔记本或者一个手机，就可以通过网络服务来实现我们需要的一切，甚至包括超级计算这样的任务。

(3) 高可靠性

图 3.90　论文的内容样稿效果图

③ 设置二级标题样式：标题 2 的文字设置为"黑体、四号"，段落设置为"段前 12 磅，段后 12 磅"，行距为"最小值方式和设置值 20 磅"，如果紧接一级标题则段前为 0 磅。

④ 设置三级标题样式：标题 3 的文字设置为"黑体、小四"，段落设置为"段前 6 磅，段后 6 磅"，行距为"最小值方式和设置值 20 磅"，如果紧接二级标题则段前为 0 磅。

⑤ 设置正文样式：正文的文字设置为"宋体、四号"，段落设置为"行间距固定为 26 磅，段前、段后间距分别设置为 0 行，两端对齐，首行缩进 2 字符"。

⑥ 设置目录样式："目录"设置为"黑体、小三"，段落设置为"段前 30 磅，段后 30 磅"，行距为"最小值方式和设置值 20 磅"，居中对齐。

⑦ 设置中文摘要样式："中文摘要"设置为"黑体、小三、居中"，段落设置为"段前 30 磅，段后 30 磅"，行距为"最小值方式和设置值 20 磅"。

（3）插入分节符：在中文摘要和正文之间插入分节符，并且在文档所有章节之间插入分节符。

（4）生成目录：题目为"目录"，并且应用目录样式；内容是论文的提纲，内容从第 1 章开始，页码右对齐，下一级目录比上一级目录左缩进一个汉字宽度，节号与节之间空两个英文空格，"致谢""参考文献"和"论文期间研究成果"前面不能标章节序号。中英文摘要、主要符号表等前置部分不要放在目录中。字体采用宋体，字号采用小四号，行距为"最小值方式和设置值 22 磅"，各章大标题（包括"致谢""参考文献"和"论文期间研究成果"）的字体需加粗。

（5）设置页眉：中文摘要、目录等前置部分采用各部分内容标题；从第 1 章开始，奇数页页眉用"本章标题"，偶数页页眉用"某职业学院计算机学院论文"，文字为"宋体、五号、居中"，页眉线为单横线。

（6）设置页码：中文摘要、英文摘要、目录等前置部分用罗马数字连续编排；从引言（第 1 章）开始按阿拉伯数字连续编排，页码位于页面底端，居中，文字采用英文 Time New Roman、小五号。

（7）为图表命名：每幅图均需要图序和图名，图序和图名间空一个空格，图序与图名居中置于图的下方，图序与图名采用宋体五号字，图序采用阿拉伯数字分章编号，如"图 2-5"表明第 2 章第 5 幅图，图序需要连续编号。表的命名同图的一样，只是表序与表名置于表的上方。

任务 4　WPS 文字表格制作

WPS 文字表格制作

➡ 任务描述

重电云科技有限公司在员工招聘中会收到各种"个人简历"，因工作需要，面试时要求应聘人员现场处理一份个人简历，其效果图如图 3.91 所示。

➡ 任务分析

个人简历的制作主要用到 WPS 中有关表格的编辑和排版。主要包括表格的创建、表格的格式设置、自动套用格式、表格的转换、表格数据的排序和计算、邮件合并等操作。

➡ 任务实施

任务要求

（1）创建文档：新建一个空白的 WPS 文档。

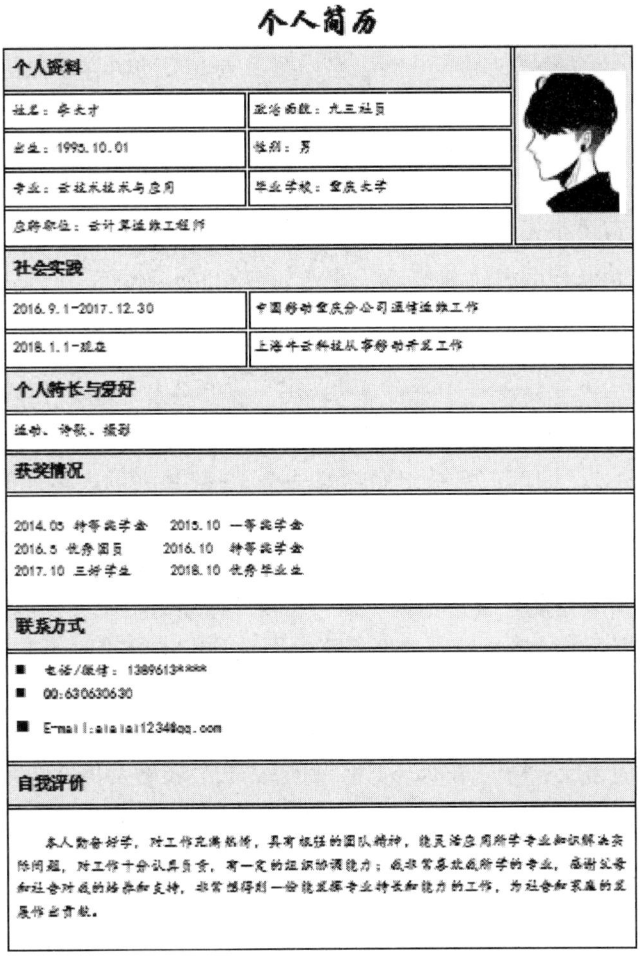

个人简历

个人资料		
姓名：李大才	政治面貌：九三社员	
出生：1995.10.01	性别：男	
专业：云技术技术与应用	毕业学校：重庆大学	
应聘职位：云计算运维工程师		
社会实践		
2016.9.1-2017.12.30	中国移动重庆分公司运维运维工作	
2018.1.1-现在	上海牛云科技从事移动开发工作	
个人特长与爱好		
运动、诗歌、摄影		
获奖情况		
2014.05 特等奖学金　2015.10 一等奖学金 2016.5 优秀团员　2016.10 特等奖学金 2017.10 三好学生　2018.10 优秀毕业生		
联系方式		
■ 电话/微信：1389613**** ■ QQ:630630630 ■ E-mail:aiaiai1234@qq.com		
自我评价		
本人勤奋好学，对工作充满热情，具有极强的团队精神，能灵活应用所学专业知识解决实际问题，对工作十分认真负责，有一定的组织协调能力；我非常喜欢我所学的专业，感谢父母和社会对我的培养和支持，非常想得到一份能发挥专业特长和能力的工作，为社会和家庭的发展作出贡献。		

图 3.91　个人简历效果图

（2）单击“快速访问工具栏”中的“保存”按钮，将文档以“个人简历”为文件名保存。

（3）表格标题：在第 1 行输入“个人简历”，设置标题文字为“华文行楷、二号、加粗、居中”。

（4）创建表格：在标题下面新建一个 12 行 3 列的表格。

（5）将表格设置为“居中对齐”，将表格中各单元格的对齐方式设置为“文本左对齐”。

（6）设置第 1、6、9、11 行的行高为 1 厘米，第 2～5 行及第 7、8 行的行高为 0.9 厘米。

（7）设置第 1、2 列的列宽为 6.2 厘米，第 3 列的列宽为 3.5 厘米。

（8）在表格最后一行的后面插入 4 行，参照图 3.91 设置行高。

（9）参照图 3.91 合并相应单元格。

（10）按照图 3.91，设置表格中相应的单元格底纹填充为“白色，背景 1，深色 5%”。

（11）设置表格的外边框线为“深蓝色，1.5 磅，单实线”，内边框线为“深蓝色，1.5 磅，双实线”，如图 3.91 所示。

（12）输入单元格内容：如图 3.91 所示，输入相应文本，带有底纹颜色单元格的文本字体设置为“宋体、加粗”，字号为“小四”，其他单元格的文本字体设置为“微软雅黑”，字号为“五”。

（13）在对应单元格中插入图片"照片.jpg"，设置照片高度为3.5厘米，宽度为2.7厘米。

（14）设置项目符号：如图3.91所示，给表格中联系方式下的内容添加相应的项目符号"■"。

实施思路

（1）创建文档：启动WPS文字，单击"文件"选项卡中的"新建"按钮，新建一个WPS空白文档。

（2）保存文档：以"个人简历.WPS"为文件名，保存在"我的电脑"E盘的根目录下。

（3）表格标题：在文档的第1行输入"个人简历"，然后将标题内容选定，选择"开始"选项卡中的"字体"组，设置标题文字为"华文行楷、二号、加粗"。选择"开始"选项卡中的"段落"组，设置标题居中对齐。

（4）创建表格：先将光标置于文档的第2行内，然后单击"插入"选项卡中的"表格"按钮，在下拉列表中选择"插入表格"选项；在弹出的"插入表格"对话框的"行数"框中输入12，"列数"框中输入3，即可在标题下面新建一个12行3列的表格，创建的表格如图3.92所示。

（5）设置对齐方式：将光标置于表格中的任意单元格内，单击"表格工具"选项卡中的"表格属性"按钮，弹出"表格属性"对话框，在"表格"选项卡中设置表格的对齐方式为"居中对齐"。选定表格的所有单元格，单击"表格工具"选项卡中的"对齐方式"按钮，将表格中每个单元格的对齐方式都设置为"中部两端对齐"。

（6）设置行高和列宽：设置第1、6、9、11行的行高为1厘米，第2～5行及第7、8行的行高为0.9厘米。分别选定表格的第1、6、9、11行，在"表格工具"选项卡的"单元格大小"组中，输入高度值为1厘米，如图3.93所示，使用同样的方法设置第2～5行及第7、8行的行高为0.9厘米，设置第1、2列的列宽为6.2厘米，第3列的列宽为3.5厘米。

（7）将光标移到表格中最后一行最后一列单元格的后面，按"Enter"键，即可在这一行的后面插入1行，使用同样的方式再插入3行，参照图3.91设置对应的行高。

个 人 简 历

图3.92　创建的表格

图3.93　单元格的行高、列宽

（8）合并单元格：先选定需要合并的单元格，再单击"表格工具"选项卡中的"合并单元格"按钮，将相应的单元格进行合并。

（9）设置表格底纹：参照图3.91，先选定需要进行底纹设置的单元格，然后单击"表格样式"选项卡中的"底纹"按钮，将所选单元格的底纹填充为"白色，背景1，深色5%"。

（10）设置表格边框：先选定整个表格，然后单击"表格样式"选项卡中的"边框"按钮，弹出"边框和底纹"对话框，选择"边框"选项卡，将表格的外边框线设置为"深蓝色，1.5磅，单实线"，内边框线设置为"深蓝色，1.5磅，双实线"，如图3.94所示。

图 3.94　"边框和底纹"对话框

（11）输入单元格内容：如图 3.91 所示，在对应单元格中输入文本，然后选定带有底纹颜色的单元格，单击"开始"选项卡的"字体"组中的按钮，设置所选单元格的文本字体为"宋体，加粗"，字号为"小四"。使用同样的方法设置其他单元格的文本字体为"楷体"，字号为"五"

（12）插入图片：将光标置于要插入照片的单元格内，单击"插入"选项卡中的"图片"按钮，将素材文件夹中的图片"照片.jpg"插入对应的单元格中，然后选定照片，在"图片工具"选项卡中输入图片高度为 3.5 厘米，宽度为 2.7 厘米。

（13）设置项目符号：先选定表格联系方式下的所有文字，接着单击"开始"选项卡中的"项目符号"下拉按钮，设置如图 3-91 所示的项目符号。

3.4.1　创建表格

1. 自动绘制表格

（1）使用"表格"选择列表创建表格。

先将光标置于要创建表格的位置，再单击"插入"选项卡中的"表格"按钮，打开表格选项列表，如图 3.95 所示。拖动鼠标选择表格的行数和列数，松开鼠标即可在文档中出现相应行数和列数的表格。

（2）使用"插入表格"对话框创建表格。

先将光标置于要创建表格的位置，再单击"插入"选项卡中的"表格"按钮，在表格选项列表中选择"插入表格"选项，弹出"插入表格"对话框，如图 3.96 所示。在"行数"和"列数"框中输入需要的行数、列数，还可以在"列宽选择"选项组中设置表格的列宽，可以是固定列宽和自动列宽，或者为新表格记忆设定的尺寸，单击"确定"按钮即可插入表格。

（3）使用"插入内容型表格"创建表格。

单击"插入"选项卡中的"表格"按钮，在表格选项列表的"插入内容型表格"中选择需要的类型，如汇报表、通用表、统计表、物资表、简历等，如图 3.95 所示，可以十分方便、快捷地创建表格。选择"通用表"类型后，如图 3.97 所示，在选择"并列对比样式零食"后将在对应位置插入如图 3.98 所示的表格。

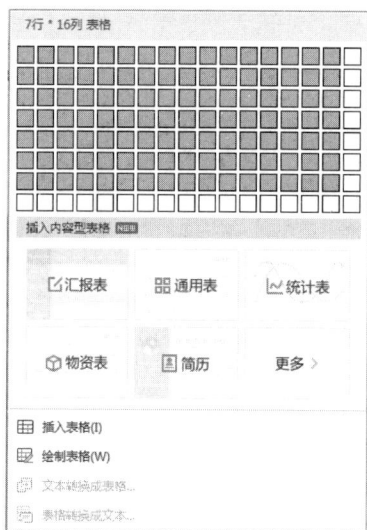

图 3.95　表格选项列表

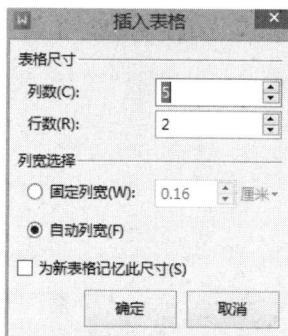

图 3.96　"插入表格"对话框

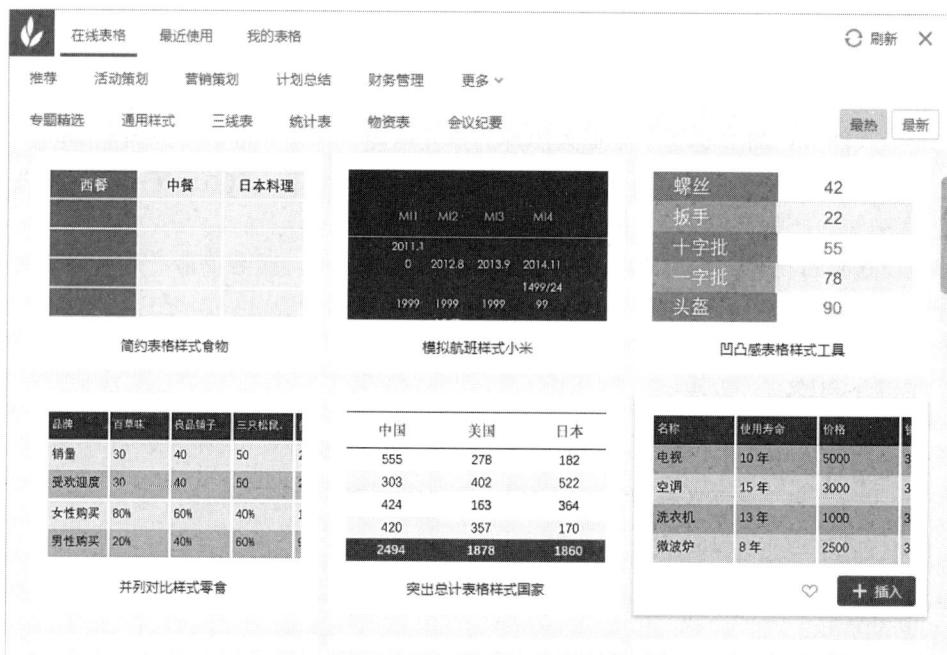

图 3.97　"通用表"类型表格

图 3.98　"并列对比样式零食"表格

2. 手动绘制表格

首先将光标置于要创建表格的位置，再单击"插入"选项卡中的"表格"按钮，在表格选项列表中选择"绘制表格"选项，此时鼠标指针将变成铅笔形状；在文档空白处，通过拖动鼠标左键可以绘制需要的表格，右下角会动态提示表格的行数和列数，如图3.99所示。

图3.99 绘制表格

完成表格的绘制后，按"Esc"键，或者单击"表格工具"选项卡中的"绘制表格"按钮，即可退出表格的绘制状态，如图3.100所示。

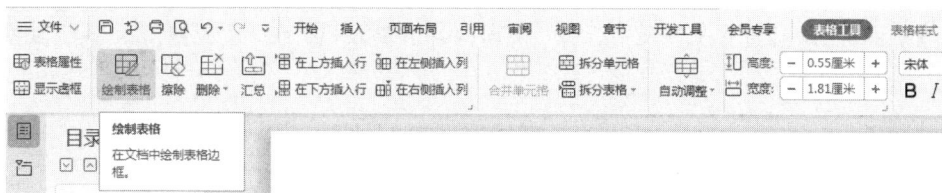

图3.100 "表格工具"选项卡

3.4.2 格式化表格

1. 选定表格

（1）选定单元格：将鼠标指针指向单元格的左边，当鼠标指针变成一个指向右上方的黑色箭头时，单击可以选定该单元格。

（2）选定行：将鼠标指针指向行的左边，当鼠标指针变成一个指向右上方的白色箭头时，单击可以选定该行；如拖动鼠标，则拖动过的行被选定。

（3）选定列：将鼠标指针指向列的上方，当鼠标指针变成一个指向下方的黑色箭头时，单击可以选定该列；如果水平拖动鼠标，则拖动过的列被选定。

（4）选定连续单元格：在单元格上拖动鼠标，拖动的起始位置和终止位置间的单元格被选定；也可以单击位于起始位置的单元格，然后按住"Shift"键单击位于终止位置的单元格，此时起始位置和终止位置间的单元格被选定。

（5）选定不连续单元格：在按住"Ctrl"键的同时拖动鼠标可以在不连续的区域中选择单元格。

（6）选定整个表格：单击表格左上角的十字花方框标记，可选定整个表格。

2. 移动和缩放表格

（1）移动表格：将鼠标指针指向表格左上角的移动标记，如图 3.101 所示，然后按下左键拖动鼠标，拖动过程中会有一个虚线框跟着移动，当虚线框到达需要的位置后，松开左键即可将表格移动到指定位置。

（2）缩放表格：将鼠标指针指向表格右下角的缩放标记，如图 3.101 所示，然后按下左键拖动鼠标，拖动过程中会有一个虚线框表示缩放尺寸，当虚线框尺寸符合需要后，松开左键即可将表格缩放为需要的尺寸。

3. 调整行高和列宽

（1）将鼠标指针指向要移动的行线，当指针变成 ÷ 形状时，按下左键拖动鼠标可移动行线。

（2）将鼠标指针指向要移动的列线，当指针变成 ↔ 形状时，按下左键拖动鼠标可移动列线。

（3）如果要准确地指定表格大小、行高和列宽，则先选定行、列、表格或单元格，再在"表格工具"选项卡的"表格属性"组中输入相应的高度值和宽度值，如图 3.102 所示。

（4）平均分布行列：如果需要表格大部分行列的行高或列宽相等，则可以使用平均分布行列的功能。该功能可以使选择的每行或每列都使用平均值作为行高或列宽。设置时，先选定需要进行设置的行或列，然后单击"表格工具"选项卡中的"自动调整"按钮，如图 3.102 所示，选择"平均分布各行"或"平均分布各列"；也可以选定对象后，右击，在弹出的快捷菜单中选择"自动调整"→"平均分布各行"或"平均分布各列"，如图 3.103 所示。

（5）自动调整：先将光标置于要调整的表格中，然后单击"表格工具"选项卡中的"自动调整"按钮，在弹出的下拉列表中选择"根据内容调整表格"或"适应窗口大小"，如图 3.104所示。

图 3.101 移动和缩放标记

图 3.102 设置单元格行高、列宽

图 3.103 平均分布各行或各列

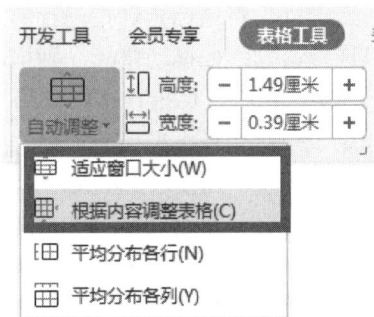

图 3.104 自动调整行高或列宽

4. 移动或复制单元格、行和列

对单元格的移动或复制操作可以通过拖动鼠标或剪贴板来完成。先用鼠标选定区域,然后按鼠标左键拖动即可;如果在拖动过程中按住"Ctrl"键,则可以将选定的区域复制到新的位置。行和列的移动或复制操作与其类似。

5. 插入单元格、行和列

(1)在表格中插入行:先选定表格中要插入新行的位置,然后单击"表格工具"选项卡中的"在上方插入行"或"在下方插入行"按钮,如图3.105所示。也可以在选定行后右击,在弹出的快捷菜单中选择"插入"命令,弹出子菜单,在子菜单中选择"在上方插入行"或"在下方插入行"选项,如图3.106所示。

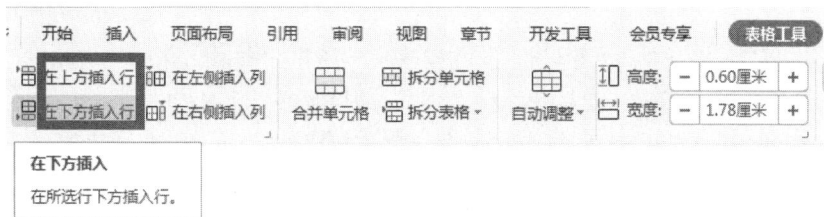

图3.105 插入行和列(1)

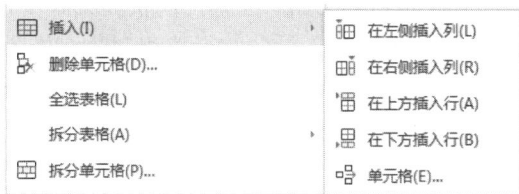

图3.106 插入行和列(2)

如果将光标置于表格中某行最后一列单元格的后面,按"Enter"键,即可在该行的后面插入一行;也可以单击表格最后一行下面的"+"增加行。

(2)在表格中插入列:同插入行的方法相同,可以在选定列的左侧或右侧插入与选定列数相同的列;也可以单击表格最后一列右边的"+"增加列。

(3)插入单元格:选定插入位置上的单元格,右击,在弹出的快捷菜单中选择"插入"命令,在弹出的子菜单中再选择"单元格"选项,也可以选定单元格后单击"表格工具"选项卡的"绘制表格"组右下角的按钮,弹出"插入单元格"对话框,如图3.107所示。

6. 删除单元格、行、列或表格

先选中要删除的单元格、行、列或表格,然后单击"表格工具"选项卡中的"删除"按钮,会弹出一个下拉列表,如图3.108所示,再选择相应的命令。删除行后,被删除行下方的行自动上移;删除列后,被删除列右侧的列自动左移。

7. 合并和拆分单元格

合并单元格是将两个或两个以上的单元格合成一个单元格,拆分单元格是将一个单元格拆成两个或多个单元格。

(1)合并单元格:先选定要合并的两个或多个单元格,再单击"表格工具"选项卡中的"合并单元格"按钮,如图3.109所示;也可以右击,在弹出的快捷菜单中选择"合并单元格"命令，如图 3.110 所示。

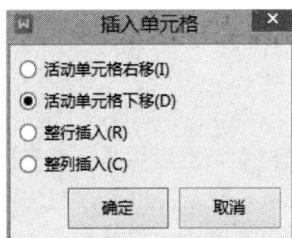

图 3.107　"插入单元格"对话框

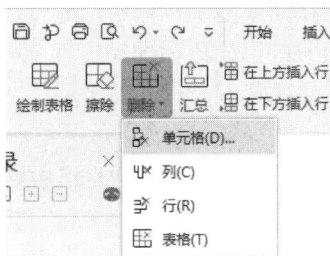

图 3.108　删除表格的下拉列表

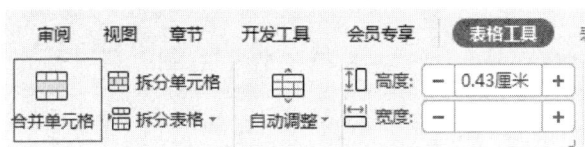

图 3.109　合并单元格（1）

（2）拆分单元格：先选定要拆分的一个或多个单元格，再单击"表格工具"选项卡的"合并"组中的"拆分单元格"按钮；也可以右击，在弹出的快捷菜单中选择"拆分单元格"命令，然后在弹出的"拆分单元格"对话框中输入拆分的行数和列数，如图 3.111 所示。

（3）拆分表格：先选定要拆分处的行，再单击"表格工具"选项卡中的"拆分表格"按钮，一个表格就从光标处分成两个表格。

图 3.110　合并单元格（2）

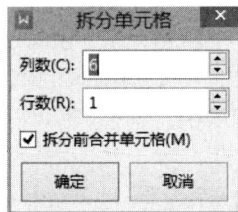

图 3.111　"拆分单元格"对话框

8．绘制斜线表头

斜线表头是指使用斜线将一个单元格分隔成多个区域，然后在每一个区域中输入不同的内容，如图 3.112 所示。

将光标置于单元格内，然后单击"表格样式"选项卡中的"绘制斜线表头"按钮，弹出"斜线单元格类型"对话框，如图 3.113 所示，选择用户需要的类型即可，也可以直接手动绘制斜线表头。

9．设置对齐方式

先选定需要对齐文本的单元格，在"表格工具"选项卡的"对齐方式"下有 9 种对齐方式，然后根据需要选取任意一种对齐方式，如图3.114所示；或者右击，在弹出的快捷菜单中选择"单元格对齐方式"命令，弹出9种对齐方式，然后选择相应的对齐方式即可。

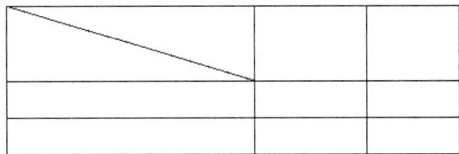

图3.112 斜线表头

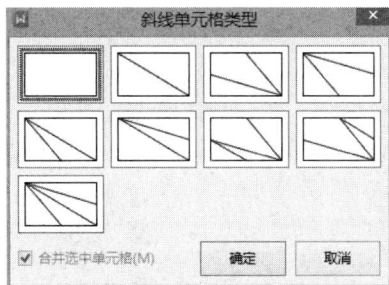

图3.113 "斜线单元格类型"对话框

10. 文字方向

先选定需要改变文字方向的单元格，然后单击"表格工具"选项卡中的"文字方向"按钮，就能改变当前单元格的文字方向，如图3.115所示。

图3.114 单元格对齐方式

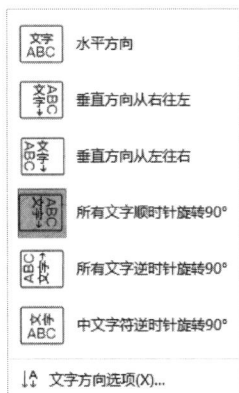

图3.115 设置文字方向

11. 设置表格在页面中的位置

设置表格在页面中的位置包括表格的对齐方式和文字环绕方式。将光标置于表格中的任意单元格内，单击"表格工具"选项卡中的"表格属性"按钮，弹出"表格属性"对话框，如图3.116所示。在该对话框的"表格"选项卡中可以进行表格对齐方式和文字环绕方式的设置。

12. 表格的边框和底纹

WPS中可以改变表格边框的类型，还可以为单元格或整个表格添加背景图片和底纹。

设置表格的边框和底纹：先选定要设置边框和底纹的单元格，然后单击"表格样式"选项卡中的"边框"或"底纹"下拉按钮，单击"底纹"下拉按钮，在下拉框中选择需要的底纹颜色，单击"边框"下拉按钮，在下拉列表中选择需要的边框类型，如图3.117所示。如果需要对边框类型、样式、边框颜色和宽度等进行设置，可以选择"边框"下拉列表中的"边框和底纹"命令，在弹出的"边框和底纹"对话框中进行设置，如图3.118所示。操作方法和任务1中设置文本边框和底纹的方法类似。

图 3.116 "表格属性"对话框

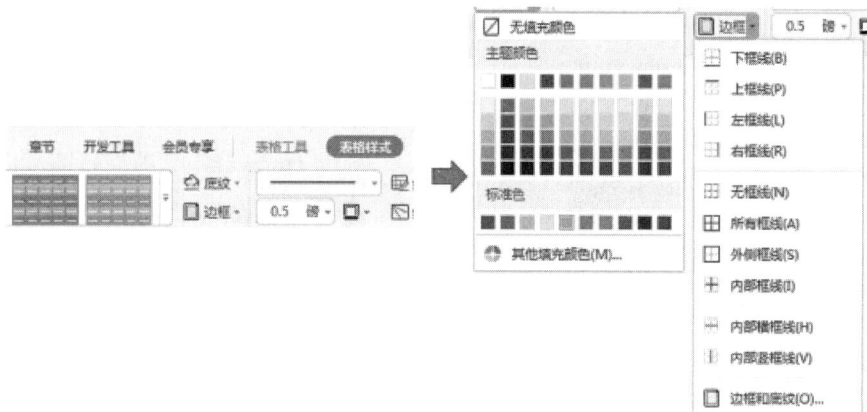

图 3.117 设置表格的边框和底纹

图 3.118 "边框和底纹"对话框

13.　自动套用格式

自动套用格式是 WPS 中提供的一些现成的表格样式，用户可以直接选择需要的表格样式，而不必逐个设置表格的各种样式。先选定要设置的表格，然后单击"表格样式"选项卡中的"表格样式"按钮，在"预设样式"中选择需要的表格样式，如图 3.119 所示。

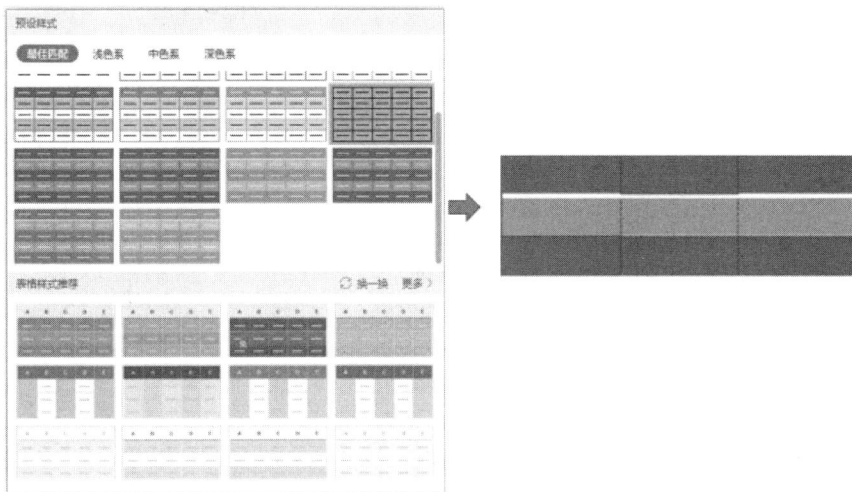

图 3.119　表格的自动套用格式

3.4.3　表格与文字相互转换

WPS 可以将文档中的表格内容转换为以逗号、制表符、段落标记或其他指定字符分隔的普通文本，也可以将文本转换为表格。

1.　文字转换成表格

如果要把文字转换成表格，则文字之间必须用分隔符分开，分隔符可以是段落标记、逗号、制表符或其他特定字符，如图 3.120 所示。

图 3.120　添加分隔符的文本

选定要转换为表格的正文，单击"插入"选项卡中的"表格"下拉按钮，在下拉列表中选择"文本转换成表格"命令，在弹出的"将文字转换成表格"对话框中进行相应的设置，如图 3.121 所示。

2.　表格转换成文本

选定需要转换成文本的表格，单击"插入"选项卡中的"表格"下拉按钮，在下拉列表中选择"表格转换成文本"命令，在弹出的"表格转换成文本"对话框中设置要当作文本分隔符的符号，如图 3.122 所示，单击"确定"按钮即可完成表格转换成文本操作。选择分隔符为制表符，表格转换成文本后的效果如图 3.123 所示。

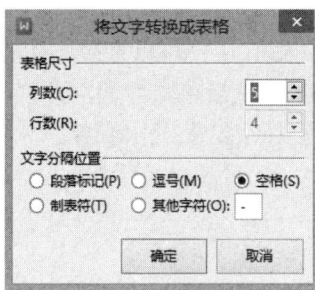

图 3.121 "将文字转换成表格"对话框　　　　图 3.122 "表格转换成文本"对话框

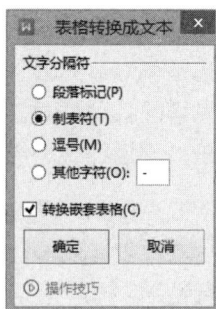

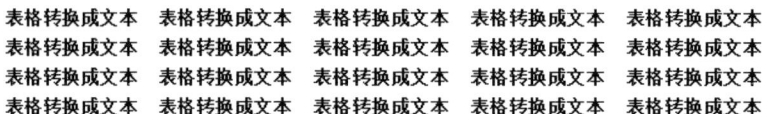

图 3.123 表格转换成文本

3.4.4 表格数据排序与计算

1. 表格中数据的排序

排序分为升序和降序两种，WPS 可以对列方向上的数据进行排序，但不能对行方向上的数据进行排序。具体操作：选中表格内的任意单元格，单击"表格工具"选项卡中的"排序"按钮，如图 3.124 所示，弹出"排序"对话框，如图 3.125 所示，从"主要关键字""次要关键字"等下拉列表中选择要作为排序依据的列标题，在右侧选择排序类型为升序或降序，单击"确定"按钮，即可以所选列为排序基准对整个表格中的数据进行排序。

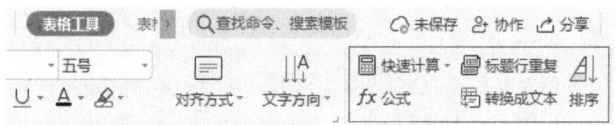

图 3.124 表格"排序"按钮

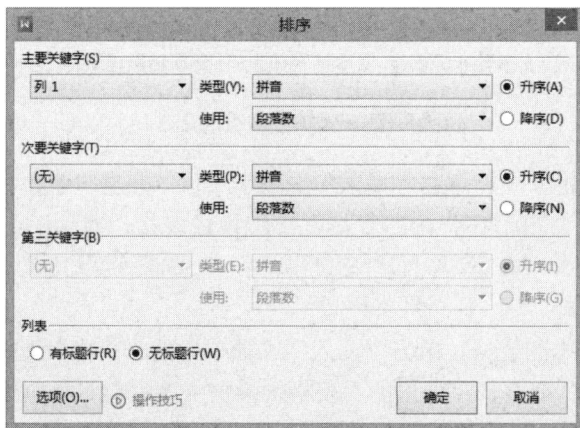

图 3.125 "排序"对话框

2. 表格中数据的计算

WPS 提供了对表格数据进行求和、求平均值等常用的统计计算功能。

在表格中进行计算的操作是先单击要放置计算结果的单元格，再单击"表格工具"选项卡中的"*fx* 公式"按钮，如图 3.126 所示，弹出"公式"对话框，如图 3.127 所示。在该对话框的"公式"文本框中自动输入求和公式，也可以修改其中的函数名称或引用范围，或者在"粘贴函数"下拉列表中选择函数，单击"确定"按钮即可在单元格中显示计算结果。

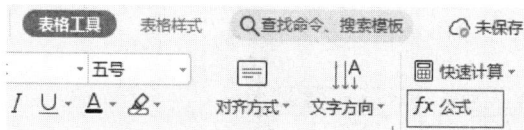

图 3.126　表格"*fx* 公式"按钮

图 3.127　"公式"对话框

常用的函数有 SUM（总和）、AVERAGE（平均值）、MAX（最大值）、MIN（最小值）等。求值区域可以用区域的单词表示，也可以用单元格区域表示。以求和为例，在"公式"对话框的"公式"文本框中输入"=SUM（求值区域）"。例如：

=SUM(LEFT)　表示求该单元格左侧的数据之和。

=SUM(RIGHT)　表示求该单元格右侧的数据之和。

=SUM(ABOVE)　表示求该单元格上端数据之和。

=SUM(BELOW)　表示求该单元格下端数据之和。

3. 表格中单元格的引用方式

WPS 表格中的每个单元格都有一个单元格地址，列用英文字母表示，行用自然序数表示，单元格地址如图 3.128 所示。

	A	B	C
1	A1	B1	C1
2	A2	B2	C2
3	A3	B3	C3
4	A4	B4	C4

图 3.128　单元格地址

3.4.5　邮件合并

WPS 的邮件合并功能主要应用在填写大量格式相同、只修改少数相关内容、其他文档内容不变的情况下。例如，统计公司员工工作量信息，工作量包括的信息都是一样的，只是每个人的工作量不一样，这时就可以使用 WPS 的邮件合并功能批量完成该统计工作。邮件合并的过程主要分为以下 4 个步骤。

1. 制作主文档和数据源

（1）新建一个 WPS 文档（主文档），录入相同内容，在不同内容处加上括号，如图 3.129 所示，然后命名保存。

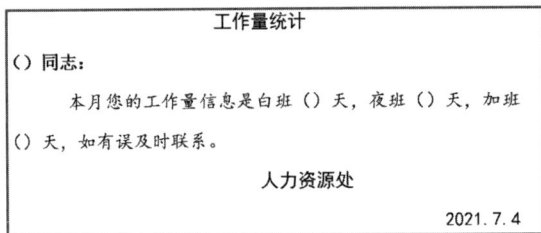

图 3.129 主文档

（2）使用 WPS 表格或 WPS 文字创建一个表格（数据源），表格的首行为标题行，其他行为数据行，用于录入不同内容，如图 3.130 所示，然后命名保存。

工号	姓名	白班	夜班	加班	备注
20180001	张大才	15	12	2	
20180002	李小平	13	12	5	
20180003	王中林	15	11	4	
20190004	何金荣	13	14	3	

图 3.130 数据源

2. 建立主文档与数据源的连接

（1）关闭数据源文件，打开主文档，单击"引用"选项卡中的"邮件"按钮，激活"邮件合并"选项卡，如图 3.131 所示，单击"打开数据源"按钮，弹出"选取数据源"对话框，如图 3.132 所示。

图 3.131 "邮件合并"选项卡

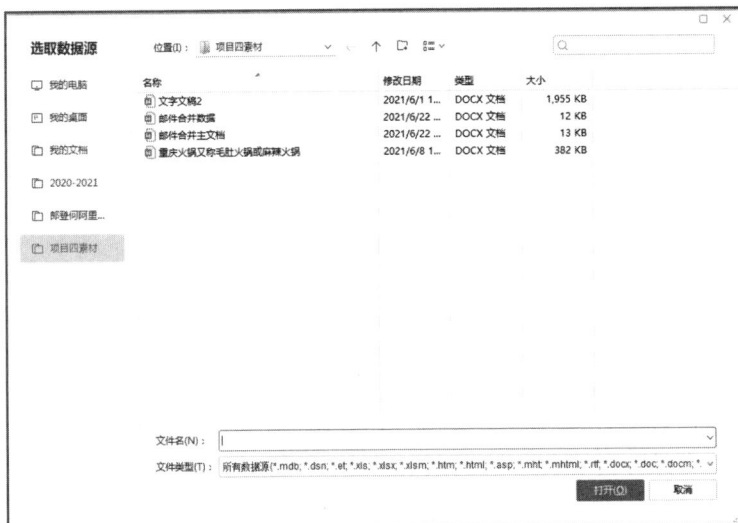

图 3.132 "选取数据源"对话框

（2）在"选取数据源"对话框中，选定数据源文件，单击"打开"按钮，此时"邮件合并"选项卡中的大部分按钮均变为可用状态，如图 3.133 所示。

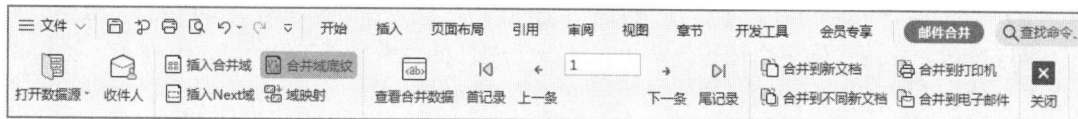

图 3.133 打开数据源后的"邮件合并"选项卡

（3）返回 WPS 编辑窗口，将光标置于要插入数据的位置，然后单击"邮件合并"选项卡中的"插入合并域"按钮，弹出"插入域"对话框，如图 3.134 所示。在该对话框中选择相应选项，将数据源一项一项地插入主文档的相应位置，如图 3.135 所示。

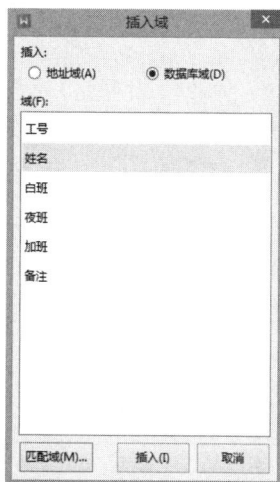

图 3.134 "插入域"对话框

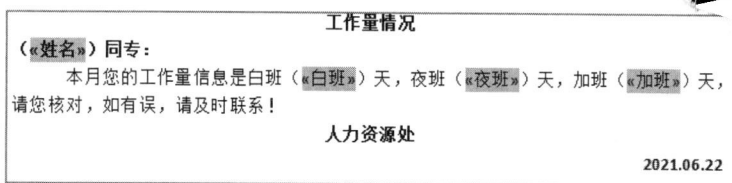

图 3.135 插入数据源信息

3. 查看合并数据

在"邮件合并"选项卡中单击"查看合并数据"按钮，可以将文档中合并域数据转换为收件列表中的实际数据，通过单击"上一条""下一条""首记录""尾记录"可以查看域的显示情况，如图 3.136 所示。

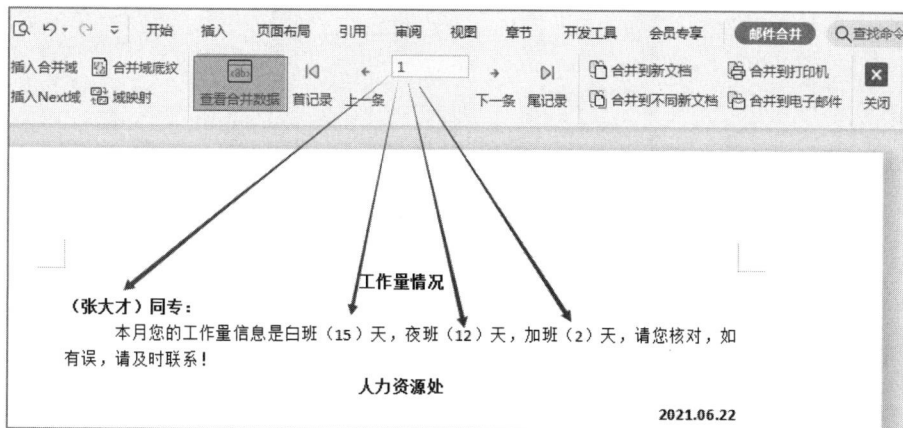

图 3.136 查看数据源中第一条记录信息

4. 完成邮件合并

（1）单击"邮件合并"选项卡，合并文档的 4 个按钮均已激活，如图 3.137 所示。

（2）单击"合并到新文档"按钮，弹出"合并到新文档"对话框，图 3.138 所示，选中"全部"单选按钮，单击"确定"按钮，即可完成整个邮件的合并操作，如图 3.139 所示。也可以单击"合并到电子邮件"按钮，弹出的对话框如图 3.140 所示。

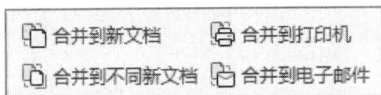

图 3.137　邮件合并按钮

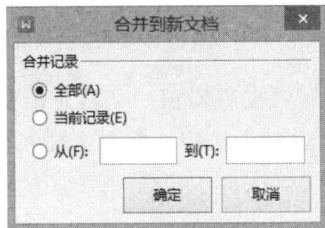

图 3.138　"合并到新文档"对话框

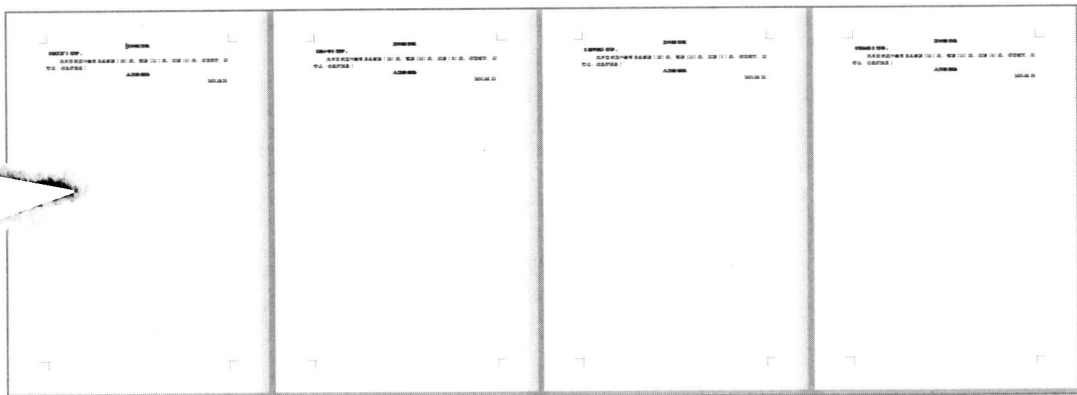

图 3.139　邮件合并到新文档效果

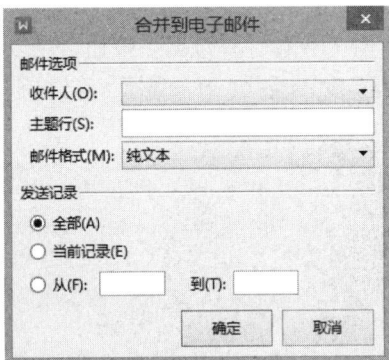

图 3.140　"合并到电子邮件"对话框

拓展训练——制作销售情况统计表

利用 WPS 的表格排版功能，设计一张销售情况统计表，计算出每种产品的销售量，并且按销量进行排序。然后利用邮件合并功能，制作出和销售员联系的信封。

1. 设计销售情况统计表

打开素材文件夹中的"销售情况统计表.wps"文档，对文档中的表格进行排版，其排版效果图如图 3.141 所示。

产品号	产品名	销量1	销量2	销量3	总销量（KG）	销售员
HZP0202	干货2	46	67	78	191	王强
HZP0303	易腐品3	33	445	65	543	李新
HZP0505	新疆棉料	466	67	34	567	张大
HZP0101	化装品1	89	810	34	933	赵小
HZP0404	西区土产	24	4565	67	4656	罗亮

图 3.141　销售情况统计表排版效果图

（1）将表格中的第 1 行（空行）拆分为 1 行 6 列，并依次输入相应内容；根据窗口大小自动调整表格后平均分布各列。

（2）将第 1 行的行高设置为 1 厘米。

（3）将产品号为"HZP0303"的一行移至产品号为"HZP0404"的一行的上方。

（4）将表格自动套用"主题样式-强调 5"的表格格式。将第 1 行的字体设置为"黑体"，字号设置为"四号"，文字对齐方式为"左对齐"；其他各行单元格对齐方式为"中部两端对齐"。

（5）在"销量 3"的右边插入一列，输入"总销量（KG）"，并且利用函数或公式计算出每个人的总成绩。

（6）设置"总销量（KG）"为主要关键字，对表格中的数据进行升序排列。

（7）操作完成后，将文件以"销售情况表.wps"为文件名保存在"我的电脑"D 盘的根目录下。

2. 制作信封

利用邮件合并功能制作信封，效果图如图 3.142 所示。

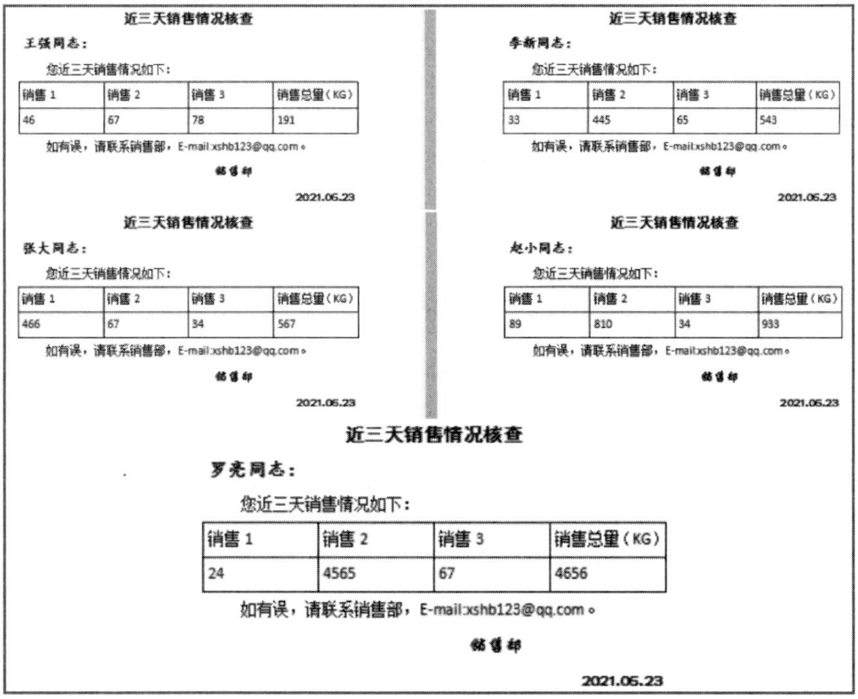

图 3.142　效果图

（1）主文档创建：新建一个 WPS 文稿（主文档），录入相同内容，不同内容处留空，如图 3.143 所示，以"销售情况统计表主文档.wps"命名并保存到 E 盘的根目录下。

（2）数据源：打开素材文件夹中的"销售情况统计表.wps"文档。

（3）建立主文档与数据源的连接，效果图如图 3.144 所示。

（4）邮件合并的结果以"所有销售人员销售情况.wps"为文件名，保存在"我的电脑"E 盘的根目录下。

图 3.143 销售情况统计表主文档效果图

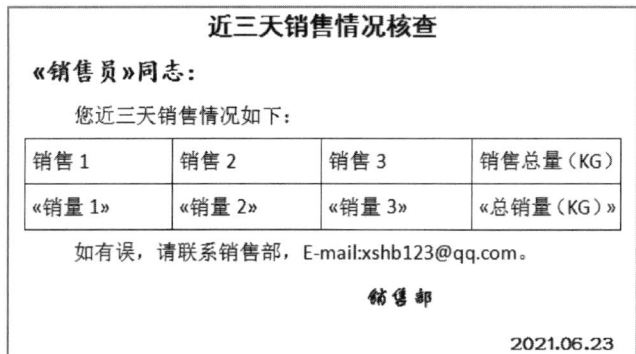

图 3.144 建立数据源信息效果图

任务 5 WPS 文稿审阅与共享

WPS 文稿审阅与共享初探

任务描述

重电云科技有限公司正在对"公司员工考勤管理制度"进行完善，需要企业相关人员在线进行编辑和处理，以提高办公效率。这个过程中既要共享文稿，也要对文稿进行适当保护，本任务就是完成这项工作。

任务分析

在该制度文稿完善的过程中，公司相关人员要对文稿进行修改，包括删除、插入和更新等。要了解对文稿的操作情况，可以使用 WPS 修订功能，因为修订功能可以记录对文档的所有改动，如文字内容的插入、删除和格式更改。文稿的处理过程以共享的形式进行编辑，共享的同时也带来一些安全隐患。本任务主要包括对文稿修订的接受与拒绝、显示修订、保护修订、分享文档、文档加密以及备份与恢复等操作。

➡️ 任务实施

任务要求

（1）打开需要审阅修订、共享和安全保护的文稿。

（2）启用"修订模式"，进行"修订选项"设置。

（3）修订操作：删除第一条中多余的"定"字，在第二行的"第"和"条"中插入文字"二"，将"第四条"中的"渡"改为"度"。

（4）接受对文档的所有修订。

（5）设置文稿自动备份和文档云同步。

（6）分享给相关人员查询和编辑。

（7）设置密码保护。

实施思路

（1）打开文稿：启动 WPS 文字，打开"公司员工考勤管理制度.wps"文稿。

（2）设置备份与恢复：选择左上角的"文件"→"备份与恢复"→"备份中心"→"设置"，启用"本地备份"和"文档云同步"。

（3）启用"修订模式"：选择"审阅"选项卡→"修订"→"修订"命令，启用"修订模式"。

（4）设置"修订选项"：选择"审阅"选项卡→"修订"→"修订选项"命令，设置"修订选项"，插入内容为"单下画线"，删除内容为"删除线"，颜色均为"红色"。

（5）修订操作：删除第一条中多余的"定"字，在第二行的"第"和"条"中插入文字"二"，将"第四条"中的"渡"改为"度"。

（6）接受修订：单击"审阅"选项卡中的"接受"下拉按钮，在下拉列表中选择"接受对文档所做的所有修订"。

（7）协作文稿：单击右上角的"协作"按钮，选择"进入多人编辑"，以微信二维码方式分享给相关人员进行编辑。

（8）保存并分发：以"公司员工考勤管理制度（正式）.wps"为名进行保存，以微信二维码方式在公司内部发布，设置权限为"任何人可查看"。

3.5.1　文稿审阅与修订

1. 应用修订

修订功能可以记录对文稿的所有改动，如对文字内容的插入、删除和格式更改。单击"审阅"选项卡→"修订"按钮，进入修订状态，如图 3.145 所示。

2. 接受或拒绝修订

员工对文稿内容进行修改后，通过修订功能可以显示修改了哪些内容。可以接受或拒绝修订，也可以根据需要选择部分或全部接受或拒绝。选择修订项，可以在"审阅"选项卡中单击"接受"或"拒绝"按钮；也可以在"审阅"选项卡中单击"接受"或"拒绝"下拉按钮，在下拉列表中选择"接受/拒绝所有的格式修订""接受/拒绝对文档所做的所有修订"等，如图 3.146 所示。

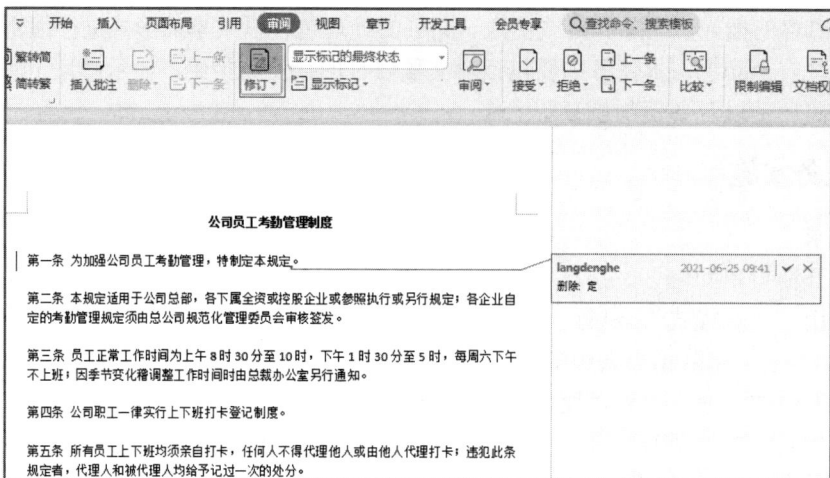

图 3.145　应用修订

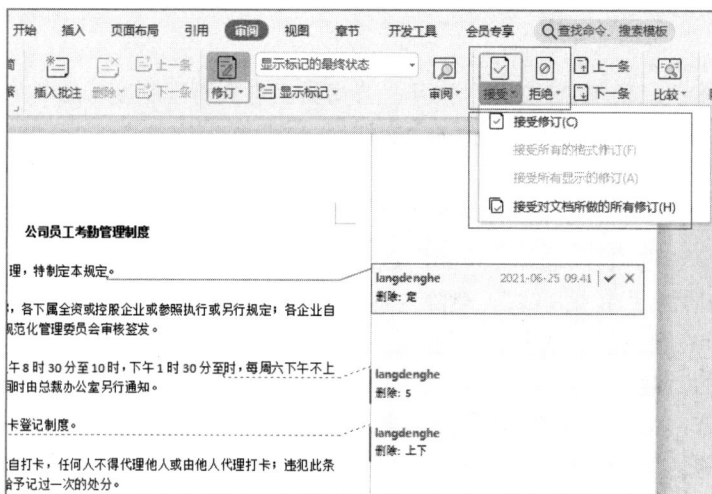

图 3.146　接受或拒绝修订

3. 显示修订

使用修订功能，界面上会有修改后所遗留的突出标志，可以通过修改"显示以供审阅"和"显示标记"，来选择希望的修订项显示方式和内容。选择文档修订后的显示方式和标记类型的操作方法：在"审阅"选项卡中的"显示以供审阅"和"显示标记"下拉列表中进行选择，如"显示标记的最终状态""原始状态"等，如图 3.147 所示。

4. 保护修订

修订的目的是保留用户的修改痕迹，如果用户在使用的过程中，将修订功能取消，就算其他人做了修改，也不能体现出来。因此，为了防止其他人取消修订功能，可使用保护修订的方法，设置密码，让文档只能处于修订状态，想要取消修订功能，除非知道密码。使用保护修订方法后，可以强制跟踪修改痕迹，防止恶意取消修订状态。

单击"审阅"选项卡中的"限制编辑"按钮，弹出"限制编辑"任务窗格，勾选"设置文档的保护方式"复选框，并选中"修订"单选按钮，单击"启动保护"按钮，弹出"启动保护"对话框，在该对话框中设置保护密码，如图 3.148 所示。

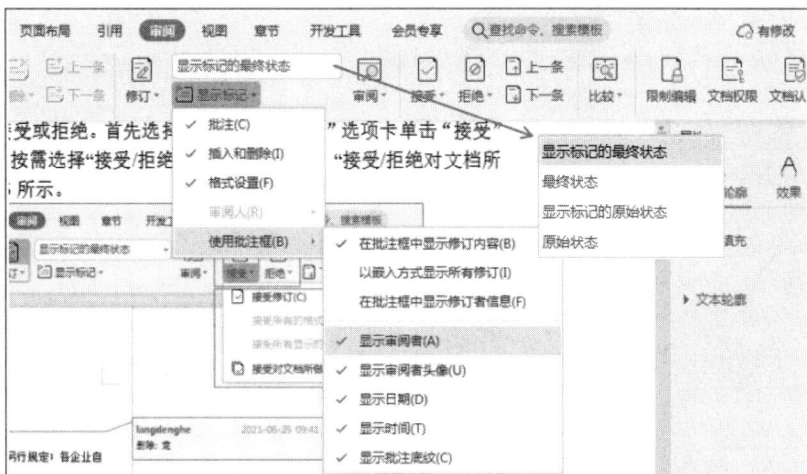

图 3.147　显示修订

图 3.148　保护修订

3.5.2　文稿共享

将文稿共享给相关人员进行实时编辑、查阅、传送等，可提高办公效率。WPS Office 2019 已实现与云存储的集成，登录 WPS+账号后，文件可直接保存或上传到云端，并且可以通过任意计算机、手机随时随地打开、编辑、保存、分享，真正摆脱设备和地点的限制。下面介绍分享和协作的操作步骤。

1．分享

（1）打开要分享的文稿，单击右上角的"分享"按钮，如图 3.149 所示，打开分享链接界面，文件共享方式为"复制链接""发给联系人""发至手机"和"以文件发送"，如图 3.150 所示，下面对"复制链接"进行说明。

（2）在分享链接界面可以设置公开分享，如"任何人可查看""任何人可编辑"，也可以设置指定范围分享，如"仅下方指定人可查看/编辑"。如果任何人都可以接收分享的文件并进行编辑，则选择"任何人可编辑"，如图 3.150 所示。

图 3.149 "分享"按钮

图 3.150 分享链接界面

（3）在分享链接界面还可以设置链接权限、链接的有效期，在"高级设置"处可以设置下载、另存和打印权限，如图 3.151 所示。

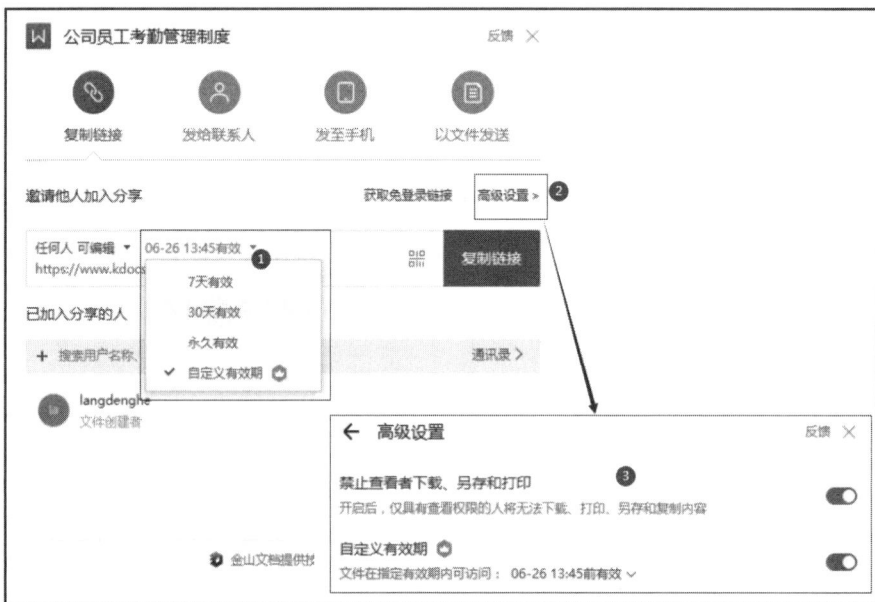

图 3.151 设置分享链接的权限和有效期

设置完成后,将复制链接发送给相关人员即可。

在分享普通链接时,好友单击分享链接,想进入文档需要登录账号,在"分享链接"界面中,单击"获取免登录链接"并将此链接发送给好友;当好友单击该链接时,不需要登录就可以进入文档进行编辑;还可以通过搜索通讯录、扫码分享添加协作者共同编辑文档;当然也可以取消分享,只需要在分享链接界面单击"取消分享"即可。

2. 协作

在实际工作中,经常需要进行远程协助、多人编辑文稿,这时可一键开启 WPS 的协作模式。

(1)打开需要协作编辑的文稿,单击右上角的"协作"按钮,选择"进入多人编辑",如图 3.152 所示,保存文档并发起协作,协作文档需要上传至云端才可被其他成员访问、编辑。

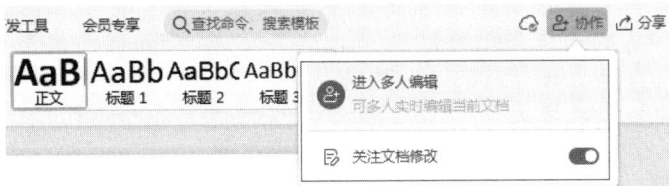

图 3.152 发起协作

(2)上传完毕后进入协作编辑界面,如图 3.153 所示,单击右上角的"分享"按钮,即可将此文稿分享给其他成员。单击"分享"按钮,弹出"分享"对话框,可以通过微信小程序和二维码邀请分享人,如图 3.154 所示,复制分享链接给其他成员,收到链接后单击"进入"按钮,即可与其他成员一同编辑文稿。

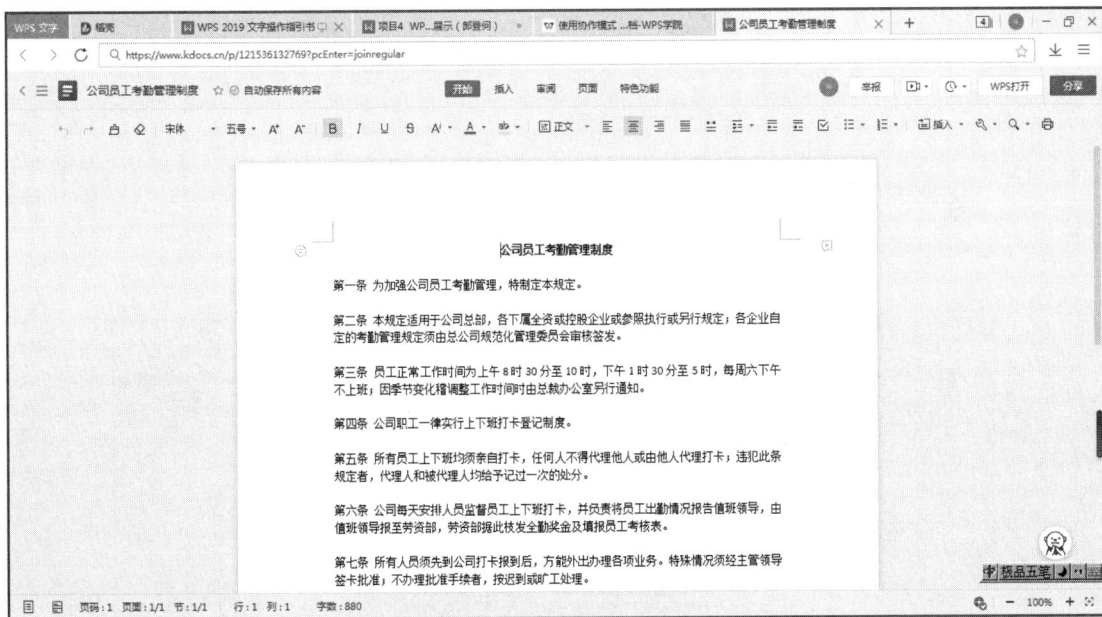

图 3.153 协作编辑界面

(3)在分享界面可以查看参与协作编辑的成员,在右侧可以设置查看与编辑权限,若想移除该成员,单击"移除"即可,被移除的成员将无法访问、编辑文档,如图 3.155 所示。

注意: 要返回 WPS 客户端对文稿进行深入编辑,单击右上角的"WPS 打开"按钮,如图 3.156 所示,但是在 WPS 客户端进行高级编辑时,无法多人同时在线编辑。

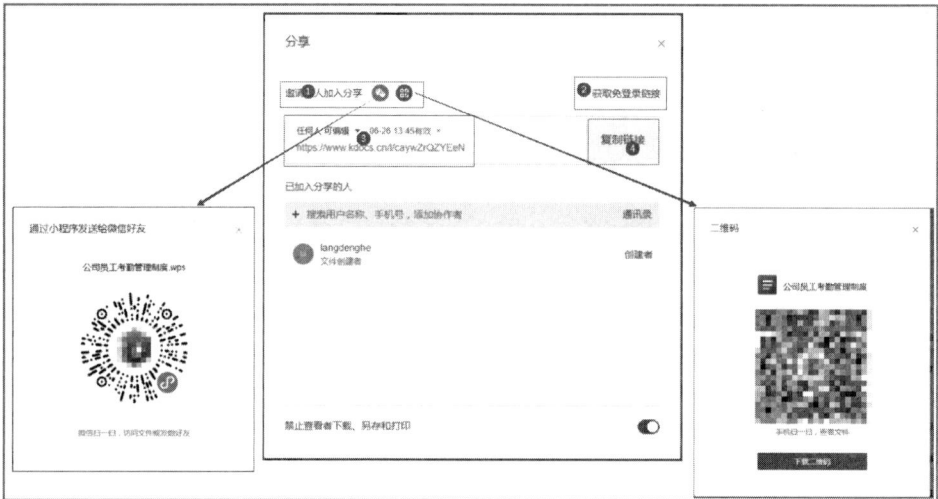

图 3.154　邀请成员协作

图 3.155　分享界面

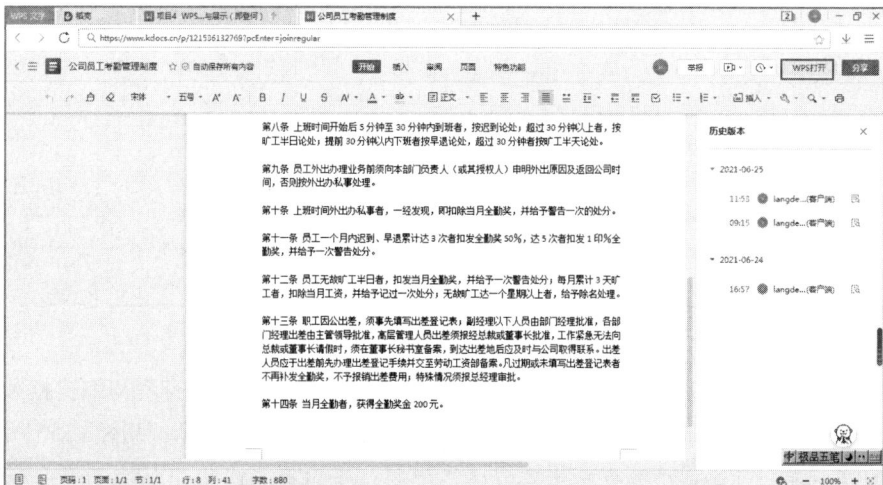

图 3.156　"WPS 打开"按钮

3.5.3　文稿安全

1. 文档加密

（1）WPS 的文档加密功能可以保护文档资料，防止恶意篡改。打开要加密的文档，先选择左上角的"文件"→"文档加密"，再选择"文档权限"或"密码加密"，进行文档权限和密码加密设置，如图 3.157 所示。

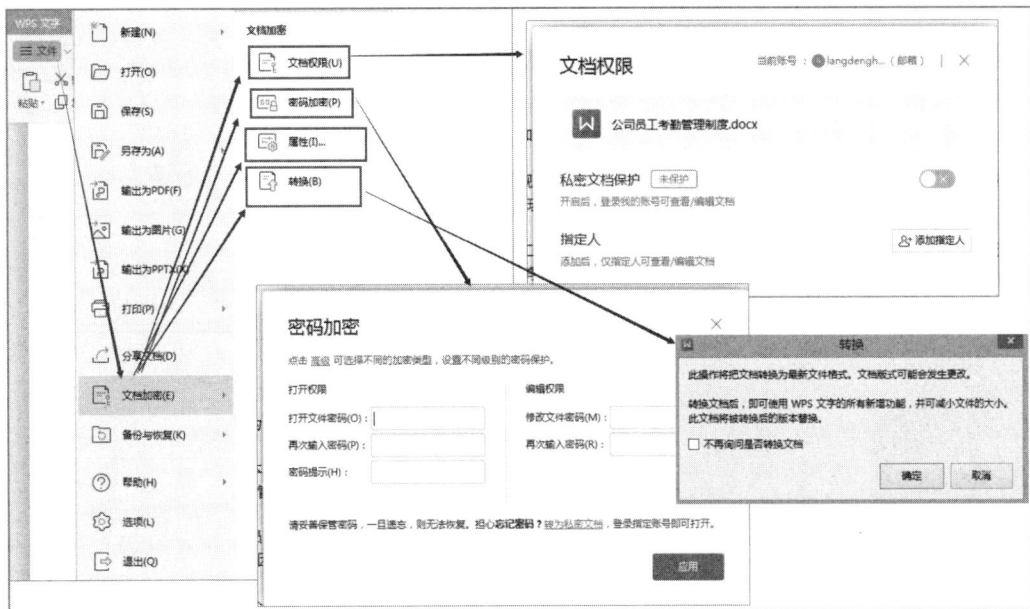

图 3.157　文档加密

（2）文档权限功能可以将文档设为私密保护模式，开启此模式，只有登录账号才可以查看或编辑文档，也可以添加指定人，这样只有设置为指定人后才可以查看、编辑文档。

（3）选择"密码加密"后，在弹出的对话框中可以设置打开权限密码及编辑权限密码，需要注意的是，密码一旦遗忘，就无法恢复，所以要妥善保管密码。实在担心忘记密码，可将文档设置为私密保护模式，不过转为私密文档后，只有登录账号才可以打开。

2. 备份与恢复

在生活和工作中编辑文本内容、数据表格等，会遇到忘记保存、计算机断电和死机等意外情况，导致数据丢失，WPS 提供了备份与恢复功能。选择左上角的"文件"→"备份与恢复"，在"备份与恢复"下，提供了"备份中心""数据恢复""文档修复"和"历史版本"备份和恢复数据的相关工具，如图 3.158 所示。

（1）打开"备份中心"，单击"设置"按钮，开启"备份至本地"，可以设置时间进行"定时备份"，也可以设置"增量备份"，记录文档的操作记录，还可以设置备份保存周期及开启云文档同步，如图 3.159 所示。开启"文档云同步"和"备份至本地"，文档通过双层保护更加安全。

（2）单击"本地备份"可以查看已备份的 WPS 文档、演示和表格，如图 3.160 所示。

（3）单击"备份同步"，可以手动备份重要文档到云端和开启"文档云同步"，如图 3.161 所示。

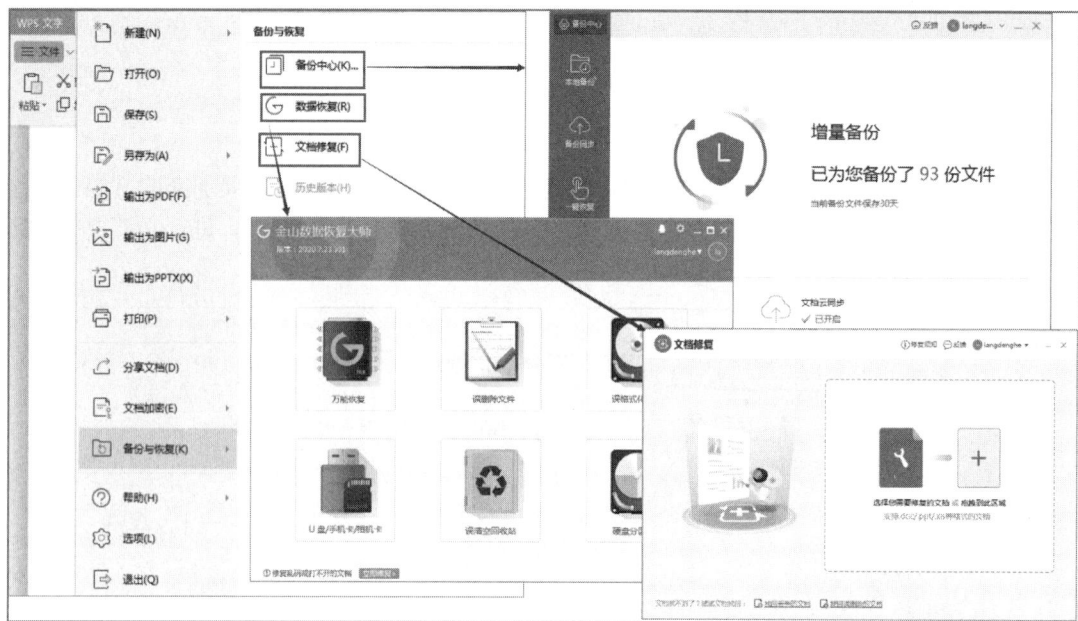

图 3.158　备份与恢复

图 3.159　设置备份中心

（4）单击"一键恢复"，出现文档损坏或乱码、文档意外丢失或删除后，可以进行快速修复及深度恢复，如图 3.162 所示。

另外，在图 3.158 中，"数据恢复"通过启用"金山数据恢复大师"可帮助用户恢复磁盘损坏或误删除而丢失的文件；"文档修复"可帮助用户快速修复乱码等无法打开的文档，读者可自己练习，这里不再赘述。

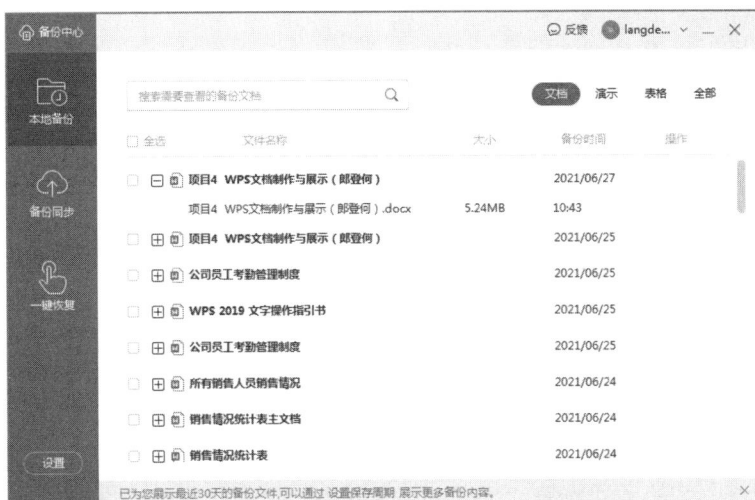

图 3.160　本地备份

图 3.161　备份同步

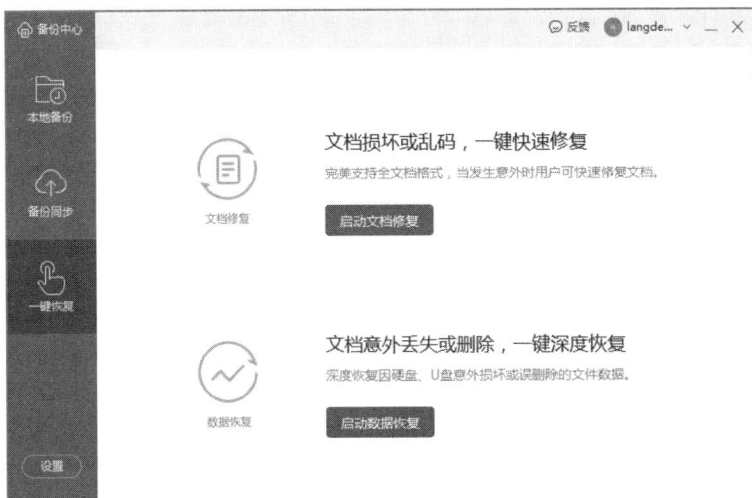

图 3.162　一键恢复

拓展训练——审阅并共享学生论文

打开"项目四素材"文件夹中的"云计算专业毕业论文.wps"文稿，对文稿排版，格式要求如图 3.163 所示，排版效果如图 3.89、图 3.90 所示。

论文题目		题目用黑体二号居中，论文题目应能概括整个论文最重要的内容一般不超过25个字
中文摘要	"中文摘要"题目	黑体小三，居中，段前30磅，段后30磅，行距为最小值方式和设置值20磅
	字数	宋体小四，500~800字左右
	内容	研究背景——本文的主要工作——成果情况(或结论)，突出本论文的创造性成果，语言要求精炼。硬件系统需要写清测试结论。
	关键词	3~5个，中间用","分开，在本页下方另起一行标注，"关键词："三个字字体加粗，关键词应该是摘要中出现过的词语
目录	"目录"题目	25字以内，黑体小三，居中，段前30磅，段后30磅，行距最小值方式和设置值20磅
	内容	应是论文的提纲，内容从第一章开始，页码右对齐，下一级目录比上一级目录多左缩进一个汉字宽度，节号与节之间2个英文空格，"致谢"、"参考文献"和"论文期间研究成果"前不能标章节序号。中英文摘要、主要符号表等前置部分不要放在目录里。字体采用宋体小四，行距最小值方式和设置值22磅，各章大标题(包括"致谢"、"参考文献"和"论文期间研究成果")字体需加粗
正文主体	第一章〈引言〉	内容为该研究工作在国民经济中的实用价值与理论意义；本研究主题范围国内外已有的文献综述，论文所要解决的问题。
	正文	学位论文主体，内容一般包括：理论分析、计算方法、实验装置和测试方法，经整理加工的实验结果的分析讨论、与理论计算结果的比较、本研究方法与已有研究方法的比较。
	最后一章〈结论〉	论文的意义、目的和工作内容。本人创造性工作在本领域中的地位、作用和意义。应严格区分研究生的成果与导师科研工作的界限。
	章节层次代号格式	第一章　大标题(居中，黑体三号，段前30磅，段后30磅，行距最小值方式和设置值20磅，标题只有两个字则字间空2个空格，标题只有三个字则汉字间空1个空格，标题多于三个字则汉字间无须空格)
		1.1　一级节标题(黑体四号，段前18磅，段后18磅，行距最小值方式和设置值20磅，如果紧接大标题则段前0磅)
		1.1.1　二级节标题(黑体四号，段前12磅，段后12磅，行距最小值方式和设置值20磅，如果紧接一级节标题则段前0磅)
		1.1.1.1　三级节标题(黑体小四，段前6磅，段后6磅，行距最小值方式和设置值20磅，如果紧接二级节标题则段前0磅)
		(根据标题级别不同而不同，可适当调节上述标题的段前段后行距，但只在页首和页末位置才能出现)
	正文	宋体四号，行间距固定为26磅，段前段后间距设置为0行，在段中有特殊符号时可适当调整，但增减量不能超过需要设置的20%
		每个自然段首行左缩进2个汉字
	图	每一副图均需要图序和图名，图序和图名间一个空格宽度
		图序与图名居中置于图的下方，图序与图名采用宋体五号字
		图中述语、符号、单位等应同正文表述所用一致
		图序采用阿拉伯数字分章编号，如"图2-5"表明第2章第5个表格，图序需要连续编号
		图名与正文间要有6磅的行间距(段后)
		正文中引用图时不能用"如上图""如下图""如上""如下"等代词，必须用"如图X-Y所示"的字样，末尾用句号或者冒号，但全文要统一
		一副图由多个小图组成时，必须标明(a)、(b)、(c)，且每一副小图也必须有各自的图名

图 3.163　毕业论文格式要求

（1）论文由中（英）文摘要、关键词、正文、注释、致谢、参考文献等部分组成，正文使用数字分级番号，即一级标题番号为 1，2，3 等，二级标题番号为 1.1，1.2，2.1 等，三级标题番号为 1.1.1，1.1.2，1.2.1 等。

（2）使用 A4 页面左侧装订，题目用黑体二号字且居中，中文摘要、英文摘要和关键词用宋体小三号字，正文用仿宋四号字，附录及参考文献用宋体五号字。

（3）选择左上角的"文件"→"备份与恢复"命令，在"备份中心"中单击"设置"按钮，启用"备份至本地"和"文档云同步"。

（4）选择"审阅"选项卡→"修订"→"修订"命令，启用修订模式。

（5）选择"审阅"选项卡→"修订"→"修订选项"命令，设置"修订选项"，插入内容为"单下画线"，删除内容为"删除线"，颜色均为"红色"。

（6）选择右上角的"协作"→"进入多人编辑"，以微信二维码方式分享给同事进行编辑。

（7）在文稿中进行修订操作。

（8）单击"审阅"选项卡中的"接受"下拉按钮，在下拉列表中选择"接受对文档所做的所有修订"。

（9）操作完成后，将文稿以"云计算专业毕业论文（正式）.wps"为名进行保存。

项目考核

1. 项目1

打开"项目四素材"文件夹中的"可穿在身上的电脑.wps"文档，对文档进行排版，排版效果图如图 3.164 所示。

（1）将所有正文字体设置为"宋体"，字号设置为"四号"。

（2）将标题"可穿在身上的电脑"设置为"标题 1"样式，样式修改为"黑体，居中"。

（3）为各段设置段落格式为"首行缩进 2 字符，行距为固定值 22 磅"。

（4）设置第 1 段"首字下沉 2 行"，将首字字体设置为"隶书"，距正文距离为 0.1 厘米。

（5）设置如图 3.164 所示的页面边框。

（6）将正文第 4 段分两栏排列，栏宽相等，加分隔线。

（7）设置文档背景色为"浅绿色"。

（8）设置页眉内容为"可穿在身上的电脑"。

（9）设置页脚内容为"人工智能与信息技术基础"。

（10）将此文稿分享给好友。

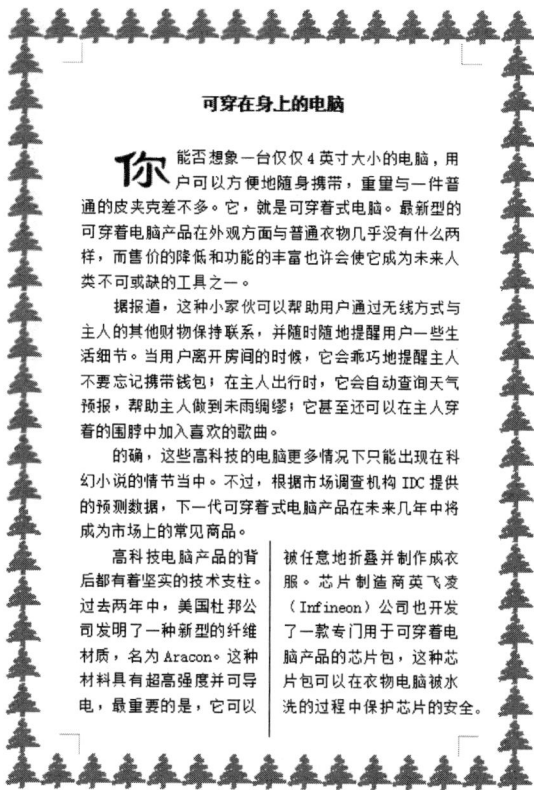

图 3.164　考核项目 1 排版效果图

2. 项目2

打开“项目四素素材”文件夹中的“十年后的家电.wps”文档，对文档进行排版，排版效果图如图3.165所示。

（1）设置页边距为“上、下均为3.5厘米，左、右均为3厘米”。

（2）将标题“十年后的家电”设置为“三号蓝色黑体居中、加红色底纹”。

（3）将正文前三段中的中文文字设置为“宋体，五号”，英文文字设置为“Arial字体，五号”；将正文第1段的首字下沉2行（距正文0.2厘米），其余各段首行缩进2字符。

（4）在页面底部的中间插入页码（普通数字2），并设置起始页码为“Ⅱ”。

（5）将文中后11行文字转换为一个11行、4列的表格；设置表格居中，表格第1列的列宽为2厘米，其余各列的列宽为3厘米、行高为0.7厘米，表格中单元格的对齐方式为水平居中（垂直、水平均居中）。

（6）设置表格外框线为“0.5磅、蓝色、双实线”，内框线为“0.5磅、红色、单实线”；按“销售台数”（依据为“数字”类型）降序排列表格内容。

（7）启用修订模式，设置修订。

十年后的家电

科技改变生活，在现代社会中家庭生活已经离不开各式各样的家电产品，家电不仅让我们的生活更轻松，而且让生活更加有乐趣，对于很多家电产品我们都有了很明确的心里定位，可是在未来家电将会是什么样子呢？

目前各地的房价都在不断的攀升，能拥有大房子的家庭越来越少，普通家庭的住房面积也在逐渐缩小，这就要求家中的电器产品越轻薄越省空间越好，与以往的CRT电视相比，现在的液晶等离子电视已经省了不少空间了，不过更多的家用设备会更节省空间。

以后家庭中会出现越来越多的机器人来代替人的劳动，这样保姆行业要面临下岗的危险了。不过这些机器人的设计真的是非常实用，一起来看它们具体都是做什么的。

某商场电视机销售排名

品牌	销售台数	上月销量排名	本月销量排名
海尔	116675	4	1
长虹	46234	5	2
TCL	27144	1	3
创维	21409	2	4
海信	20026	3	5
松下	16723	6	6
索尼	16493	9	7
三星	9914	10	8
JVC	9798	7	9
日立	6919	8	10

图3.165 考核项目2排版效果图

项目 **4**

WPS 数据统计与分析

项目介绍

WPS 表格是金山公司开发的 WPS Office 办公组件之一，WPS 表格是符合中国人使用习惯的数据处理工具，利用它可以制作相关的数据表，并且能对其中的数据进行方便、快捷的计算、管理和分析。

任务安排

任务1　应用 WPS 表格制作员工信息表

任务2　使用 WPS 表格公式和函数

任务3　WPS 表格数据处理

任务4　公司员工工资表分析

任务5　WPS 表格数据保护与共享

学习目标

◇　会输入与编辑数据。

◇　会对工作表进行格式设置。

◇　会对工作表进行打印输出。

◇　会利用公式和函数对工作表数据进行计算。

◇　会对工作表数据进行排序、筛选、分类汇总、合并计算等管理。

◇　会利用图表和数据透视表对工作表数据进行分析。

任务 1   应用 WPS 表格制作员工信息表

➡ 任务描述

重电云科技有限公司采购部的领导要求新来的实习员工小李，将采购部的员工信息录入 WPS 表格。最终形成的表格效果图如图 4.1 所示。

员工工号	姓名	性别	年龄	民族	联系电话	学历	年终奖金
				重电云采购部员工信息			
20070021	孙小明	男	34	汉族	13543432332	专科	￥ 45,235.00
20091214	张成革	男	32	汉族	18643343432	本科	￥ 54,325.00
20084212	李小兵	男	26	汉族	13843242343	研究生	￥ 125,353.00
20114223	成阳	男	24	汉族	13943543523	专科	￥ 64,323.00
20183222	李明	男	28	汉族	15843432423	本科	￥ 2,364.00
20103211	赵检	女	45	汉族	15743434233	博士	￥ 53,322.00
20203021	林极	女	23	土家族	18334343433	其他	￥ 74,334.00
20150492	王彬	男	29	汉族	18732323232	研究生	￥ 45,742.00
20162322	李应	男	38	汉族	13545345344	本科	￥ 105,434.00
20122422	刘大山	男	36	汉族	13354534634	本科	￥ 35,243.00
20174243	张力	男	46	汉族	13634443544	研究生	￥ 54,222.00

图 4.1   员工信息表效果图

➡ 任务分析

员工信息表的制作主要包括 WPS 表格中工作簿及工作表的创建与管理、数据的输入与编辑、格式化工作表及工作表的打印输出等操作。

➡ 任务实施

4.1.1   WPS 表格简介

WPS 表格简介

WPS 表格是 WPS Office 2019 的主要组件之一，是 Windows 环境下的电子表格软件，具有很强的图形、图表处理功能。它可用于财务数据处理、科学分析计算，并且能用图表显示数据之间的关系和对数据进行组织。

1. WPS 表格的功能

（1）快速制作表格。

（2）强大的计算功能。

（3）丰富的图表。

（4）数据库管理。

（5）数据共享与 Internet。

2. WPS 表格的启动

启动 WPS 表格一般有以下两种方法。

（1）选择"开始"→"程序"→"WPS Office"→"WPS 表格"命令。

（2）在"资源管理器"或"我的电脑"窗口中，双击扩展名为.xls 或.xlsx 的文件图标，可启动 WPS 表格并将该文件打开。

3. WPS 表格的工作界面

启动 WPS 表格后，屏幕上会出现如图 4.2 所示的 WPS 表格窗口。

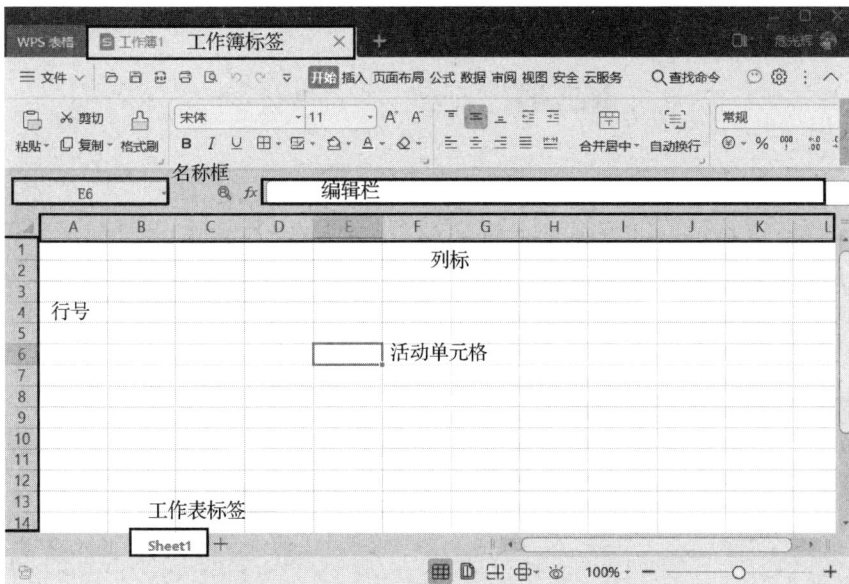

图 4.2　WPS 表格窗口

4. WPS 表格常用术语

（1）工作簿。工作簿是指在 WPS 表格中用来存储并处理数据的文件，一个工作簿就是一个 WPS 表格文件，默认的文件扩展名为.xlsx。

（2）工作表。一个工作簿可以包含若干个工作表，默认为 1 个工作表，名称为 Sheet1。用户可以根据需要对工作表进行增加和删除，但一个工作簿中至少应包含一个工作表。

（3）单元格。单元格是工作表中行与列的交叉部分，是组成工作表的最小单位，可拆分或合并，单个数据的输入和修改都是在单元格中进行的，当前被选中的单元格称为活动单元格。

（4）行号和列标。每行左侧的阿拉伯数字称为行号，每列上方的大写英文字母称为列标。每个单元格都有自己的名称，其名称是由单元格所在的列标和行号组成的，列标在前、行号在后，如 A3 单元格代表第 A 列、第 3 行所在的单元格。

（5）名称框。名称框位于工作表的左上方，用以显示活动单元格的地址、活动单元格或当前选定区域已定义的名称。

（6）编辑栏。编辑栏位于名称框的右侧，用于显示、输入、编辑、修改当前活动单元格的内容。

5. WPS 表格的退出

当完成工作簿的操作后，可使用以下方法退出 WPS 表格。

（1）选择"文件"→"退出"命令。

（2）单击标题栏中的"关闭"按钮。

（3）直接按"Alt+F4"组合键。

如果用户没有对工作簿进行保存，则会弹出如图 4.3 所示的对话框，用户根据提示进行相应的保存操作，即可关闭 WPS 表格窗口。

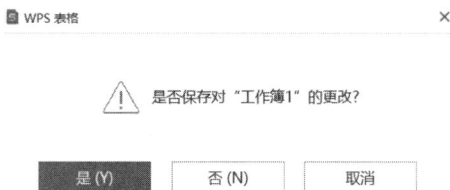

图 4.3　提示对话框

4.1.2　WPS 表格的基本操作

WPS 表格基本操作

1.　工作簿的操作

图 4.4　创建工作簿

工作簿的基本操作主要包括创建工作簿、保存工作簿、打开工作簿、关闭工作簿、隐藏工作簿及保护工作簿等。

（1）创建工作簿。

方法一：启动 WPS 表格，选择左侧的"新建"命令，系统会自动建立一个名为"工作簿 1"的工作簿；或者选择左侧的"从模板中新建"命令，然后通过选择一个 WPS 表格模板来新建工作簿，如图 4.4 所示。

方法二：在方法一的基础上建新工作簿，可单击"工作簿标签"右侧的"➕"按钮。

方法三：在方法一的基础上建新工作簿，可选择"文件"→"新建"命令，如图 4.5 所示。

图 4.5　通过"文件"菜单新建工作簿

方法四：直接按"Ctrl+N"组合键。

（2）保存工作簿。保存工作簿的方法有以下三种。

方法一：单击标题栏左侧的"保存"按钮。

方法二：选择"文件"→"保存"或"文件"→"另存为"命令。

方法三：直接按"Ctrl+S"组合键。

注意：

① 保存新文件。当需要保存的工作簿是第一次保存时，使用上述三种方式中的任意一种方法保存文件时，会弹出如图 4.6 所示的"另存为"对话框。

图 4.6 "另存为"对话框

用户在该对话框中对文件保存的位置、类型及文件名进行设置，然后单击"保存"按钮即可。

② 保存已有工作簿。可使用方法一和方法三进行快速保存，如果需要对工作簿以其他文件名保存或需要保存到其他位置，则可选择"文件"→"另存为"命令，在弹出的如图 4.6 所示的"另存为"对话框中，对相应的文件名或保存位置进行设置，然后单击"保存"按钮即可。

③ 自动保存工作簿。在默认情况下，WPS 表格会启动智能备份，但如果用户需要设置工作簿的自动保存时间，则选择"文件"→"选项"命令，弹出如图 4.7 所示的"选项"对话框，在"备份设置"选项中对"定时备份，时间间隔"进行设置，然后单击"确定"按钮即可。

图 4.7 "选项"对话框

（3）打开工作簿。选择"文件"选项卡中的"打开"命令或直接单击"快速访问工具栏"中的"打开"按钮，在弹出的如图 4.8 所示的"打开"对话框中，在相应位置选择要打开的工作簿，然后单击"打开"按钮，即可一次打开一个或多个工作簿。

（4）关闭工作簿。当用户需要关闭当前工作簿时，可选择"文件"→"关闭"命令或直接按"Alt+F4"组合键，或者单击窗口右上角的"关闭"按钮，即可关闭工作簿。

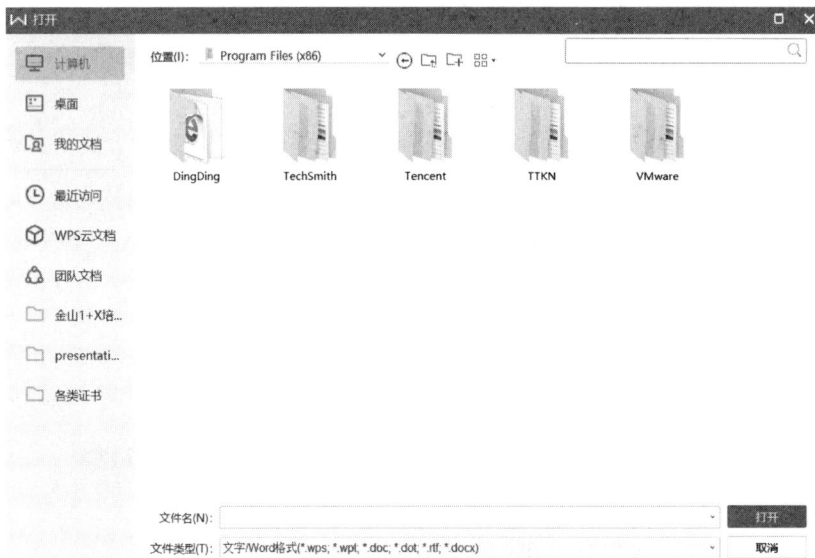

图 4.8 "打开"对话框

2. 工作表的管理

在 WPS 表格中，一个工作簿可以包含多个工作表，工作表的管理主要是指对工作表进行复制、移动、插入、重命名、删除、保护等操作。

（1）选择工作表。在 WPS 表格中，在对工作表中的数据进行编辑之前，需要先选择相应的工作表。

① 选择单个工作表。单击需要编辑的工作表标签，可选择单个工作表，如果因为工作表标签太多而看不到需要的工作表标签，可以通过工作簿左下角的"|◁ ◁ ▷ ▷|"按钮显示工作表标签，然后进行选择。当前被选择的工作表通常称为活动工作表。

② 选择多个工作表。如果要选择多个连续的工作表，则先单击第 1 个工作表标签，然后按住"Shift"键，再单击最后一个工作表标签即可；如果需要选择多个不连续的工作表，则先单击第 1 个工作表标签，然后按住"Ctrl"键，再依次单击需要选择的工作表标签。

（2）插入工作表。在 WPS 表格中，一个新工作簿在默认情况下有一个工作表，用户可以根据需要插入工作表。插入工作表的方法主要有以下三种。

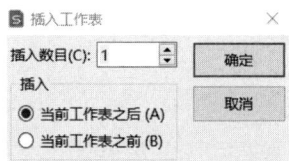

图 4.9 "插入工作表"对话框

方法一：在工作表标签上右击，在弹出的快捷菜单中选择"插入"命令，弹出如图 4.9 所示的"插入工作表"对话框，输入插入工作表的数目，并选择插入工作表的位置在"当前工作表之后"或"当前工作表之前"，然后单击"确定"按钮即可插入工作表。

方法二：单击工作表标签右侧的"＋"按钮，即可在所有工作表标签的右侧插入一个工作表。

方法三：在"开始"选项卡中单击"工作表"下拉按钮，在弹出的下拉列表中选择"插入工作表"命令，如图4.10所示，即可弹出与图4.9相同的对话框，在其中输入插入的工作表数目，并选择插入位置后即可插入工作表。

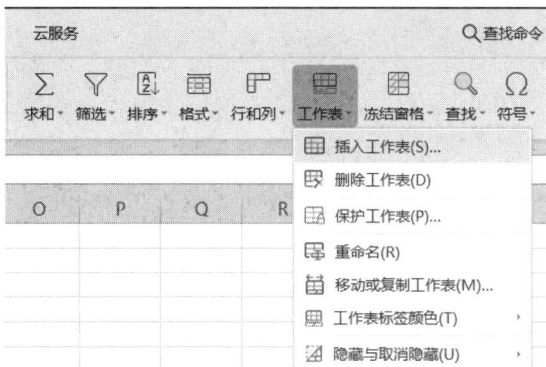

图4.10　通过"开始"选项卡插入工作表

（3）删除工作表。当用户不需要某个工作表时，可以删除该工作表，删除工作表的方法主要有以下两种。

方法一：在需要删除的工作表标签上右击，在弹出的快捷菜单中选择"删除工作表"命令，如图4.11所示。

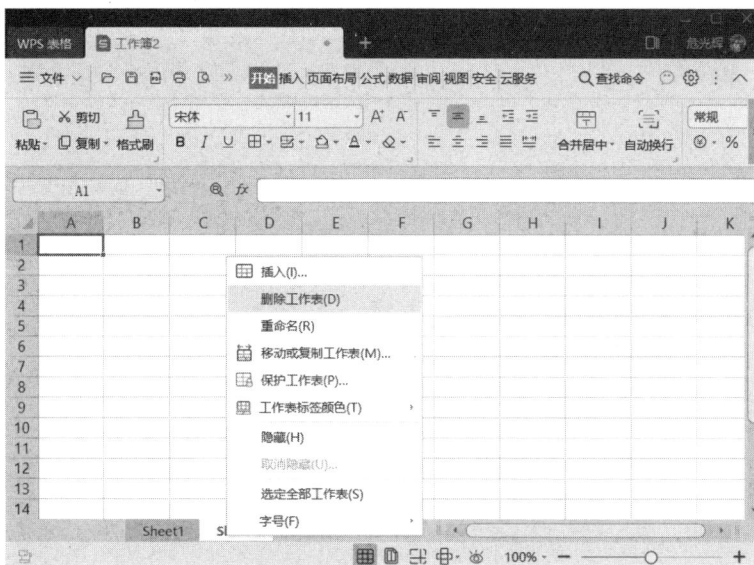

图4.11　选择"删除工作表"命令

方法二：在"开始"选项卡中单击"工作表"下拉按钮，如图4.10所示，在弹出的下拉列表中选择"删除工作表"命令即可删除当前工作表。

（4）重命名工作表。在WPS表格中，工作簿中工作表的默认名称为Sheet1、Sheet2、Sheet3等，用户可以重命名工作表。对工作表重命名的方法主要有以下两种。

方法一：在需要重命名的工作表标签上右击，在弹出的快捷菜单中选择"重命名"命令，如图4.12所示。

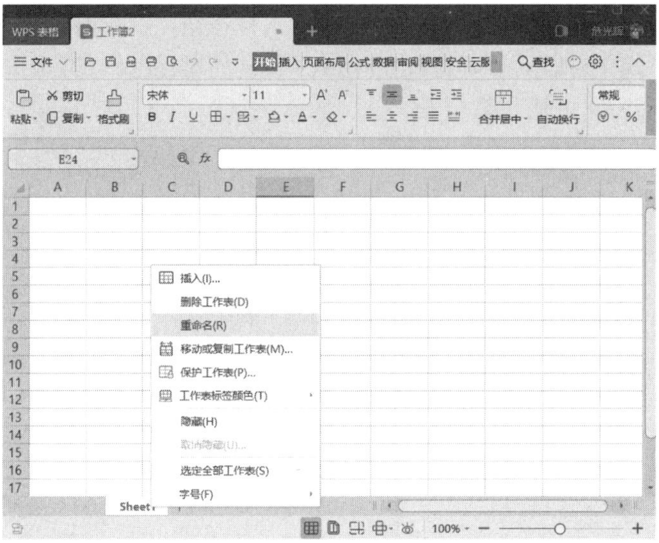

图 4.12　选择"重命名"命令

　　方法二：在"开始"选项卡中单击"工作表"下拉按钮，如图 4.10 所示，在弹出的下拉列表中选择"重命名"命令，然后输入工作表的名称，即可完成对当前工作表的重命名。

　　方法三：在需要重命名的工作表标签上双击，工作表标签会出现黑色底纹，如图 4.13 所示，用户直接输入新的工作表名称即可完成对工作表的重命名操作。

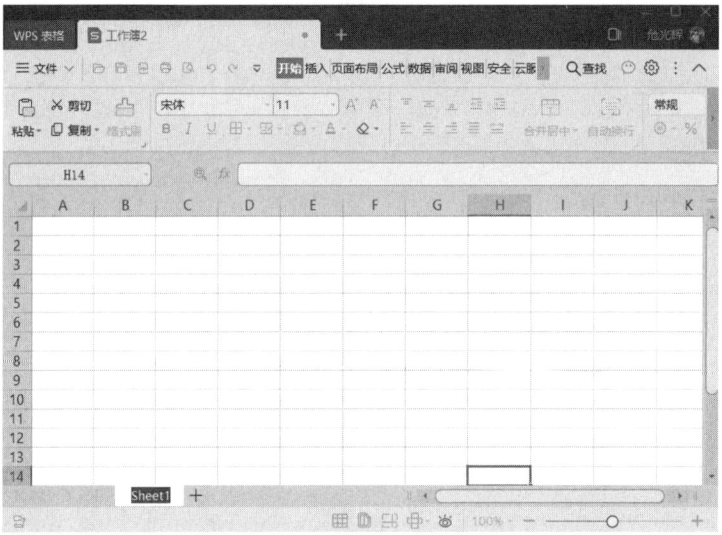

图 4.13　通过双击重命名工作表

　　（5）移动或复制工作表。在 WPS 表格中，利用移动和复制工作表的功能，可以实现在同一个工作簿之间或不同工作簿之间移动和复制工作表。

　　① 在同一个工作簿之间移动和复制工作表。

　　移动工作表：将光标置于要移动的工作表标签上，然后按住鼠标左键向左或向右拖动，如图 4.14 所示拖动 Sheet1 标签。

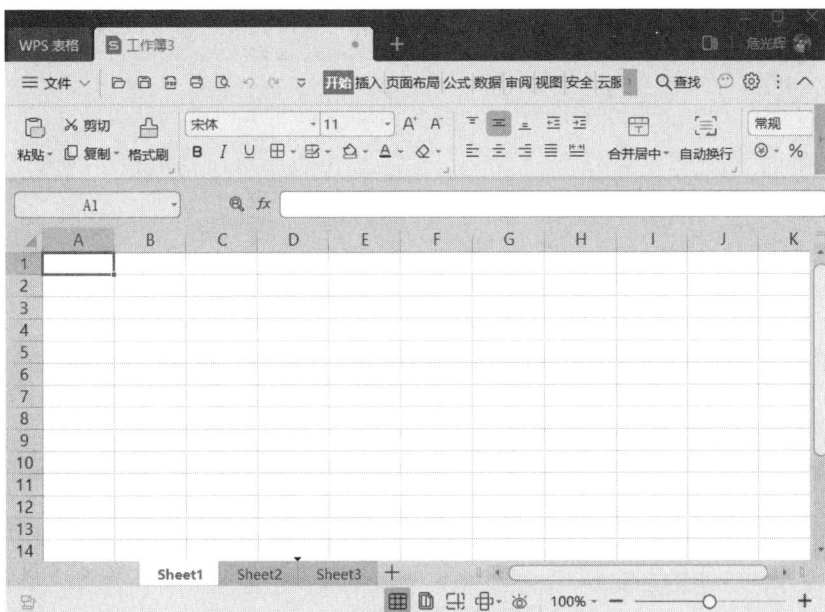

图 4.14　拖动 Sheet1 标签

当插入的三角指示符号位于目标工作表上方时，松开鼠标即可完成对工作表的移动，如图 4.15 所示 Sheet1 移到 Sheet2 之后。

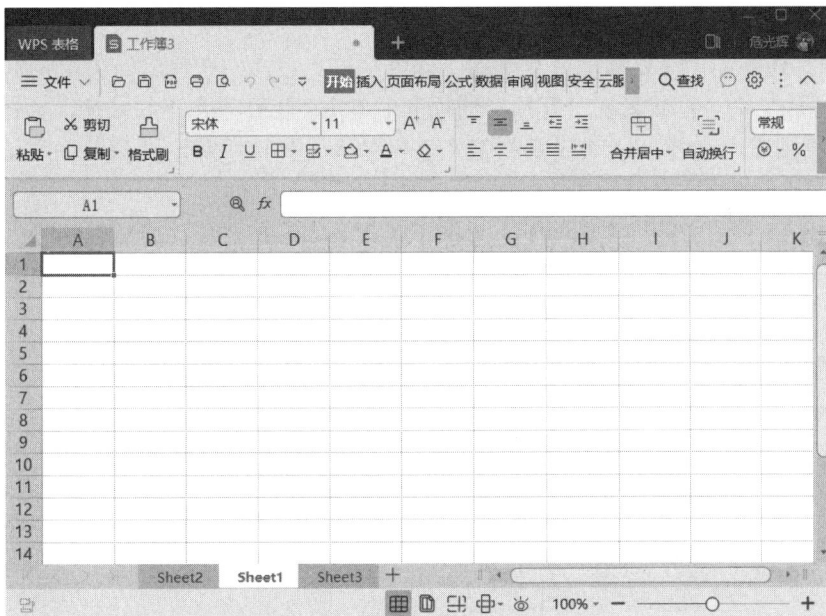

图 4.15　Sheet1 移到 Sheet2 之后

复制工作表：将光标置于要复制的工作表标签上，然后按住"Ctrl"键并将鼠标左键向左或向右拖动，当插入的三角指示符号位于目标工作表上方时，松开鼠标即可完成对工作表的复制，如图 4.16 所示，复制的工作表与原工作表完全相同，只是在复制的工作表名称后面附带一个有括号的标记。

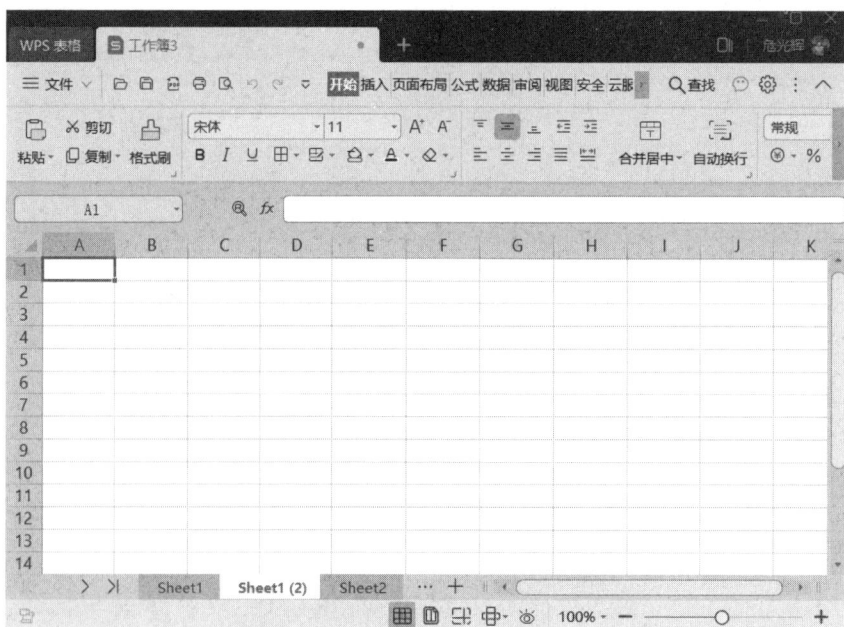

图 4.16　复制工作表

在不同的工作簿之间移动和复制工作表。

在不同的工作簿之间移动或者复制工作表的操作步骤如下：

a．打开目标工作簿和源工作簿。

b．在源工作簿中，在要移动或复制的工作表标签上右击，在弹出的快捷菜单中选择"移动或复制工作表"命令；或者在"开始"选项卡中单击"工作表"下拉按钮，如图 4.10 所示，在弹出的下拉列表中选择"移动或复制工作表"命令，弹出"移动或复制工作表"对话框，如图 4.17 左图所示。

c．在图 4.17 左图中的"工作簿"下方的下拉列表中选择要移动或复制到的目标工作簿，并在"下列选定工作表之前"下的列表框中指定要插入的位置，如图 4.17 右图所示（如果要复制工作表，则勾选"建立副本"复选框，否则将移动工作表）。

d．单击"确定"按钮即可完成操作，并自动切换到目标工作簿窗口。

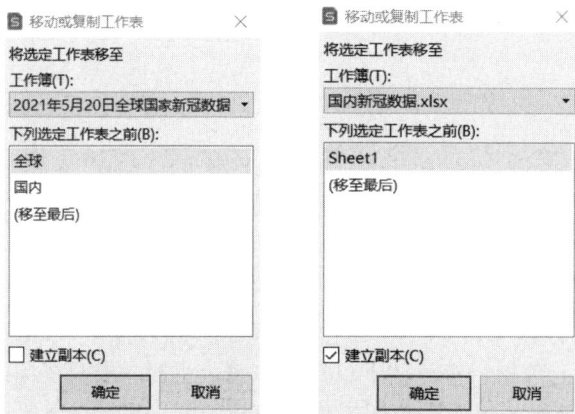

图 4.17　"移动或复制工作表"对话框

（6）隐藏与取消隐藏工作表。出于特殊情况或安全考虑，用户可以隐藏不想显示出来的工作表。需要注意的是，在一个工作簿中至少有一个工作表没有被隐藏。

方法一：在要隐藏的工作表标签上右击，在弹出的快捷菜单中选择"隐藏工作表"命令，如图 4.18 所示，即可隐藏当前工作表。

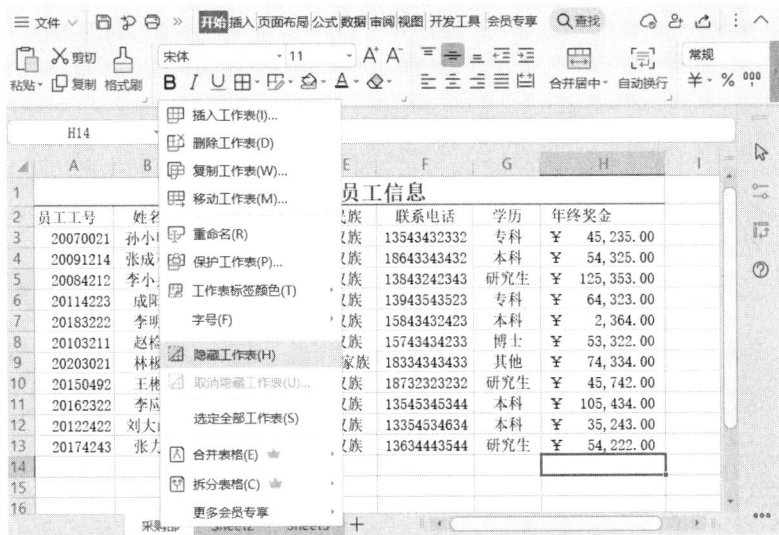

图 4.18 选择"隐藏工作表"命令（1）

方法二：先选择要隐藏的工作表，然后在"开始"选项卡中单击"工作表"下拉按钮，在弹出的下拉列表中选择"隐藏工作表"命令，如图 4.19 所示，即可隐藏当前工作表。

图 4.19 选择"隐藏工作表"命令（2）

如果需要显示工作簿中被隐藏的工作表，则启动 WPS 表格后在该工作簿的任意工作表标签上右击，在弹出的快捷菜单中选择"取消隐藏工作表"命令，如图 4.20 所示，然后在弹出的"取消隐藏"对话框中，选择要取消隐藏的工作表后，单击"确定"按钮即可取消对"采购部"工作表的隐藏，如图 4.21 所示。

图 4.20　选择"取消隐藏工作表"命令

图 4.21　取消工作表隐藏

或者在"开始"选项卡中单击"工作表"下拉按钮，在弹出的下拉列表中选择 "取消隐藏工作表"命令，即可取消对工作表的隐藏。

（7）切换活动工作表。

在当前工作簿中，始终有一个工作表用于用户当前输入和编辑，这个工作表就是活动工作表。在工作表标签中，活动工作表的标签背景会以反白显示，如图 4.22 所示的工作表就是活动工作表，如果想将活动工作表切换到"Sheet2"工作表，则用鼠标单击"Sheet2"工作表签标即可。

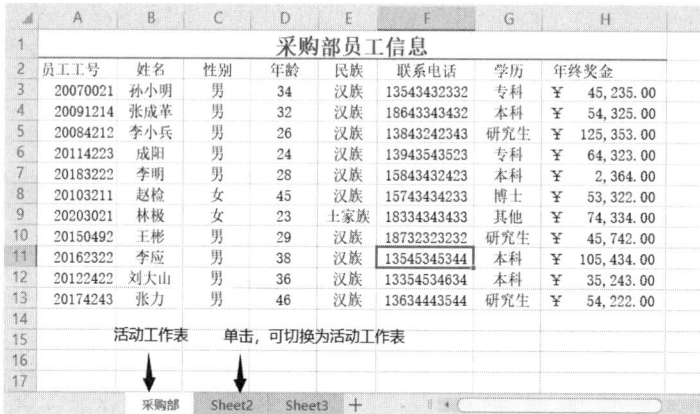

图 4.22　切换活动工作表

4.1.3　输入与编辑数据

1. 数据类型

单元格中的数据按形式可以分为常量和公式两种，常量指的是不以等号开头的数据，主要包括数字、文本、日期和时间等。公式是以等号开头的数据，其后包含常量、函数、单元格名称、运算符等。

单元格中的数据按类型可以分为以下四种：

数值型：数值是指所有代表数量的数字形式，如年龄、金额、成绩等。日期和时间也是数值型，是一种特殊的数值型，WPS表格将其存储为可进行计算的"序列值"。

文本型：文本型是用作解释性说明的文字或符号，如国家、地区、姓名、岗位、编号等，文本型不能用于数值计算，但可以比较大小。

逻辑值：逻辑值是条件判断或逻辑运算表达式的结果，包括TRUE和FALSE，分别表示真和假。逻辑值之间进行四则运算或逻辑值与数值之间进行计算时，TRUE和FALSE分别被当作1和0来参与计算。

错误值：错误值通常是因计算错误而产生的结果，如#VALUE!表示值错误，#DIV/0!表示除零错误，#NUM!表示空值错误等。

2. 输入数据

（1）在单元格中输入数据。

要在某个单元格中输入数据，先选定目标单元格，使其成为活动单元格后即可输入数据。数据输入完毕后，按"Tab"键或"Enter"键，或者单击编辑栏左侧的"√"按钮确认。若要在输入过程中取消输入的内容，可以按"Esc"键退出输入状态。

若要在区域中连续输入数据，建议避免通过方向键或鼠标单击来移动活动单元格，而是使用"Tab"键和"Enter"键来移动活动单元格，因为后者会自动按照符合输入习惯的Z字形制表顺序来输入数据，可以有效提高效率。在活动单元格中输入数据后，按"Tab"键向右移动活动单元格以便继续输入，一行数据输入完毕后，按"Enter"键向下另起一行输入。

（2）在单元格中编辑数据。

对于已经有数据的单元格，可以选定该单元格后，重新输入新的数据以替换原有数据。如果只想对其中的部分内容进行编辑修改，则可以双击该单元格，或按"F2"键，或单击编辑栏，进入单元格编辑模式，从而编辑该单元格数据。

（3）清除单元格中的数据。

按"Delete"键即可清除选定的单元格或区域中的数据，或者在"开始"选项卡中的"清除"按钮的下拉列表中，选择清除单元格中的格式、内容、批注或全部，如图4.23所示。

图4.23 清除单元格中的数据

（4）输入数值和文本。

在单元格中输入数字（如"2021"）或文本（如"KING"）时，WPS表格会自动识别数据类型并分别按数值或文本进行存储和显示，数值默认右对齐显示，文本默认左对齐显示。

文本和数值有时容易混淆，如手机号和银行账号，虽然表面上它们都由数字组成，但是应视作文本来处理，因其并不表示数量，不需要进行数值计算，而只是描述性的文本编号。通常在输入文本型数字时，可以先设置单元格数字格式为文本，再输入数字，或者先输入半角单引号（'），再输入数字。

WPS 表格可以智能识别常见的文本型数字应用场景。在单元格中输入超过 11 位的长数字（如 18 位身份证号码、16 位银行卡号等），或者以 0 开头超过 5 位的数字编号（如"012345"）时，WPS 表格会自动识别为文本型数字并以文本数据进行存储和显示，使用户免去手工设置数字格式或手工添加半角单引号（'）的烦恼。

（5）输入日期和时间。

WPS 表格将日期和时间存储为可进行计算的"序列值"。日期存储为介于 1～2958465 之间的连续数字。在默认情况下，1900 年 1 月 1 日的序列值为 1，之后依次连续计数，2021 年 5 月 1 日的序列值为 44317；时间存储为介于 0～0.99988426 之间的小数，表示 0:00:00（12:00:00 AM）～23:59:59（11:59:59 PM）。时间可以被视为一天中的一部分，所以用以 24 小时为基准进行倍数计数的小数来表示，如 12:00 对应的序列值为 0.5。

按"Ctrl+;"组合键可以在单元格中快速输入当前系统日期（静态的日期戳），按"Ctrl+Shift+;"组合键可以在单元格中快速输入当前系统时间（静态的时间戳）。

在常规的单元格中输入日期时，默认应用 Windows 系统"短日期格式"进行格式化显示，如 Windows 系统短日期格式为"yyyy/M/d"时，输入"2021-05-01"将显示为"2021/5/1"。

在 Windows 中文操作系统的默认日期设置下，可被自动识别为日期数据的输入形式有：

"短横线（-）"分隔的输入，如 2020-1-1 等。

"正斜杠（/）"分隔的输入，如 2020/1/1 等。

"短横线（-）"和"正斜杠（/）"结合使用的输入，如 2020-1/1、2020/1-1 等。

"年月日"分隔的输入，如"2020 年 1 月 1 日"等。

"英文月份"形式的输入，如"Jan 1，1999"（逗号和 1999 之间要加空格）。

输入某种日期格式后，还可以修改成其他的日期格式。操作方法：在输入了日期的单元格上右击，在弹出的快捷菜单中选择"设置单元格格式"命令，弹出如图 4.24 所示的对话框，在"分类"列表中选择"日期"，然后在"类型"列表中选择需要的日期格式。

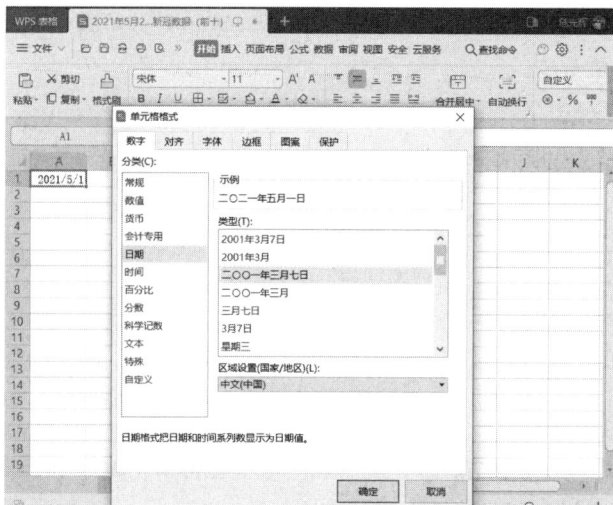

图 4.24　设置单元格的日期格式

输入日期的注意事项：

若要确保年份值按所需方式解释，应将年份值按 4 位数输入。如果输入两位数字的年份，则可能产生意料之外的年份解释错误（系统默认将 0～29 的数字识别为 2000—2029 年，而将 30～99 的数字识别为 1930—1999 年）。

只输入年份和月份时，会自动以该月 1 日作为其完整日期；只输入月份和日期时，会自动以系统当前年份为该日期年份值。

输入的日期超出表格支持的有效日期范围时，会被解释成文本（如输入"10000/01/01"会变成文本格式而非日期）。

输入的数字超出表格支持的有效日期序列值范围时，将其作为序列值并格式化为日期后，该值将显示为一组＃号（如数字 2958466 格式化为日期时将显示为"＃＃＃＃＃＃＃＃"）。

输入时间的注意事项：

对于不包含日期且小于 24 小时的时间值（如 13:00:00），会自动以 1900 年 1 月 0 日这样一个实际不存在的日期作为其日期值（即自动使用日期序列号 0）。

如果只输入时间（没有关联的日期），则可以在单元格中输入的最大时间是 9999:59:59（解释为 1901 年 2 月 19 日的 3:59:59 PM），如果输入的时间超过 10000 小时，则输入的时间将被解释为文本字符串。

输入时间时可以省略秒，但是小时和分钟部分不可以省略。

如果采用 12 小时制输入时间，则需要加后缀"AM/PM/A/P"，如输入时间"1:30 PM"，在编辑栏中会显示为"13:30:00"。

输入某种时间格式后，还可以修改成其他的时间格式。操作方法：在输入了日期的单元格上右击，在弹出的快捷菜单中选择"设置单元格格式"命令，弹出如图 4.25 所示的对话框，在"分类"列表中选择"时间"，然后在"类型"列表中选择需要的时间格式。

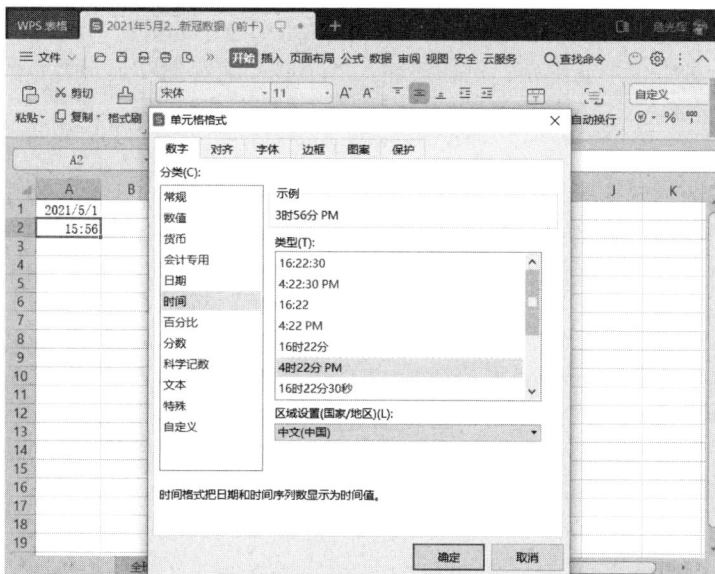

图 4.25　设置单元格的时间格式

（6）输入分数。

在单元格中直接输入分数形式的数值时，往往会被自动识别为日期或文本格式，如输入分

数 "1/2" 将被存储为日期 "1 月 2 日"，输入分数 "1/32" 将被存储为无法正确参与数值计算的文本 "1/32"。正确输入分数形式数值的方法如下：

先设置单元格数字格式为 "分数"。例如，需要在单元格 A3 中输入 1/3，则在 A3 单元格上右击，在弹出的快捷菜单中选择 "设置单元格格式" 命令，弹出如图 4.26 所示的对话框，在 "分类" 列表中选择 "分数"，然后在 "类型" 列表中选择需要的分数格式。

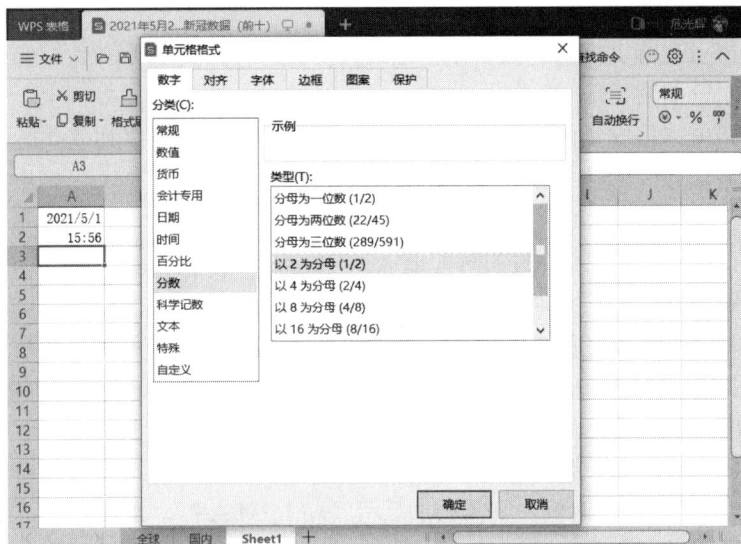

图 4.26　设置单元格数字格式为 "分数"

（7）输入负数。

在单元格中输入负数时，可直接输入负号加上数字，如 "-120.2"，或者在一对半角圆括号中输入一个正数，程序会自动以负数形式保存和显示括号中的数值，而括号不再显示，这是会计专业方面的一种数值形式约定。例如，输入 "(100)" 将存储和显示为负数 "-100"。

3. 数据的高效输入

（1）多行数据换行显示。

当单元格中的内容过多时，往往需要换行以完整显示全部内容。换行的方法有以下两种。

方法一：在 "开始" 选项卡中单击 "自动换行" 按钮，如图 4.27 所示，即可将单元格内容自动显示为多行，但在编辑栏中仍然显示为单行，自动换行位置根据当前单元格所在列的列宽决定。

图 4.27　设置单元格自动换行

方法二：单元格内容强制换行，可以在单元格编辑状态下，定位到需要换行的字符位置处，按"Alt+Enter"组合键添加强制换行符，这样在编辑栏中会显示强制换行后的段落结构。

（2）批量输入相同内容。

若要在多个单元格中同时输入相同的数据，可以同时选定这些单元格（连续或不连续的区域），在活动单元格中输入数据后，按"Ctrl+Enter"组合键确认输入。

（3）输入时提供推荐内容。

表格中经常需要重复输入固定字符串，例如，在"重电云采购部员工信息"表中，在"学历"字段总是会在"专科""本科""研究生""博士"等固定词汇之间选择输入，WPS表格提供了"输入时提供推荐列表"功能，可以简化重复性的文本输入过程，如图4.28所示。

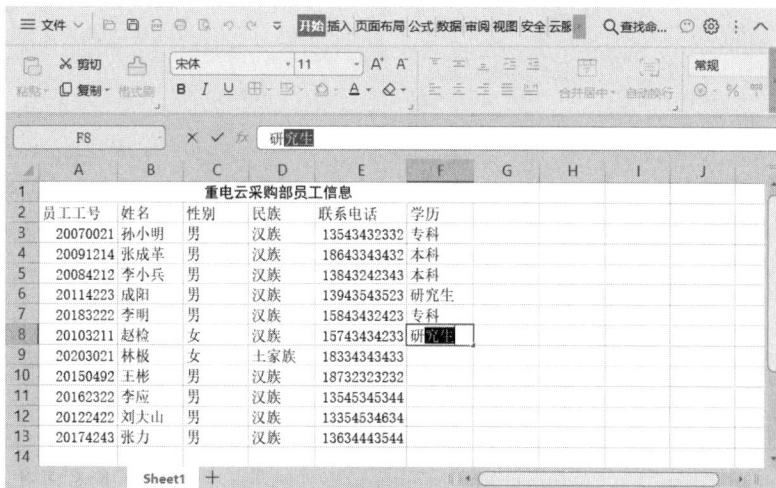

图4.28 输入时提供推荐列表

在单元格中输入文本数据时，如果当前输入的内容与当前列中已有字符串的开头匹配到了唯一项，则程序会按已有字符串自动补齐推荐内容，推荐内容会被自动选中，按"Enter"键或"Tab"键即可确认推荐内容，按"Delete"键或"Backspace"键即可删除推荐内容；如果当前输入的内容与当前列中已有字符串的开头匹配到了多项，或者当前输入的内容与当前列中已有字符串的非开头部分相匹配，则程序会自动调出推荐内容列表，在列表中选择要输入的项目即可快速输入推荐内容。

有时频繁地自动推荐内容可能会给数据输入过程带来干扰，此时可关闭此功能。关闭（或开启）自动推荐内容的方法：选择"文件"菜单中的"选项"命令，在"编辑"选项卡中取消（或勾选）"输入时提供推荐列表"复选框即可，如图4.29所示。

图4.29 取消"输入时提供推荐列表"

（4）从下拉列表中选择。

除了程序自动推荐输入内容，还可以使用"从下拉列表中选择"功能手动调出推荐列表。操作方法：如果需要在 F9 单元格输入某种学历，则按"Alt+↓"组合键，或者右击单元格并在弹出的快捷菜单中选择"从下拉列表中选择"命令，调出当前单元格所在列的唯一文本值内容推荐列表，如图 4.30 所示，在列表中选择要输入的项目即可快速输入推荐内容。

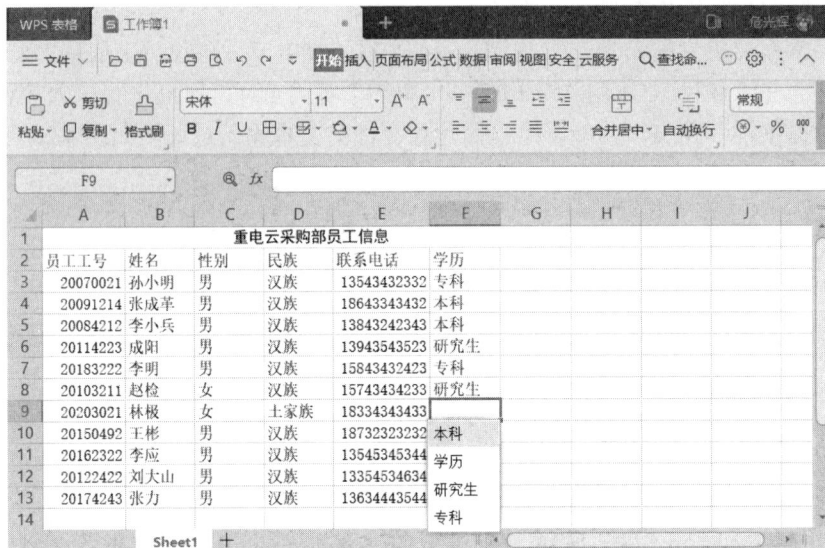

图 4.30　从推荐列表中选择

需要注意的是，"输入时提供推荐列表"和"从下拉列表中选择"功能仅适用于文本型数据，对数值型数据和公式无效。此外，匹配文本的查找和显示都只能在同一列中进行，无法跨列匹配。

4．快速填充数据

（1）自动填充。

除了通常的数据输入方式，当要输入的数据本身在顺序上具有某些关联特性时，这样的数据被称为序列，可以使用 WPS 表格提供的"自动填充"功能快速批量输入数据。

自动填充的操作步骤如下：

① 输入初始序列内容。

在单元格或连续区域中输入目标序列中的一个或几个元素，为程序提供必要的初始序列内容。在 WPS 表格中，可以自动识别的内置序列包括以下 3 种。

a．数字序列。如自然数列"1，2，3，…"、等差序列"1，3，5，7，…"、等比序列"2，4，8，16，…"。

b．日期序列。如日期值序列"2021/5/1，2021/5/2，2021/5/3，…"、时间值序列"1:00，2:00，3:00，…"。

c．文本序列。如编号序列"TC01，TC02，TC03，…"、大写数字序列"一、二、三……"、中文文本日期序列"星期日、星期一、星期二……"、英文文本日期序列"Jan、Feb、Mar、…"、天干序列"甲、乙、丙、丁……"、地支序列"子、丑、寅、卯……"。

如图 4.31 所示为已完成初始序列内容的输入。

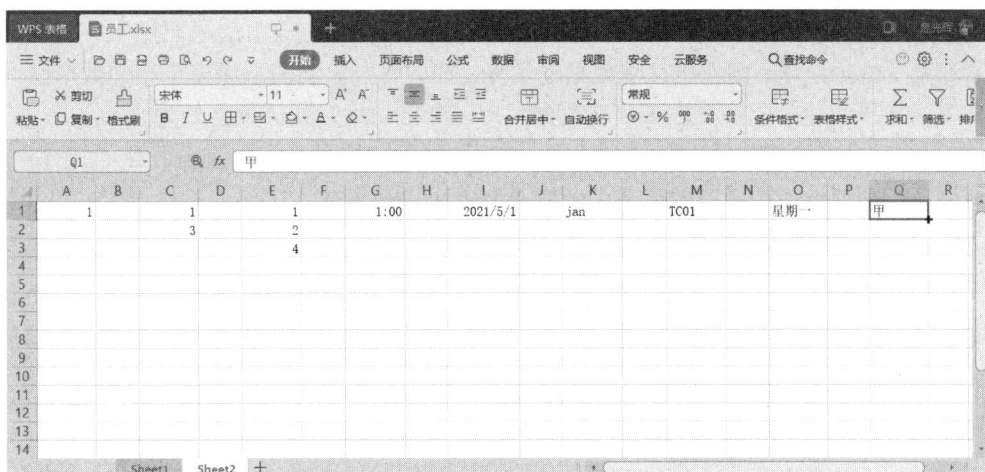

图 4.31　已完成初始序列内容的输入

② 通过填充柄完成自动填充。

选定初始序列内容单元格，当鼠标指针指向选定区域右下角的方形点时，鼠标指针将会从空心白色十字形状变为实心黑色十字形状，即填充柄。例如，选定单元格 Q1 后，将鼠标指针指向其右下角，即可出现如图 4.31 所示的填充柄，此时按下鼠标左键后在行或列方向上拖动填充柄，即可在目标区域中完成自动填充。这里我们把图 4.31 中的初始序列内容都向下填充12 个单元格，得到如图 4.32 所示的自动填充结果。

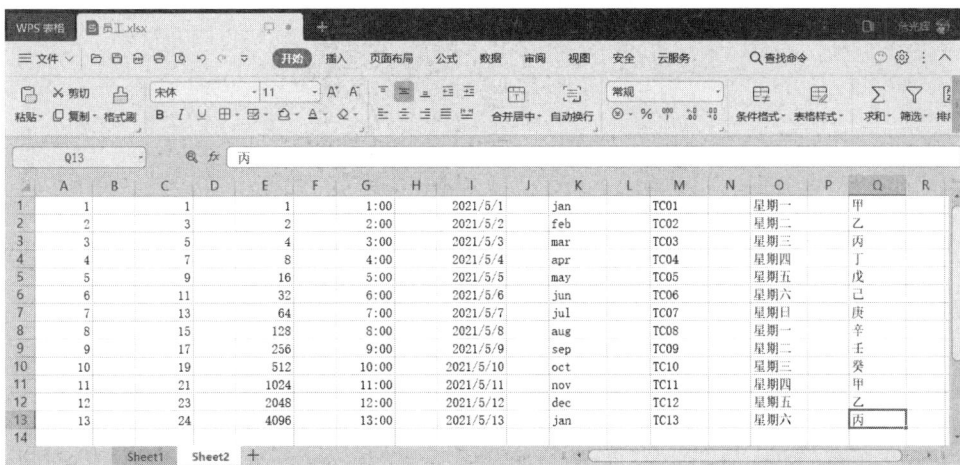

图 4.32　自动填充结果

使用自动填充功能的一些操作技巧和注意事项：

① 按住 "Ctrl" 键再拖动填充柄，或者提供的初始数据无法识别序列顺序或不匹配序列的基本排列顺序，则不会以序列方式填充，填充效果将只是单纯地复制单元格。

② 自动填充的使用方式非常灵活，可以起始于序列中的任何元素。当填充到数据序列最后一个元素时，下一个填充数据将会返回序列开头元素，循环往复地继续填充。

③ 自动填充功能不仅适用于列方向，也适用于行方向。

④ 拖动填充柄，除了自动填充数据（常量或公式），还可以自动填充单元格格式。

⑤ 除了拖放填充柄的操作方法，双击填充柄也可以快速完成自动填充操作。如果活动单元格紧邻某个数据区域，则双击该单元格的填充柄时，将会自动向下填充至相邻数据区域的下边界位置（如果活动单元格下方某处有数据阻挡，则自动填充到该数据处为止）。

⑥ 当拖动填充柄操作使选定区域的范围变小时，可以快速清除单元格内容。当按住"Shift"键并拖动填充柄使选定区域的范围变大或变小时，可以快速插入空白单元格或删除单元格。

⑦ 开启自动填充功能的方法：选择"文件"菜单中的"选项"命令，在"编辑"选项卡中勾选"单元格拖放功能"复选框，如图4.33所示。

图4.33　开启自动填充功能

（2）填充选项。

自动填充完成后，在操作区域右下角将自动生成"自动填充选项"下拉按钮，单击该下拉按钮，弹出如图4.34所示的下拉列表，在下拉列表中可以进一步设置不同的填充方式，如"复制单元格""以序列方式填充""仅填充格式""不带格式填充""智能填充"等。

图4.34　"自动填充选项"的下拉列表

"自动填充选项"的下拉列表根据所填充的数据类型不同而不同，例如在图4.33中，在自动填充日期型数据与天干序列时，其"自动填充选项"的下拉列表是不同的。

（3）序列填充功能。

除了拖动填充柄进行自动填充，还可以使用选项卡中的序列填充功能。

复制填充：在活动单元格中输入初始数据，然后选定包含活动单元格的要填充数据的目标区域，在"开始"选项卡中单击"行和列"下拉按钮，在下拉列表中选择"填充"，再选择"向下/右/上/左填充"命令，即可将活动单元格中的内容快速复制填充至下/右/上/左相邻的单元格中，也可以按"Ctrl+D"组合键向下复制填充，或者按"Ctrl+R"组合键向右复制填充。

　　序列填充：选择"填充"中的"序列"命令，弹出"序列"对话框，在该对话框中指定序列的方向和类型，输入步长值和终止值后，单击"确定"按钮，即可按照指定的规则朝指定的方向，将单元格中的内容填充至相邻单元格中，序列填充如图4.35所示。

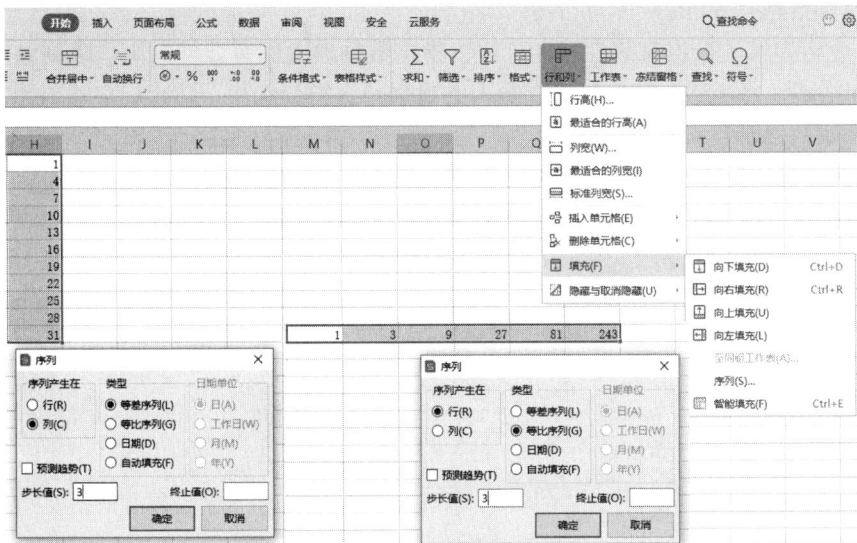

图4.35　序列填充

（4）自定义序列。

　　在实际应用中，用户可以根据需要自定义序列，从而更加快捷地完成固定序列的填充。如果用户希望将"第一、第二、第三、第四"设置为WPS表格的填充序列，则可选择"文件"菜单中的"选项"命令，在弹出的"选项"对话框中选择"自定义序列"选项，如图4.36所示。

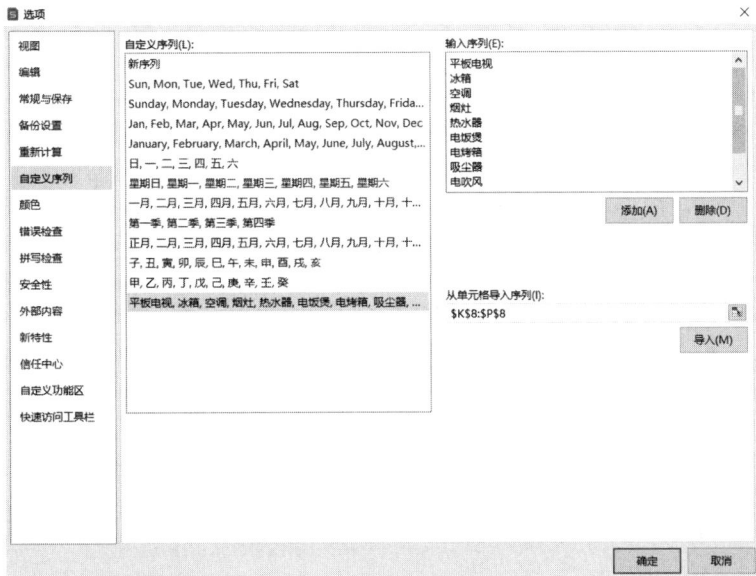

图4.36　自定义序列

在图 4.36 中的"自定义序列"列表中选择"新序列",并在右侧的"输入序列"文本框中输入新的序列,新序列各元素间通过按"Enter"键或用逗号分隔,然后单击"添加"按钮;或者在"从单元格导入序列"编辑框中引用表格中已存在的序列,即可完成序列的自定义。

5. 数据有效性

（1）设置数据有效性。

WPS 表格提供了数据有效性功能,可以指定数据输入的有效性规则,限制输入的数据类型、范围和格式,并通过系统自动检查输入的数据是否符合约束,防止用户输入无效数据,或者在输入无效数据时自动发出警告。

例如,在"重电云采购部员工信息"表中对员工年龄设置数据有效性,先选定要设置有效性的单元格区域,然后在"数据"选项卡中单击"有效性"按钮,弹出"数据有效性"对话框,如图 4.37 所示。

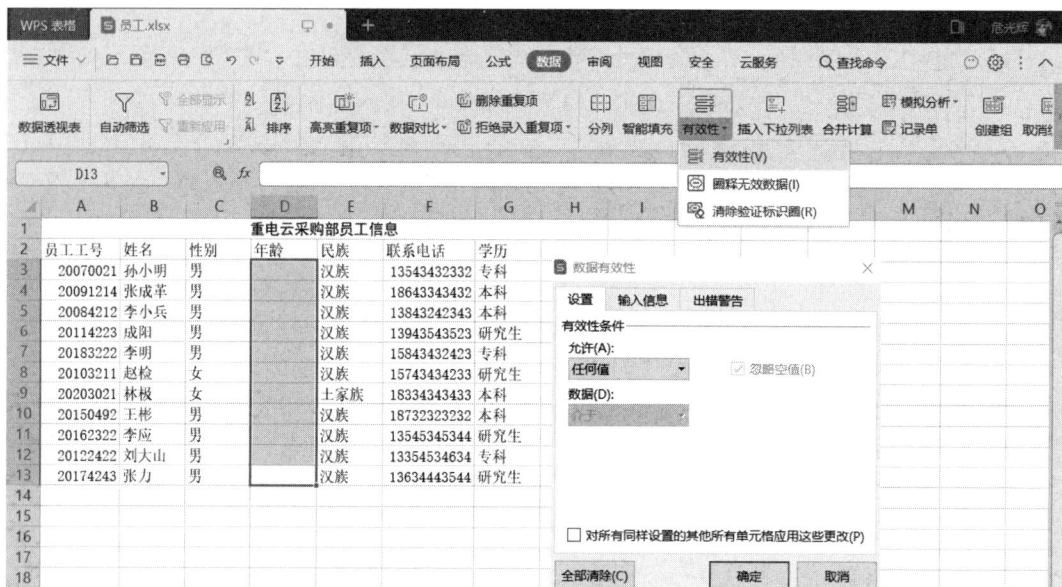

图 4.37　数据有效性

在"数据有效性"对话框中,分别设置"有效性条件""输入信息"和"出错警告",最后单击"确定"按钮即可,如图 4.38 所示。

图 4.38　设置员工年龄数据有效性

设置完成后，当用户在该单元格中输入数据时，会弹出如图 4.39 所示的提示。

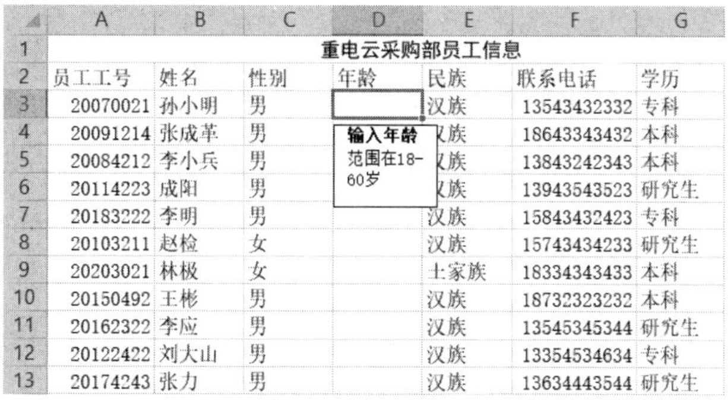

	A	B	C	D	E	F	G
1	重电云采购部员工信息						
2	员工工号	姓名	性别	年龄	民族	联系电话	学历
3	20070021	孙小明	男		汉族	13543432332	专科
4	20091214	张成革	男		汉族	18643343432	本科
5	20084212	李小兵	男		汉族	13843242343	本科
6	20114223	成阳	男		汉族	13943543523	研究生
7	20183222	李明	男		汉族	15843432423	专科
8	20103211	赵检	女		汉族	15743434233	研究生
9	20203021	林极	女		土家族	18334343433	本科
10	20150492	王彬	男		汉族	18732323232	本科
11	20162322	李应	男		汉族	13545345344	研究生
12	20122422	刘大山	男		汉族	13354534634	专科
13	20174243	张力	男		汉族	13634443544	研究生

图 4.39　数据有效性提示

如果在该单元格中输入的数据不符合有效性规则，例如，输入的年龄为 68，则会弹出如图 4.40 所示的错误提示。

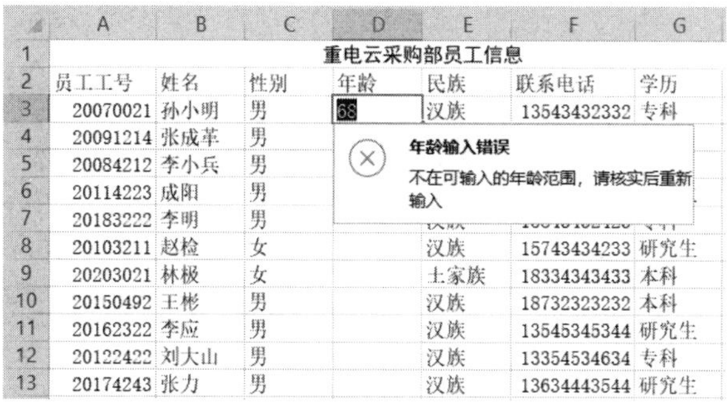

	A	B	C	D	E	F	G
1	重电云采购部员工信息						
2	员工工号	姓名	性别	年龄	民族	联系电话	学历
3	20070021	孙小明	男	68	汉族	13543432332	专科
4	20091214	张成革	男				
5	20084212	李小兵	男				
6	20114223	成阳	男				
7	20183222	李明	男				
8	20103211	赵检	女		汉族	15743434233	研究生
9	20203021	林极	女		土家族	18334343433	本科
10	20150492	王彬	男		汉族	18732323232	本科
11	20162322	李应	男		汉族	13545345344	研究生
12	20122422	刘大山	男		汉族	13354534634	专科
13	20174243	张力	男		汉族	13634443544	研究生

图 4.40　数据有效性错误提示

此时，需要用户取消输入，或输入有效性规则范围内的数据。

若要清除单元格或区域中应用的数据有效性规则，可以再次打开“数据有效性”对话框，单击左下角的“全部清除”按钮即可。

使用数据有效性功能的注意事项：

① 在“有效性”按钮的下拉列表中选择“圈释无效数据”命令，可以标记出工作表中已有的不符合有效性条件的数据单元格。

② 若要修改单元格或区域中已有的有效性规则，可以选定设置了有效性规则的任意单元格，打开“数据有效性”对话框并设置新的规则后，勾选“对所有同样设置的其他所有单元格应用这些更改”复选框，即可批量更新有效性规则。

③ 对同一数据区域多次设置有效性规则时，旧的有效性规则会被新规则覆盖，若想要同时应用多个有效性规则，必须使用包含“&”的自定义公式解决。

④ 复制包含有效性规则的单元格时，内容和有效性规则会被一同复制。若只需要粘贴单元格中的有效性规则，可以右击目标单元格，在弹出的快捷菜单中选择“选择性粘贴”命令，在弹出的“选择性粘贴”对话框中勾选“有效性验证”复选框，单击“确定”按钮即可。

⑤ 数据有效性功能只能对用户输入的内容进行限制，如果将其他位置的内容复制后粘贴到已设置有效性规则的单元格或区域中，则其中的内容和有效性规则将同时被新的内容和格式

覆盖。

（2）插入下拉列表。

通过插入下拉列表功能设置自定义下拉选项，可以快速输入学历、岗位、部门等重复性数据项目。例如，在"重电云采购部员工信息"表中，要为员工的学历设置下拉列表，先选定要设置下拉列表的单元格区域，然后在"数据"选项卡中单击"插入下拉列表"按钮，弹出"插入下拉列表"对话框，如图 4.41 所示。

图 4.41　插入下拉列表

在"插入下拉列表"对话框的"手动添加下拉选项"中输入下拉选项，如图 4.42 所示。

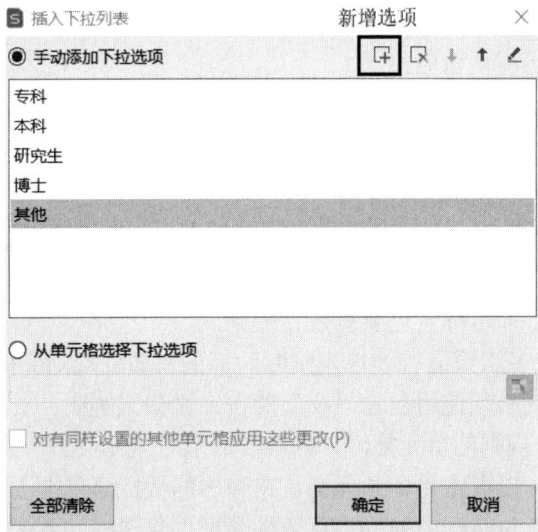

图 4.42　输入下拉选项

除了在"手动添加下拉选项"中输入下拉选项，还可以通过从单元格选择下拉选项功能，从已有单元格数据中选择下拉选项。

单元格的下拉选项建立后，在输入数据时，可直接通过下拉选项输入，如图 4.43 所示。

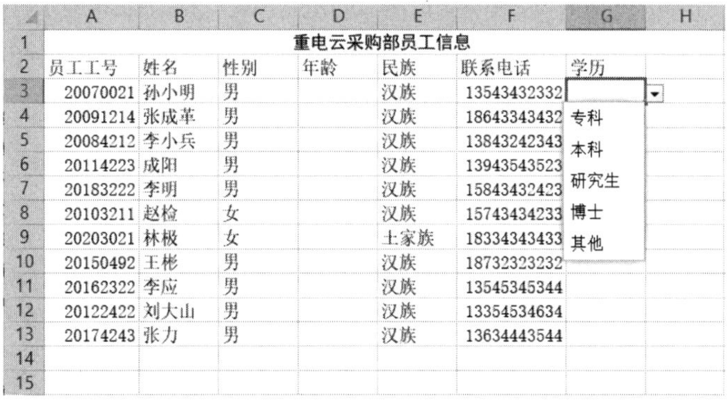

	A	B	C	D	E	F	G	H
1	重电云采购部员工信息							
2	员工工号	姓名	性别	年龄	民族	联系电话	学历	
3	20070021	孙小明	男		汉族	13543432332		
4	20091214	张成革	男		汉族	18643343432		
5	20084212	李小兵	男		汉族	13843242343		
6	20114223	成阳	男		汉族	13943543523		
7	20183222	李明	男		汉族	15843432423		
8	20103211	赵检	女		汉族	15743434233		
9	20203021	林枢	女		土家族	18334343433		
10	20150492	王彬	男		汉族	18732323232		
11	20162322	李应	男		汉族	13545345344		
12	20122422	刘大山	男		汉族	13354534634		
13	20174243	张力	男		汉族	13634443544		
14								
15								

图 4.43　通过下拉选项输入数据

4.1.4　格式化工作表

在工作表中输入文本、数据、公式和函数之后，为了让工作表更加美观，用户可以对工作表的格式进行相应的设置。

工作表的格式化操作主要通过如图 4.44 所示的“开始”选项卡或如图 4.45 所示的“单元格格式”对话框来实现。

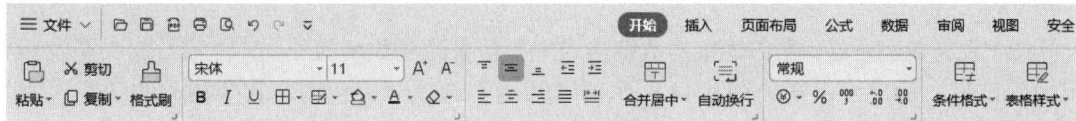

图 4.44　“开始”选项卡

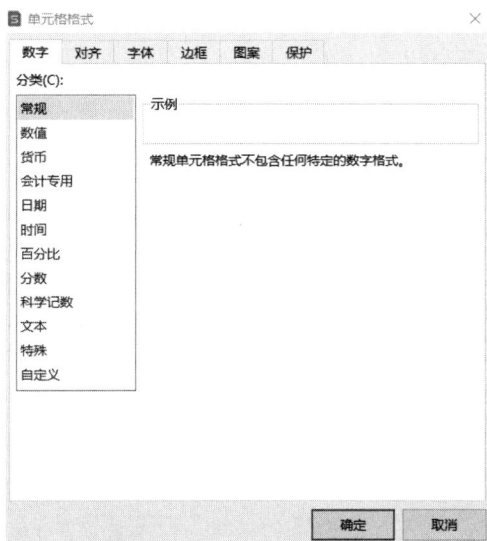

图 4.45　“单元格格式”对话框

1. 格式化数据

（1）设置文本格式。工作表中的文本格式设置主要包括字体、字号、字形、颜色、下画线及特殊效果的设置。用户可以在如图 4.44 所示的"开始"选项卡中使用与字体相关的功能，或者在如图 4.46 所示的"单元格格式"对话框的"字体"选项卡中进行文本格式的设置。

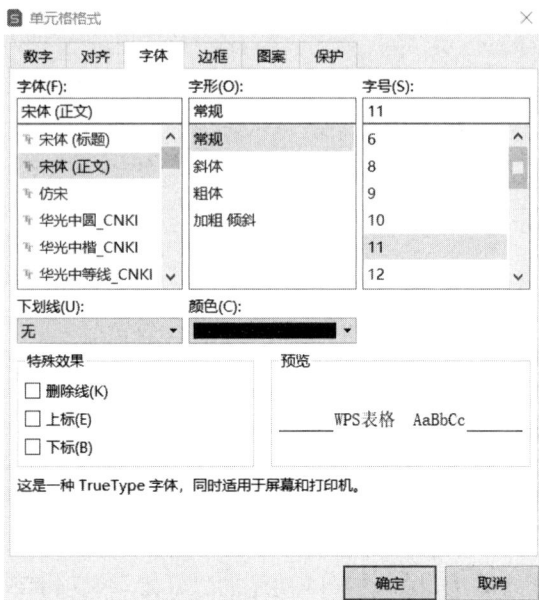

图 4.46 "单元格格式"对话框的"字体"选项卡

（2）设置数字格式。工作表中的数字格式主要用来改变数字的外观，完成数据类型及相关属性的设置。用户可以在如图 4.44 所示的"开始"选项卡中使用与数字相关的功能，或者在如图 4.47 所示的"单元格格式"对话框的"数字"选项卡中进行数字格式的设置。

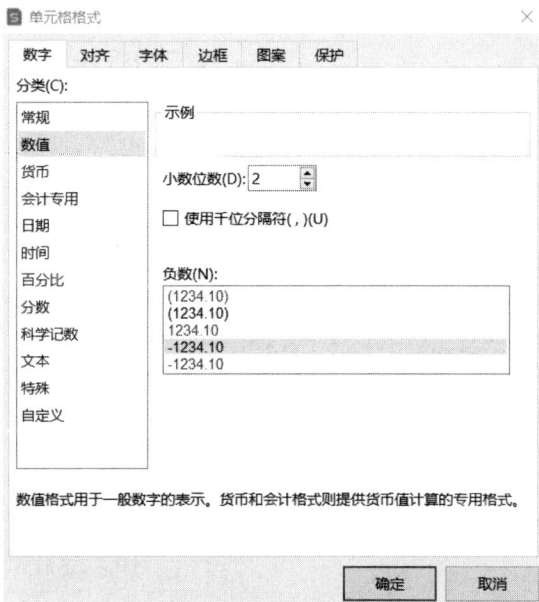

图 4.47 "单元格格式"对话框的"数字"选项卡

2. 对齐方式

工作表中单元格数据的对齐方式主要包括水平对齐、垂直对齐和任意方向对齐三种，其中在默认情况下，文本左对齐，数字、日期和时间右对齐，逻辑型数据居中对齐。

要改变单元格内容的对齐方式，可以在如图 4.44 所示的"开始"选项卡中使用与对齐相关的功能，或者在如图 4.48 所示的"单元格格式"对话框的"对齐"选项卡中进行数据对齐方式的设置。

图 4.48 中的对齐方式包括以下三类。

（1）8 种水平对齐方式：常规、靠左、靠右、填充、两端对齐、居中、跨列居中、分散对齐。

（2）5 种垂直对齐方式：靠上、靠下、居中、两端对齐、分散对齐。

（3）方向设置：可以通过拖动方向指针或对输入的文本旋转角度来设置文字方向。

3. 边框和底纹

用户可以对工作表中选定的单元格区域添加边框、背景颜色或图案，用来突出显示或区分单元格区域。

图 4.48 "单元格格式"对话框的"对齐"选项卡

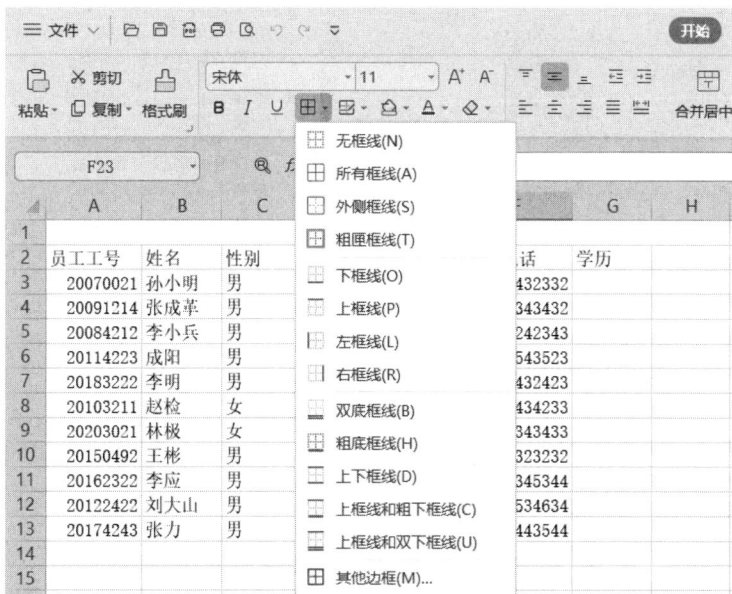

（1）边框。在默认情况下，单元格的边框都是虚框，打印输出时是不存在的。如果要添加相应的边框线，则可以选定单元格区域，然后单击"开始"选项卡中的"⊞ ▾"下拉按钮，弹出如图 4.49 所示的"边框"下拉列表，从中选择需要的边框样式即可；或者在如图 4.50 所示的"单元格格式"对话框的"边框"选项卡中进行单元格边框线条样式和颜色的设置。

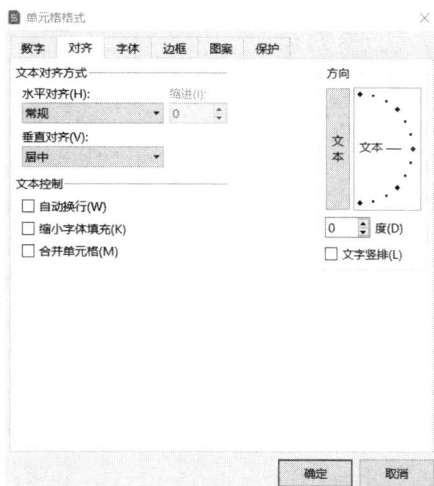

图 4.49 "边框"下拉列表

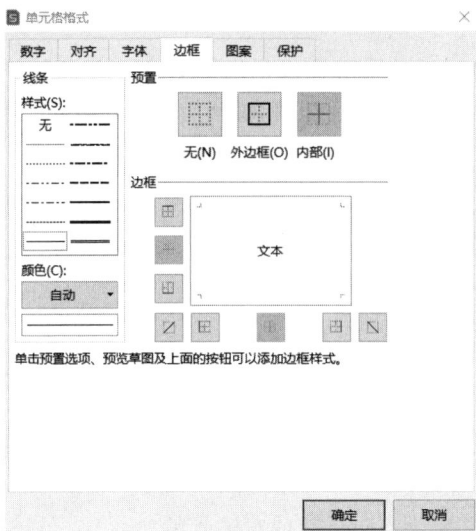

图 4.50 "单元格格式"对话框的"边框"选项卡

（2）填充。在默认情况下，单元格没有填充颜色。如果要添加相应的背景颜色，则可以单击"开始"选项卡中的"🢃▾"下拉按钮，弹出如图 4.51 所示的下拉列表，从中选择需要的背景颜色即可。

如果需要设置更丰富的背景颜色或背景图案，则在如图 4.52 所示的"单元格格式"对话框的"图案"选项卡中进行背景色、填充效果、图案样式、图案颜色等属性的设置。

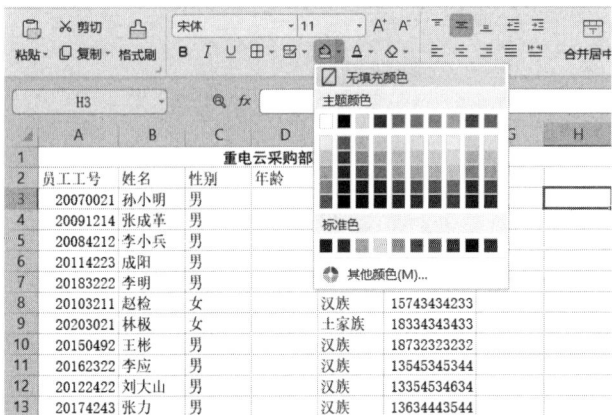

图 4.51 "填充颜色"下拉列表　　　图 4.52 "单元格格式"对话框的"图案"选项卡

4. 插入、删除行、列或单元格

用户可以根据需要插入或删除工作表中的行、列或单元格。

（1）插入行、列或单元格。插入行、列或单元格时，工作表中已有的数据将会自动移动。先选择要插入的位置，然后单击"开始"选项卡中的"行和列"下拉按钮，在弹出的下拉列表中选择"插入单元格"→"插入单元格"或"插入行"或"插入列"命令，如图 4.53 所示，即可在当前位置插入一个单元格或行、列。

图 4.53 选择"插入单元格"命令

也可以在要插入的位置右击，在弹出的快捷菜单中选择"插入"命令，如图 4.54 所示，然后在二级菜单中选择需要的操作命令。

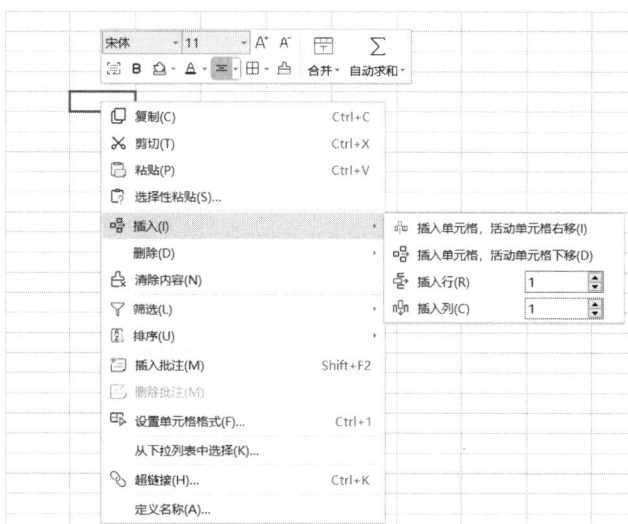

图 4.54 选择"插入"命令

（2）删除行、列或单元格。删除行、列或单元格时，其中的数据也会被删除。先选择要删除的位置，然后单击"开始"选项卡中的"行和列"下拉按钮，在弹出的下拉列表中选择"删除单元格"→"删除单元格"或"删除行"或"删除列"命令，如图 4.55 所示，即可删除当前活动单元格所在的单元格或行、列。

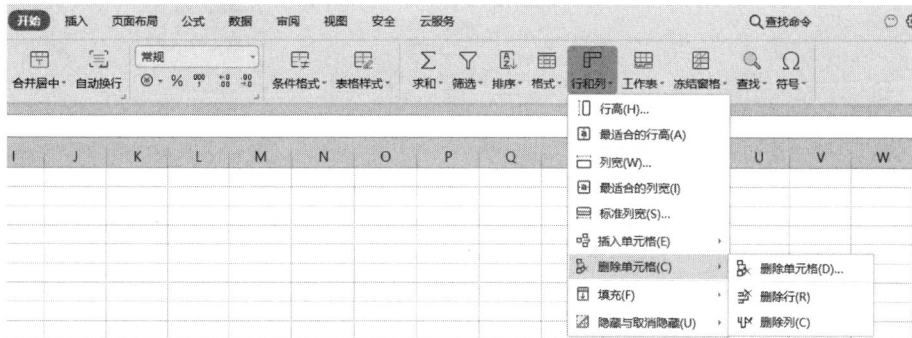

图 4.55 选择"删除单元格"命令

也可以在要删除的位置右击，在弹出的快捷菜单中选择"删除"命令，如图 4.56 所示，然后在二级菜单中选择需要的操作命令。

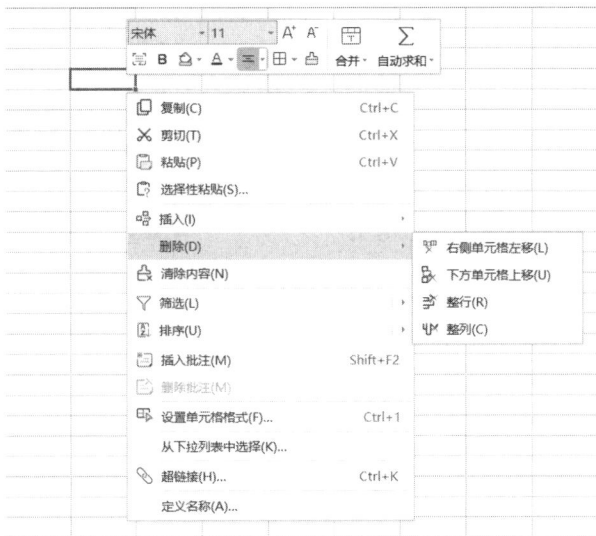

图 4.56 选择"删除"命令

5. 调整行高、列宽

用户输入数据之前或之后可以对工作表中的行高或列宽进行修改。

（1）调整行高：将鼠标指针指向要改变行高的行号的上边界或下边界，当鼠标指针变成竖直方向的双向箭头时，直接拖动鼠标至合适的高度，松开鼠标即可。如果需要指定固定数值的行高，则单击"开始"选项卡中的"行和列"下拉按钮，在弹出的下拉列表中选择"行高"命令，弹出如图 4.57 所示的"行高"对话框，输入相应的数值后单击"确定"按钮即可。

图 4.57 调整行高

（2）调整列宽：将鼠标指针指向要改变列宽的列表的左边界或右边界，当鼠标指针变成水平方向的双向箭头时，直接拖动鼠标至合适宽度，松开鼠标即可。如果需要指定固定数值的列宽，则单击"开始"选项卡中的"行和列"下拉按钮，在弹出的下拉列表中选择"列宽"命令，弹出如图 4.58 所示的"列宽"对话框，输入相应的数值后单击"确定"按钮即可。

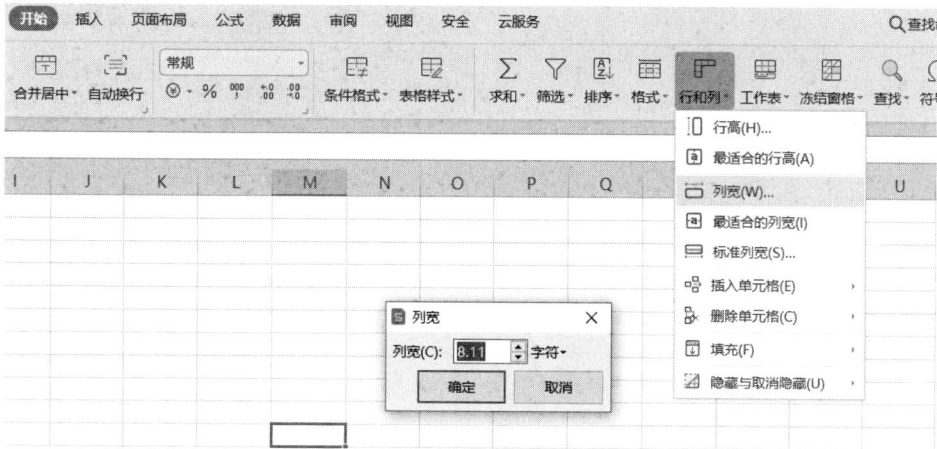

图 4.58　调整列宽

6. 应用单元格样式

工作表的整体外观由各单元格的样式构成,"单元格样式"是一组特定单元格格式的组合。使用"单元格样式"可以快速格式化单元格,增强工作表的规范性和可读性。

（1）使用和修改单元格样式。

WPS 表格中内置了部分典型的单元格样式,可以直接套用样式来快速设置单元格格式。如图 4.59 所示,选中要套用单元格样式的目标单元格或区域,在"开始"选项卡中单击"格式"下拉按钮,在下拉列表中选择"样式"命令,在二级列表中选择相关样式即可应用。

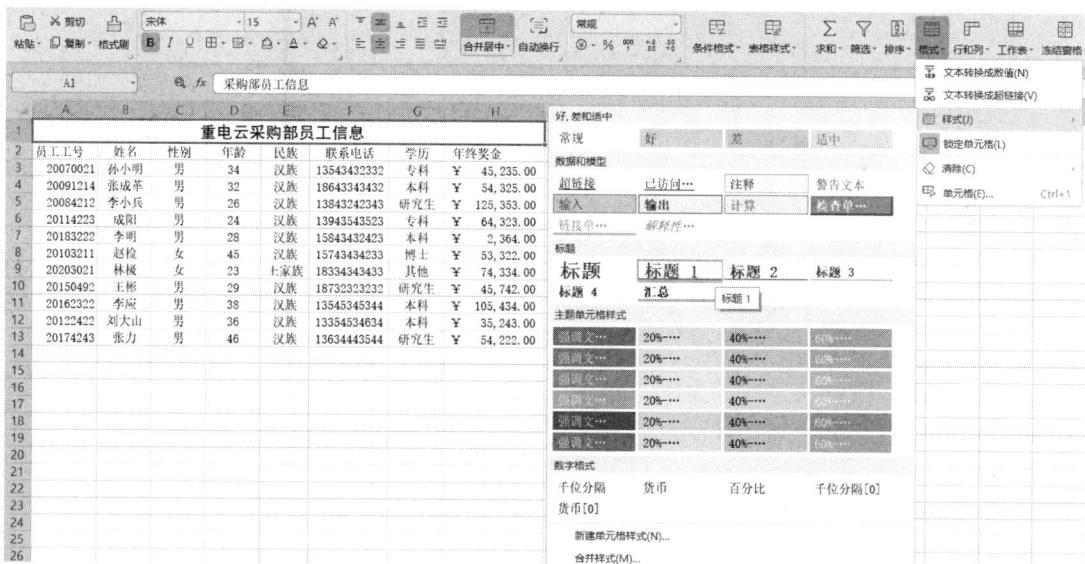

图 4.59　使用样式

若要修改某个内置的单元格样式使其更符合特定的使用要求,可以右击样式下拉列表中的样式,在弹出的快捷菜单中选择"修改"命令,弹出"样式"对话框,如图 4.60 所示。

单击"样式"对话框中的"格式"按钮,弹出"单元格格式"对话框,即可根据需要对相应样式的单元格格式进行修改。

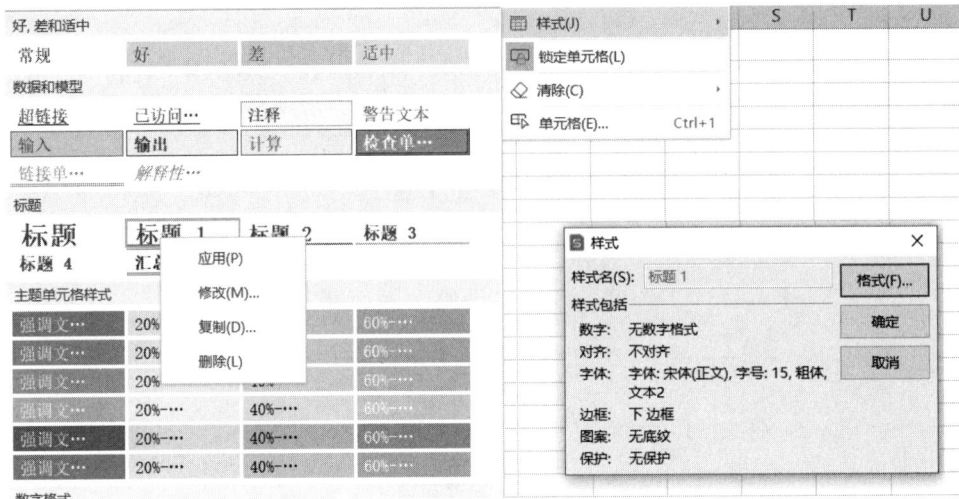

图 4.60　修改单元格样式

（2）新建单元格样式。

除了使用 WPS 表格内置的单元格样式，还可以通过新建单元格样式来创建自定义的单元格格式。在样式下拉列表中选择"新建单元格样式"命令，弹出"样式"对话框，在"样式名"文本框中输入样式名称，这里我们输入"新标题"，如图 4.61 所示。

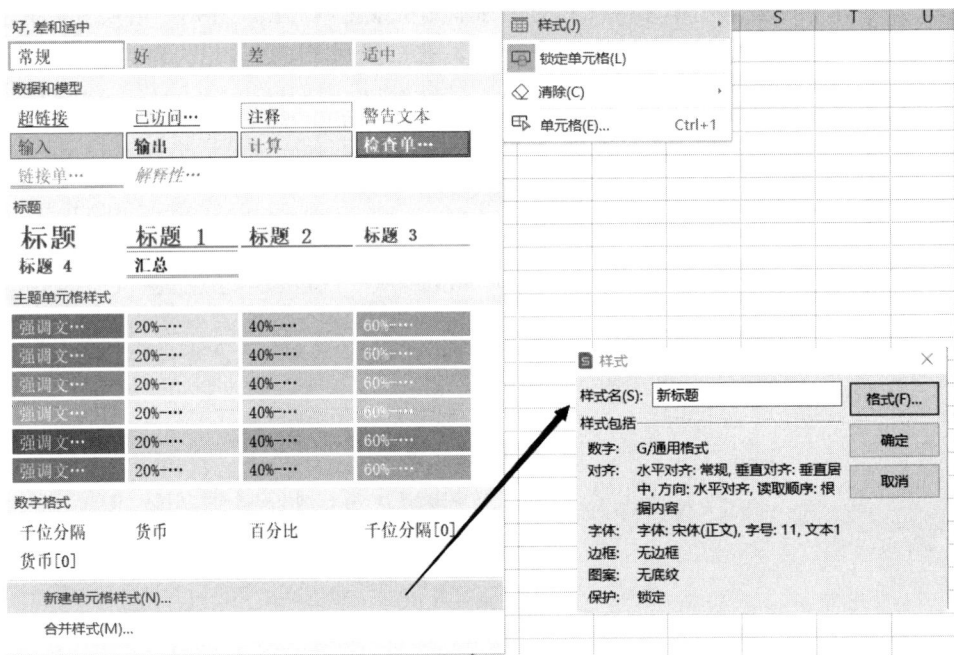

图 4.61　新建单元格样式

单击"格式"按钮，弹出"单元格格式"对话框，根据需求设置单元格的数字格式、对齐方式、字体、边框和图案等。

单元格样式创建完毕，在样式下拉列表上方会出现"自定义"样式区，其中展示了用户自定义的单元格样式，如图 4.62 所示。

如果要对自定义的样式格式进行修改,则在样式名称上右击,在弹出的快捷菜单中选择"修改"命令即可重新修改样式名称及格式。

(3)合并样式。

自定义单元格样式只会保存到当前工作簿中,只在当前工作簿中生效,而通过"合并样式"可以应用其他工作簿中的自定义单元格样式。

例如,要能使"员工"工作簿中的自定义的"新标题"样式(见图 4.62)被"2021 年 5 月 20 日全球国家新冠数据(前十)"工作簿使用,需要将这两个工作簿打开,然后在"2021 年 5 月 20 日全球国家新冠数据(前十)"工作簿(即目标工作簿)中选择如图 4.61 所示的"合并样式"命令,弹出"合并样式"对话框,如图 4.63 所示。在该对话框的"合并样式来源"列表中选中样式来源的"员工"工作簿,单击"确定"按钮即可。

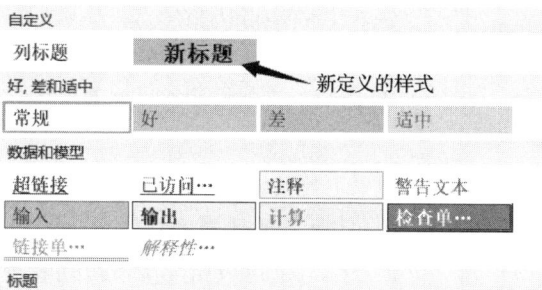

图 4.62　自定义的样式　　　　　　　　图 4.63　"合并样式"对话框

7. 条件格式

条件格式是指规定单元格的数值达到设定的条件时的显示效果。通过条件格式可以增强工作表数据的可读性。

先选择工作表中要添加条件格式的单元格区域,然后单击"开始"选项卡中的"条件格式"下拉按钮,弹出如图 4.64 所示的下拉列表,可根据需要选择相应的操作。

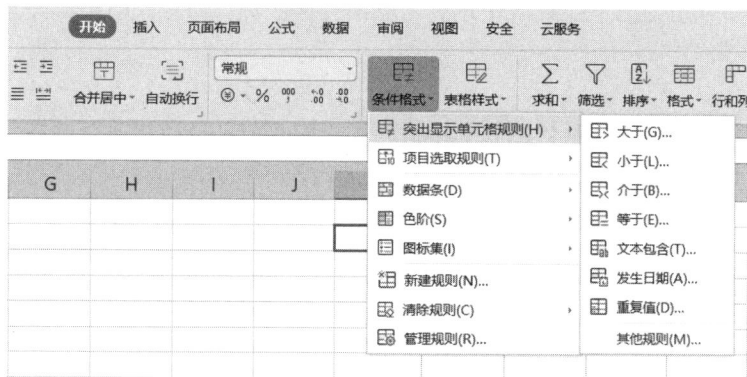

图 4.64　"条件格式"下拉列表

4.1.5　打印输出工作表

在 WPS 表格中输入数据并格式化后,通常还需要将表格打印输出。在打印输出工表之前,为了使打印出来的工作表布局更加合理、美观，通常还需要对工作表设置打印区域、插入分页符、设置打印纸张大小、设置页边距及添加页眉页脚等。页面设置和打印选项按钮如图 4.65 所示。

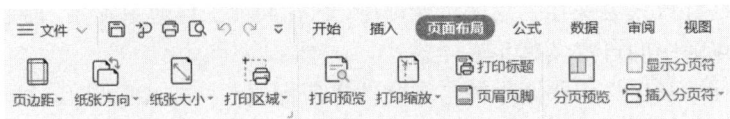

图 4.65 页面设置和打印选项按钮

1. 纸张设置

纸张设置最好在输入数据前先完成，这样可避免输入数据后因为调整纸张设置而破坏表格的整体结构。常规的纸张设置包括设置纸张大小、纸张方向和页边距等。

纸张大小：在"页面布局"选项卡中单击"纸张大小"下拉按钮，在下拉列表中包括常用的纸张尺寸（默认 A4)，如果有特殊需要，则可以通过最后一项"特殊纸张大小"来自定义纸张大小。

页边距：在"页面布局"选项卡中单击"页边距"下拉按钮，在下拉列表中包括常规（默认）、宽、窄以及自定义页边距 4 个选项，用户可根据实际需要选择或设置合适的页边距。

纸张方向：在"页面布局"选项卡中单击"纸张方向"下拉按钮，在下拉列表中包括纵向（默认）、横向两个选项，当数据区域的列数较多时，可以选择纸张方向为横向。

2. 打印区域

在默认情况下，将打印工作表中包含可见内容的所有单元格，包括数据、框线、填充色或图形对象等。也可以选定要打印的任意区域，在"页面布局"选项卡中单击"打印区域"按钮，即可将当前选定的区域设置为打印区域，设置为打印区域的四周有虚框线。

如果将不连续单元格区域设置为打印区域，打印时会将不同的单元格区域分别打印在不同的纸张上。

在"打印区域"按钮的下拉列表中选择"取消打印区域"命令，即可清除当前工作表中所有指定的打印区域。

3. 分页符

打印连续数据表时，将默认以纸张大小进行自动分页打印，用户可以按需在指定位置处插入"分页符"，以实现强制分页打印。

插入分页符：选定要插入分页符的位置，在"页面布局"选项卡中单击"插入分页符"下拉按钮，在下拉列表中选择"插入分页符"命令即可。插入的分页符将以黑色细线的形式显示。

插入分页符的位置分三种情况：①如果选定的是某行或某行起始的第一个单元格，则将在活动单元格的上方插入水平分页符；②如果选定的是某列或某列起始的第一个单元格，则将在活动单元格的左侧插入垂直分页符；③如果选定的是非起始的某一单元格，则将在活动单元格的上方和左侧同时插入水平及垂直分页符。

显示分页符：在"页面布局"选项卡中勾选"显示分页符"复选框，即可显示分页符标识线；如果不需要显示分页符，则取消选中"显示分页符"复选框即可。

删除分页符：插入分页符后，在"插入分页符"按钮的下拉列表中选择"删除分页符"命令，可以删除当前页的分页符，或者通过"重置所有分页符"命令删除工作表中所有手工插入的分页符。

4. 分页预览

通过"分页预览"视图，可以一目了然地预览当前工作表打印时的分页位置。

在"页面布局"选项卡中单击"分页预览"按钮，进入分页预览视图模式，窗口中将会显示浅灰色的页码标识，分页符将显示为蓝色线条并支持使用鼠标直接拖动进行调整。

在分页预览视图模式中，还可以通过右击，在弹出的快捷菜单中选择"插入分页符"命令来插入分页符。

5. 打印缩放

通过打印缩放功能，可以根据纸张大小自动调整缩放比例，或者按指定的缩放比例打印内容，以便把相关内容打印在同一张纸上，此功能在工作中非常实用。

在"页面布局"选项卡中单击"打印缩放"下拉按钮，如图 4.66 所示，在下拉列表中可以选择"将整个工作表打印在一页""将所有列打印在一页"或"将所有行打印在一页"等命令，或者在"缩放比例"微调框中输入数字（数字范围为10～400）以指定缩放比例（缩放比例范围为10%～400%）。

图 4.66　打印缩放

6. 页面设置

打开"页面设置"的方法：在"页面布局"选项卡中，可通过单击"打印标题或表头"或"打印页眉页脚"按钮，或者在"页边距""纸张大小"或"打印缩放"按钮的下拉列表中选择"自定义"相关命令，都可以打开"页面设置"对话框。

在"页面设置"对话框中有 4 个选项卡，如图 4.67 所示。

图 4.67　"页面设置"对话框

这 4 个选项卡分别是页面、页边距、页眉/页脚和工作表。

（1）"页面"选项卡：如图 4.67 所示。在此可以对纸张方向、缩放比例、纸张大小、打印机选择、打印质量和起始页码等进行自定义设置。

（2）"页边距"选项卡：如图 4.68 所示。可以在上、下、左、右 4 个方向设置打印区域与纸张边界的距离，以及页眉和页脚与纸张顶端和底端的距离，可以直接输入数字或单击微调按钮进行调整。如果打印区域较小，不足以在页边距范围内完全显示，则可以在"居中方式"下勾选"水平"和"垂直"复选框，以使打印内容在纸张上居中显示。

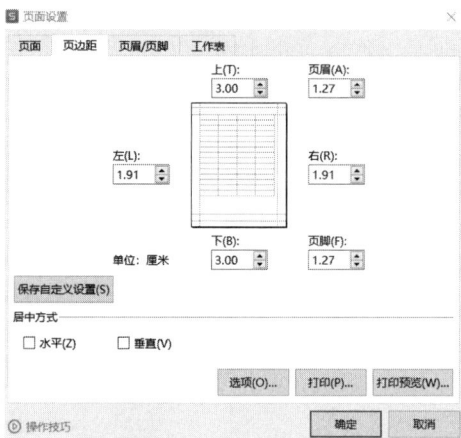

图 4.68 "页边距"选项卡

（3）"页眉/页脚"选项卡：如图 4.69 所示。可以在纸张顶端或底端添加内置页眉/页脚样式或自定义图文内容，如表格标题、打印时间、校徽或企业 Logo 等，还可以设置首页不同和奇偶页不同。

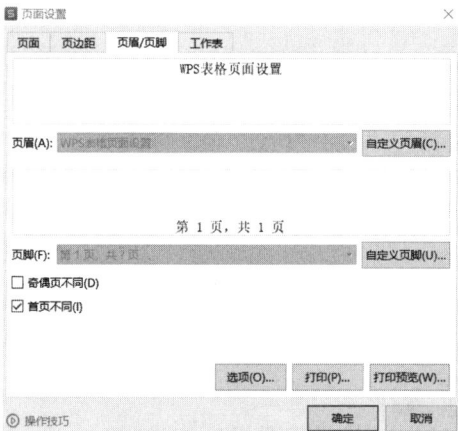

图 4.69 "页眉/页脚"选项卡

（4）"工作表"选项卡：如图 4.70 所示。在此可以对打印区域、打印标题等打印属性进行设置。

打印区域：可以选择打印的区域。

打印标题：当工作表内容较多时，通过设置"打印标题"可以将标题行或标题列重复打印在每个页面上。

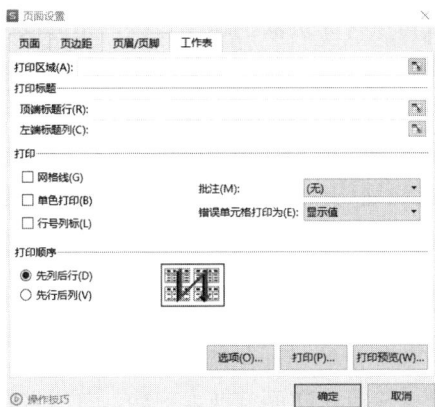

图 4.70 "工作表"选项卡

打印：网格线和行号列标默认是不打印的，可以勾选"网格线"或"行号列标"复选框以打印这些元素。工作表中为了突出数据而应用的彩色效果，在黑白打印时将只能以不同深浅的灰色来显示原本的彩色，此时可以勾选"单色打印"复选框，这样单元格的边框颜色、背景颜色及字体颜色等都将在打印输出时被忽略，使黑白打印效果更加清晰。批注默认不打印，可以在"批注"按钮的下拉列表中选择"如同工作表中的显示"命令以打印批注内容。若要指定包含错误值的单元格在打印时的显示效果，可以在"错误单元格打印为"按钮的下拉列表中进行选择（显示值（默认）、空白、--、#N/A）。

打印顺序：可以指定打印顺序为"先列后行"（默认）的 N 字形顺序或"先行后列"的 Z 字形顺序。

7. 打印预览

为了保证打印效果，在页面设置完成后，可以通过"打印预览"功能查看打印页面输出效果，确认无误后再执行打印操作。在"文件"菜单中选择"打印"→"打印预览"命令，或者在"自定义快速访问工具栏"中单击"打印预览"按钮，或者在"页面布局"选项卡中单击"打印预览"按钮，都可以进入打印预览窗口，如图 4.71 所示。

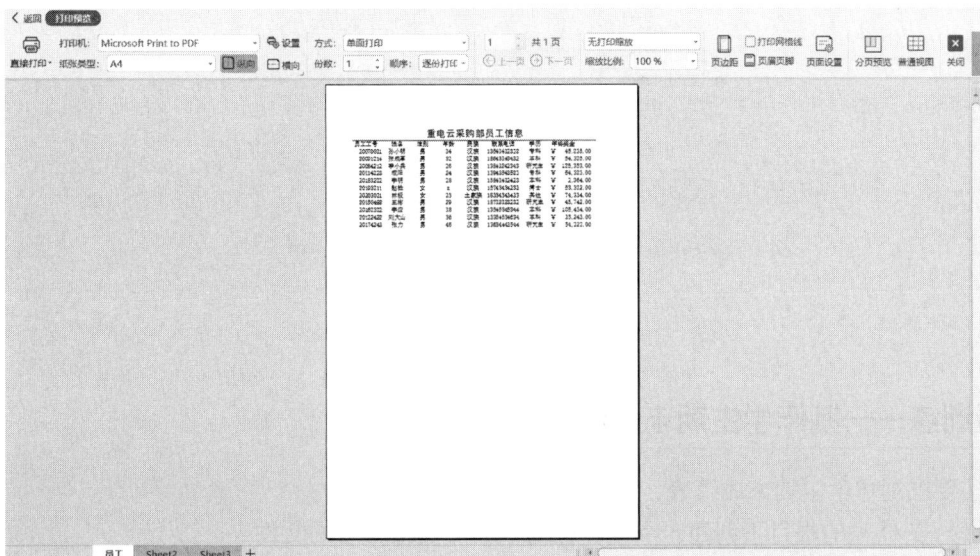

图 4.71 打印预览窗口

在打印预览模式下，可以预览打印页面的输出效果，还可以进行一些简单的打印设置，如打印方式、纸张类型、打印份数、缩放比例、页边距等相关设置。

8. 打印设置

在页面设置和页面缩放等调整完成后，按"Ctrl+P"组合键，或者在"文件"菜单中选择"打印"命令，或者在"自定义快速访问工具栏"中单击" 🖨 "按钮，或者在打印预览中单击"🖨 设置"图标，都可弹出如图4.72所示的"打印"对话框，该对话框中包括的内容如下。

（1）打印机：可以选择与计算机相连接的打印机，设置打印机属性，还可以选择反片打印、打印到文件和双面打印等特殊打印方式。

其中，"反片打印"是WPS提供的一种独特的打印输出方式，以"镜像"显示表格，可满足特殊排版印刷的需求，通常会应用在印刷行业。例如，学校将试卷反片打印在蜡纸上，再通过油印方式印出多份试卷。"打印到文件"主要应用于文件不需要纸质表格，以电子文件形式保存的情况，具有一定的防篡改作用。"双面打印"可以将表格打印成双面。

（2）页码范围：可以打印全部页或只打印部分页。

（3）打印内容：可以打印选定区域、选定工作表或整个工作簿。

（4）副本：可选择份数，打印多份文件时还可以逐份打印以保证文件输出的连续性。

（5）并打和缩放：可以在每页上并打多版内容，设置并打顺序从左到右、从上到下或重复，还可以选择其他纸型上的文件按纸型缩放到指定纸型上。

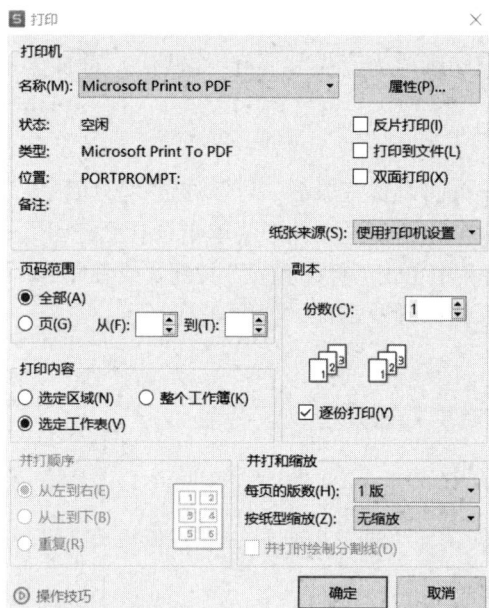

图4.72 "打印"对话框

拓展训练——制作学生期末成绩表

按要求制作学生期末成绩表，如图4.73所示。

（1）在D盘的根目下创建一个以自己的姓名为文件夹名的文件夹。

（2）新建WPS表格文件，并以"学生期末成绩表.xlsx"为文件名保存在自己的文件夹下。

（3）将制作"学生期末成绩表.xlsx"的 Sheet1 工作表命名为"学生期末成绩表"。

（4）在学生期末成绩表中按要求输入数据。

（5）将单元格区域 A1:H1 合并后居中，设置字体为隶书，字号为 22 磅，文字颜色为红色，单元格填充颜色为"浅绿，着色 6，浅色 80%"；将 A2:H2 的字体设置为"黑体，加粗"，字号设置为 12 磅，居中对齐。

（6）将单元格区域 A2:H2 设置为"橙色，着色 4，浅色 40%"。

（7）将单元格区域 A3:H13 的对齐方式设置为水平居中，字体设置为宋体，字号为 11 磅。

（8）将单元格区域 B3:H3 设置为"橙色，着色 4，浅色 80%"。

（9）将第 2 行行高设置为 24 磅；将 A 列和 B 列的列宽设置为 9 个字符，将 C 列～H 列的列宽设置为 11 个字符。

（10）将单元格区域 A2:H13 的边框设置为蓝色单实线，再将单元格区域 A2:H2 的上、下边框设置为红色双实线。

（11）将总成绩 400 分及以上的成绩文字用红色加粗显示。

（12）设置上、下页边距为 2.5 厘米，左、右页边距为 2 厘米。

（13）在第 10 行的上方插入分页线，在 A2:H2 单元格区域打印标题。

（14）将页眉设置为"学生期末成绩表"，页脚设置为"第　页，共　页"的格式，页眉页脚均居中对齐。

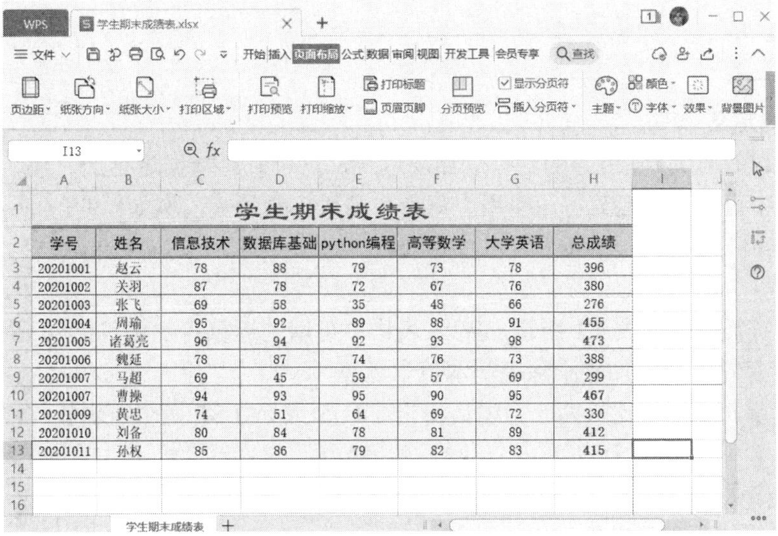

图 4.73　学生期末成绩表

任务 2　使用 WPS 表格公式和函数

➡ 任务描述

重电云科技有限公司销售部的领导要求新来的实习员工小李对产品售销数据进行统计和计算，形成的销售情况统计表效果图如图 4.74 所示。

	A	B	C	D	E	F	G	H	I	J	K
1	**重电云产品销售额统计表** (单位：万元)										
2	学号	姓名	华北地区	华南地区	华中地区	西南地区	西北地区	总销售额	平均销售额	排名	等级
3	20201001	赵云	78	88	79	73	78	396	79.2	6	中等
4	20201002	关羽	87	78	72	67	76	380	76	8	中等
5	20201003	张飞	69	58	35	48	66	276	55.2	11	较差
6	20201004	周瑜	95	92	89	88	91	455	91	3	优秀
7	20201005	诸葛亮	96	94	92	93	98	473	94.6	1	优秀
8	20201006	魏延	78	87	74	76	73	388	77.6	7	中等
9	20201007	马超	69	45	59	57	69	299	59.8	10	较差
10	20201007	曹操	94	93	95	90	95	467	93.4	2	优秀
11	20201009	黄忠	74	51	64	69	72	330	66	9	及格
12	20201010	刘备	80	84	78	81	89	412	82.4	5	良好
13	20201011	孙权	85	86	79	82	83	415	83	4	良好
14	总人数		11	11	11	11	11				
15	最高销售额		96	94	95	93	98				
16	最低销售额		69	45	35	48	66				
17	平均销售额		82.3	77.8	74.2	74.9	80.9				
18	60万以上人数		11	8	9	9	11				
19	60万以下人数		0	3	2	2	0				
20	60万以上比例		100.00%	72.73%	81.82%	81.82%	100.00%				

图 4.74　销售情况统计表效果图

→ 任务分析

销售情况统计表的制作主要包括 WPS 表格中公式与函数的使用，利用公式和函数完成工作表数据的相关计算。

4.2.1　公式

1. 公式的定义

公式是指以等号"="引导的数据运算表达式，它可以对数据进行加、减、乘、除、比较等运算。公式中可以包含运算符、引用、常量、函数、括号等，例如：

=PI()*A2/4

2. 运算符

（1）运算符类型。如表 4.1 所示，WPS 表格中可用的运算符主要包括以下四种类型。

● 算术运算符：用于加减乘除等基本数学运算。

● 比较运算符：用于比较两个数据后得出 TRUE 或 FALSE 两个逻辑值，常用于条件表达式中。

● 文本运算符：用于将多个值连接成一个连续的文本字符串。

● 引用运算符：用于对单元格的引用。

表 4.1　运算符

运算符类型	运 算 符	含 义
算术运算符	+	加法
	−	减法
	*	乘法
	/	除法
	%	百分数
	^	乘方

续表

运算符类型	运 算 符	含 义
比较运算符	=	等于
	<	小于
	>	大于
	<=	小于等于
	>=	大于等于
	<>	不等于
文本运算符	&	连接
引用运算符	:（冒号）	区域运算符
	,（逗号）	联合运算符
	（空格）	交集运算符

（2）运算符优先级。在 WPS 表格中，不同的运算符具有不同的优先级别，同一级别的运算符按照从左到右的次序进行运算。不同类型的运算符其优先级别从高到低如表 4.2 所示。

表 4.2　运算符优先级别

运 算 符	含 义
:，（空格）	区域运算符、联合运算符、交集运算符
^	乘方
%	百分数
*和/	乘和除
+和-	加和减
&	连接
= < > <= >= <>	比较运算符

3. 单元格引用

单元格引用主要用来指明公式或函数中所使用的数据所在的位置。在默认状态下，WPS表格通常使用行号和列标来表示单元格引用。如果要引用单元格，则只需要按顺序输入单元格的列标和行号即可。例如，C2 单元格表示第 2 行与第 3 列交叉的单元格。在 WPS 表格中，单元格的引用主要包括相对引用、绝对引用和混合引用。

（1）相对引用。相对引用是指单元格引用会随着公式所在单元格位置的变化而变化。例如，C1 单元格中的公式为=A1+B1，当公式向下复制时，将依次变为"=A2+B2""=A3+B3"等。

（2）绝对引用。绝对引用是指单元格引用不会随着公式所在单元格位置的变化而变化。它采用在单元格的列标和行号之前分别加入符号"$"的形式，如$A$1，当公式向下或向右复制时，始终保持引用 A1 单元格不变。

（3）混合引用。混合引用介于绝对引用和相对引用之间，它采用在单元格的列标或行号之前加入符号"$"的形式，在复制公式时可以实现行不变（如 A$1），或者列不变（如$A1）。

4.2.2　函数

函数是预先编制好的用于数据计算和处理的公式，主要用于处理常规四则运算难以胜任的数据处理任务，可以把 WPS 表格的函数理解为一种为解决更加复杂的计算需求而提供的内置算法，在 WPS 表格中提供了数百个可以处理各种计算需求的函数。

1. 函数的格式

在公式中调用函数的语法形式为：

=函数名（参数序列）

在公式中调用函数的注意事项：

（1）参数序列可以有一个或多个参数，参数与参数之间用逗号隔开，如 SUM(20, 30)。

（2）在公式中使用函数时，通常有表示公式开始的等号、函数名称（不区分大小写）、括号、以半角逗号分隔的参数。在同一个公式中允许使用多个函数，函数之间用运算符连接。

（3）函数的参数可以是常量、单元格引用、数组、名称或其他函数。函数中可以调用其他函数作为参数，称为函数嵌套。WPS 表格对函数的嵌套次数并没有限制，但并不推荐无限次地使用嵌套函数，因为这将导致不方便维护公式，以及可能在其他电子表格软件下返回错误的结果。建议公式中最多使用 7 次嵌套函数，需要使用更多嵌套函数时可以用名称代替。

（4）一些函数允许多个参数并允许仅使用其中部分参数。例如，SUM 函数可支持最多 255 个参数，第 1 个参数为必不可少的必需参数，第 2 至 255 个参数是可以被省略的可选参数，一般用一对方括号"[]"括起来，多个可选参数可按从右向左的次序依次省略。

（5）有些函数参数可以省略参数值，并在前一个参数后面加一个逗号，表示仅保留参数位置，这种简写常用于替代逻辑值 FALSE、数值 0 或空文本等参数值。

（6）部分函数本身不含参数，如 NOW 函数、RAND 函数、PI 函数等，仅由等号、函数名称和一对括号组成。

2. 函数的输入

函数的输入主要有以下几种方法。

方法一：如果用户对函数比较熟悉，则直接选择需要使用函数的单元格，然后通过键盘输入相应的函数。在手动输入的过程中，可以使用 WPS 表格的"函数的记忆键入"功能，在用户输入公式的同时，自动显示相匹配的函数列表作为备选，按上下光标键结合"Enter"键即可选定所需函数。

如图 4.75 所示，准备输入求平均值的函数。

图 4.75　手动输入函数

方法二：在"公式"选项卡中有如图 4.76 所示的多种类型的函数库，单击相应的函数库，在弹出的下拉列表中选择相应的函数，然后完成该函数的参数设置。

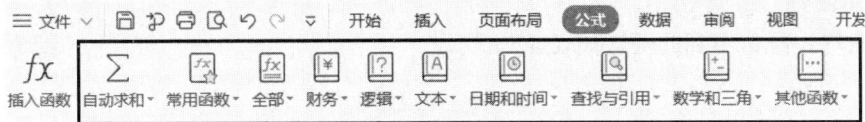

图 4.76 "公式"选项卡

方法三：如果用户无法确定所使用的具体函数或其所属类型时，则单击"公式"选项卡中的" f_x "按钮，对所需函数进行"模糊"搜索。

例如，用户需要求出每位员工在每个地区的平均销售额，其操作过程如图 4.77 所示。

图 4.77 插入函数

先选定存放结果的单元格，即选定 I3 单元格，然后单击" f_x "按钮，弹出"插入函数"对话框，在"查找函数"中输入"平均"，程序将显示推荐的函数列表，选择"AVERAGE"函数，单击"确定"按钮。在弹出的"函数参数"对话框中设置函数参数，其操作过程如图 4.78所示。

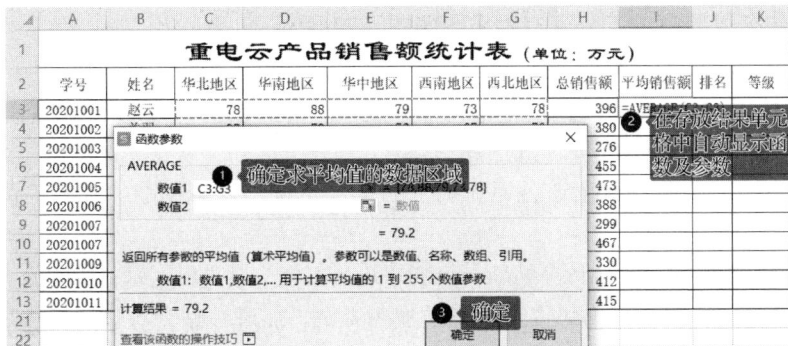

图 4.78 设置函数参数

需要注意的是，图 4.78 中设置函数参数的操作方法，也适用于通过"方法二"选择的函数。

3. 常用函数

WPS 表格中经常用到的函数如表 4.3 所示。

表 4.3　常用函数

函　　数	功　　能	示　　例
SUM()	求和	SUM(A1:A10)
AVERAGE()	求平均值	AVERAGE (A1:A10)
MAX()	求最大值	MAX (A1:A10)
MIN()	求最小值	MIN (A1:A10)
INT()	取整	INT(A1)
ROUND()	四舍五入	ROUND(A1,2)
LEFT()	从字符串左边开始截取字符	LEFT(B1,4)
RIGHT()	从字符串右边开始截取字符	RIGHT(B1,4)
MID()	从字符串指定位置截取指定长度的字符	MID(B1,4,2)
NOW()	返回当前的日期和时间	NOW()
TODAY()	返回当前日期	TODAY()
YEAR()	返回日期的年份	YEAR("2015-01-01")
MONTH()	返回日期的月份	MONTH("2015-01-01")
DAY()	返回日期的日	DAY("2015-01-01")
WEEKDAY()	返回日期对应的星期中的第几天	WEEKDAY("2015-01-01")
HOUR()	返回时间的小时	HOUR("10:14:20")
MINUTE()	返回时间的分钟	MINUTE("10:14:20")
SECOND()	返回时间的秒	SECOND("10:14:20")
COUNT()	计数	COUNT(B2:B10)
IF()	条件	IF(B2>=60,"及格","不及格")
SUMIF()	条件求和	SUMIF(C2:C12,">=80",F2:F12)
COUNTIF()	条件计数	COUNTIF(C2:C12,">=60")
RANK()	名次排位	RANK(A1,$A$1:$A$5,0)

拓展训练——制作公司新员工工资表

按要求制作公司新员工工资表，效果图如图 4.79 所示。

新建"重电云新员工工资表.xlsx"文件，按要求完成以下操作。

（1）使用 IF()函数计算出是否是劳模。计算标准：每月出勤天数最低 22 天，出勤天数在 26 天以上（包括 26 天）是劳模，否则不是劳模。

（2）使用自定义公式计算出该公司新员工的基本工资，计算标准：基本工资=出勤天数×日工资标准。

（3）使用公式或函数计算出该公司新员工的平均日工资、最高日工资、最低日工资、总人数。

（4）使用自定义公式计算出每位新员工的加班补贴，加班补贴为各自的日加班工资乘以加班天数（月基本上班天数为 22 天，多余的天数作为加班天数，单位为元）。

工号	姓名	部门	出勤天数	劳模	日工资标准	基本工资	日加班补贴	加班补贴	福利补贴	社保	公积金	应发工资	个税	实发工资
200701	林冲	保卫处	28	是	220	6160	240	1440	1100	492.8	739.2	7468	224.04	7243.96
200504	宋江	人事处	26	是	250	6500	270	1080	1200	520	780	7480	224.4	7255.6
201112	花荣	保卫处	28	是	232	6496	240	1440	1100	519.68	779.52	7736.8	232.104	7504.7
201511	吴用	人事处	29	是	243	7047	250	1750	1200	563.76	845.64	8587.6	858.76	7728.84
201812	公孙胜	情报处	28	是	204	5712	240	1440	1000	456.96	685.44	7009.6	210.288	6799.31
202011	李应	后勤处	25	否	215	5375	220	660	900	430	645	5860	175.8	5684.2
202012	燕青	情报处	22	否	206	4532	230	0	700	362.56	543.84	4325.6	0	4325.6
202013	卢俊义	保卫处	25	否	247	6175	240	720	800	494	741	6460	193.8	6266.2
201016	关胜	保卫处	28	是	208	5824	250	1500	780	465.92	698.88	6939.2	208.176	6731.02
200911	索超	保卫处	30	是	219	6570	220	1760	780	525.6	788.4	7886	236.58	7649.42
200801	鲁智深	保卫处	23	否	216	4968	200	200	690	397.44	596.16	4864.4	0	4864.4
200904	宋万	后勤处	29	是	207	6003	240	1680	800	480.24	720.36	7282.4	218.472	7063.93
200806	时迁	情报处	28	是	228	6384	200	1200	900	510.72	766.08	7207.2	216.216	6990.98
201908	戴宗	情报处	27	是	239	6453	215	1075	800	516.24	774.36	7037.4	211.122	6826.28
	平均日工资		223.857			应发工资5000元以下（人）				2				
	最高日工资		250			应发工资5000-7000元（人）				3				
	最低日工资		204			应发工资7000元以上（人）				9				
	总人数		14			最高实发工资（元）				7728.84				
						最低实发工资（元）				4325.6				

图4.79 公司新员工工资表效果图

（5）使用自定义公式计算出应发工资，计算方法：应发工资=基本工资+加班补贴+福利补贴-社保-公积金。

（6）使用自定义公式或相应的公式、函数计算出每位新员工的个人所得税（个税）。个人所得税计算方法：收入为0～5000元的不用交纳个人所得税，收入为5000～8000元的按收入的3%交纳个人所得税，收入达8000元以上的按收入的10%交纳个人所得税。

（7）使用公式或函数计算出该公司新员工的最高实发工资和最低实发工资。

（8）使用自定义公式计算出每位新员工的实发工资，实发工资=应发工资-个税。

（9）使用COUNTIF()函数计算出应发工资低于5000元以下和在5000～7000元，以及7000元以上的新员工人数。

任务3 WPS表格数据处理

➡ 任务描述

由于重电云科技有限公司的业务不断发展，许多部门都招聘了新员工。领导要求小李对新入职员工的工资通过WPS表格进行管理，包括对工资表进行排序、筛选以及分类汇总等，以便领导了解新入职员工的待遇情况。工资表分析管理的样表效果图如图4.80所示。

姓名	部门	基本工资	加班补贴	福利补贴	实发工资
吴用	人事处	7047	1750	1200	9997
李应	后勤处	6500	0	900	7400
卢俊义	保卫处	6500	720	800	8020
宋江	人事处	6500	1080	1200	8780
花荣	保卫处	6492	1440	1100	9032
林冲	保卫处	5712	1440	1100	8252
公孙胜	情报处	5375	660	1000	7035
燕青	情报处	4532	0	700	5232

（a）多条件排序效果图

图4.80 工资表分析管理的样表效果图

	A	B	C	D	E	F	G	H	I	J	K	L	M	N	O
1							重电云新员工工资表								
3	200701	林冲	保卫处	28	是	220	6160	240	1440	1100	492.8	739.2	7468	224.04	7243.96
5	201112	花荣	保卫处	28	是	232	6496	240	1440	1100	519.68	779.52	7736.8	232.104	7504.7
10	202013	卢俊义	保卫处	25	否	247	6175	240	720	800	494	741	6460	193.8	6266.2
11	201016	关胜	保卫处	28	是	208	5824	250	1500	780	465.92	698.88	6939.2	208.176	6731.02
12	200911	索超	保卫处	30	是	219	6570	220	1760	870	525.6	788.4	7886	236.58	7649.42
13	200801	鲁智深	保卫处	23	否	216	4968	200	200	690	397.44	596.16	4864.4	0	4864.4

（b）自动筛选效果图

	A	B	C	D	E	F	G	H	I	J	K	L	M	N	O	P
1							重电云新员工工资表									
2	工号	姓名	部门	出勤天数	劳模	日工资标准	基本工资	日加班补贴	加班补贴	福利补贴	社保	公积金	应发工资		部门	出勤天数
3	200701	林冲	保卫处	28	是	220	6160	240	1440	1100	492.8	739.2	7468		=保卫处	>=27
4	200504	宋江	人事处	26	是	250	6500	270	1080	1200	520	780	7480			
5	201112	花荣	保卫处	28	是	232	6496	240	1440	1100	519.68	779.52	7736.8			
6	201511	吴用	人事处	29	是	243	7047	250	1750	1200	563.76	845.64	8587.6			
7	201812	公孙胜	情报处	28	是	204	5712	240	1440	1000	456.96	685.44	7009.6			
8	202011	李应	后勤处	25	否	215	5375	220	660	900	430	645	5860			
9	202012	燕青	情报处	22	否	206	4532	230	0	700	362.56	543.84	4325.6			
10	202013	卢俊义	保卫处	25	否	247	6175	240	720	800	494	741	6460			
11	201016	关胜	保卫处	28	是	208	5824	250	1500	780	465.92	698.88	6939.2			
12	200911	索超	保卫处	30	是	219	6570	220	1760	870	525.6	788.4	7886			
13	200801	鲁智深	保卫处	23	否	216	4968	200	200	690	397.44	596.16	4864.4			
14	200904	宋万	后勤处	29	是	207	6003	240	1680	800	480.24	720.36	7282.2			
15	200806	时迁	情报处	28	是	228	6384	200	1200	900	510.72	766.08	7207.2			
16	201908	戴宗	情报处	27	是	239	6453	215	1075	800	516.24	774.36	7037.4			
17																
18																
19	工号	姓名	部门	出勤天数	劳模	日工资标准	基本工资	日加班补贴	加班补贴	福利补贴	社保	公积金	应发工资			
20	200701	林冲	保卫处	28	是	220	6160	240	1440	1100	492.8	739.2	7468			
21	201112	花荣	保卫处	28	是	232	6496	240	1440	1100	519.68	779.52	7736.8			
22	201016	关胜	保卫处	28	是	208	5824	250	1500	780	465.92	698.88	6939.2			
23	200911	索超	保卫处	30	是	219	6570	220	1760	870	525.6	788.4	7886			

（c）高级筛选效果图

	A	B	C	D	E	F	G	H	I	J	K	L	M
1							重电云新员工工资表						
2	工号	姓名	部门	出勤天数	劳模	日工资标准	基本工资	日加班补贴	加班补贴	福利补贴	社保	公积金	应发工资
3	200801	鲁智深	保卫处	23	否	216	4968	200	200	690	397.44	596.16	4864.4
4	202013	卢俊义	保卫处	25	否	247	6175	240	720	800	494	741	6460
5			否 计数	2									
6	200701	林冲	保卫处	28	是	220	6160	240	1440	1100	492.8	739.2	7468
7	201112	花荣	保卫处	28	是	232	6496	240	1440	1100	519.68	779.52	7736.8
8	201016	关胜	保卫处	28	是	208	5824	250	1500	780	465.92	698.88	6939.2
9	200911	索超	保卫处	30	是	219	6570	220	1760	870	525.6	788.4	7886
10			是 计数	4									
11			保卫处 汇总				36193			5340			41354.4
12	202011	李应	后勤处	25	否	215	5375	220	660	900	430	645	5860
13			否 计数	1									
14	200904	宋万	后勤处	29	是	207	6003	240	1680	800	480.24	720.36	7282.4
15			是 计数	1									
16			后勤处 汇总				11378			1700			13142.4
17	202012	燕青	情报处	22	否	206	4532	230	0	700	362.56	543.84	4325.6
18			否 计数	1									
19	201908	戴宗	情报处	27	是	239	6453	215	1075	800	516.24	774.36	7037.4
20	200806	时迁	情报处	28	是	228	6384	200	1200	900	510.72	766.08	7207.2
21	201812	公孙胜	情报处	28	是	204	5712	240	1440	1000	456.96	685.44	7009.6
22			是 计数	3									
23			情报处 汇总				23081			3400			25579.8
24	200504	宋江	人事处	26	是	250	6500	270	1080	1200	520	780	7480
25	201511	吴用	人事处	29	是	243	7047	250	1750	1200	563.76	845.64	8587.6
26			是 计数	2									
27			人事处 汇总				13547			2400			16067.6
28			总计数	14									
29			总计				84199			12840			96144.2

（d）分类汇总效果图

图 4.80 工资表分析管理的样表效果图（续）

任务分析

对工资表的分析管理主要包括数据排序、数据筛选、分类汇总、合并计算等操作。

4.3.1 数据排序

"数据排序"是指按指定顺序排列数据，有助于直观地组织数据列表并快速查找所需数据。在工作表中用于排序的列称为排序的关键字。在 WPS 表格中，可以按一个关键字排序，也可以按多个关键字排序。

1. 简单排序

要对数据表按某个字段进行快速简单排序，需选择"数据"选项卡，选定排序列中的任意单元格。如果需要对此单元格所在的列按升序排列，则单击"数据"选项卡中的"$A\downarrow$"按钮；如果需要对此单元格所在的列按降序排列，则单击"数据"选项卡中的"$A\downarrow$"按钮下方的"排序▼"按钮，在弹出的下拉列表中选择"$\downarrow$ 降序(O)"命令，如图 4.81 所示。

图 4.81 按"基本工资"降序排序

2. 多条件排序

排序功能在实际应用中，可能需要按多个条件进行排序。例如，在上文中除了需要按"基本工资"排序，还需要按"加班补贴"等排序。如图 4.82 所示，选择"数据"选项卡中的"$A\downarrow$"按钮下方的"自定义排序"命令，在弹出的对话框中单击"添加条件"按钮，添加次要关键字，在"次要关键字"右边的下拉列表中选择参加排序的关键字，然后确定"排序依据"和"次序"；使用同样的方法，可继续添加多个"次要关键字"。"多条件排序"的处理原则：按条件列表从上往下的顺序依次进行排序，先排序的列在后续其他列排序的过程中尽量保持自己的顺序，即先按"主关键字"排序，在"主关键字"相同时，再按下一个次关键字排序，排序优先级从上往下递减。

4.3.2 数据筛选

数据筛选是指将数据表中所有不满足条件的数据记录隐藏起来，只显示满足条件的数据记录。WPS 表格主要提供对数据的自动筛选和高级筛选两种方式，从而显示满足筛选条件的数据。

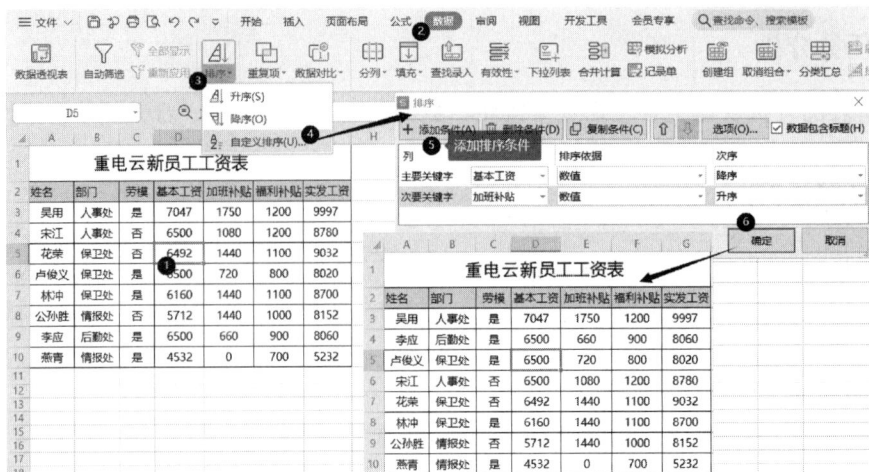

图 4.82 多条件排序

1. 自动筛选

自动筛选用于简单的筛选，可以是内容筛选、颜色筛选、特征筛选等。对工作表中的普通数据列表应用自动筛选功能的操作步骤如下：

（1）选定数据列表中的任意单元格（如 G9），WPS 表格会自动将其周围连续区域确定为参与筛选的区域，并指定首行为标题行。

（2）在"数据"选项卡中单击"自动筛选"按钮，或按"Ctrl+Shift+L"组合键，即可启用筛选功能。此时，数据列表中所有字段的标题单元格中会出现"筛选"下拉按钮。

（3）单击某个字段的标题单元格中的"筛选"下拉按钮，在弹出的对话框中提供了有关"排序"和"筛选"的相关选项和当前字段的所有值。

（4）勾选数据项目左侧的复选框并单击"确定"按钮，或者单击数据项目右侧的"仅筛选此项"按钮即可快速完成筛选。如图 4.83 所示，此时被筛选字段的下拉按钮将从"箭头"形状变成"漏斗"形状，同时筛选结果数据行的行号颜色将变为篮色高亮显示。

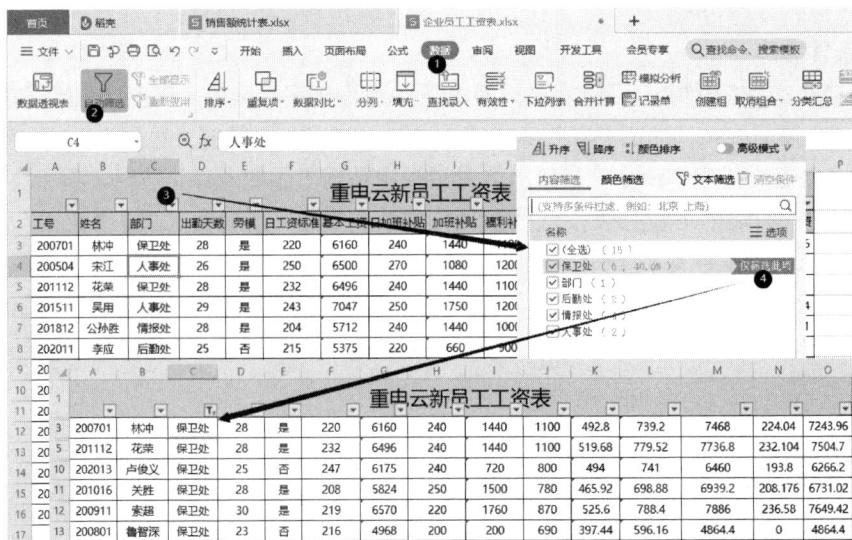

图 4.83 自动筛选

（5）在首次筛选的基础上，可以继续对其他字段（其他列）使用筛选功能，实现多重嵌套筛选。例如，在本任务中先筛选出部门为"保卫处"的部门，再从"保卫处"中筛选出"是"劳模的新员工。

（6）清除自动筛选

清除自动筛选的操作方法有如图 4.84 所示的三种方法。

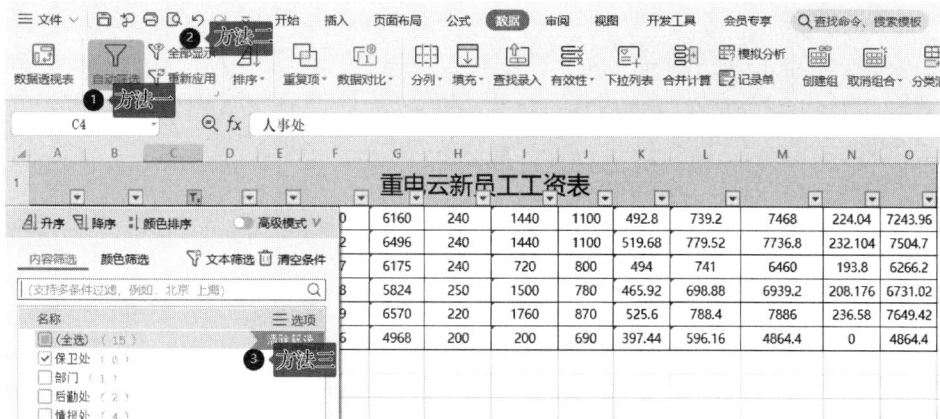

图 4.84　清除自动筛选

方法一：单击"自动筛选"按钮。

方法二：单击"全部显示"按钮。

方法三：在内容筛选面板中，单击"全选"右边的"清除筛选"按钮。

2. 高级筛选

高级筛选比自动筛选能够完成更复杂的任务，包括：

● 可以构建更复杂的筛选条件；

● 可以将筛选结果复制到其他位置；

● 可以筛选出不重复的记录；

● 可以指定包含计算的筛选条件。

进行高级筛选的操作步骤如下。

（1）设置"条件区域"。

高级筛选的"条件区域"至少要包含两行，首行为标题行，行中的列标题必须和数据列表中的字段标题相同；标题行下方为筛选条件值的描述区，可以设置多个筛选条件，筛选条件可以使用带比较运算符（=、>、<、>= 、<=、<>）的表达式（如">100"）。

（2）启动高级筛选。

启动高级筛选的方法有以下三种，如图 4.85 所示。

方法一：选定数据列表中的任意单元格，在"开始"选项卡中单击"筛选"下拉按钮，在下拉列表中选择"高级筛选"命令。

方法二：选定数据列表中的任意单元格，在"数据"选项卡中单击"筛选"命令组右下角的"高级筛选对话框启动器"按钮。

方法三：右击数据列表中的任意单元格，在弹出的快捷菜单中选择"筛选"命令，在弹出的二级菜单中选择"高级筛选"命令。

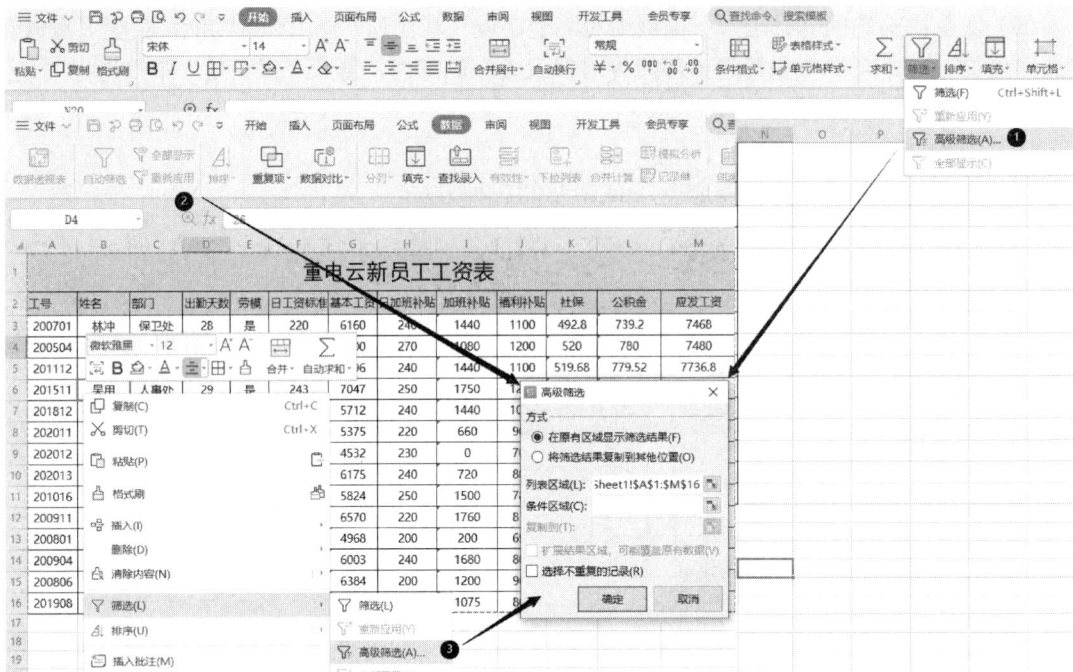

图 4.85　启动高级筛选

（3）设置筛选条件。

在高级筛选面板中，先确定筛选结果的存放位置。在"方式"中筛选结果有两种存放位置，一种是"在原有区域显示筛选结果"，另一种是"将筛选结果复制到其他位置"。

如果选择"在原有区域显示筛选结果"，则高级筛选面板中的"复制到"选项不需要使用，显示为灰色；在"列表区域"中，选择要筛选的数据区域，在"条件区域"中，选择要设置的条件区域。

如果选择"将筛选结果复制到其他位置"，则还需要确定筛选结果放置的位置。

以如图 4.86 所示的操作为例，对列表进行高级筛选。

图 4.86　高级筛选

4.3.3　分类汇总

分类汇总是指对工作表数据按指定字段和项目进行自动汇总计算并插入小计和合计，确定分类汇总的三个要素为按什么分类（分类字段）、把什么汇总（汇总项目）和以什么方式汇总（汇总方式）。如图4.87所示，对"重电云新员工工资表"先按"部门"进行分类汇总，再按"劳模"计数统计。操作步骤如下：

（1）因为分类汇总无法把分散在多处的同类值汇总，所以必须先对数据列表中需要分类汇总的字段进行排序，让同类值聚拢在一起。选定数据列表中任意单元格，在"数据"选项卡中单击"排序"按钮进行排序，并选择分类汇总数据区域，这里要使用"多重分类汇总"（即分类汇总的嵌套），所以要对"部门"和"劳模"两个字段进行"多条件排序"。

（2）在"数据"选项卡中单击"分类汇总"按钮，弹出"分类汇总"对话框。

（3）在"分类字段"的下拉列表中选择要作为分组依据的列标题（如"部门"），在"汇总方式"的下拉列表中选择要用于计算的汇总函数（如"求和"），在"选定汇总项"下面的复选框中勾选要进行汇总计算的列（如"基本工资""福利补贴"和"应发工资"）。

（4）单击"确定"按钮完成操作，分类汇总的结果将分级显示。单击工作表左上角区域的数字序号，可以展示不同级别的数据视图，数字越小级别越大。单击工作表左侧的加号或减号按钮，或者单击"数据"选项卡中的"显示明细数据"或"隐藏明细数据"按钮，可以展开或折叠一组单元格。

图4.87　分类汇总

（5）重复步骤（2）～（4），再次应用分类汇总。此次将"分类字段"修改为"劳模"，设置汇总方式为"计数"，汇总项为"劳模"，即统计各部门劳模的人数，然后取消"替换当前分类汇总"复选框。多重分类汇总可以是同一分类字段的同列分类汇总（只改变汇总方式），也可以是不同分类字段的多列分类汇总（如本例）。

4.3.4 合并计算

合并计算可以方便、快捷地把一个或多个格式相似的数据源区域按照类别或位置合并到一个新的区域中。

合并计算的数据源区域可以来自同一工作表中不同的表格，也可以来自同一工作簿不同工作表，还可以来自不同工作簿的工作表。如图 4.88 所示，对重电云科技有限公司的某款产品在各个不同城市第一季度不同月份的销售金额进行合并计算。操作步骤如下：

在"数据"选项卡下选择"合并计算"命令，然后设置合并方式，这里为"求和"；在"引用位置"中分别选择需要合并的数据源区域（注意，需要参与合并的工作表在不同的工作簿中时，需要打开该工作簿），单击"添加"按钮，把该区域添加到"所有引用位置"列表框中；在"标签位置"下勾选表示标签在源数据区域中所在位置的复选框，可以按需要勾选"首行"或"最左列"；最后单击"确定"按钮即可完成合并计算。

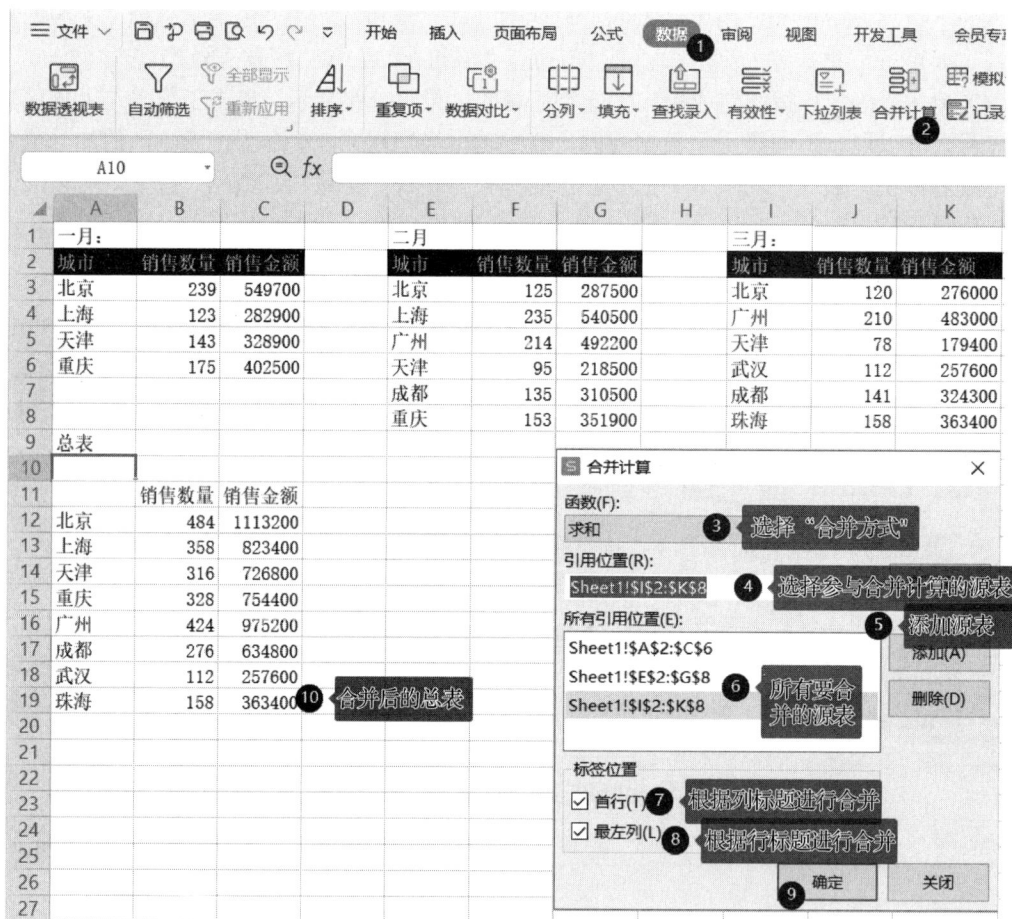

图 4.88　合并计算

拓展训练——管理公司新员工工资表

打开“重电云新员工工资表.xlsx”文件，按要求完成以下操作。

（1）对新员工的信息按照实发工资降序排序，效果图如图 4.89 所示。

	重电云新员工工资表												
2	工号	姓名	部门	出勤天数	劳模	日工资标准	基本工资	日加班补贴	加班补贴	福利补贴	社保	公积金	应发工资
3	201511	吴用	人事处	29	是	243	7047	250	1750	1200	563.76	845.64	8587.6
4	200911	索超	保卫处	30	是	219	6570	220	1760	870	525.6	788.4	7886
5	201112	花荣	保卫处	28	是	232	6496	240	1440	1100	519.68	779.52	7736.8
6	200504	宋江	人事处	26	是	250	6500	270	1080	1200	520	780	7480
7	200701	林冲	保卫处	28	是	220	6160	240	1440	1100	492.8	739.2	7468
8	200904	宋万	后勤处	29	是	207	6003	240	1680	800	480.24	720.36	7282.4
9	200806	时迁	情报处	28	是	228	6384	200	1200	900	510.72	766.08	7207.2
10	201908	戴宗	情报处	27	是	239	6453	215	1075	800	516.24	774.36	7037.4
11	201812	公孙胜	情报处	28	是	204	5712	240	1440	1000	456.96	685.44	7009.6
12	201016	关胜	保卫处	28	是	208	5824	250	1500	780	465.92	698.88	6939.2
13	202013	卢俊义	保卫处	25	否	247	6175	240	720	800	494	741	6460
14	202011	李应	后勤处	25	否	215	5375	220	660	900	430	645	5860
15	200801	鲁智深	保卫处	23	否	216	4968	200	200	690	397.44	596.16	4864.4
16	202012	燕青	情报处	22	否	206	4532	230	0	700	362.56	543.84	4325.6

图 4.89　新员工工资表效果图（1）

（2）利用自动筛选功能，筛选出所有是“劳模”的新员工信息，效果图如图 4.90 所示。

	重电云新员工工资表												
2	工号	姓名	部门	出勤天	劳模	日工资标	基本工	日加班补	加班补	福利补	社保	公积	应发工
3	201511	吴用	人事处	29	是	243	7047	250	1750	1200	563.76	845.64	8587.6
4	200911	索超	保卫处	30	是	219	6570	220	1760	870	525.6	788.4	7886
5	201112	花荣	保卫处	28	是	232	6496	240	1440	1100	519.68	779.52	7736.8
6	200504	宋江	人事处	26	是	250	6500	270	1080	1200	520	780	7480
7	200701	林冲	保卫处	28	是	220	6160	240	1440	1100	492.8	739.2	7468
8	200904	宋万	后勤处	29	是	207	6003	240	1680	800	480.24	720.36	7282.4
9	200806	时迁	情报处	28	是	228	6384	200	1200	900	510.72	766.08	7207.2
10	201908	戴宗	情报处	27	是	239	6453	215	1075	800	516.24	774.36	7037.4
11	201812	公孙胜	情报处	28	是	204	5712	240	1440	1000	456.96	685.44	7009.6
12	201016	关胜	保卫处	28	是	208	5824	250	1500	780	465.92	698.88	6939.2

图 4.90　新员工工资表效果图（2）

（3）利用高级筛选功能，筛选出保卫处所有实发工资大于等于 7000 元的新员工信息，效果图如图 4.91 所示。

	重电云新员工工资表												
2	工号	姓名	部门	出勤天数	劳模	日工资标准	基本工资	日加班补贴	加班补贴	福利补贴	社保	公积金	应发工资
4	200911	索超	保卫处	30	是	219	6570	220	1760	870	525.6	788.4	7886
5	201112	花荣	保卫处	28	是	232	6496	240	1440	1100	519.68	779.52	7736.8
7	200701	林冲	保卫处	28	是	220	6160	240	1440	1100	492.8	739.2	7468

图 4.91　新员工工资表效果图（3）

（4）利用分类汇总功能，分别统计是和不是劳模的新员工人数，效果图如图 4.92 所示。

1 2 3		A	B	C	D	E	F	G	H	I	J	K	L	M
	1						重电云新员工工资表							
	2	工号	姓名	部门	出勤天数	劳模	日工资标准	基本工资	日加班补贴	加班补贴	福利补贴	社保	公积金	应发工资
	3	202013	卢俊义	保卫处	25	否	247	6175	240	720	800	494	741	6460
	4	200801	鲁智深	保卫处	23	否	216	4968	200	200	690	397.44	596.16	4864.4
	5	202011	李应	后勤处	25	否	215	5375	220	660	900	430	645	5860
	6	202012	燕青	情报处	22	否	206	4532	230	0	700	362.56	543.84	4325.6
	7				否 计数	4								
	8	200911	索超	保卫处	30	是	219	6570	220	1760	870	525.6	788.4	7886
	9	201112	花荣	保卫处	28	是	232	6496	240	1440	1100	519.68	779.52	7736.8
	10	200701	林冲	保卫处	28	是	220	6160	240	1440	1100	492.8	739.2	7468
	11	201016	关胜	保卫处	28	是	208	5824	250	1500	780	465.92	698.88	6939.2
	12	200904	宋万	后勤处	29	是	207	6003	240	1680	800	480.24	720.36	7282.4
	13	200806	时迁	情报处	28	是	228	6384	200	1200	900	510.72	766.08	7207.2
	14	201908	戴宗	情报处	27	是	239	6453	215	1075	800	516.24	774.36	7037.4
	15	201812	公孙胜	情报处	28	是	204	5712	240	1440	1000	456.96	685.44	7009.6
	16	201511	吴用	人事处	29	是	243	7047	250	1750	1200	563.76	845.64	8587.6
	17	200504	宋江	人事处	26	是	250	6500	270	1080	1200	520	780	7480
	18				是 计数	10								
	19				总 计数	14								

图 4.92　新员工工资表效果图（4）

（5）使用 Sheet5 工作表中的数据，对新员工的各项工资进行求最大值的合并计算，效果图如图 4.93 所示。

一月应发工资			二月应发工资				一、二月应发工资总和	
姓名	应发工资		姓名	应发工资			姓名	应发工资
卢俊义	6460		卢俊义	6589			卢俊义	13049
鲁智深	4864		鲁智深	4962			鲁智深	9826
花荣	7737		李应	5631			花荣	15628
林冲	7468		燕青	6421		合并后	林冲	15085
关胜	6939		索超	4532			关胜	14017
宋万	7282		花荣	7892			宋万	14710
时迁	7207		林冲	7617			时迁	14559
戴宗	7037		关胜	7078			戴宗	14216
吴用	8588		宋万	7428			吴用	17347
宋江	7480		时迁	7351			宋江	15110
			戴宗	7178			李应	5631
			公孙胜	5375			燕青	6421
合并前			吴用	8759			索超	4532
			宋江	7630			公孙胜	5375

图 4.93　新员工工资表效果图（5）

任务 4　公司员工工资表分析

任务描述

为了更好地掌握重电云科技有限公司新员工的工资信息，领导要求小李制作新员工工资分析表，效果图如图 4.94 所示。

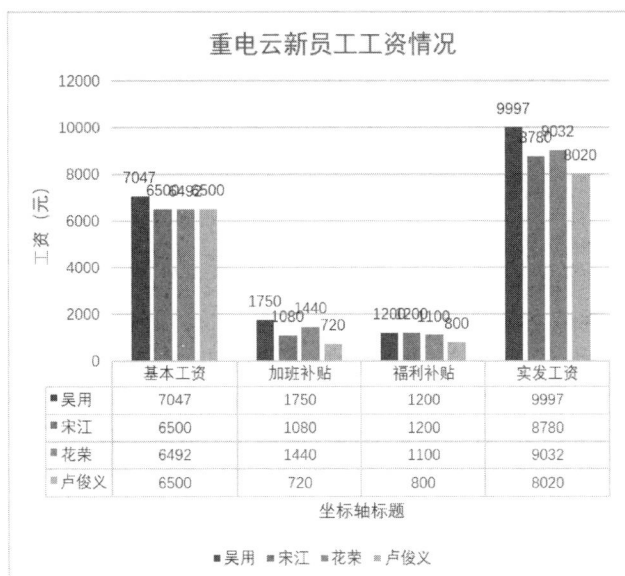

图 4.94　新员工工资分析表效果图

任务分析

制作新员工工资分析表主要包括 WPS 表格中图表及数据透视表等内容。

4.4.1　图表

图表是数据的图形化表现形式,将单元格中的数据以图表的形式显示出来可以使数据更直观,可以帮助用户更好地了解数据间的对比差异、比例关系及变化趋势。

1. 图表的组成

图表的基本组成元素一般包括图表区、绘图区、图表标题、坐标轴、数据系列、数据标签、图例、数据表、快捷按钮等,如图 4.95 所示。

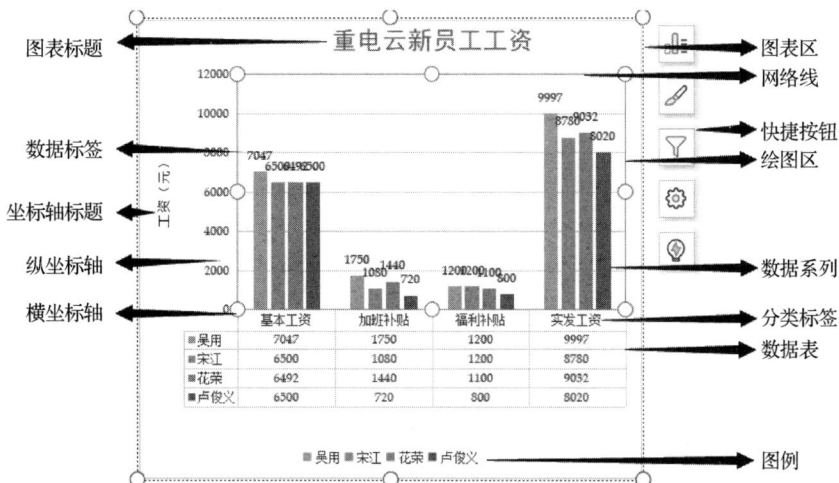

图 4.95　图表的基本组成元素

2. 创建图表

创建图表的操作步骤如下：

（1）在工作表中输入数据，并作为创建图表的数据源，单击数据源的任意单元格或选定整个数据源列表区域。

（2）在"插入"选项卡中单击"全部图表"下拉按钮，在下拉列表中选择"全部图表"命令，弹出"插入图表"对话框，在该对话框中选择合适的图表类型，并预览该类型图表的应用效果，然后单击"插入"按钮，即可将相应的图表插入当前工作表中。

插入图表的过程如图 4.96 所示。

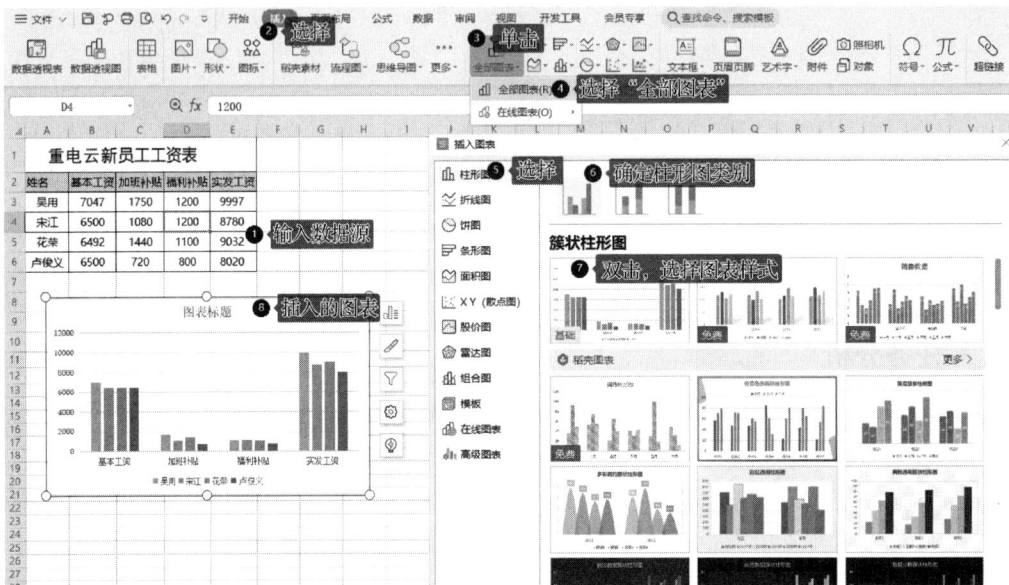

图 4.96　插入图表的过程

3. 编辑图表

插入的图表采用的是默认样式，如果用户需要更改其样式，以美化图表，可以对图表进行编辑和修饰。

（1）图表元素。

选定图表后，单击图表右上方的"图表元素"快捷按钮，可以对图表的元素进行增删，还可以重新对图表进行"快速布局"，如图 4.97 所示。

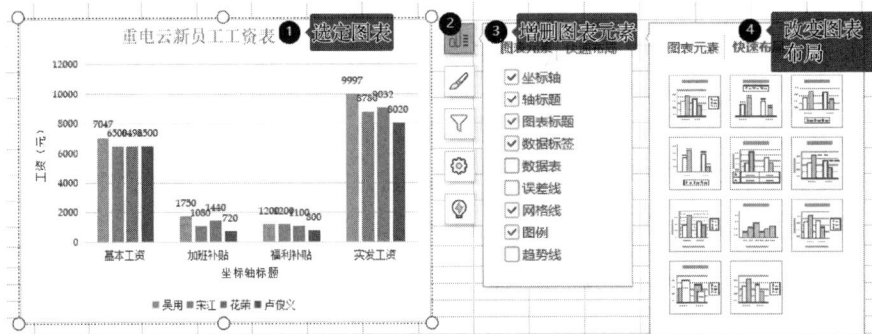

图 4.97　编辑图表元素

（2）图表样式。

可以应用预定义的图表样式和配色方案，或者手动设置图表元素格式，更改图表样式如图 4.98 所示。在 WPS 表格中，还提供了海量的"在线图表样式"，可以快速创建精美的图表，该功能需要联网使用。

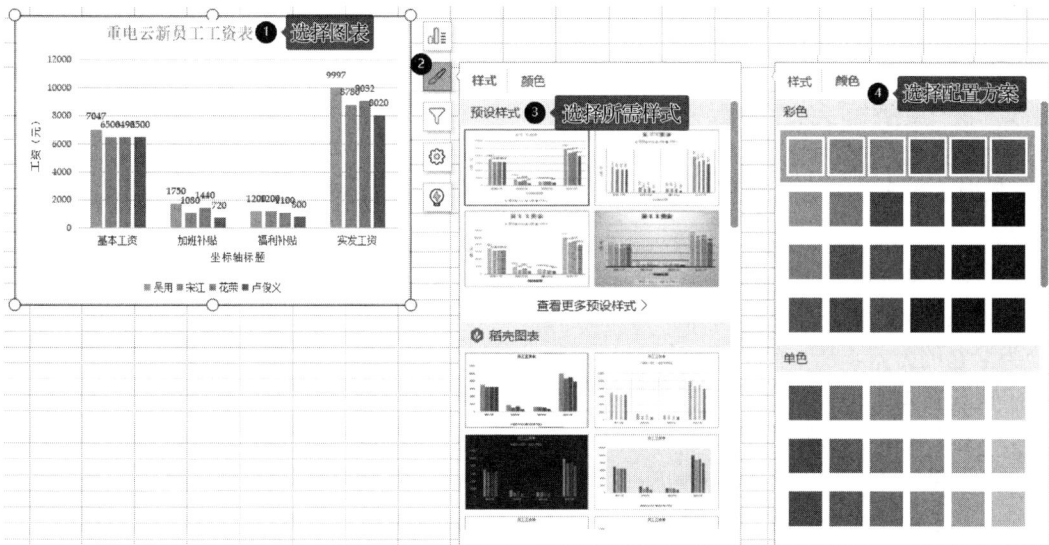

图 4.98　更改图表样式

（3）图表筛选器。

选定图表后，单击图表右上方的"▽"快捷按钮进入"图表筛选器"。在此通过"数值"选项，可以对参与生成图表的行和列数据进行增删；通过"名称"选项，可以设置在图表中是否显示行名和列名。

（4）设置图表区格式。

通过设置图表区格式，可以对图表的各种属性进行设置，包括图表填充效果、颜色、透明度、线条样式、阴影效果、发光效果、图形边缘柔化、图表大小缩放、对齐文字方式、标题设置等。设置图表区格式如图 4.99 所示。

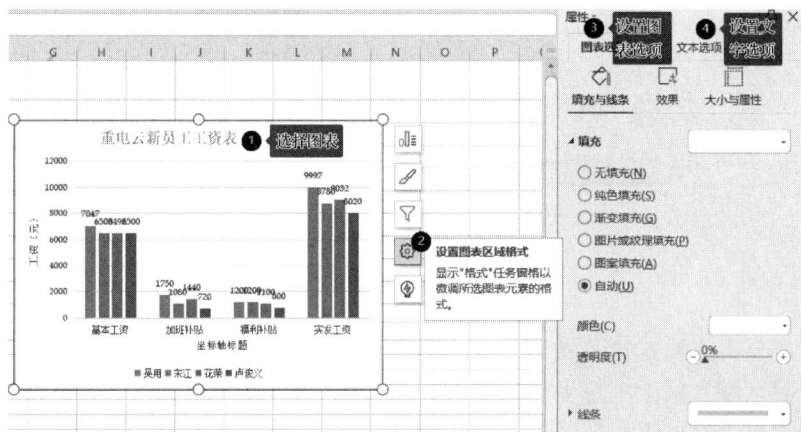

图 4.99　设置图表区格式

关于图表的编辑，还可以通过如图 4.100 所示的图表工具栏上提供的各种编辑功能来完成。

图 4.100　图表工具栏

4.4.2　数据透视表与数据透视图

数据透视表与数据透视图

"数据透视表"具有"透视"数据的能力，它是一种可以从源数据列表中快速汇总大量数据并提取有效信息的交互式报表，能帮助用户深入分析和组织数据，能从大量看似无关的数据中找寻背后的联系，从而将纷繁的数据转化为有价值的信息，以供研究和决策所用。

数据透视表有机地综合了数据排序、筛选、分类汇总等数据分析的优点，可以很方便地调整分类汇总的方式，从不同角度分析和比较数据，以多种方式展示数据特征，并且只需用鼠标拖动字段位置即可重新布局，变换出各种类型的报表。

1. 创建数据透视表

创建数据透视表的操作步骤如下：

（1）如图 4.101 所示，在"插入"（或"数据"）选项卡中单击"数据透视表"按钮，弹出"创建数据透视表"对话框。

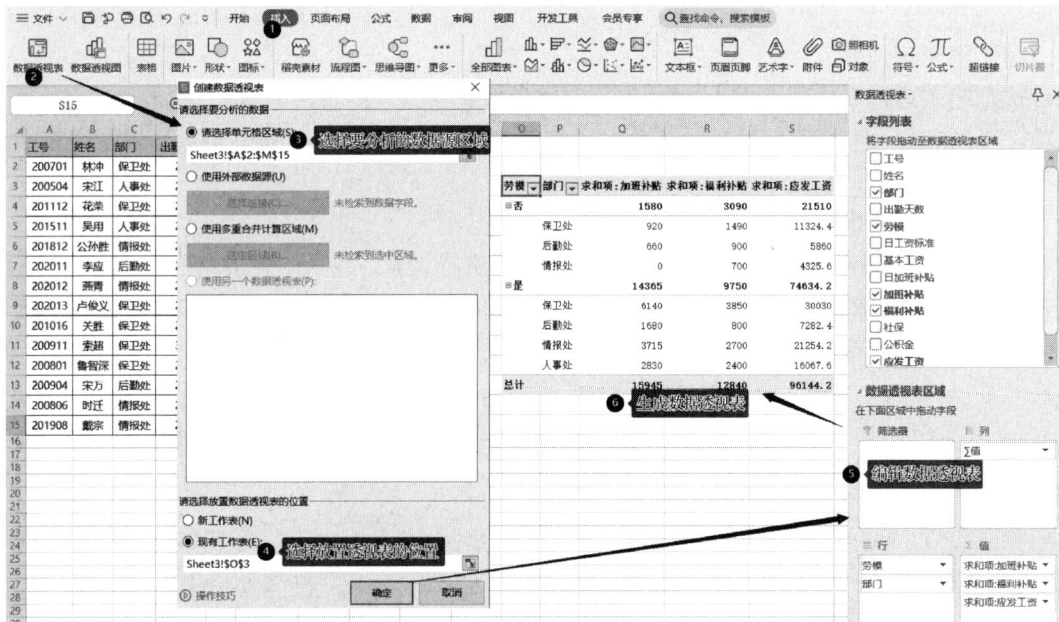

图 4.101　创建数据透视表

（2）选择要分析的数据源区域（"使用外部数据源"用于连接外部数据库或文本文件，"使用多重合并计算区域"用于汇总多个独立的数据列表信息，"使用另一个数据透视表"用于将已有数据透视表作为数据源）。

（3）选择放置数据透视表的位置。选择"新工作表"选项表示数据透视表将放在新插入的工作表中，如果选择"现有工作表"选项，则需要在编辑框中指定当前工作表中处于存放区域的第一个单元格。

（4）单击"确定"按钮后，在工作表中的指定位置会出现空的数据透视表，并且在工作表的右侧会打开"数据透视表"编辑窗格。该窗格上半部分的"字段列表"列出可用字段名（即源数据的列标题），该窗格下半部分的"数据透视表区域"包括数据透视表结构布局的 4 个组成部分。"行"和"列"区域用于分类，其中的字段将作为数据透视表的行和列标签；"值"区域用于统计汇总，即数据透视表中显示汇总的数据；"筛选器"区域中的字段将作为数据透视表的筛选页，决定将何种数据放在"值"区域中。

（5）向数据透视表中添加字段以生成报表。在"字段列表"中勾选相应字段名复选框，在默认情况下，非数值字段以及日期和时间字段将会自动添加到"行"区域，数值字段将会自动添加到"值"区域。若要将字段放到其他特定区域中，可以用鼠标将字段名从"字段列表"中拖至"数据透视表区域"的某个区域，也可以右击字段名并从快捷菜单中选择相应的命令。若要从数据透视表中删除字段，可在"字段列表"中取消对该字段名复选框的选择，或者直接将字段名从"数据透视表区域"的特定区域拖出即可。

注意：数据透视表选择的源数据列表必须符合一定规范要求，即每列表示一个属性，每行表示一条记录，首行为标题行且标题行中，不能有空白单元格或合并单元格，否则将弹出警告信息"数据透视表字段名无效"。

2. 编辑数据透视表

（1）改变字段顺序。

若要改变图 4.101 中的三个求和项的排列顺序，可在"数据透视表"编辑窗格中，用鼠标拖动"行"下的字段或"值"下的字段，或者通过单击字段右边的下拉按钮，在弹出的下拉列表中选择"上移"或"下移"命令，如图 4.102 所示。改变字段顺序可从不同的角度查看和分析数据。

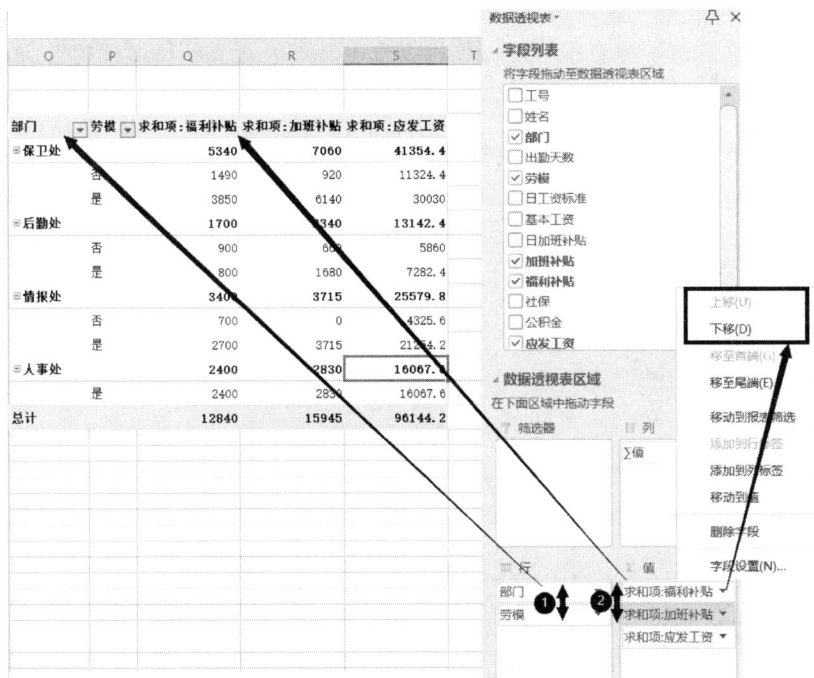

图 4.102　改变字段顺序

（2）筛选与排序字段。

如图 4.103 所示，数据透视表创建完成后，加入数据透视表中的行列字段名的右侧都会显示"筛选"下拉按钮，单击该按钮后，在下拉列表中可以进一步遴选或排序字段项，也可以拖动字段项单元格进行手动排序。

图 4.103　筛选与排序字段

（3）按值排序。

如图 4.104 所示，对值区域的数据在行或列方向上进行排序，操作步骤如下：

① 选定值区域单元格（这里选 Q5 单元格），在"数据"选项卡中单击"排序"按钮，或者右击值区域单元格，在快捷菜单中选择"排序"命令下的"其他排序选项"，弹出"按值排序"对话框。

② 在该对话框中选中"降序"和"从左到右"单选按钮，表示将各项工资按降序从左向右排序。

图 4.104　按值排序

（4）值字段设置。

在默认状态下，数据透视表对值区域中的数值字段使用求和方式汇总，对非数值字段则使用计数方式汇总。除此之外，还可以更改为其他的值汇总方式。以图 4.105 中设置"应发工资"

字段为例介绍值字段的设置方法。单击"应发工资"右边的下拉按钮，在弹出的下拉列表中选择"值字段设置"命令，弹出"值字段设置"对话框。在该对话框中可以修改透视表中的字段名，修改汇总方式；在"值显示方式"中还可以设置值的显示方式，默认为"无计算"。

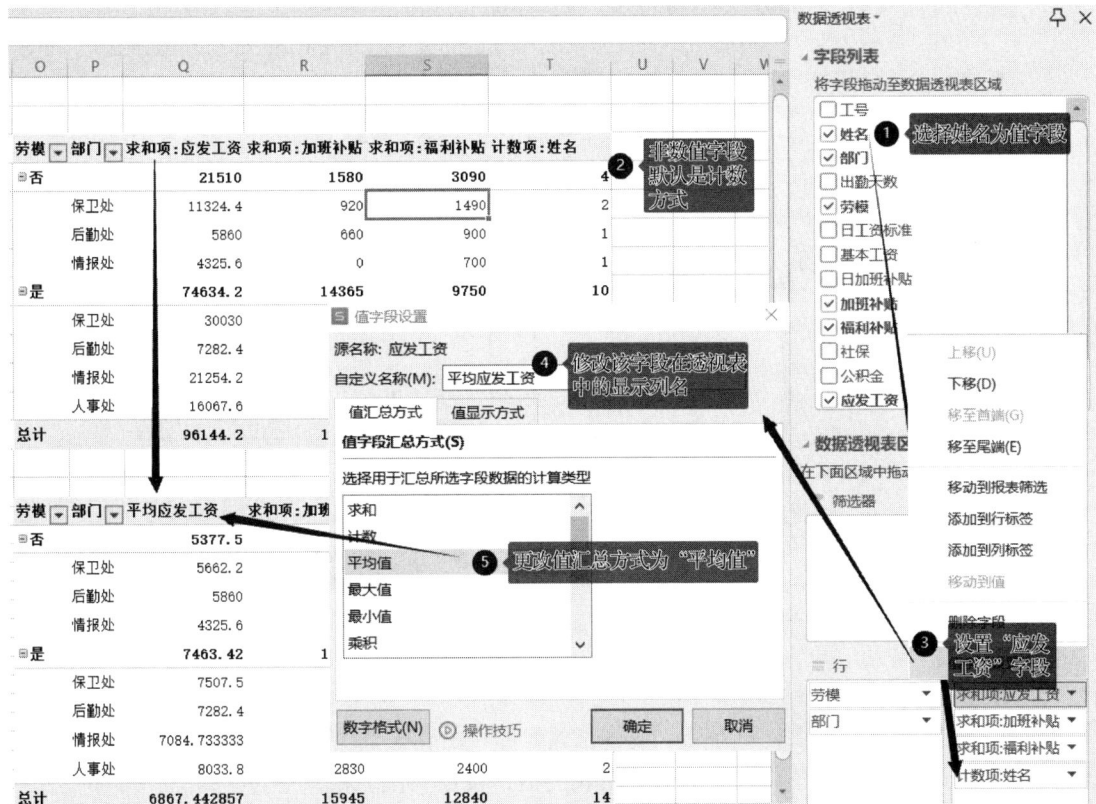

图 4.105　值字段设置

3. 删除数据透视表

若要删除已存在的数据透视表，先选定数据透视表中的任意单元格，再在"分析"选项卡中单击"删除数据透视表"按钮即可；或者在"分析"选项卡的"选择"按钮的下拉列表中选择"整个数据透视表"，然后按"Delete"键即可。

4. 创建数据透视图

"数据透视图"以图形化的方式更直观地呈现数据透视表中的汇总数据。数据透视图建立在数据透视表基础之上，即以数据透视表作为数据源，且两者必须始终位于同一个工作簿中。在相关联的数据透视表中更改字段布局和数据，会立即反映在数据透视图中，反之亦然。

如图 4.106 所示，选定数据透视表中的任意单元格，在"插入"或"分析"选项卡中单击"数据透视图"按钮，弹出"插入图表"对话框，在该对话框中选择图表类型，即可生成一张数据透视图（这里是一张簇状柱形图，也可以通过按"F11"键快速创建）。

除了数据源来自数据透视表，数据透视图与其他标准图表的组成元素基本相同，包括坐标轴、数据标记、数据系列和类别等。除此之外，还有一些特殊元素，包括报表筛选字段、数据字段、图例字段（系列）、轴字段（分类）、项（轴标签）等，通过这些字段项筛选器可以轻松更改数据透视图中显示的数据。

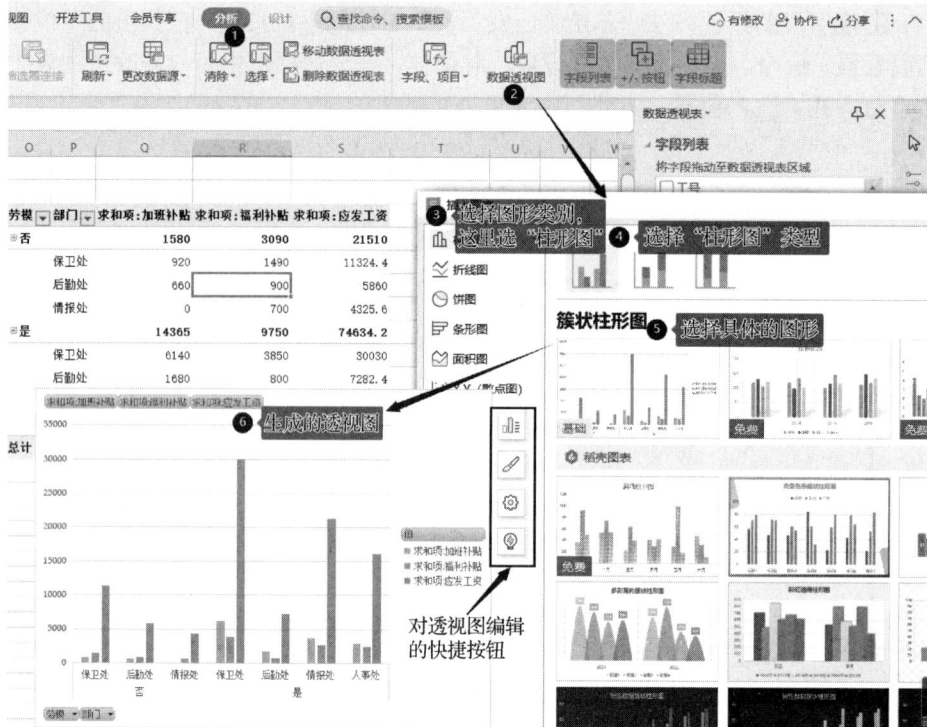

图 4.106　创建数据透视图

5. 编辑数据透视图

选中生成的数据透视图，可激活"文本工具"和"图表工具"选项卡。用户可以像处理标准图表一样处理数据透视图，包括更改其图表类型、设置其图表格式等。

按"Delete"键即可删除数据透视图，删除数据透视图并不会删除相关联的数据透视表，反之，如果删除数据透视表，则会使数据透视图变为普通图表并从源数据列表中直接取值。

拓展训练——公司员工工资情况分析

（1）使用公司员工工资表中的数据，如图 4.107 左边所示的数据，创建如图 4.107 右边所示的效果图，并根据效果图完成相应的设置。

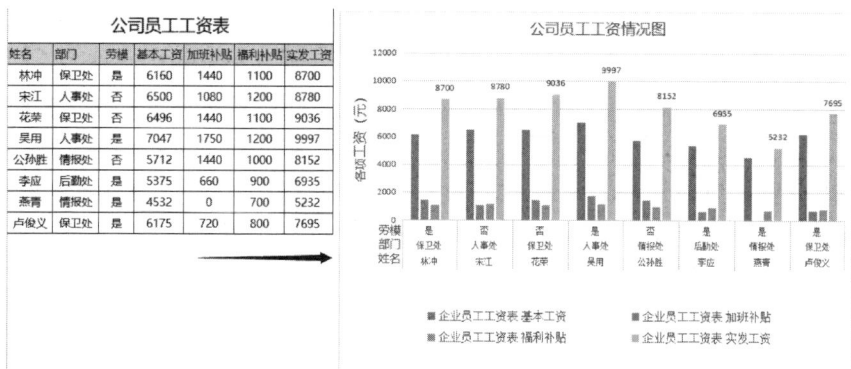

图 4.107　公司员工工资分析图表效果图

（2）使用图 4.107 所示的公司员工工资表中的数据，创建数据透视表，分析公司员工工资情况，效果图如图 4.108 所示。

劳模	姓名	求和项:基本工资	求和项:加班补贴	求和项:福利补贴	实发工资合计
否		18708	3960	3300	25968
	公孙胜	5712	1440	1000	8152
	花荣	6496	1440	1100	9036
	宋江	6500	1080	1200	8780
是		29289	4570	4700	38559
	李应	5375	660	900	6935
	林冲	6160	1440	1100	8700
	卢俊义	6175	720	800	7695
	吴用	7047	1750	1200	9997
	燕青	4532	0	700	5232
总计		47997	8530	8000	64527

图 4.108　公司员工工资数据透视表效果图

任务 5　WPS 表格数据保护与共享

任务描述

公司员工工资表制作完成后，有访问和修改权限的人才能查看或修改表格中的数据信息，其他人不能随意访问或改动。

任务分析

对表格中的数据，可以通过保护工作簿、保护工作表、保护单元格和限定编辑区域等方式来实现有效的保护。

4.5.1　数据安全控制

数据安全控制

1. 保护工作簿

WPS 表格对工作簿的保护有两种不同的方式，即加密工作簿文件和保护工作簿结构。

（1）加密工作簿文件。

通过密码来保护工作簿，除了在"另存为"操作时进行密码设置，还可以通过以下两种方法对打开的工作簿进行密码加密，如图 4.109 所示。

方法一：单击"文件"菜单中的"选项"命令，弹出"选项"对话框，在"安全性"选项卡中的"密码保护"区域下，分别设置打开权限和编辑权限即可。

方法二：单击"文件"菜单中的"文档加密"命令，在右侧的二级菜单中选择"密码加密"命令，弹出"密码加密"对话框，分别设置打开权限和编辑权限即可。

如果设置了"打开文件密码"，则需要输入该密码才能打开工作簿；如果设置了"修改文件密码"，则需要输入该密码才能解锁编辑，否则将以只读模式打开工作簿。

若要取消密码加密，只需打开工作簿后，按上述操作步骤，再次进入"安全性"选项卡或"密码加密"对话框，删除现有密码并确认操作即可。

图 4.109　加密工作簿文件

（2）保护工作簿结构。

保护工作簿结构就是禁止对工作簿中包含的工作表进行操作，包括添加、删除、移动工作表等。打开要保护的工作簿，然后单击"审阅"选项卡中的"保护工作簿"按钮，弹出如图 4.110 所示的"保护工作簿"对话框，输入密码后单击"确定"按钮，在弹出的"确认密码"对话框中重复输入密码后单击"确定"按钮，即可完成对工作簿的保护。

如果用户要取消对工作簿的保护，则先打开要取消保护的工作簿，然后单击"审阅"选项卡中的"撤销工作簿保护"按钮，在弹出的对话框中输入前面设置的保护密码，即可取消对工作簿的保护，如图 4.111 所示。

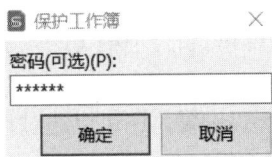

图 4.110　"保护工作簿"对话框

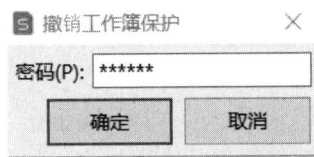

图 4.111　"撤销工作簿保护"对话框

2. 保护工作表

"保护工作表"就是通过密码对锁定单元格进行保护，以防止工作表中的数据被更改。

在"审阅"选项卡中单击"保护工作表"按钮，弹出"保护工作表"对话框，设置密码（可选），在"允许此工作表的所有用户进行"列表区域提供了很多权限设置选项，这些权限选项决定了当前工作表进入保护工作表状态后允许进行哪些操作。如图 4.112 所示，设置密码和权限后单击"确定"按钮即可。

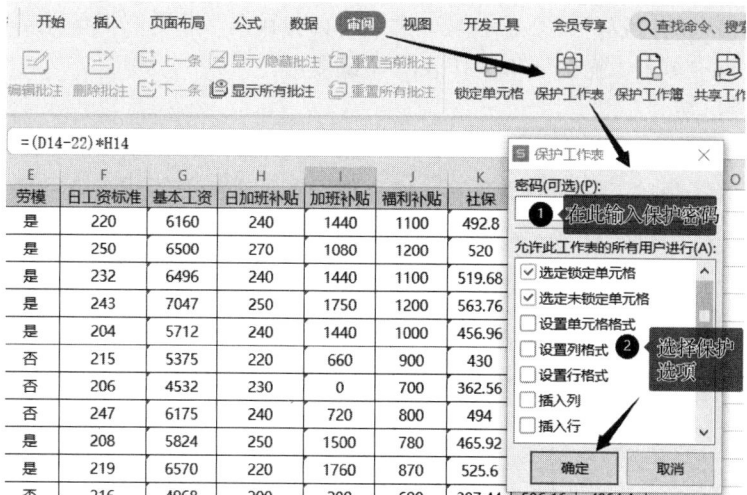

图 4.112 保护工作表

若要撤销对工作表的保护，在"审阅"选项卡中单击"撤销保护工作表"按钮即可。

3. 保护单元格

通过设置单元格的保护属性，包括"锁定"和"隐藏"，再结合保护工作表功能，可以禁止在区域内编辑数据或者隐藏区域内的数据，以防止意外编辑或数据泄密。

如图 4.113 所示，若要隐藏单元格内容，有以下两种操作方法。

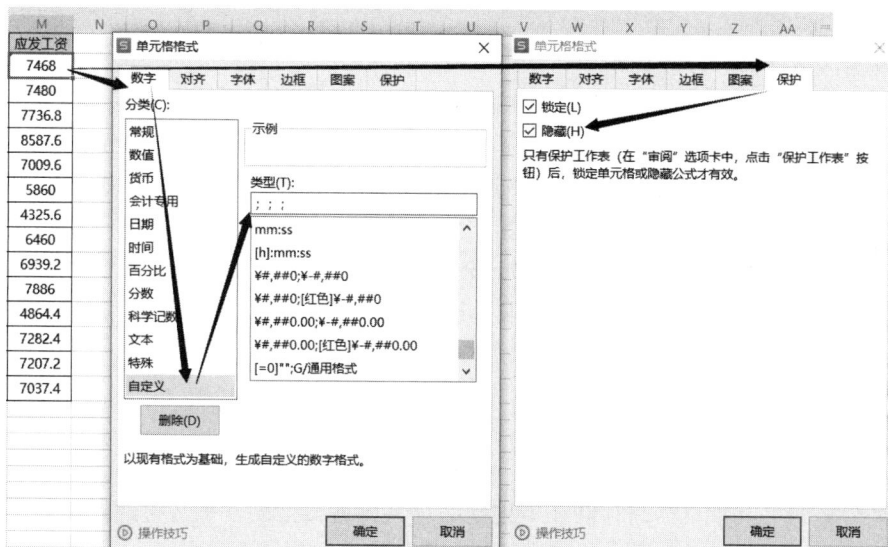

图 4.113 保护单元格

方法一：若要隐藏单元格中的显示内容，可以设置单元格数字格式代码为"; ; ;"，或者设置单元格背景和字体为相同颜色，即可将单元格显示为"空白"。但是，选定这些单元格后，编辑栏中仍然会显示活动单元格中的真实数据。

方法二：若要隐藏单元格中显示内容背后的真实数据，如只显示公式结果而隐藏公式表达式，在"单元格格式"对话框的"保护"选项卡中勾选"隐藏"复选框，可在保护工作表状态下，只显示单元格中的内容，而不显示编辑栏中的真实数据。若要取消单元格内容隐藏状态，在"审阅"选项卡中单击"撤销保护工作表"按钮即可。

4．限定编辑区域

限定编辑区域与保护工作表功能不同，保护工作表默认作用于整张工作表且只能设置唯一密码；限定编辑区域是对工作表中不同的区域分别设置独立的密码或权限，如图4.114所示。

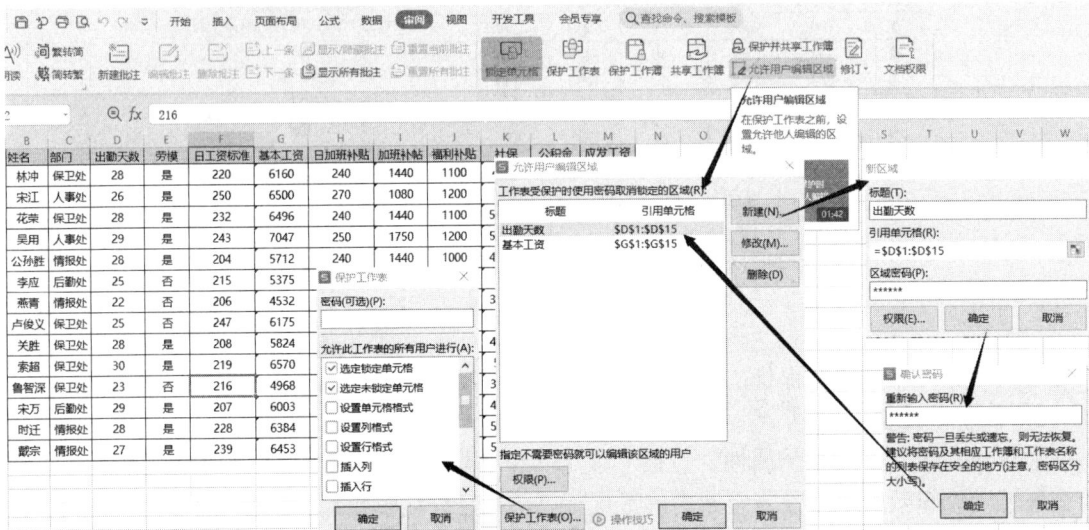

图4.114　限定编辑区域

限定编辑区域的操作步骤如下：

在"审阅"选项卡中单击"允许用户编辑区域"按钮，弹出"允许用户编辑区域"对话框，单击"新建"按钮，弹出"新区域"对话框，输入标题和引用单元格，并输入区域密码，单击"确定"按钮。根据提示重复输入密码后，返回"允许用户编辑区域"对话框，所设置的区域将出现在"工作表受保护时使用密码取消锁定的区域"列表中；若要对指定计算机用户（组）设置权限，包括指定不需要密码就可以编辑该区域的用户，可以在"新区域"对话框中单击左下角的"权限"按钮，在弹出的"区域权限"对话框中进行相应的设置；可以通过保护工作表功能在此设置工作表的保护密码。

4.5.2　数据共享

如果某公司的可共享文档是存储在本地网络公共服务器上的，那么可通过"共享工作簿"功能，在多人同时访问共享目录中的工作簿时，允许多人同时查看和修订，以达到跟踪工作簿状态并及时更新信息的目的，实现高效率的协同办公。

如图4.115所示，若要共享当前打开的工作簿，可以在"审阅"选项卡中单击"共享工作簿"按钮，弹出"共享工作簿"对话框，在"编辑"选项卡中勾选"允许多用户同时编辑，同时允许工作簿合并"复选框，单击"确定"按钮即可。

共享工作簿之后，共享工作簿的名称将会显示为相应的标识（如"公司员工工资表.xlsx"变为"公司员工工资表.xlsx (共享)"）。再次打开"共享工作簿"对话框，可以在"正在使用本工作簿的用户"列表中查看当前协作者。其他用户编辑之后，单击"保存"按钮将会提示用户，并且将内容更新，同步到本机屏幕上。共享工作簿中的部分功能按钮将置灰而不可用，无法在共享工作簿中添加或更改以下内容：合并单元格、条件格式、数据有效性、图表、图片、包含图形对象的任何对象、超链接、外边框、分类汇总、模拟运算表、数据透视表、保护工作簿、保护工作表和宏等。

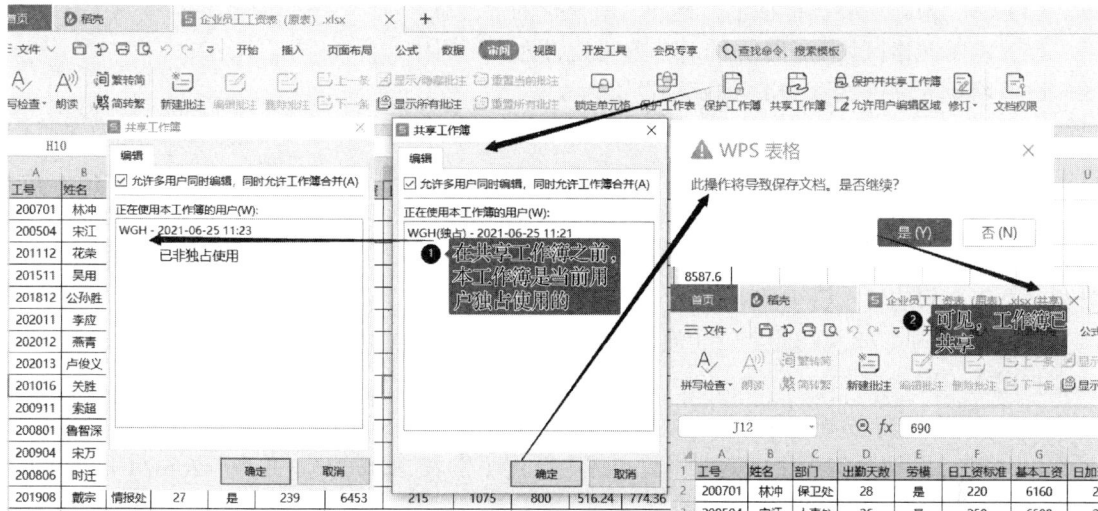

图 4.115　数据共享

若要在协作结束后停止共享工作簿，使共享工作簿转为仅供个人使用，首先应当确保所有用户都保存了修改，然后在"审阅"选项卡中单击"共享工作簿"按钮，弹出"共享工作簿"对话框，在"编辑"选项卡中取消选中"允许多用户同时编辑，同时允许工作簿合并"复选框即可。工作簿停止共享后，任何未保存的更改都将丢失，修订记录也将被删除。

拓展训练——公司员工工资数据加密与共享

根据下列要求，完成对"公司员工工资表"工作簿的保护。

（1）对"公司员工工资表"工作簿设置密码保护，打开权限密码为"1234"，编辑权限密码为"5678"，密码提示："数字"；

（2）对"公司员工工资表"工作簿采用保护工作簿结构方式，设置保护工作簿密码为"abcd"；

（3）对"公司员工工资表"工作簿中的 Sheet1 工作表设置密码"xyz"；

（4）对"公司员工工资表"工作簿中的 Sheet1 工作表的"应发工资"列进行隐藏；

（5）将"公司员工工资表"工作簿中的 Sheet1 工作表的"工号"和"姓名"设置为锁定区域，区域密码为"12345"；

（6）设置"公司员工工资表"工作簿为共享工作簿。

项目考核

打开"公司员工工资表"工作簿文件，按照要求完成下列操作并保存在自己的文件夹下，完成后的效果图如图 4.116 所示。

（1）将 Sheet1 工作表命名为“一月份工资表”。

（2）在第 1 行前插入一行，设置行高为 30，将 A1:M1 合并并居中，输入“一月份工资”并作为标题，字体为微软雅黑，字号为 24。

（3）将表格第 2 行的行高设置为 25，其余行高设置为 22。

（4）将“宋江”所在行移至“林冲”所在行的上方。

（5）将单元格区域 B2:M16 的对齐方式设置为水平居中。

（6）将单元格区域 A2:M2 的底纹设置为浅灰色。

（7）将单元格区域 B2:M16 的外边框线设置为深蓝色双实线，内边框线设置为深蓝色细实线。

（8）将表中所有实发工资大于 7500 万元的数据用红色显示。

（9）利用公式或函数计算出员工一月份所发工资中的基本工资、日加班补贴、福利补贴、社保、公积金和应发工资列的总计，并按图 4.116 设置合计行的边框。

（10）设置上、下页边距为 2.5 厘米，左、右页边距为 2 厘米，设置横向打印，将整个工作表打印在一页。

（11）根据姓名和实发工资列出数据，创建簇状柱形图。

（12）在“公司员工工资表”工作簿文件中新建工作表“Sheet1”，并将“公司员工工资表”数据（B2：M16）复制到 Sheet1 工作表中。

（13）将 Sheet1 工作表中的数据以“应发工资”为主要关键字，降序排序。

（14）使用 Sheet1 工作表中的数据，利用自动筛选功能筛选出所有“基本工资大于或等于 6000 元”的记录。

（15）在 Sheet1 工作表中设置表格各列的列宽均为 10 个字符。

（16）将标题行字体设置为黑体，字号为 16 磅，其余行字体设置为宋体，字号为 12 磅。

（17）对 Sheet1 工作表设置保护密码为“123456”。

	A	B	C	D	E	F	G	H	I	J	K	L	M
1	一月份工资												
2	工号	姓名	部门	出勤天数	劳模	日工资标准	基本工资	日加班补贴	加班补贴	福利补贴	社保	公积金	应发工资
3	200701	林冲	保卫处	28	是	220	6160	240	1440	1100	492.8	739.2	7468
4	200504	宋江	人事处	26	是	250	6500	270	1080	1200	520	780	7480
5	201112	花荣	保卫处	28	是	232	6496	240	1440	1100	519.68	779.52	7736.8
6	201511	吴用	人事处	29	是	243	7047	250	1750	1200	563.76	845.64	8587.6
7	201812	公孙胜	情报处	28	是	204	5712	240	1440	1000	456.96	685.44	7009.6
8	202011	李应	后勤处	25	否	215	5375	220	660	900	430	645	5860
9	202012	燕青	情报处	22	否	206	4532	230	0	700	362.56	543.84	4325.6
10	202013	卢俊义	保卫处	25	否	247	6175	240	720	800	494	741	6460
11	201016	关胜	保卫处	28	是	208	5824	250	1500	780	465.92	698.88	6939.2
12	200911	索超	保卫处	30	是	219	6570	220	1760	870	525.6	788.4	7886
13	200801	鲁智深	保卫处	23	否	216	4968	200	200	690	397.44	596.16	4864.4
14	200904	宋万	后勤处	29	是	207	6003	240	1680	800	480.24	720.36	7282.4
15	200806	时迁	情报处	28	是	228	6384	200	1200	900	510.72	766.08	7207.2
16	201908	戴宗	情报处	27	是	239	6453	215	1075	800	516.24	774.36	7037.4
17	合计						84199		15945	12840	6735.92	10103.9	96144.2

图 4.116　一月份工资表效果图

项目5

WPS 演示文稿制作与展示

项目介绍

演示文稿是在办公、教学、商业展示、学术交流等场所广泛使用的软件功能，可以将所需展示的内容在计算机显示器、电视机、投影屏幕、LED 大屏幕、手机屏幕等媒介上演示出来，清晰表达宣传主题或演讲内容，可以演示的内容包括文字、图片、声音、视频、超链接、Flash 动画等，一目了然且可以做到赏心悦目。WPS 演示已成为日常教育教学、办公交流、商业推广、主题发言等场景中应用广泛的一种软件。通过本项目的学习和实践，可以让学生对制作 WPS 演示文稿有一个全面的认识和了解，熟练掌握基本制作技巧。

任务安排

任务 1　产品设计方案演示文稿的制作

任务 2　产品功能演示文稿的制作

任务 3　WPS 演示文稿的快速制作

学习目标

◇ 掌握 WPS 演示文稿的基本操作。

◇ 熟悉 WPS 演示文稿的操作技巧。

◇ 了解 WPS 演示文稿设计和制作的基本要求。

◇ 高效制作 WPS 演示文稿。

任务 1　产品设计方案演示文稿的制作

➡ 任务描述

新入职的小吴刚到单位就被老板叫到办公室，老板对他说："我们要向华达公司演示最新的产品——W+智能手机，但是今早设计部的计算机出现故障，无法将昨天完成的演示文稿复制出来，负责设计的刘姐今天因病请假，还有 30 分钟客户就要来了，无论如何，你紧急制作一个演示文稿以完成产品基本信息的展示。"接到老板的任务，小吴赶紧到设计部找同事了解产品的基本信息，准备制作一个介绍产品基本信息的演示文稿。

➡ 任务分析

小吴通过设计部找到产品的详细资料，主要是工程样机的图片、内部结构、主要技术参数等，内容繁杂。他先要对参数进行分类，然后按照介绍产品参数的逻辑顺序制作演示文稿。

➡ 知识准备

熟练掌握 WPS 演示文稿的新建、存储与修改，生成演示文稿的基本结构，增添图片、文字并进行格式调整与设置。

5.1.1　制作 WPS 演示文稿前的准备工作

在制作 WPS 演示文稿之前，需要对展示的资料进行"分解"，通过幻灯片一页一页地进行呈现，因此，事先要规划每页的内容，并充分考虑页与页之间的逻辑关系。待展示的资料如图 5.1 所示。

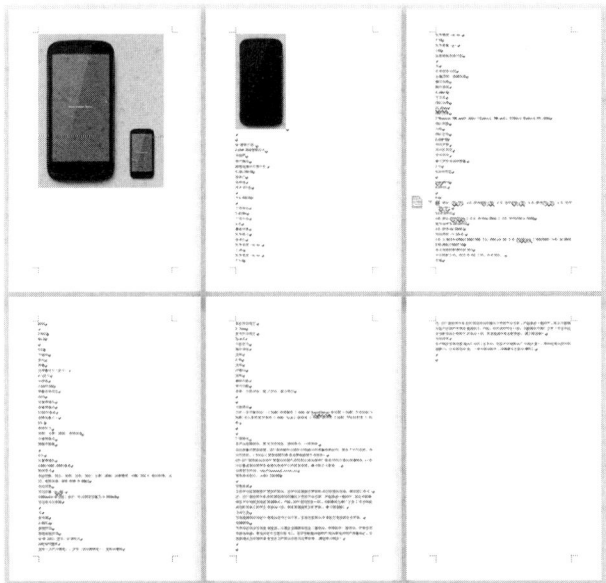

图 5.1　待展示的资料

经过与老板沟通，确定展示的主要内容如表 5.1 所示，并适当增添产品图片。

表 5.1　展示的主要内容

展 示 项 目	展示内容（主要参数）
产品名称	W+智能手机
CPU	Kylin980AI 智能芯片
存储器	8GB+256GB
制式	全网通双 4G 手机
屏幕	6 寸柔性屏
安全系统	屏内指纹
镜头	超感光徕卡，前 800W，后 1300W
颜色	红、黑、白、金
首发时间	2021.09.01
价格	¥4686.00
主要特点	① 三防 ② 超长待机、智能节电 ③ 云服务+云安全 ④ 双 5G

5.1.2　新建 WPS 演示文稿

双击桌面上的 WPS Office 图标，启动 WPS 程序，单击"首页"选项卡中的"新建"按钮，如图 5.2 所示，打开"新建"选项卡，如图 5.3 所示。

图 5.2　"首页"选项卡

图 5.3　"新建"选项卡

在"新建"选项卡中单击"P 演示"按钮，出现新建演示模板，单击左上方的"新建空白演示"按钮，如图 5.4 所示。

图 5.4　新建演示模板

WPS 演示会生成一个空白演示文稿，其界面如图 5.5 所示。

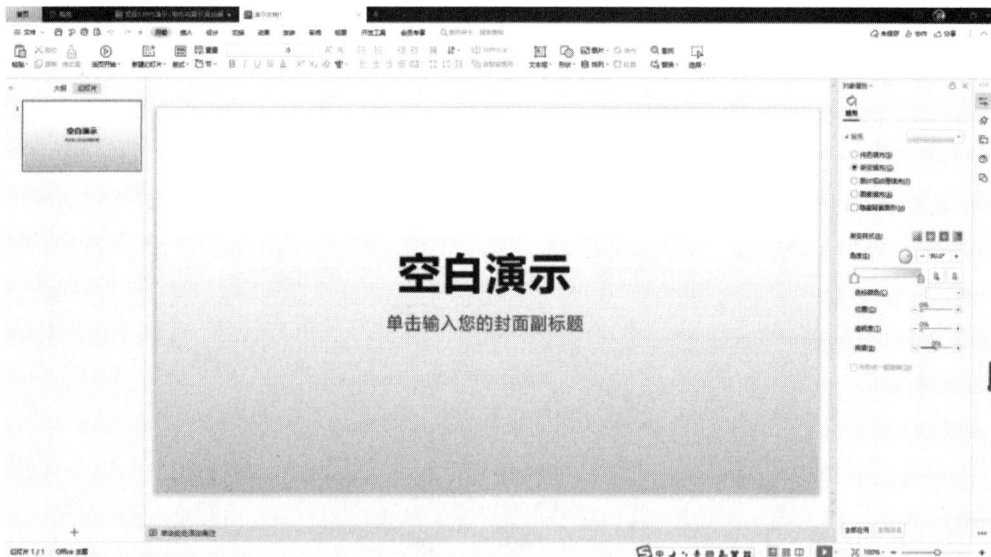

图 5.5　空白演示文稿界面

在制作 WPS 演示文稿的过程中，可能会出现无法预料的各种情况，所以，新建完成后第一时间要进行存盘操作，在之后的操作过程中，还要经常进行存盘操作。选择"文件"菜单中的"文件"→"保存"命令，如图 5.6 所示，弹出"另存文件"对话框。

图 5.6 选择"保存"命令

在"另存文件"对话框的"位置"下拉列表中选择保存 WPS 演示文稿的位置，在"文件名"文本框中输入要存盘的文件名，此处可以不输入文件扩展名，然后在"文件类型"下拉列表中选择要存盘的文件类型。WPS 演示默认的演示文稿文件扩展名为".dpt"，如果需要兼容 Microsoft 公司的 Office 产品格式，也可以选择".ppt"或".pptx"文件扩展名，如图 5.7 所示。

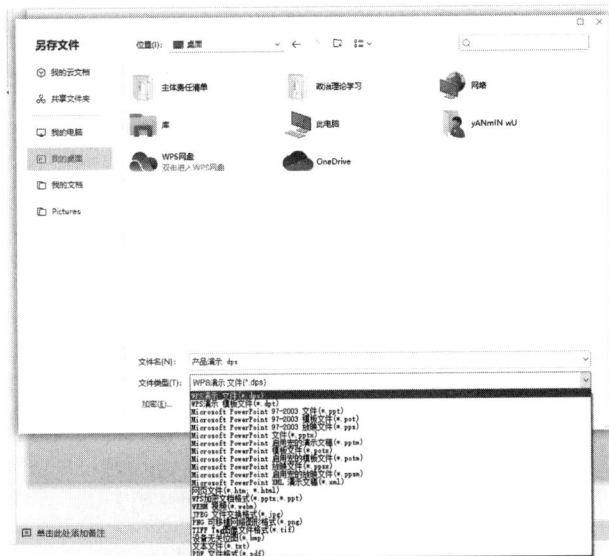

图 5.7 "另存文件"对话框

完成存盘后，选项卡的标题将调整为刚才存盘的文件名，如图 5.8 所示。

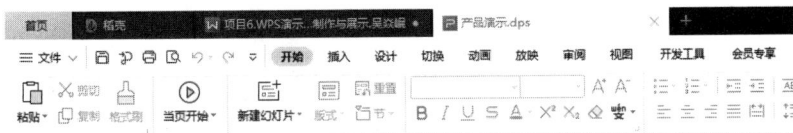

图 5.8 选项卡标题

可以在刚才存盘的位置找到存盘的文件图标，如图 5.9 所示。

关闭文件后，如果还想继续修改或进行展示，双击此图标即可；如果想复制、删除、移动此文件，同样也可针对此图标进行。

在进行 WPS 演示文稿内容的制作与调整之前，还有一件重要的工作，就是设定 WPS 演示文稿的显示比例，常见的显示器、投影仪等设备一般有两种显示横纵比，即 4：3 或 16：9，如图 5.10 所示。当然也有其他比例，可根据演示场合进行设定。

图 5.9　文件图标

空白演示

单击输入您的封面副标题

空白演示

单击输入您的封面副标题

图 5.10　两种不同比例的幻灯片对比

会议室演示用投影仪的显示横纵比是 4：3，可以单击"设计"选项卡中的"幻灯片大小"按钮，选择"标准（4：3）"命令，将比例由默认的"宽屏（16：9）"调整为"标准（4：3）"，如果要设定其他比例，则选择"自定义大小"命令进行设定，如图 5.11 所示。

图 5.11　幻灯片大小

在"页面缩放选项"对话框中选择比例调整后的适应方案，根据实际需要和设计思路，单击"最大化"或"确保适合"按钮，如图 5.12 所示。

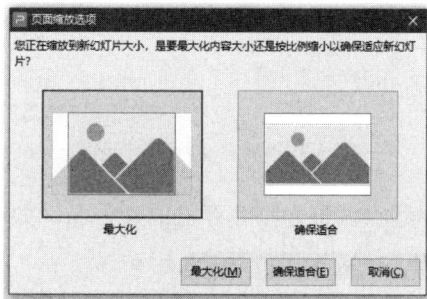

图 5.12　"页面缩放选项"对话框

空白演示文稿已经按照设定的显示比例进行显示，其界面如图 5.13 所示，左侧为缩略图，中间为主设计区，右侧为功能区。新建的 WPS 演示文稿默认情况下只会生成一张"空白演示"幻灯片，它适合做封面。

图 5.13　空白演示幻灯片界面

5.1.3　WPS 演示文稿封面制作

WPS 演示文稿封面制作

WPS 演示文稿与一本书类似，分为封面、目录、正文与封底四个部分，下面依次完成制作，首先制作封面。

封面一般由标题和附加信息构成，标题就是演示的主题，一般是"××产品介绍""科技创新，注重客户体验"或"欢迎×××莅临指导"等，字体较大，多为居中显示；附加信息一般包括演示者姓名、单位、时间等。

单击此幻灯片中的"空白演示"占位符区域，文字会消失，出现一个虚线框，即输入信息的区域，将光标置于其中，会提示用户输入信息，输入信息后，单击虚线框外任意位置，可确认输入信息，如图 5.14 所示。

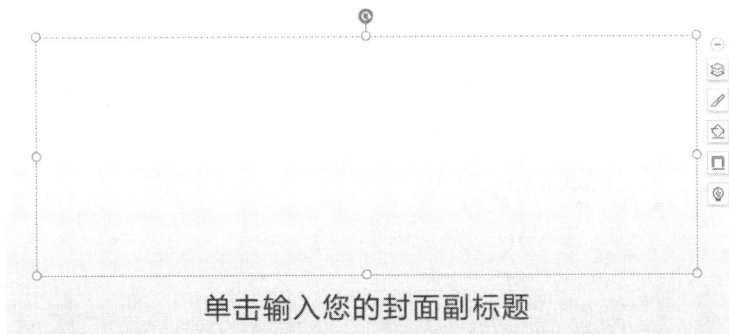

图 5.14　待输入信息的虚线框

在标题和附加信息处分别输入如图 5.15 所示的信息。如果需要修改其中的信息，则只需单击相应位置，出现虚线框后即可修改，单击虚线框外任意位置可确认修改。

图 5.15　输入信息

5.1.4　WPS 演示文稿目录制作

新建一张幻灯片用于制作目录。单击"插入"选项卡中的"新建幻灯片"按钮，在弹出的对话框中选择需要的幻灯片模板。这里选择第 1 行中第 4 个幻灯片模板，即默认的"目录"页，如图 5.16 所示。

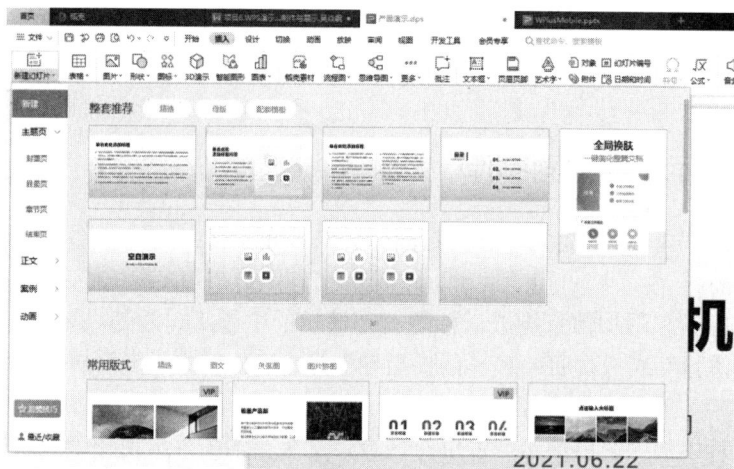

图 5.16　新建"目录"幻灯片

另外，也可以将鼠标指针指向左侧缩略图"封面"处，缩略图右下角会显示"+"按钮，如图 5.17 所示，单击此按钮，也会弹出上述对话框。

图 5.17　添加幻灯片

添加"目录"幻灯片后，缩略图部分将出现两页，单击其中的一页，主设计区会显示相应的幻灯片，如图 5.18 所示。

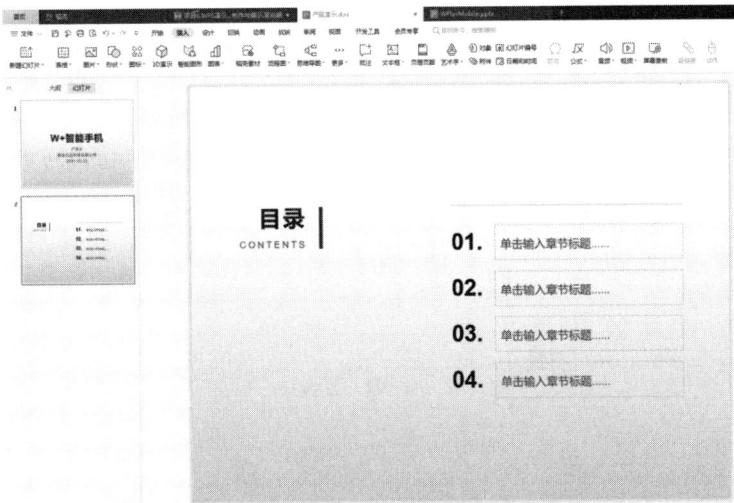

图 5.18 "目录"幻灯片

在"目录"幻灯片"单击输入章节标题……"虚线框内单击，输入 4 个标题，如图 5.19 所示。

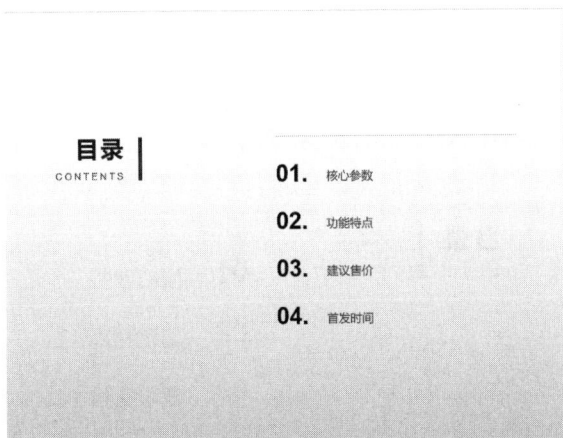

图 5.19 输入目录标题内容

可以调整文字的字体、颜色、字号等，操作方法与项目 3 中介绍的 WPS 文字处理的方法类似。

如果目录标题数少于默认的 4 个，可以在相应的文字虚线框内单击，如图 5.20 所示。

图 5.20 待选中文本框

虚线框变成实线框后，如图 5.21 所示，按"Delete"键，可以删除该实线框中的信息。

图 5.21　实线框

　　将鼠标指针指向虚线框或实线框内，如果按住鼠标左键拖曳，则可以改变其位置。删除目录第 4 个标题并调整其他标题的位置后，"目录"幻灯片如图 5.22 所示。

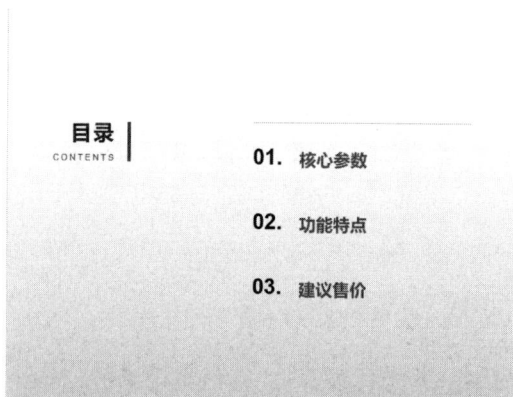

图 5.22　调整后的"目录"幻灯片

　　如果要增加目录标题即目录项，可以选中现有的目录项，然后使用"复制-粘贴"的方法，快速生成若干目录项，调整后的效果如图 5.23 所示。

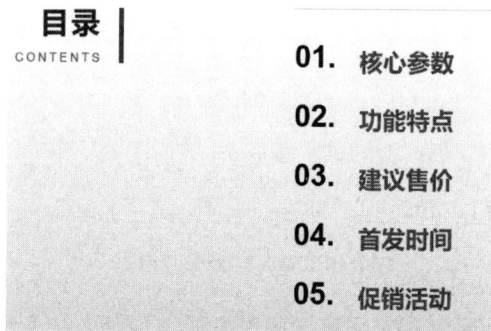

图 5.23　增加目录项

5.1.5　WPS 演示文稿正文制作

　　使用 5.1.4 中介绍的添加幻灯片的方法添加一张内容页幻灯片。这里选择第 2 行中第 2 个上下结构的幻灯片模板，该幻灯片由标题框和主内容框构成，是大多数幻灯片的标准布局，如图 5.24 所示。

图 5.24 增添幻灯片

如果要快速添加一张幻灯片，则在缩略图位置单击，按"Ctrl+M"组合键，可在当前位置之后添加一张空白幻灯片；如果要生成多张类似的幻灯片，则连续按"Ctrl+M"组合键即可。如果要删除一张幻灯片，则单击其缩略图，按"Delete"键即可；如果要删除多张幻灯片，则用"Shift"或"Ctrl"键配合单击操作，选中多张幻灯片，选中的幻灯片的缩略图会显示一个外框，按"Delete"键即可批量删除这些被选中的幻灯片。

现在 WPS 演示文稿已包含封面、目录和正文 3 张幻灯片，如图 5.25 所示。

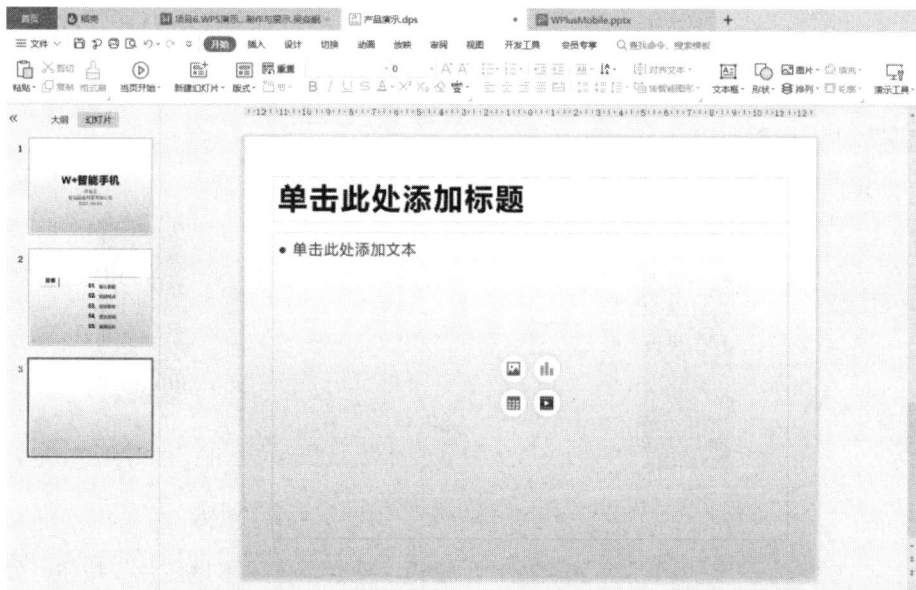

图 5.25 包含 3 张幻灯片的 WPS 演示文稿

在"单击此处添加标题"文字框内单击，将光标置于其中，输入"核心参数"；然后在"单击此处添加文本"文字框内单击，将光标置于其中，输入相关内容，如图 5.26 所示。

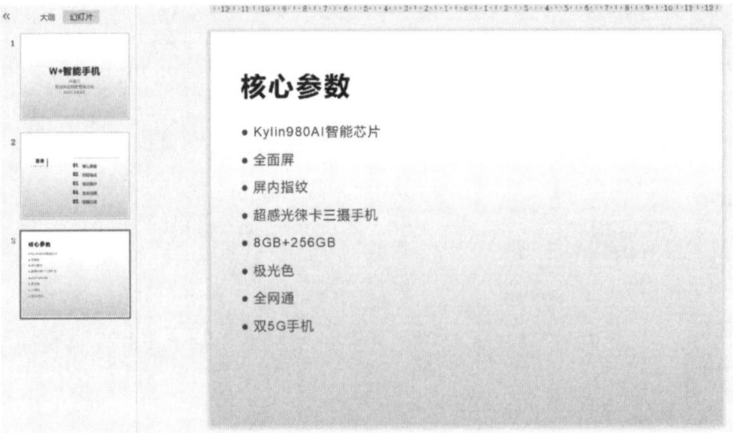

图 5.26　输入相关内容

选择"开始"选项卡，切换出常见工具栏，使用该工具栏中的相应按钮调整文字字体、字号、颜色等属性，如图 5.27 所示。

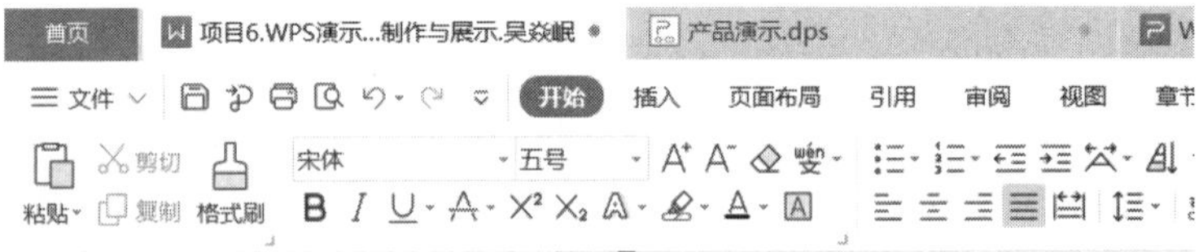

图 5.27　"开始"选项卡

可以添加图片等资源，使幻灯片更加丰富多彩，表现力更强。添加图片可以使用以下几种方式。

方法一：在其他资源浏览器或文件中，使用"复制""粘贴"的方法，将图片复制到 WPS 演示文稿中，如图 5.28 所示。

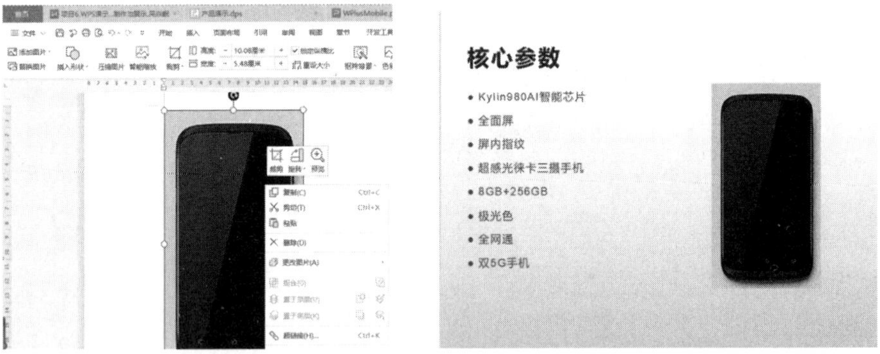

图 5.28　从 WPS 演示文稿外部"复制""粘贴"图片

方法二：在"插入"选项卡中单击"图片"按钮，然后单击"本地图片"按钮，如图 5.29 所示，弹出"插入图片"对话框。

在"插入图片"对话框中选择已存在图片的储存位置和具体文件，如图 5.30 所示，将一个图形文件直接插入 WPS 演示文稿中。成功插入图片后，插入 WPS 演示文稿中的图片与原图片文件无关，不会相互影响。如果删除原图片文件，则 WPS 演示文稿中的对应图片保持不变；反之，如果删除 WPS 演示文稿中的图片，则原图片文件不会不翼而飞。

图 5.29　单击"本地图片"按钮

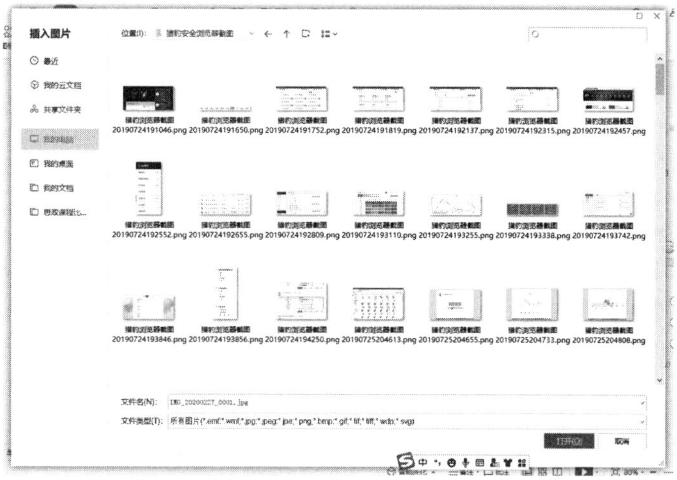

图 5.30　选择插入的图片

　　方法三：如果没有图片，但又希望添加与主题相关的图片，进行幻灯片气氛烘托，则可以在搜索栏中输入"手机电路板"，WPS 演示通过网络整理出一批图片，设计者可以根据实际情况选用，如图 5.31 所示。

图 5.31　在线搜索图片资源

5.1.6　WPS 演示文稿封底制作

最后制作封底幻灯片，其一般用来展示口号性语录，如此次演示的主题、企业口号，或者致谢信息，以及演示者信息等。

单击正文幻灯片缩略图右下角的"+"按钮，在"新建"对话框中选中第 2 行中第 3 个幻灯片模板，即一张空白幻灯片，如图 5.32 所示。

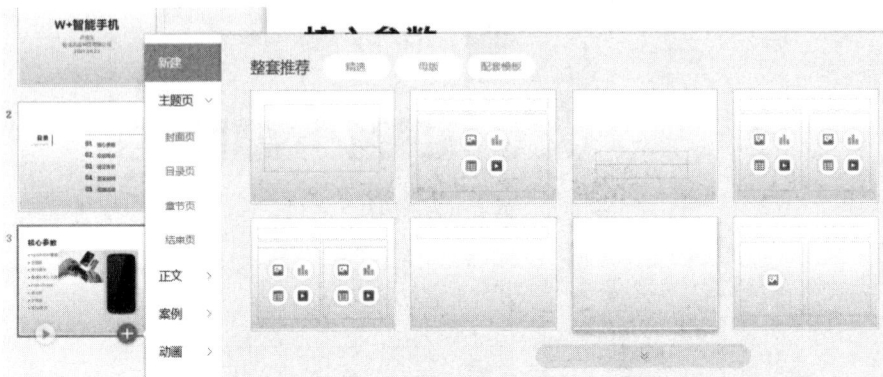

图 5.32　新建封底幻灯片

空白幻灯片中没有任何元素，需要设计人员根据需要进行添加，一般情况下，如果有其他文件中的内容要复制过来，使用"复制-粘贴"的方法；如果自己输入，一般通过"插入"选项卡下的相关命令按钮来实现。

WPS 演示文稿中可以插入的元素很多，选择"插入"选项卡，能看见可以插入的元素类型，包括新幻灯片、表格、图片、形状、图标、批注、文本框、艺术字、符号、公式、多媒体、超链接等，如图 5.33 所示。

图 5.33　"插入"选项卡

如果插入普通文字，则可以单击"文本框"按钮，然后选择其类型，当然也可以在特色功能区选择已经设定格式的文本框，但是这些资源涉及 WPS 的"稻壳"资源，有一些是需要付费的。这里选择"横向文本框"命令来新建一个横向文本框，如图 5.34 所示。

此时光标变成十字形状，沿对角线方向拖动，可以拖出一个矩形区域，这就是横向文本框，其高度由默认字体大小确定，可以进行调整，在此处输入公司名。然后插入艺术字作为致谢内容，单击"插入"选项卡中的"艺术字"按钮，根据需要选择合适的艺术字类型，如图 5.35 所示。

选择第 2 行中第 3 个类型，出现一个艺术字文本框，可在其中输入致谢内容，这里输入"科技创新，真诚奉献"，如图 5.36 所示。

图 5.34　新建横向文本框

图 5.35　选择艺术字类型

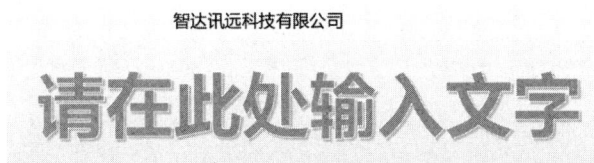

图 5.36　输入艺术字

输入完成后适当调整文字字体、字号、颜色等，封底幻灯片的效果如图 5.37 所示。

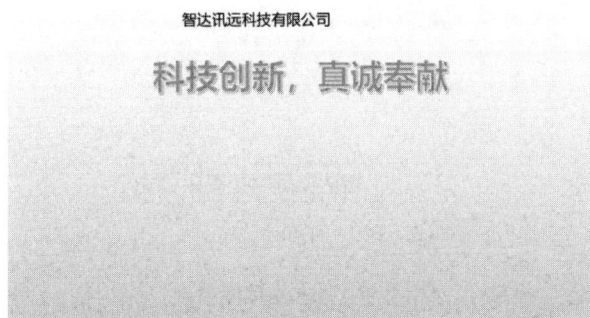

图 5.37　封底幻灯片的效果

5.1.7　WPS 演示文稿的简单美化

WPS 演示文稿的简单美化

在刚才制作的封底幻灯片中，致谢文字的布局比较凌乱，需要进行进一步美化。下面介绍几种常用方法。

方法一：元素相对幻灯片居中对齐。

将鼠标指针指向文本框，当指针变成双向箭头时，按住鼠标左键将某元素拖到水平中央位置，会在界面中显示一条虚线进行提示，如图 5.38 所示，若拖到纵向居中位置也有类似的提示。

图 5.38　对齐操作

方法二：多个元素对齐。

当使用"Shift"或"Ctrl"键配合单击操作选中多个元素时，会弹出快速工具栏，单击其中的工具，可用于多个元素的各种对齐、分布操作，如图 5.39 所示。

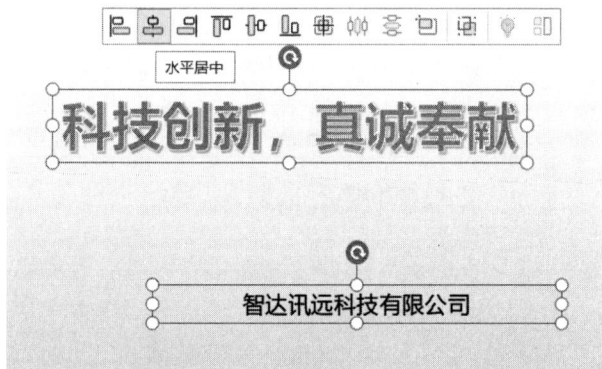

图 5.39　多元素快速对齐

方法三：一键美化。

单击"设计"选项卡中的"智能美化"按钮，可以通过全局、布局、配色和字体方式进行优化，优选的是全局方式，如图 5.40 所示。

选择"全局换肤"命令，弹出"全文换肤"对话框，其分为上下两部分，上半部分为预览区，下半部分为模板选择区，可以按照风格和定位进行选择，如图 5.41 所示。

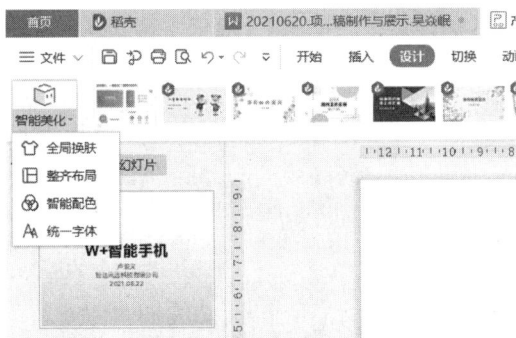

图 5.40　智能美化

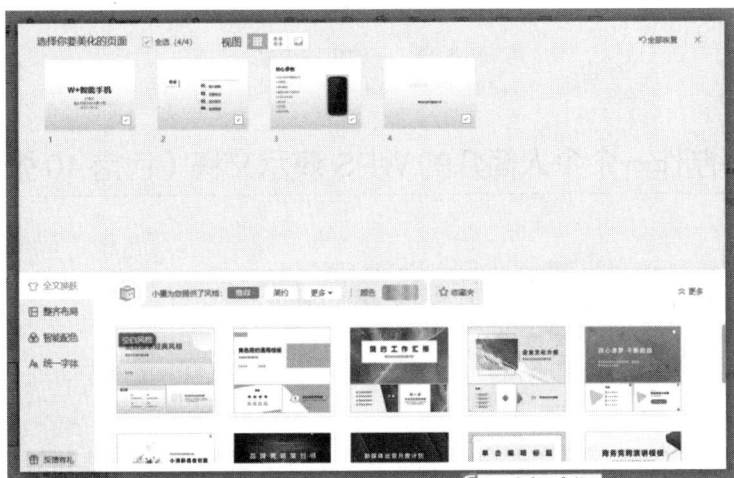

图 5.41　全文换肤

选中第 3 行中第 1 个深蓝企业风格的模板，在预览区预览后若比较满意，可单击该对话框中央位置的"应用美化（限免）"按钮进行确认，如图 5.42 所示。需要注意的是，WPS 中的一些资源是需要通过注册成为稻壳会员才能获取的。

图 5.42　美化操作

对各幻灯片局部进行一些微调后，一个 WPS 演示文稿就基本制作完成，如图 5.43 所示。

图 5.43　一键生成效果

拓展训练——制作一个个人简介的 WPS 演示文稿（包含 10 张幻灯片）

任务 2　产品功能演示文稿的制作

➡ 任务描述

小吴刚把做好的 WPS 演示文稿复制到会议室的计算机中，老板就陪同客户进来了，直到老板按照演示文稿开始介绍，小吴悬着的心才放了下来。客户走后，老板对小吴说："你用这么短的时间完成演示文稿的制作实属不易，但一些细节还需要打磨，公司的 Logo、基础色调等都没有来得及考虑，而且这个 WPS 演示文稿虽然呈现效果不错，可毕竟是模板生成的，有些生硬，希望你结合公司的风格再做一版，两天内完成，今天是客户公司的副总过来了，下次将给客户公司的总裁演示。"

➡ 任务分析

第一天，小吴对以往公司的 WPS 演示文稿进行研究，包括版式、基础色系、字体选择、文档结构等，然后将整理的 WPS 演示文稿主要呈现的资料及组织结构向老板进行详细汇报，得到老板认可。第二天，小吴完成第二版的设计与制作。

➡ 知识准备

熟练掌握 WPS 演示文稿幻灯片整体风格的调整、图片的美化，以及插入图表、幻灯片切换效果、页内元素动画效果等的设置。

5.2.1　在草稿纸上对演示文稿的结构进行规划

在草稿纸上对演示文稿的结构等进行设计，结构和版式设计手稿如图 5.44 所示，其他设计元素手稿如图 5.45 所示。

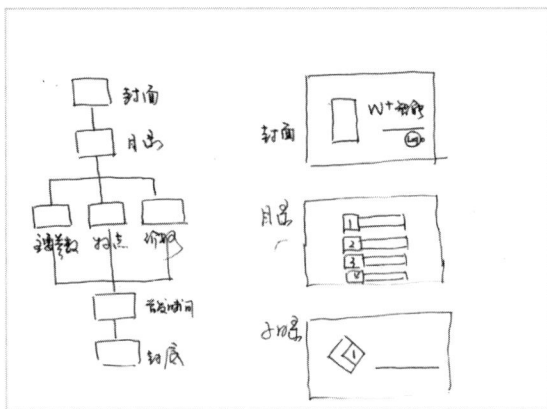

图 5.44　结构、版式设计手稿

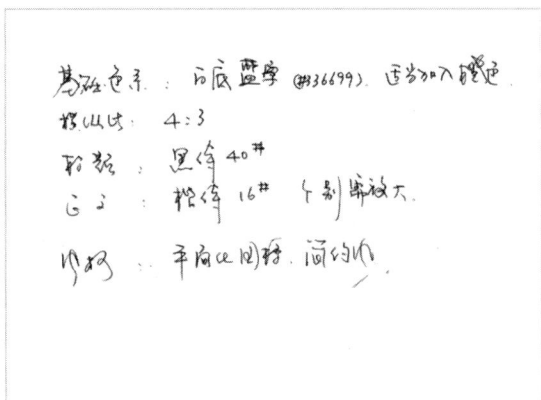

图 5.45　其他设计元素手稿

5.2.2　版式设计

新建一个 WPS 演示文稿文件，考虑到展示地点不确定，存盘时选择文件格式为兼容性较好的 ".pptx" 文件。因为需要自主全新制作，选择"新建空白文档"即可，如图 5.46 所示。

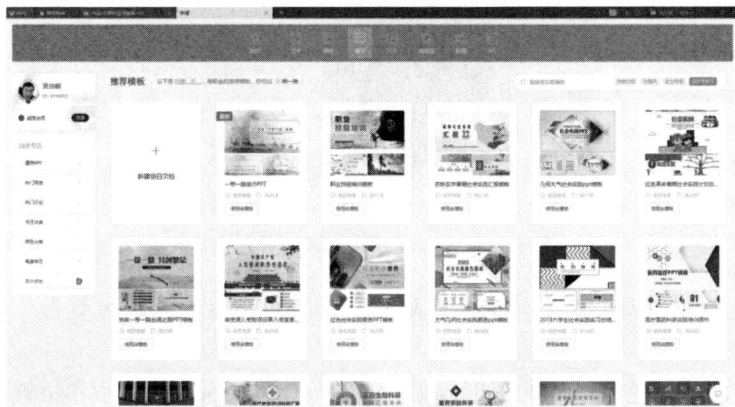

图 5.46　新建幻灯片

单击"设计"选项卡中的"幻灯片大小"下拉按钮，在下拉列表中选择"标准(4∶3)"命令，如图 5.47 所示。

图 5.47　确定幻灯片大小

5.2.3　设计幻灯片

设计幻灯片

1. 封面幻灯片设计

将图形插入首页位置，因为手机图片有背景色，需要使用"抠除背景"功能。单击图片，激活"图片工具"工具栏，单击"抠除背景"下拉按钮；如果背景颜色是单一颜色，则在下拉列表中选择"设置透明色"命令，否则选择"智能抠除背景"命令，如图 5.48 所示。

图 5.48　选择"智能抠除背景"命令

在抠除背景界面中调节右下角的"抠除程度"滑块，粉红色区域就是"抠除"区域，如图 5.49 所示。

调整幻灯片背景颜色、图片的阴影效果，以及标题和 Logo 的大小和位置等，封面幻灯片效果图如图 5.50 所示。

图 5.49 调节抠除区域

图 5.50 封面幻灯片效果图

2. 封底幻灯片设计

封底幻灯片与封面幻灯片的设计一般相互呼应，风格一致，像"谢谢观赏""再见"之类的客套语句没有企业个性，可以将 WPS 演示文稿最核心的理念或内容予以展示，如展示公司的经营理念。如果需要全新设计，可以使用新建幻灯片（按"Ctrl+M"组合键）的方法，如果想和封面幻灯片相互呼应，可以通过"复制""粘贴"操作后进行修改。微调元素位置等后，封底幻灯片效果图如图 5.51 所示。

图 5.51 封底幻灯片效果图

3. 目录幻灯片设计

将光标置于文档大纲的两页之间，按"Ctrl+M"组合键可以快速插入新的幻灯片，如图 5.52 所示。

使用右侧的"插入元素"工具栏，可以插入 4 个正方形和 4 个长方形，将其作为目录幻灯片的基本元素，如图 5.53 所示。

图 5.52　插入新的幻灯片

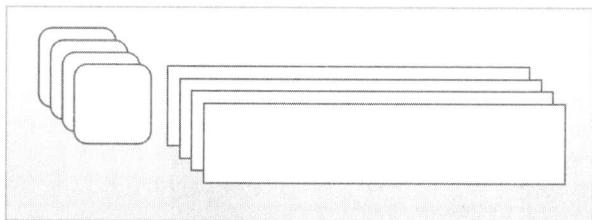

图 5.53　目录幻灯片的基本元素

在拖动元素的过程中，WPS 演示会显示辅助线（虚线），以方便对齐操作，如图 5.54 所示。

选中多个元素后，可激活对齐工具条，通过该工具条中的按钮，能方便地对齐并布局元素，如图 5.55 所示。

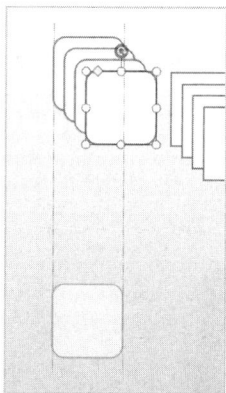

图 5.54　辅助线

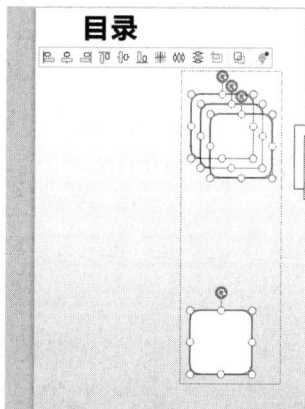

图 5.55　选中多个元素后出现对齐工具条

灵活使用该工具条，可以快速对齐各个元素，然后在各个矩形块中输入文字，调整其大小、颜色、字体等，目录幻灯片即可基本制作完成，如图 5.56 所示。

对每个目录项都设计一张子目录幻灯片，共 4 张，以"W+核心参数"为例，新建一张幻灯片后，拖入两个正方形和一个长方形。

同时选中两个正方形，在右侧属性面板中选择"效果"→"Z 旋转"45°，如图 5.57 所示。

图 5.56　目录幻灯片效果图

图 5.57　属性面板

调整细节后，其效果图如图 5.58 所示。

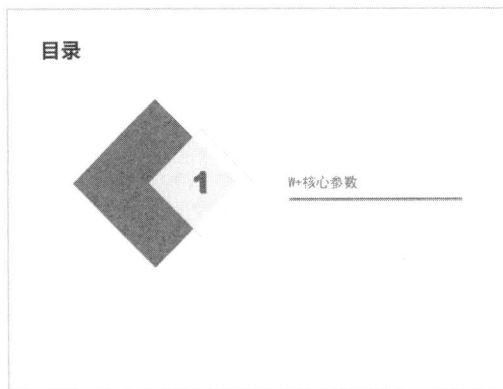

图 5.58　子目录 1 幻灯片效果图

将此幻灯片复制三份，分别修改文字为其他目录项，4 张子目录幻灯片如图 5.59 所示。

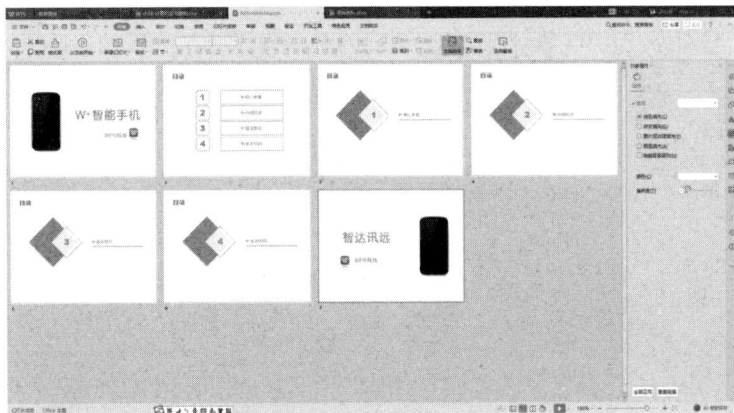

图 5.59　4 张子目录幻灯片

4. 正文幻灯片设计

在子目录1幻灯片后面添加一张新幻灯片，输入核心参数的相关内容，如图5.60所示。

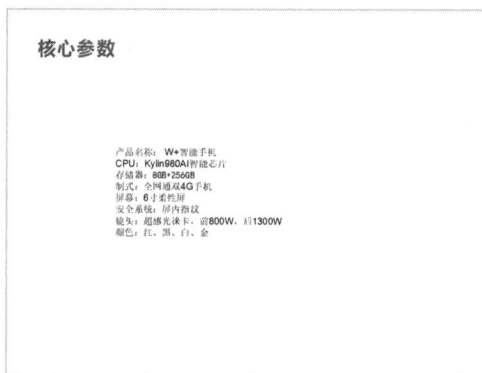

图 5.60　输入核心参数

这样的幻灯片过于单调，可以增加图形、装饰元素等，以加强视觉效果和艺术感染力。需要注意的是，如果内容过于丰富，不要放在一张幻灯片中展示，以避免凌乱和重点不突出，可以将其放在多张幻灯片中。

在本例中，将核心参数的相关内容放在3张幻灯片中。第1张幻灯片显示产品名称，为了加强客户的关注点，不需要过多文字，适当添加引导线即可，如图5.61所示。

图 5.61　产品名称

第2张幻灯片显示5个特色参数，将鼠标指针指向这段文字，旁边可出现快捷工具栏，单击"转换成图示"按钮，如图5.62所示。

图 5.62　单击"转换成图示"按钮

在新出现的图示窗口中选择合适的图示，单击即可应用图示，如图 5.63 所示。

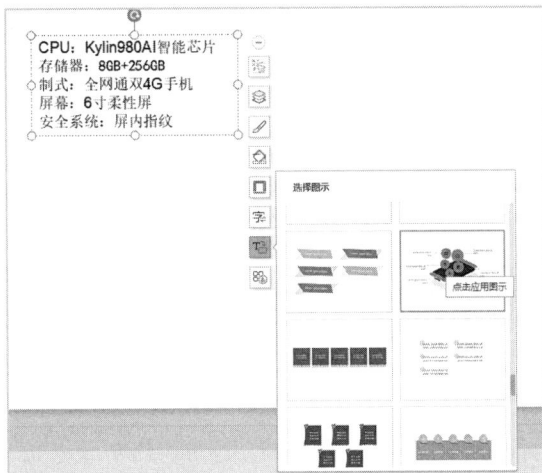

图 5.63 选择图示

WPS 已经将文字转换成图示，将鼠标指针指向该图示区域，可以拖动四个角调节大小，也可以通过出现的快捷工具条对图示进行调整，如图 5.64 所示。

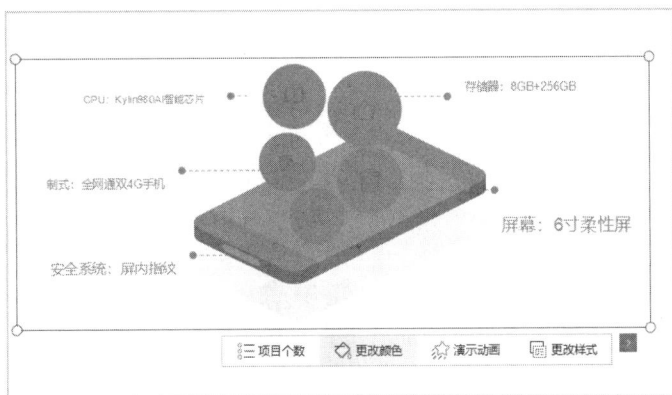

图 5.64 转换后的默认效果

调整后的最终效果如图 5.65 所示。

图 5.65 调整后的最终效果

接下来完成第 3 张幻灯片的制作，如图 5.66 所示。

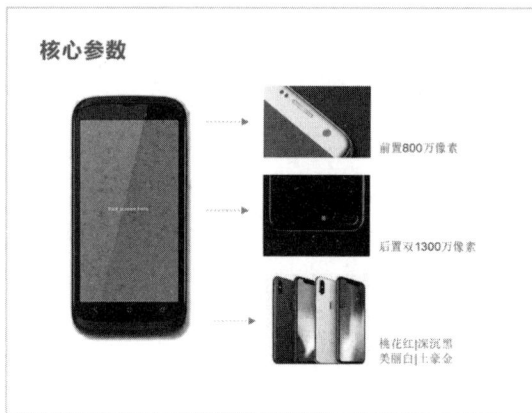

图 5.66　核心参数的第 3 张幻灯片

单击图片，可激活图片快捷工具栏，设置图片边框时，可以用 WPS 内置的边框功能，某些边框需要具有"稻壳会员"身份（WPS 用户按照功能分为精品课会员、稻壳会员、WPS 会员和超级会员等，每种会员享受的 WPS 服务不同，其中稻壳会员主要具有 WPS 各类官方资源的使用权利），如图 5.67 所示。

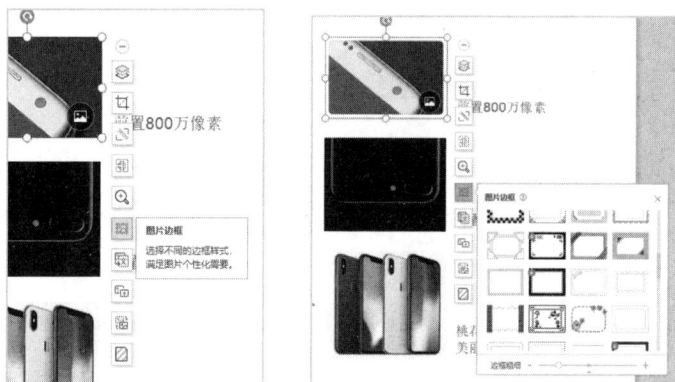

图 5.67　图片的边框设置

然后根据设计草稿，完成其他幻灯片的设计，整个 WPS 演示义稿如图 5.68 所示。

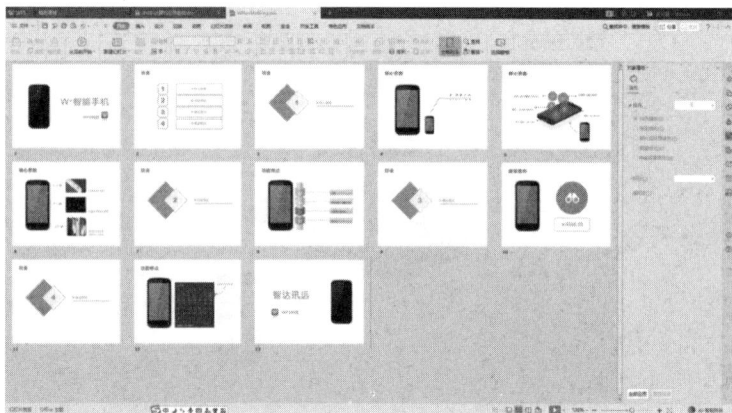

图 5.68　整个 WPS 演示文稿

5.2.4 WPS 演示文稿的幻灯片切换与页内动画

如果 WPS 演示文稿都是静态的，会显得比较单调，特别是在演讲时，观众容易产生审美疲劳，可以通过幻灯片切换和页内动画进行调整，特别是页内元素有一定时间逻辑关系时，用动画形式进行依次展示，能提高演讲的说服力。需要注意的是，幻灯片切换与页内动画的设计不能过于频繁，每个元素都设计成动画形式，会导致浏览者不知重点在何处，根据需要适当设置即可。

1. 幻灯片切换

回到封面幻灯片，选择"切换"选项卡，如图 5.69 所示，此时，工具栏会调整为相应功能，设置切换方式为"平滑"，封面即可出现 "平滑"的过场效果。

图 5.69 "切换"选项卡

通过工具栏中的其他项目，可以设置幻灯片切换的基本参数，如表 5.2 所示。

表 5.2 幻灯片切换的基本参数

序　号	项　　目	说　　明
1	速度	设置整个切换过程的时间长度，可以精确到 0.01s
2	声音	设置切换过程中播放的声音，可以是内置的声音文件，也可以是独立的声音文件
3	单击鼠标时换片	设置幻灯片切换的时间，如果选中，则单击时会切换到下一张幻灯片，否则，需要等待其他条件达到时，才能切换幻灯片
4	自动换片	设置本幻灯片播放一定时长后，自动切换到下一张幻灯片
5	应用到全部	前述所有设置将对本 WPS 演示文稿中的所有幻灯片生效

如果没有单击"应用到全部"按钮，幻灯片切换的设置仅对当前幻灯片生效，这种方式适合于每张都是独特幻灯片的切换方式；如果想整个 WPS 演示文稿有统一的幻灯片切换风格，也可以在做完各项设置后，单击"应用到全部"按钮。

工具栏中的各项目比较紧凑，容易出现误操作。在 WPS 的右侧任务窗格中也可以进行管理和设置，其位置如图 5.70 所示。

图 5.70 任务窗格

一般情况下，右侧任务窗格并没有显示全部的功能，单击右下角的"…"按钮，弹出"任务窗格设置中心"对话框，如图 5.71 所示，可对所需功能显示或隐藏进行设置。

图 5.71　"任务窗格设置中心"对话框

其中第 1 行第 3 个、第 2 行第 1 个图标分别对应动画和切换功能，可以显示这两个功能。以"切换"为例，可以在右侧任务窗格中设置幻灯片切换的相关项目，如图 5.72 所示。

图 5.72　幻灯片切换

2. 页内动画

WPS 演示可以对幻灯片内的元素，如文本框、标题、图片、图形等单独设置动画效果，以增强演示文稿的感染力。与幻灯片切换类似，动画设置也可以通过"动画"工具栏或"自定义动画"任务窗格来实现。选择"动画"选项卡后出现的工具栏如图 5.73 所示。

图5.73 "动画"选项卡中的工具栏

下面以任务窗格为例进行演示，选择一个或多个元素，然后设置动画效果，该动画就会作用到选择的元素上。单击封面幻灯片中的"手机"图片，表示稍后设置的"动画"仅针对该图片生效。单击任务窗格右侧的"自定义动画"按钮，可显示相应的任务窗格；单击"添加效果"按钮，弹出"动画"对话框，单击"擦除"按钮，选择"擦除"效果，如图5.74所示。

图5.74 动画类型选择

任务窗格中会对应显示当前元素的动画设置情况，如图 5.75 所示。可以进一步设置动画的开始时间、动画的效果和持续时间。

如果针对多个元素进行动画设置，则可以在下半部分看到动画列表，如图5.76所示。

图5.75 动画设置   图5.76 动画列表

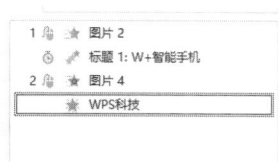

可以右击某动画列表项目，在弹出的快捷菜单中做进一步设置；也可以上下拖动这些动画列表项目，改变其先后顺序。

如果某个动画在 WPS 演示文稿中反复出现，不要忘记，动画也可以像文字格式一样，用"动画刷""刷"到其他元素上，以减少重复操作，如图5.77所示。

最后完善细节，按照要求发布为指定格式。如果不知道演讲时用计算机显示器还是 LED 大屏放映，那么可以制作不同显示横纵比的 WPS 演示文稿，以避免失真带来的遗憾。

图 5.77　动画刷

5.2.5　WPS 演示文稿的放映

WPS 演示文稿可以在计算机显示器、电视机、LED 大屏幕、投影幕布、移动终端等上放映，现在甚至可以通过手机播放，再投屏到其他设备上。其放映有以下两种常见方式。

方式一：按钮方式。

单击 WPS 界面右下角的"放映"按钮即可开始放映。在默认情况下，从第 1 张幻灯片开始放映，也可以按"F5"键启动此操作；如果不是从第 1 张幻灯片而是从当前幻灯片开始放映，可以按"Shift+F5"组合键。也可以单击"放映"按钮旁边的"▼"按钮，在下拉列表中选择相应命令，如图 5.78 所示。

图 5.78　放映操作

如果要进行更加复杂的设置，则选择图 5.78 中的"放映设置"命令，弹出"设置放映方式"对话框，如图 5.79 所示。

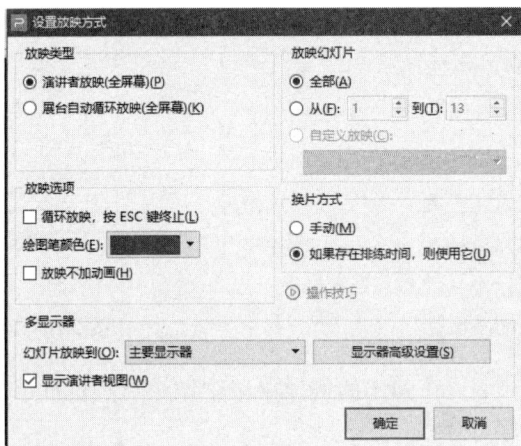

图 5.79　"设置放映方式"对话框

方式二：菜单方式。

选择"放映"选项卡，出现"放映"工具栏，其中除了前述各项放映功能，还增加了手机遥控和屏幕录制功能，如图 5.80 所示。

图 5.80　"放映"选项卡

单击"手机遥控"按钮，弹出"手机遥控"对话框，配合手机上安装的 WPS 可以实现手机的遥控功能，如图 5.81 所示。

图 5.81　手机遥控功能

使用手机 WPS 中的扫描功能扫描图 5.81 中的二维码，授权手机与计算机相连接，此时手机转化成一个"遥控器"，如图 5.82 所示，可以用于控制放映计算机中的 WPS 演示文稿。

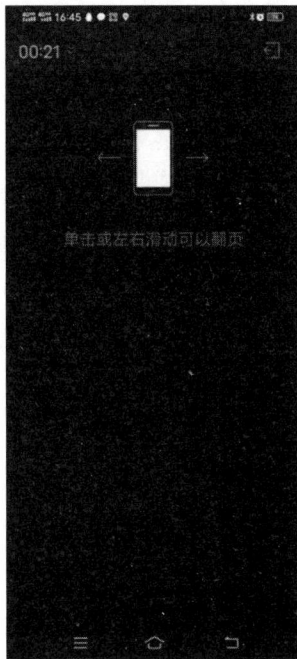

图 5.82　手机变"遥控器"

单击"屏幕录制"按钮，弹出"屏幕录制"对话框，如图 5.83 所示，可以设置是否启动摄像头，以便录屏的同时嵌入摄像头，采集演讲人画面；可以单击"录屏幕"或"录应用窗口"按钮，以选择录屏的区域范围。

图 5.83 "屏幕录制"对话框

单击"屏幕录制"对话框右上角的"▤"按钮，可以对"屏幕录制"功能进行更加细致的设置，如图 5.84 所示。

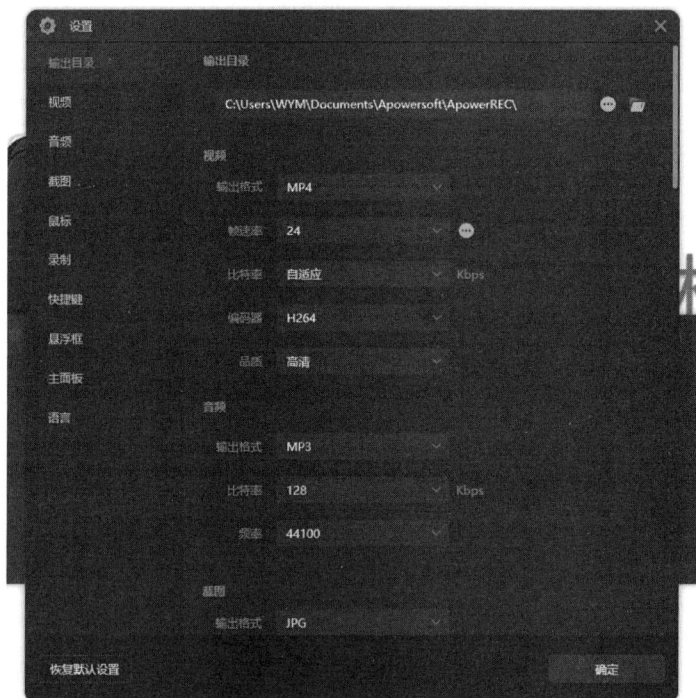

图 5.84 屏幕录制设置

拓展训练——制作一个介绍你熟悉城市的 WPS 演示文稿（包含 15 张幻灯片且结构完整、制作精美）

任务 3　WPS 演示文稿的快速制作

➡ 任务描述

小吴重新设计制作的 WPS 演示文稿让老板十分满意，他在会上提出加强 PPT 的标识管理，

希望公司内部的文稿，特别是 WPS 文字处理和 WPS 演示文稿采用统一的风格和样式，有关
WPS 演示文稿的相关工作由小吴负责。

➡ 任务分析

小吴考虑可以采用两套方案，一套方案是制作一个模板文件，完成布局、版式、企业 Logo、
基础色调、文字格式等的设置，并预测文档结构；另一套方案是编辑一个母版，如果需要的话，
可以从模板生成演示文稿，并提高制作演示文稿的效率。

➡ 知识准备

掌握 WPS 演示文稿模板和母版的基本操作，并学会从模板或母版
快速开发 WPS 演示文稿，了解添加其他演示元素的基本方法。

明确 WPS 文稿的
设计原则与步骤

5.3.1　明确 WPS 文稿的设计原则与步骤

演示文稿用于向客户展示，其基本准则就是"技术+艺术"的呈现，对于初学者而言，总
是希望在演示文稿中将所有信息都呈现出来，殊不知这是个较大的误区。

演示文档是辅助演讲或讲演用的，起的是辅助的作用，不能喧宾夺主，其核心要义是呈
现最主体、最核心的信息。因此，对于初步拿到手的资料要进行整理、归纳，总结出最核心
的内容。

在设计原则上，初学者要谨记"三三三"原则，即：

（1）每张幻灯片字体种类（大小）不超过三种；

（2）每张幻灯片主要颜色不超过三种；

（3）每张幻灯片主要元素不超过三个。

设计步骤如下：

（1）整理收集的资料，提取最核心的内容。

（2）在草稿纸上拟定提纲，一个演示文稿一般由封面、目录、正文、封底构成。

（3）根据需要，在草稿纸上规划出演示文稿的幻灯片结构，一般有单链式、总分总两种常
见结构，要与演讲或讲演的顺序保持一致。

（4）确定基本版式，如果在计算机、平板电脑等设备上展示，则显示横纵比多为 4∶3；如
果在 LED 等大屏上展示，则显示横纵比多为 16∶9。

（5）依据产品特点，选择基础色调，如果在计算机、平板电脑等设备上展示，则多为亮色
背景；如果在 LED 等大屏上展示，则多为暗色背景。

（6）在草稿纸上规划、设计每张幻灯片的基本构成。

（7）按照设计，使用 WPS 演示完成素材、数据的导入、输入和调整。

（8）制作页内动画和幻灯片间切换动画。

（9）统一幻灯片格式，完善细节，按照要求发布为指定格式。

5.3.2　增加丰富的演示元素

在"插入"选项卡中可以看到 WPS 演示中能添加的演示元素，这里抛砖引玉，介绍几种

常见元素的添加操作，通过举一反三可以实现更多元素的添加。

1. 增加图表

图表是一种非常直观的表达方式，通过数据的图表化，能清晰地反映数据变化的规律和趋势。在 WPS 演示中增加图表有以下两种常见方式。

方式一：从 WPS 表格中复制。

WPS 表格有强大的数据加工处理及图表功能，可以在 WPS 表格中完成数据的录入、整理和加工，生成图表，如图 5.85 所示。

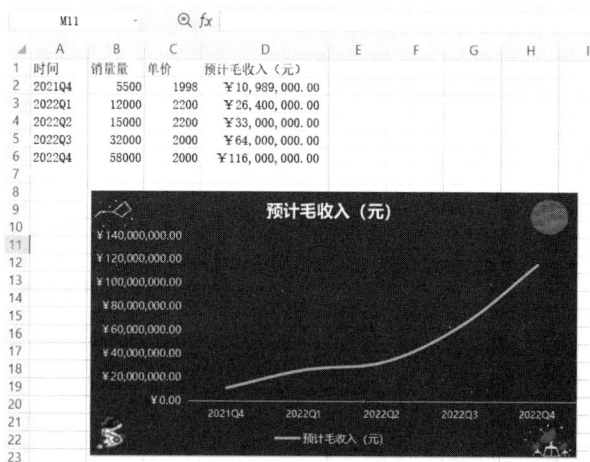

图 5.85 WPS 表格中制作图表

进行"复制""粘贴"操作，将 WPS 表格中的图表复制到 WPS 演示文稿中，如图 5.86 所示。

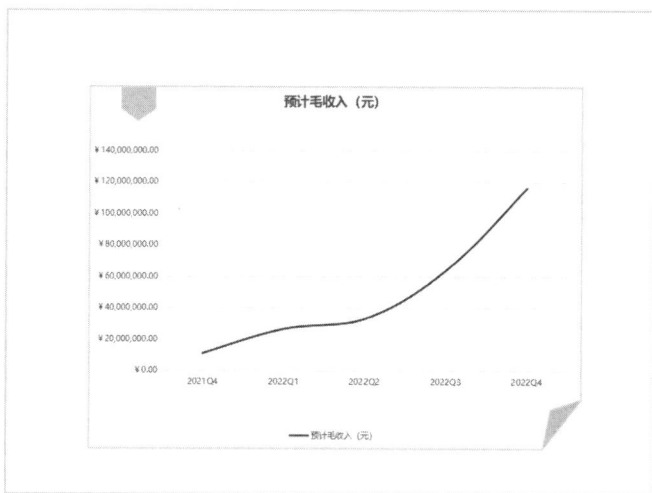

图 5.86 复制到 WPS 演示文稿中

需要注意的是，由于 WPS 表格和演示文稿中的配色方案并不完全一致，复制图表后有时其配色方案会自动调整，可能要进行修改，以满足 WPS 演示文稿的整体风格需要。如果对 WPS 表格中的表格格式非常满意，也可以使用截图的方式，将图表的图形复制到 WPS 演示文稿中。这样做的缺点是以后数据无法直接在 WPS 演示中更新。

方式二：在 WPS 演示中直接插入。

单击"插入"选项卡中的"图表"按钮，弹出"图表"对话框，选择合适的类型，此处选择"柱形图"，单击合适的缩略图，单击"插入图表"按钮，如图 5.87 所示。

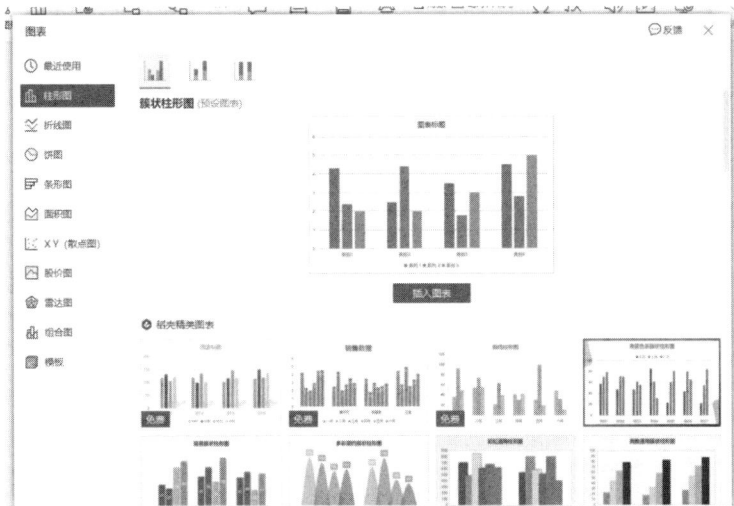

图 5.87　插入图表功能

在幻灯片中插入一个图表，选中该图表，WPS 会自动出现"图表工具"选项卡以及相应的工具栏，其中包含丰富的图表操作项目，如图 5.88 所示。单击"编辑数据"按钮，将启动 WPS 表格，用于对数据进行编辑。

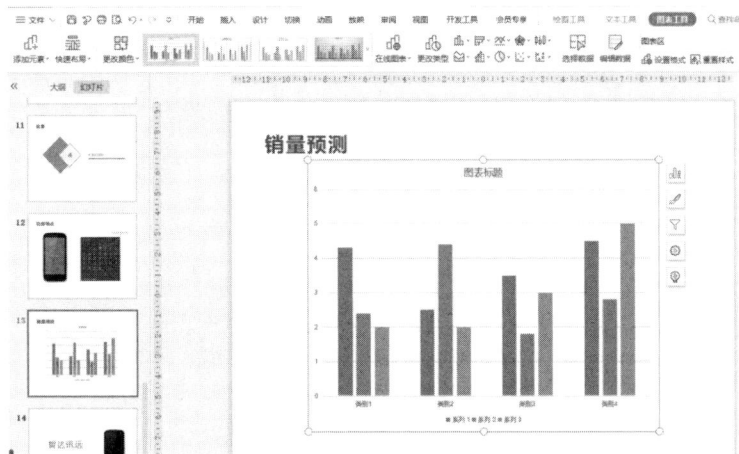

图 5.88　插入图表到 WPS 演示中

2．智能图形 SmartArt

WPS Office 2019 极大地丰富了智能图形库 SmartArt，目前支持多达几十种智能图形的插入和编辑，用户可以有更多选择来直观展示信息和观点。智能图形包括图形列表、流程图以及更为复杂的图形，如维恩图和组织结构图，如图 5.89 所示。

单击"插入"选项卡中的"SmartArt"按钮，选择插入的 SmartArt 图形。

图 5.89　SmartArt 图形

3. 轻松制作精美流程图

除了使用现有的功能制作组织架构图，用户还经常需要绘制不一样的流程图，以应用到演示文稿中。下面以简单流程图制作为例进行介绍。

单击"插入"选项卡中的"形状"按钮，插入多个矩形并对齐，在图形轮廓上的"黑点"之间拖动插入箭头连接符，完成图形连接，如图 5.90 所示。

需要注意的是，右击任意形状连接符，选择"锁定绘图模式"，即可不间断地连续插入，提高制图效率。

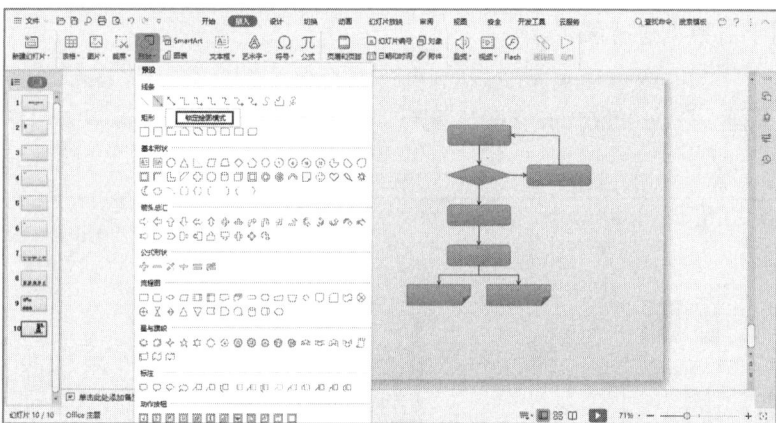

图 5.90　制作流程图

5.3.3　WPS 演示模板与母版

WPS 演示模板与母版

母版是一类特殊幻灯片，能控制基于它的所有幻灯片。母版里包含每张幻灯片的文本格式和位置、项目符号、页脚的位置、背景图案等重要信息，如图 5.91 所示。

单击"设计"选项卡中的"编辑母版"按钮，或者单击"视图"选项卡中的"幻灯片母版"按钮，可编辑母版。

需要注意"母版"和"模板"的区别。"模板"是演示文稿中特殊的一类，扩展名为.pot，用于提供样式文稿的格式、配色方案、母版样式及产生特效的字体样式等，应用设计模板可快速生成风格统一的演示文稿；"母版"规定了演示文稿（幻灯片、讲义及备注）的文本、背景、日期及页码格式，体现了演示文稿的外观，包含演示文稿中的"公共"信息。

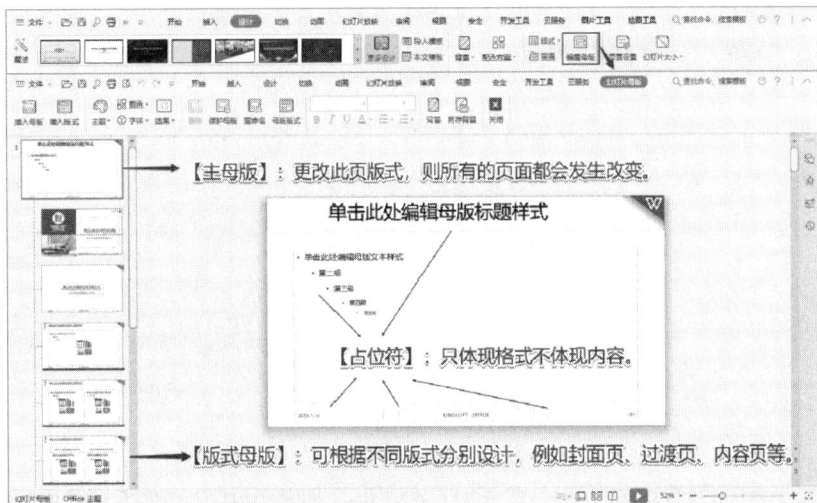

图 5.91　母版

若通过母版为幻灯片统一添加公司 Logo，单击"设计"选项卡中的"编辑母版"按钮，将图片直接粘贴到"主母版"中即可。关闭母版后，返回 WPS 演示，就会发现相关幻灯片上都出现了公司 Logo，如图 5.92 所示。

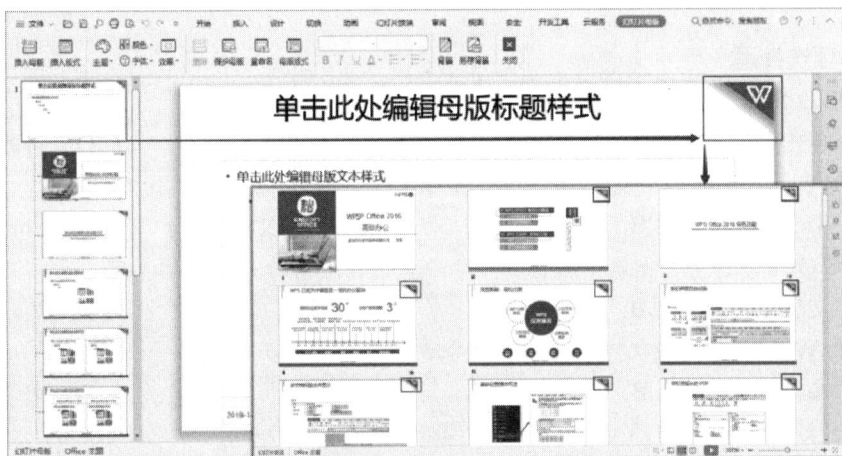

图 5.92　在演示文稿中统一添加公司 Logo

WPS 演示结合企业用户的各种场景需求，更新了本地模板资源库，并同步更新设计板块的资源，精简准确，为用户带来了多重模板体验。用户还可以通过"导入模板"功能，应用专业人员设计的精美幻灯片模板，不必烦琐地复制、粘贴内容，直接套用即可。

要执行此操作，只需单击"设计"选项卡中的"导入模板"按钮，打开所需要套用的幻灯片即可，如图 5.93 所示。

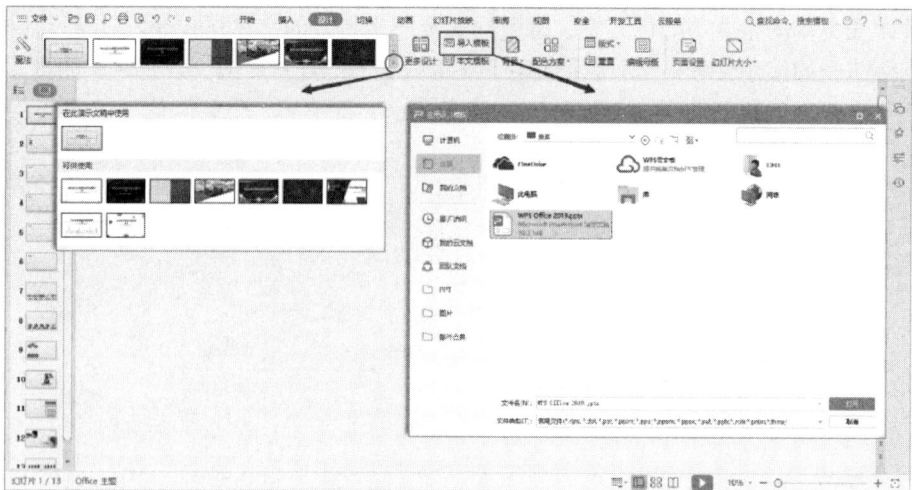

图 5.93　应用设计模板

拓展训练——使用模板制作一个介绍公司三款产品的 WPS 演示文稿（风格一致）

项目考核

一、单项选择题

1. WPS Office 是由（　　）公司开发的。

　　A．金山　　　　　　B．微软　　　　　　　C．苹果　　　　　　D．谷歌

2. WPS Office 目前尚不支持（　　）操作系统。

　　A．Android　　　　B．iMac　　　　　　　C．UNIX　　　　　　D．Linux

3. WPS Office 不包括（　　）。

　　A．文字　　　　　　B．数据库　　　　　　C．表格　　　　　　D．演示

4. 早期 WPS 的开发人员主要是（　　）。

　　A．柳传志　　　　　B．雷军　　　　　　　C．马云　　　　　　D．求伯君

5. WPS 演示相当于 Microsoft 的（　　）。

　　A．Excel　　　　　B．Word　　　　　　　C．Access　　　　　D．PowerPoint

二、操作题

1. 在网上查询近二十年来中美 GDP 总量（Billion Dollar），在 WPS 表格中计算年增长速度，然后将两国 GDP 年增长速度汇总到一张曲线图中，最后在 WPS 演示中显示这张曲线图。

2. 制作一个介绍你所在学校的 WPS 演示文稿，页数达 10～15 页。

项目 *6*

信息检索

项目介绍

随着互联网的飞速发展，信息产生、传播的速度和规模达到了空前的水平。当今信息不断以几何级别爆炸性地增长，一个人不眠不休也无法获取所有信息，在这些信息中也存在大量无用、冗余的信息。在这个信息爆炸时代，能够高效准确地从海量信息中获取有价值的信息是一项重要技能。本项目旨在通过信息检索概念、方法和技巧的学习和实践，提高学生获取信息的能力和效率。

任务安排

任务1　了解信息检索

任务2　了解搜索引擎

任务3　了解数字信息资源

学习目标

◇ 了解信息检索的概念、分类和常用工具。

◇ 掌握使用搜索引擎进行基本信息，以及图片、文档等多媒体资源的检索方法。

◇ 了解常用的数字信息资源。

◇ 掌握文献检索、专利检索、国家统计数据检索的方法。

◇ 掌握综合运用各类检索工具和数字信息资源进行调研的基本方法。

任务 1　了解信息检索

➡ 任务描述

因工作需要,在重电云科技有限公司工作的小陆最近在收集国内外公有云平台市场占有率情况,以及云计算技术发展的最新趋势。他想通过阅读专业书籍进行调研,但查找效率非常低且书籍中缺少最新的数据,于是小陆向其他有经验的同事请教,同事们都建议他通过信息检索的方式来获取最新的信息。现在小陆准备了解信息检索的相关知识和工具,以提高自己的工作效率。

➡ 任务分析

要较好地完成这个任务,首先,要了解信息检索的概念,知道信息检索能够达到什么效果;其次,要了解信息检索的分类;最后,要了解信息检索中会用到哪些工具。

➡ 任务实施

6.1.1　信息检索的概念

信息检索的概念

信息作为一个科学概念,最早出现在通信领域,指通信系统传输和处理的对象。随着科学技术的发展,社会信息量剧增,信息概念逐步运用到各个领域。特别是随着互联网的发展,每个访问互联网的人都是信息的发布者,如当今随时随地都能够发布的短视频、个人微博、购物评价、美食评价等。可以说这些信息是待挖掘的宝箱,而检索就是打开这个宝箱的钥匙。那么什么是信息检索?

信息检索(Information Retrieval)指用户根据需要,采用一定的方法,借助检索工具,从按一定的方式进行加工、整理、组织并存储起来的信息集合中找出所需要信息的查找过程。通过信息检索能够高效、快速、准确地筛选出所需要查找的信息。

信息检索的知识与技能是信息时代大学生必须具备的基本能力,对学生日后不断完善知识结构、提高学习和工作能力、发挥创造才能具有十分重要的意义。

6.1.2　信息检索的分类

我们知道信息是一类非常有价值的资源。一般来说,信息资源包括传统出版物资源、电子资源、网络信息资源等。信息检索的分类方法较多,本书以信息检索内容的表现方式进行分类。

(1)文献检索。

文献检索是指以文献(包括文摘、题录和全文)为检索对象,围绕某一特定课题,利用目录、索引、数据库、网络搜索引擎等检索工具,获得大量相关文献线索的过程。文献检索是一种相关性检索,检索的结果是文献线索,还必须进一步查找才能检索到有关的信息。例如,可以通过文献检索获得与云计算技术发展相关的白皮书、专著、学术论文、技术专利等方面的文献。

（2）数据检索。

凡是以数值作为检索对象，将经过选择、整理、鉴定的数值数据存入检索系统中，根据需要回答某一具体数据问题的检索都称为数据检索。数据检索系统中存储的大量数据，既包括物质的各种参数、银行账号、电话号码、经济统计数据、股市行情数据、地理常数、统计数据、人口数据、经济数据、设备参数等数字数据，也包括各类图表，如财务报表等非数字数据，并提供一定的运算推导能力。数据检索也是一种确定性检索，因为这些数据大多是经过权威部门测试、评价、筛选过的，用户可以直接用来进行定量分析。例如，在国家统计局数据查询系统中查询 2021 年的国内生产总值，如图 6.1 所示。

图 6.1 国家统计局数据查询系统

（3）事实检索。

事实检索是指以事实作为检索对象，将存储于文献或数据库中的与某一事项内容相关的信息查找出来的信息检索。其检索对象既包括事实、概念、知识等非数值信息，也包括一些数据信息。有些检索系统（如智能搜索引擎）可以针对用户查询要求，由检索系统进行分析、推理、逻辑运算后，再输出检索结果。例如，通过百度搜索引擎搜索中国首位获得诺贝尔奖的女科学家是谁；通过中国知网知识元检索可以查询到大量关于"信息检索"的学术定义，如图 6.2 所示。

图 6.2 中国知网知识元检索

6.1.3 信息检索的工具

信息检索的工具种类繁多，分类方法也较多，本书按检索设备和检索手段进行划分。

（1）手工检索工具。

手工检索工具是计算机检索、网络检索等现代信息检索工具出现以前广泛使用的检索工具，主要有书本式和卡片式检索工具两种。书本式检索工具是以图书或连续出版物形式出版的、用于查找各类文献的检索工具，如我国的《中国社会科学引文索引》《全国新书目》《全国报刊索引》《中国统计年鉴》，美国的《工程索引》，英国的《科学文摘》。

（2）计算机检索工具。

计算机检索工具通常由计算机、数据库、检索软件、检索终端及其他外部设备构成，具有信息存储容量大、信息内容实时更新、检索途径丰富、检索不受时空限制等优势。互联网信息检索系统一般通过用户账号、检测 IP 地址的方法确定合法用户，并向其提供检索及文献下载服务。如各类搜索引擎、中国知网、各类统计数据库等。

拓展训练——小组讨论

1．信息的价值如何体现？
2．你想了解你家乡的哪些统计数据？
3．你使用过哪些信息检索工具？

任务 2　了解搜索引擎

➡ 任务描述

在重电云科技有限公司工作的小陆，最近需要提交各公有云服务提供商在我国的市场占有率的调研报告。小陆通过任务 1 了解了信息检索的概念、分类和工具。接下来小陆打算通过搜索引擎进行事实检索及数据检索，以便撰写市场调研报告。

➡ 任务分析

要完成本任务就要掌握搜索引擎的运行原理，以及搜索引擎中常用的搜索技巧等。

➡ 任务实施

搜索引擎及使用

6.2.1　搜索引擎

搜索引擎（Search Engine）是指根据一定的策略、运用特定的自动化计算机程序从 Internet 上通过已知地址和超链接对信息进行抓取，然后对收集到的信息进行组织、整理和索引，建立索引数据库。在对信息进行组织和处理后，为用户提供检索服务，使用某种算法进行排序后将用户检索的相关信息展示给用户。从使用者的角度看，搜索引擎为用户提供了一个查找 Internet 上信息内容的入口，能够更好地利用网络上的资源。查找的信息内容包括网页、图片、视频、位置信息等。

搜索引擎包括全文索引、目录索引、元搜索引擎、垂直搜索引擎、集合式搜索引擎、门户搜索引擎与免费链接列表等。一般的搜索引擎都支持关键词简单搜索和高级搜索两种方式。

在 Internet 上，搜索信息常用的方法是使用搜索引擎，根据关键词来搜索需要的信息。Internet 上有很多优秀的搜索引擎，如百度、bing、搜狗等。下面以百度搜索引擎为例进行介绍。

6.2.2　简单搜索

在百度搜索首页的文本框中输入搜索词，如图 6.3 所示，单击"百度一下"按钮、按"Enter"键或单击弹出的"搜索联想词"即可获得搜索结果。系统默认在网页中搜索，如果要在新闻、地图、直播、视频、贴吧、学术等信息中搜索，则先单击首页左上方相应的类别，再输入搜索词搜索。

图 6.3　百度搜索首页

与许多搜索引擎一样，当直接在文本框中输入搜索词时，百度默认进行模糊搜索，并且能将长短语或词句自动拆分成小的词进行搜索，如输入"新冠疫苗接种率"，搜索引擎后台会自动将其拆分成"新冠""疫苗""接种率"，然后在数据库中搜索包含这些关键词的信息并展示。

百度搜索忽略英文字母大小写，提供拼音提示、错别字提示等功能，并且支持各类搜索语法。

（1）用双引号、书名号来实现内容精确搜索，如输入：新冠疫苗接种率，可将"新冠疫苗接种率"作为一个整体来搜索，不进行拆分。

（2）在搜索关键字前面添加"site:域名"即可指定在某域名范围搜索，如输入：site:qq.com 高考，将在 qq.com 域名范围内搜索与"高考"相关的信息。

（3）在搜索关键字前面添加"intitle:"即可指定在标题中搜索，如输入：intitle:计算机，将搜索网页标题包含"计算机"的内容。

（4）支持布尔逻辑运算，其具体用法如表 6.1 所示，表达式中的 A、B、C 分别代表 3 个关键词。

（5）可用高级搜索语法，其具体用法如表 6.2 所示。

表 6.1　布尔逻辑运算在百度中的使用方法

语　法	功　能	表达式	操作符	说　明	举　例
and（逻辑与）	用于同时搜索两个以上关键词的情形	$A\,B$ 或 $A\&B$	&、空格	"&"必须在英文半角下输入	"高考&计算机专业"或"计算机&发展&阶段"
or（逻辑或）	用于搜索指定关键词中的至少一个	$A\,|\,B$	|	"|"与关键词之间有空格	"计算机 | 考古"
not（逻辑非）	用于排除某一指定关键词的搜索	$A\,-B$	−	"−"与第一个关键词之间有空格，但与第二个关键词之间不能有空格	"夏季水果 −西瓜"
括号	分组，改变逻辑运算顺序	$A\,\&(B|C)$	()	中间不能有空格	"高考&专业&(计算机|考古)"

表 6.2　高级搜索语法在百度中的使用方法

语　法	功　　能	表 达 式	举　　例
Filetype	搜索某种指定扩展名格式的文档资料	filetype:扩展名	filetype:ppt 计算机网络发展
Intitle	把搜索范围限定在网页标题中	intitle:关键词	intitle:"大学生就业"
Site	把搜索范围限定在特定的站点中	site:域名	site:qq.com 高考
Inurl	把搜索范围限定在包含关键词的 URL 链接中	inurl:关键词	inurl:jiqiao photoshop
Related	搜索与指定页面相似的网页	related:网址	related:www.microsoft.com

6.2.3　高级搜索

在百度主页的右上角单击"设置"按钮下的"高级搜索"按钮，即可进入高级搜索页面，如图 6.4 所示。

在高级搜索页面中，可以通过搜索框和下拉列表来确定搜索条件，除了可以对搜索词的内容和匹配方式进行限制，还可以从时间限定、文件格式、关键词位置和搜索特定网站等方面进行搜索条件和搜索范围的限定。

图 6.4　百度高级搜索页面

6.2.4　新闻搜索

在百度搜索首页左上角单击"新闻"进入新闻搜索页面，在搜索栏中输入关键字后即可进行搜索。这里以"中国男篮东京奥运"为关键字进行搜索，搜索结果如图 6.5 所示。

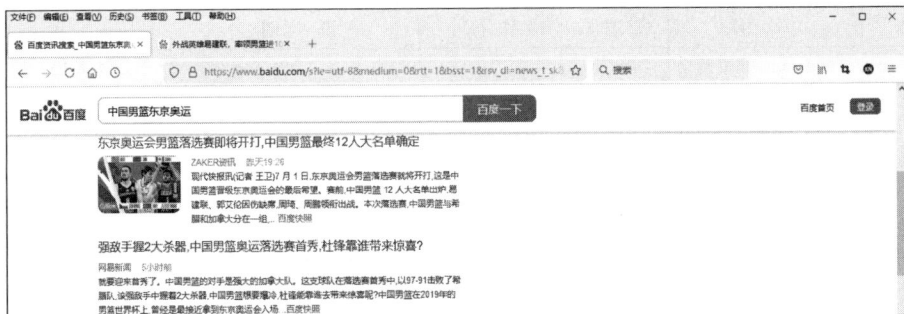

图 6.5　百度新闻搜索页面

6.2.5　图片搜索

在百度搜索首页单击"更多"→"图片"，进入图片搜索页面。在图片搜索页面有两种图片搜索方式，一种是传统的按关键字搜索图片，另一种是按图片搜索图片。

1. 按关键字搜索图片

以"鸿蒙操作系统"为关键字进行搜索，搜索结果如图 6.6 所示。

图 6.6　按关键字搜索的结果

2. 按图片搜索图片

在百度图片搜索页面的搜索框后部，有一个相机的图标，如图 6.7 所示，单击该图标可选择作为搜索依据的图片进行搜索。

图 6.7　按图片搜索

上传图片后，搜索引擎服务端将会进行识别，识别结果如图 6.8 所示。识别结果包括识别图片中是什么、图片可能的来源以及网络上相似的图片等。

图 6.8　识别结果

6.2.6 文档搜索

在百度搜索首页单击"更多"→"文库",进入文档搜索页面。例如,搜索关键字"计算机发展历史",搜索结果如图 6.9 所示。在搜索结果中还可以对文档格式、文档时间等进行筛选。

图 6.9 搜索结果

拓展训练——搜索引擎的使用

1. 使用搜索引擎搜索一项你感兴趣的运动。
2. 使用图片搜索功能搜索与你手机中拍摄的一张植物照片类似的图片。
3. 使用文档搜索功能搜索一个工作周报文档模板。

任务 3 了解数字信息资源

数字信息资源

➜ 任务描述

小陆已完成各公有云服务提供商在我国市场占有率的调研,下一步的任务是进行云计算技术发展最新趋势的调研。小陆打算通过文献检索来完成该任务,于是他请教了部门的其他同事并了解到一些常用的数字信息资源。接下来他将深入了解这些数字信息资源并掌握它们的检索方法。

➜ 任务分析

完成该任务需要了解常用的数字信息资源有哪些,知道各种数字信息资源收录了哪些类型的信息,并掌握这些数字信息资源的检索方法。

➡️ 任务实施

6.3.1 中国知网（CNKI）中国知识资源总库

中国知网是中国学术期刊（光盘版）电子杂志社、同方知网（北京）技术有限公司共同创办的网络知识出版平台。国家知识基础设施（National Knowledge Infrastructure，NKI）的概念由世界银行《1998年度世界发展报告》提出。1999年3月，以全面打通知识生产、传播、扩散与利用各环节信息通道，打造支持全国各行业知识创新、学习和应用的交流合作平台为总目标，王明亮提出建设中国知识基础设施工程（China National Knowledge Infrastructure，CNKI），并被列为清华大学重点项目。截至2021年底，中国知网收录的文献总量已超过4亿篇。文献类型包括学术期刊、博士学位论文、优秀硕士学位论文、工具书、重要会议论文、年鉴、专著、报纸、专利、标准、科技成果、知识元等。

1. 搜索框检索

进入中国知网首页可见如图6.10所示的搜索框。在中国知网首页的左侧可以选择检索的类别，包括"文献检索""知识元检索""引文检索"。以"文献检索"为例，在搜索框下部可以勾选文献检索的数据来源，如"学术期刊""学位论文""会议"等。在搜索框左侧的下拉菜单中可以选择检索关键字的类别，包括"主题""作者""作者单位""文献来源""摘要""关键词"等。单击搜索框右侧的"放大镜"图标即可进行检索。

图6.10 中国知网搜索框

2. 高级检索

高级检索可在中国知网首页的搜索框右侧单击"高级检索"链接，进入如图6.11所示的高级检索页面。

在高级检索页面可以对"文献分类"进行选择，提高检索范围的精确度。还可以添加多个检索关键字的类别，单击检索关键字类别后面的"+"按钮可以添加一个类别，单击"-"按钮可以删除一个类别。也可以指定各检索关键字类别间的逻辑关系（如与、或、非），如检索主题为"云计算"且作者姓名为"张三"的文献。

另外，高级检索支持使用运算符*（与）、+（或）、-（非）、"、""、()进行同一检索项内多个检索词的组合运算，检索框内输入的内容不得超过120个字符。输入运算符*、+、-时，前后要空一字节，优先级要用英文半角括号确定。若检索词本身含空格或*、+、-、()、/、%、=等特殊符号，进行多词组合运算时，为避免歧义，须将检索词用英文半角单引号或英文半角双引号引起来。

图 6.11 中国知网高级检索页面

例如：

（1）在篇名检索项后面输入：神经网络 * 自然语言，可以检索到篇名包含"神经网络"及"自然语言"的文献。

（2）在主题检索项后面输入：(锻造 + 自由锻) * 裂纹，可以检索到主题为"锻造"或"自由锻"且有关"裂纹"的文献。

（3）如果要检索篇名中包含"digital library"或"information service"的文献，在篇名检索项后面输入：'digital library' + 'information service'。

（4）如果要检索篇名中包含"2+3"和"人才培养"的文献，在篇名检索项后面输入：'2+3' * 人才培养。

6.3.2 中国专利公布公告数据库

中国专利公布公告数据库是中国国家知识产权局公布专利相关信息的检索系统。该数据库包含自 1985 年 9 月 10 日以来公布公告的全部中国专利信息。包括：

首先，包含发明公布、发明授权（1993 年以前为发明审定）、实用新型专利（1993 年以前为实用新型专利申请）的著录项目、摘要、摘要附图，其更正的著录项目、摘要、摘要附图（2011年 7 月 27 日及以后），以及相应的专利单行本（包括更正）。

其次，包含外观设计专利（1993 年以前为外观设计专利申请）的著录项目、简要说明及指定视图，其更正的著录项目、简要说明及指定视图（2011 年 7 月 27 日及之后），以及外观设计全部图形（2010 年 3 月 31 日及以前）或外观单行本（2010 年 4 月 7 日及以后）（均包括更正）。

最后，包含事务数据。

下面对专利信息检索进行介绍。

1. 搜索框检索

在中国专利公布公告数据库的搜索框，如图 6.12 所示，可以输入申请号、公布公告号，以及其他相关的关键字。如输入"衣服""降温"关键字，选择"实用新型""外观设计"类别，单击"查询"按钮即可进行查询，查询结果如图 6.13 所示。

图 6.12 中国专利公布公告数据搜索框

图 6.13 中国专利公布公告数据库查询结果

2. 高级检索

高级检索是在搜索框检索的基础上增加了明确的查询类别，如图 6.14 所示，并配合通配符和逻辑关键字来提升检索的灵活性。如支持用"?"代替 1 个字符，"%"代替多个字符的查询；可进行 and、or、not 运算（and、or、not 前后应有空格）。

图 6.14 中国专利公布公告数据库高级查询

以检索公告号使用通配符为例：102853527、102853527A、10285、%285352%、102?53?27；

以检索申请（专利权）人使用通配符为例：董?君、马克%公司；

以检索名称使用逻辑运算符为例：计算机 and 应用。

如图 6.14 所示就是一个检索发明人的姓名包含"林"字，发明的名称包含"机动车"及"雷达"关键字的案例，检索结果如图 6.15 所示。

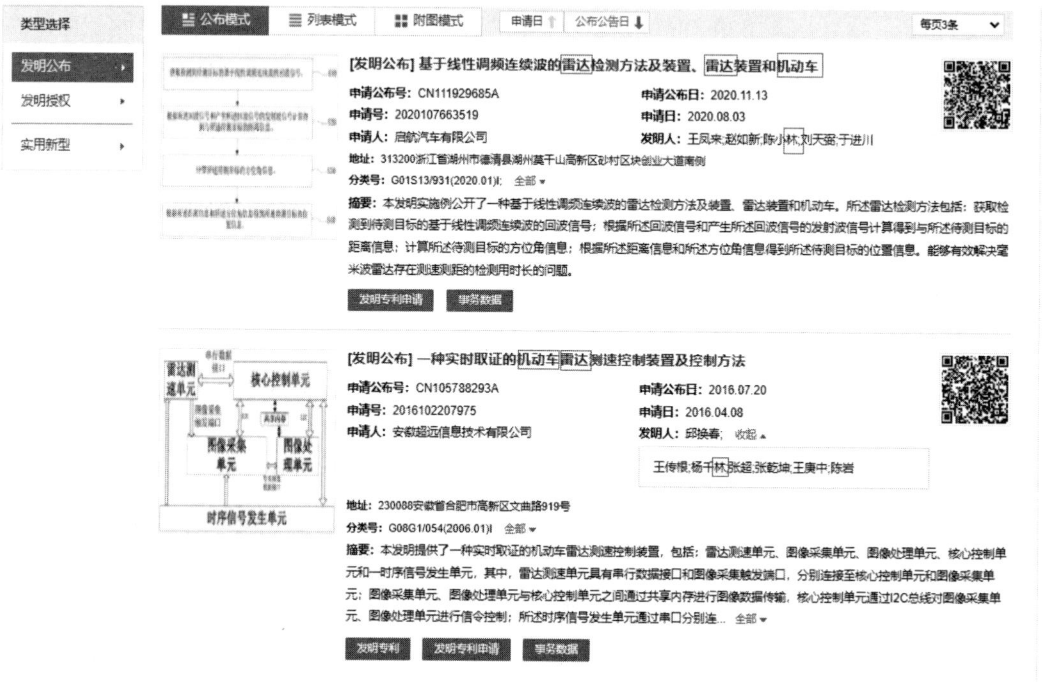

图 6.15　中国专利公布公告数据库检索结果

6.3.3　国家统计局数据库

为加快建设现代化服务型统计数据库，更好地服务社会，国家统计局在 2008 年创建的"中国统计数据库"基础上，于 2013 年建立了新版统计数据库。国家统计局数据库包含月度数据、季度数据、年度数据、地区数据、普查数据、国际数据六类统计数据，以及国内生产总值（GDP）、人口数据库、就业人员数据库、工资数据库、居民消费价格指数（CPI）、工业生产价格指数（PPI）、商品零售价格指数、规模以上工业生产、固定资产投资、房地产开发投资、社会消费品零售总额、对外经济贸易、交通运输、邮电通信、采购经理指数（PMI）等。

通过该数据库，不仅可以查询到国家统计局调查统计的各专业领域的主要指标时间序列数据，还可以按照个人需求制作个性化统计图表；不仅可以浏览众多历史统计年鉴资料，还可以使用直观的可视化统计产品。该数据库为通过数据客观了解相关运行情况提供了良好的信息支撑。下面介绍该数据库的查询方法。

1. 简单查询

在国家统计局数据库首页的搜索框中输入关键字的组合并以空格分隔，如图 6.16 所示，输入的关键字为"2021 年""北京""GDP"，单击"搜索"按钮后会检索出北京 2021 年 GDP

的相关数据库信息。

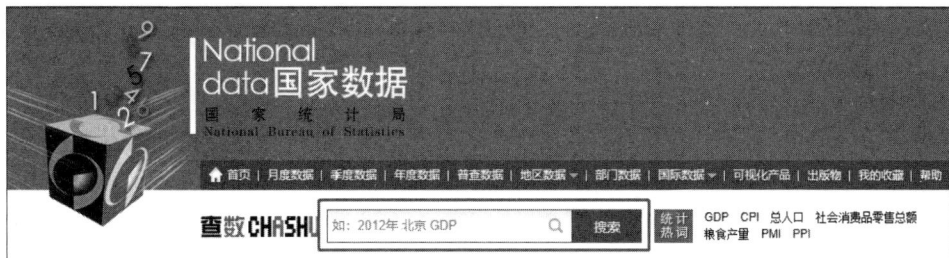

图 6.16　国家统计局数据库首页

2. 高级查询

可以单击图 6.16 中搜索框上方的"月度数据""季度数据""年度数据"等数据库链接，以单击"年度数据"数据库链接为例，可进入如图 6.17 所示的界面。

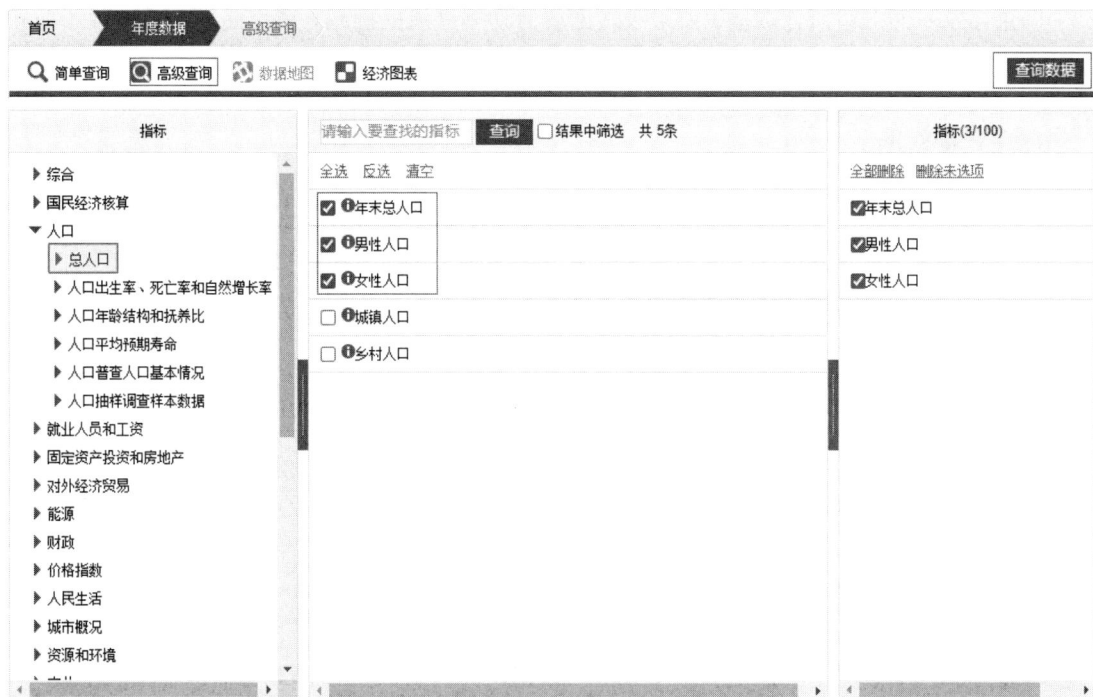

图 6.17　国家统计局数据库高级查询界面

在左侧的"指标"栏中选择想要查询的指标分类，该分类下的指标将显示在中部的"指标列表"中。选择"指标列表"中的指标项，选中的指标即可显示在右侧的已选择"指标"列表中。

在中部的"指标列表"的搜索框中输入要查找的指标名称，单击"查询"按钮，即可在所有指标范围内查找符合条件的指标名称，并显示在"指标列表"中。如果要在当前查找结果中进行二次查找，则勾选"结果中筛选　共 5 条"复选框。

最后单击"查询数据"按钮，可展示选定指标的相关数据，如图 6.18 所示。

首页	年度数据	高级查询								

Q 简单查询   Q 高级查询   数据地图   经济图表   ➕ 添加收藏   📋 数据管理 ▾   📊 报表管理 ▾

▼ 指标
▸ 综合
▸ 国民经济核算
▸ 人口
▸ 就业人员和工资
▸ 固定资产投资和房地产
▸ 对外经济贸易
▸ 能源

时间：最近10年 ▾

指标 ⇅	2020年 ⇅	2019年 ⇅	2018年 ⇅	2017年 ⇅	2016年 ⇅	2015年 ⇅	2014年 ⇅	2013年 ⇅
ⓘ 年末总人口(万人)	141212	141008	140541	140011	139232	138326	137646	136726
男性人口(万人)	72357	72039	71864	71650	71307	70857	70522	70063
女性人口(万人)	68855	68969	68677	68361	67925	67469	67124	66663

图 6.18   国家统计局数据库查询结果界面

拓展训练——社会调研

调查你家乡的人口统计数据。如果某地出现劳动力外流的问题，请你通过文献检索了解相关解决办法的研究现状。

项目考核

一、选择题

1.（　　）不属于信息检索的分类。

    A．数据检索　　　B．事实检索　　　　　　C．文献检索　　　　　　D．姓名检索

2.（　　）属于信息检索的工具。

    A．搜索引擎　　　　　　　　　　　　B．统计数据库

    C．书本式手工检索工具　　　　　　　D．卡片式手工检索工具

3.（　　）能够通过搜索引擎检索。

    A．图片　　　　　　B．新闻　　　　　　C．文档　　　　　　D．视频

4. 属于中国知网能够搜索的数据库类型是（　　）。

    A．学术期刊　　　B．学位论文　　　　C．标准　　　　　　D．报纸

5.（　　）属于国家统计局数据库收录的数据。

    A．人口统计数据　B．就业统计数据库　C．CPI　　　　　　D．GDP

二、简答题

1. 谈谈你是如何搜索 Internet 上的信息的。

2. 谈谈你掌握的信息搜索技巧。

3. 你用过何种数字信息资源？你打算如何使用这些数字信息资源？

三、实践练习

1. 通过你了解的文献数据库检索你所学专业的最新研究方向。

2. 通过专利公布公告数据库查询你是否有发明公告。

3. 通过国家统计局数据库调查你的家乡近五年来消费者价格指数的变化情况。

项目 7

互联网与网络信息安全

项目介绍

计算机网络是计算机技术和通信技术相结合的产物。随着计算机技术及通信技术的发展，计算机网络已经应用于人们学习、工作和生活的各个方面。网络技术为人们共享资源，有效地传送、处理信息提供了更加便捷和高效的途径。我国已发展成为全球互联网用户规模最大的国家，截至 2021 年 6 月，我国网民规模已达 10.11 亿，互联网普及率达 71.6%。可见掌握计算机网络技术已经成为一项不可或缺的工作和生活技能。本项目通过对计算机网络基础知识、浏览器的使用、Internet 的应用和网络信息安全等的学习，使学生掌握 Internet 的基本功能及应用技能。

任务安排

任务 1　实现局域网的数据共享

任务 2　浏览器的设置与使用

任务 3　Internet 的简单应用

任务 4　网络信息安全

学习目标

❖ 了解计算机网络的发展历史、功能和组成。

❖ 了解 IP 地址与域名的作用及规则。

❖ 了解 Internet 的网络功能及服务。

❖ 掌握浏览器、搜索引擎、文件传输、电子邮件的使用方法。

❖ 了解网络信息安全的概念和技术。

❖ 了解计算机病毒的起源及防护技术。

❖ 掌握防火墙的配置方法。

任务 1 实现局域网的数据共享

➡ 任务描述

小因在重电云科技有限公司工作，他目前负责部门文件的收集和管理。由于他管理的文件属于内部文件，不能放在本公司 QQ 群文件或者公有云盘中，只允许在公司局域网中分享。小因为了完成文件共享的任务，准备设置一个共享文件夹，将这些内部文件分享给同事。

➡ 任务分析

要完成这个任务需了解广域网、城域网、局域网等网络的概念、功能、结构、运行机制等知识，在理解计算机网络相关概念后进行共享文件夹的设置。

➡ 任务实施

7.1.1 计算机网络的组成

计算机网络要完成数据处理和数据通信两大功能，因此在结构上也必然分成两个组成部分，即负责数据处理的计算机与终端及负责数据通信的通信处理机（CCP）与通信线路。从计算机网络系统组成的角度来看，典型的计算机网络从逻辑功能上可以分为资源子网和通信子网两部分，如图 7.1 所示。

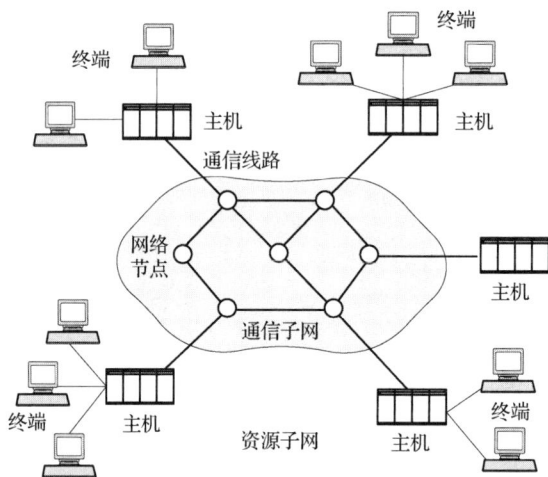

图 7.1 计算机网络的逻辑组成

1. 资源子网

资源子网提供访问网络、处理数据和分配共享资源的功能，为用户提供访问网络的操作平台和共享资源与信息。资源子网由计算机系统、存储系统、终端服务器、终端或其他数据终端设备组成，由此构成整个网络的外层。

2.　通信子网

通信子网提供网络的通信功能，专门负责计算机之间的通信控制与处理，为资源子网提供信息传输服务。通信子网由通信处理机（CCP）或通信控制器、通信线路和通信设备等组成。

7.1.2　计算机网络的发展

计算机网络的产生和发展，由形成到成熟可以分为 4 个阶段。

1.　诞生阶段：以单计算机为中心的联机终端系统（20 世纪 50 年代）

20 世纪 50 年代初期，人们尝试将计算机技术与通信技术相结合，形成了第一代以单主机为中心连接多个终端的计算机网络体系，称为以单主机为中心的联机系统。它将一台主机作为系统的处理中心，多台终端通过通信线路将数据传送到主机上处理，再利用通信线路将处理后的信息传送到对应的终端。这样的通信系统已具备网络的雏形，单主机为中心的联机系统，如图 7.2 所示。这种网络结构比较简单，一般采用集中化处理，中央主机需要处理所有终端信息，负载量庞大，处理速度较慢。终端只负责数据的输入和输出，所有终端处理数据都依赖同一台中央主机，一旦中央主机出现故障，整个网络便处于瘫痪状态，网络系统稳定性较低。

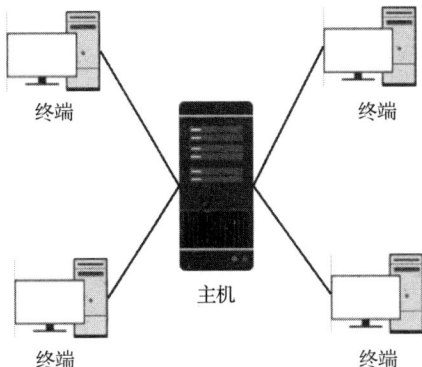

图 7.2　单主机为中心的联机系统

2.　形成阶段：基于通信网的计算机网络（20 世纪 60 年代中期—70 年代中期）

随着计算机技术与通信技术不断发展，计算机网络结构发生了改变，出现了分组交换技术，利用分组交换机制组建的网络称为基于通信网的计算机网络。基于通信网的计算机网络示意图如图 7.3 所示。分组交换采用的是存储转发技术，利用动态分配传输带宽的方式实现数据通信。分组交换网由若干节点交换机和节点间的链路组成，交换机与主机功能不同。网络中的主机是用户用来处理信息的，而分组交换网中的节点交换机则是用来实现分组交换的。

20 世纪 60 年代中期至 70 年代中期的第二代计算机网络以多个主机通过通信线路互联起来，为用户提供服务，典型代表是美国国防部高级研究计划局协助开发的 ARPANet。主机之间不是直接用线路相连，而是由接口报文处理机（IMP）转接后互联的。IMP 和它们之间互联的通信线路一起负责主机间的通信任务，构成通信子网。与通信子网互联的主机负责运行程序，提供资源共享，组成了资源子网。这个时期，网络概念为"以能够相互共享资源为目的互联起来的具有独立功能的计算机集合体"，形成了计算机网络的基本概念。

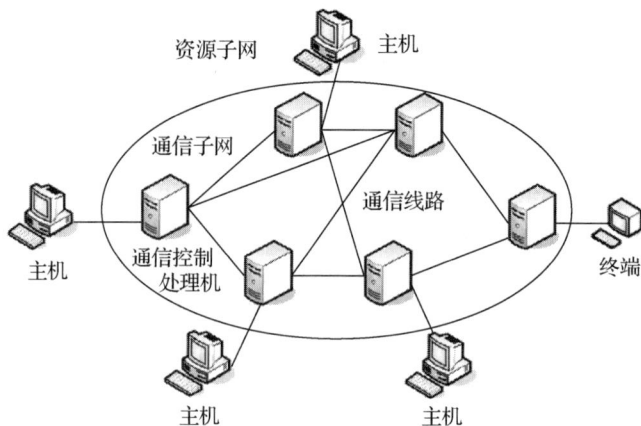

图 7.3　基于通信网的计算机网络示意图

3．互联互通阶段：标准化的计算机网络（20 世纪 70 年代中期—90 年代初期）

随着计算机网络发展的日趋成熟，各计算机生产厂商为了使计算机产品得到更好的推广，纷纷基于自家产品制定了一系列网络技术标准。1974 年，IBM 公司为自己生产的计算机制定了一套完整的网络体系结构化概念 SNA 标准；DEC 公司发布了数字网络系统（DNA）等。各计算机生产厂家纷纷发布了各自的体系结构标准，易于自家计算机设备连成网络。为了使不同公司生产的计算机可以全部连成网络，国际标准化组织（ISO）于 1978 年提出了"异种机联网标准"的框架结构，即开放式系统互联参考模型（OSI/RM）。所有联网的计算机只要遵循 OSI 标准，就可以和同样采用该标准的任何计算机进行通信。其后各厂家都采用这一标准，计算机网络体系实现了标准化。

20 世纪 80 年代，随着微型计算机的发展和推广，企业内微型计算机与智能设备的互联也得到了发展，由此带动了局域网技术的发展和普及。1980 年，IEEE 802 委员会制定了局域网标准，使局域网走向成熟。

4．高速网络技术阶段：以 Internet 为代表的计算机互联网络（20 世纪 90 年代起）

20 世纪 90 年代起，以 Internet 为代表的计算机网络得到了快速发展，无论在科学、军事、经济、文化和社会发展的任何领域都占据了重要地位。Internet 中的信息来源于各行各业，如医疗、交通、文学教育、商业、金融行业、政府等。网络技术安全为整个网络的安全提供保障。同时，Internet 逐渐渗透到人们的日常生活中，利用 Internet 可以聊天、收发邮件、学习或询问消息等。随着 Internet 的广泛应用和高速网络的发展，移动网络、网络多媒体计算、网络并行计算、存储区域网、物联网和云计算等成为新的网络领域研究热点话题。

7.1.3　计算机网络的功能

计算机网络具有丰富的资源和多种功能，其主要功能归纳为以下几个方面。

（1）数据通信。数据通信是计算机网络最基本的功能，它用来快速传送计算机与终端、计算机与计算机之间的各种信息，包括文字信件、新闻消息、咨询信息、图片资料、报纸版面等。通过计算机网络，可将分散在不同地点的生产部门和业务部门进行集中控制和管理，还可为分布在各地的人们及时传递信息。

（2）资源共享。资源共享是计算机网络的基本功能之一。资源指的是网络中所有的软件、硬件和数据资源。共享指的是网络中的用户都能够部分或全部地享受这些资源。计算机网络的资源主要包括软件资源、硬件资源和数据资源。

（3）实时的集中处理。利用网络，可以将从不同计算机终端上得到的各种数据集中起来，进行综合整理和分析等。

（4）提高可靠性。单个计算机或系统难免会出现暂时故障，从而导致系统瘫痪。通过计算机网络，可以提供一个多机系统环境，实现两台或多台计算机间互为备份，使计算机系统具有冗余备份的功能。

（5）均衡负荷和分布式处理。这是计算机网络追求的目标之一。对于大型任务，如果都集中在一台计算机上，则负荷太重，这时，可以将任务分散到不同的计算机上分别完成，或者由网络中比较空闲的计算机分担负荷。利用网络技术可以将许多小型机或微型机连成具有高性能的分布式计算机系统，使它具有解决复杂问题的能力，从而大大降低费用。因此，对于大型任务或当某台计算机的任务负荷太重时，可采用合适的算法将任务分散到网络中的其他计算机上进行处理。

（6）综合信息服务。通过计算机网络可为用户提供更全面的服务项目，如图像、声音、动画等信息的处理和传输。这是单个计算机系统难以实现的。

7.1.4　计算机网络的拓扑结构

计算机网络的拓扑结构是指计算机网络上的计算机或设备与传输媒介形成的节点与线的物理构成模式，主要由通信子网决定。网络的节点有两类，一类是转换和交换信息的转接节点，包括节点交换机、集线器和终端控制器等；另一类是访问节点，包括计算机主机和终端等。线则代表各种传输媒介，包括有线传输媒介和无线传输媒介。每种网络结构都由节点、链路和通路等组成。

（1）节点。节点又称网络单元，它是网络系统中的各种数据处理设备、数据通信控制设备和数据终端设备。常见的节点有服务器、工作站、集线器和交换机等设备。

（2）链路。链路是两个节点之间的连线，可分为物理链路和逻辑链路两种，前者指实际存在的通信线路，后者指在逻辑上起作用的网络通路。

（3）通路。通路是指从发出信息的节点到接收信息的节点之间的一串节点和链路，即一系列穿越通信网络而建立起来的节点到节点的链。

按照网络中各节点位置和布局的不同，计算机网络的拓扑结构可以分为总线型、星形、环形、树形和网状形。计算机网络的拓扑结构如图7.4所示。

（1）星形拓扑。星形拓扑是由中央节点和通过点到点通信链路接到中央节点的各个站点组成的。中央节点执行集中式通信控制策略，因此相当复杂，而各个站点的通信处理负担都很小。

（2）环形拓扑。在环形拓扑中各节点通过环路接口连在一条首尾相连的闭合环形通信线路中，环路上任何节点都可以请求发送信息。请求一旦被批准，便可以向环路发送信息。环形网中的数据既可以单向传输也可以双向传输。由于环线公用，一个节点发出的信息必须穿越环中的所有环路接口，信息流中目的地址与环上某节点地址相符时，信息被该节点的环路接口接收，然后信息继续流向下一环路接口，一直流回到发送该信息的环路接口节点为止。

（3）总线型拓扑。总线型拓扑结构采用一个信道作为传输媒体，所有站点都通过相应的硬件接口直接连到这一公共传输媒体上，该公共传输媒体称为总线。任何一个站发送的信号都沿着传输媒体传播，并且能被所有其他站点接收。因为所有站点共享一条公用的传输信道，所以一次只能由一个设备传输信号。

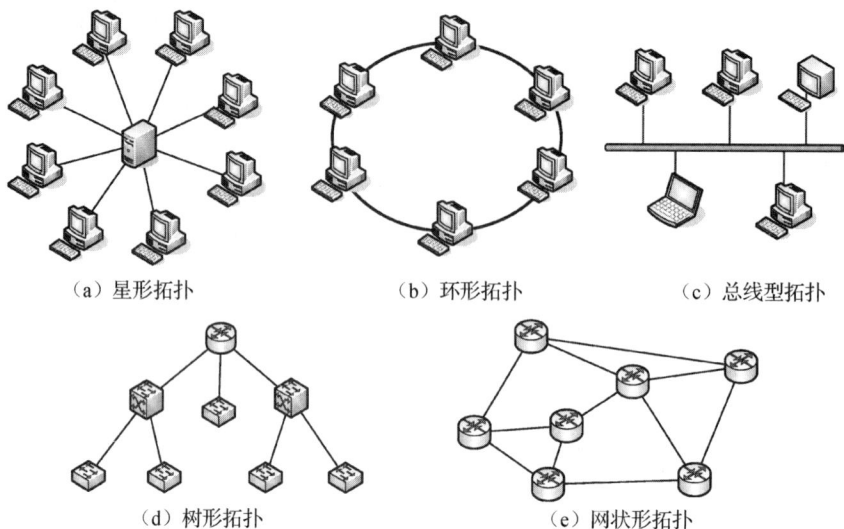

（a）星形拓扑　　　　　　　（b）环形拓扑　　　　　　（c）总线型拓扑

（d）树形拓扑　　　　　　　　　（e）网状形拓扑

图 7.4　计算机网络的拓扑结构

（4）树形拓扑。树形拓扑可以认为是由多级星形结构组成的，只不过这种多级星形结构自上而下呈三角形分布，就像一棵树一样，顶端的枝叶少些，中间的多些，而最下面的枝叶最多。树的最下端相当于网络中的边缘层，树的中间部分相当于网络中的汇聚层，而树的顶端则相当于网络中的核心层。

（5）网状形拓扑。网状形拓扑结构在广域网中得到了广泛应用，它的优点是不受瓶颈问题和失效问题的影响。由于节点之间由许多条路径相连，可以为数据流的传输选择适当的路由，从而绕过失效的部件或过忙的节点。这种结构虽然比较复杂，成本也比较高，提供上述功能的网络协议也较复杂，但由于它的可靠性高，仍然受到用户的欢迎。

7.1.5　计算机网络的分类

按地理位置可以将计算机网络分为局域网、城域网和广域网。

（1）局域网（Local Area Network，LAN）。局域网是指在某一区域内由多台计算机互联成的计算机组，所覆盖的范围一般从几十米到几千米。局域网可以实现文件管理、应用软件共享、打印机共享、工作组内的日程安排、电子邮件和传真通信服务等功能。局域网是封闭型的，可以由办公室内的两台计算机组成，也可以由一个公司内的上千台计算机组成。

（2）城域网（Metropolis Area Network，MAN）。城域网是在一个城市范围内所建立的计算机通信网，属于宽带局域网。由于采用具有有源交换元件的局域网技术，网中传输时延较小，其传输媒介主要采用光缆，传输速率在 100Mb/s 以上。如果一所学校有多个分校分布在城市的不同地方，将它们互联起来组成网络，其传输速率比局域网慢，并且由于把不同的局域网连接起来需要专门的网络互联设备，所以连接费用较高。

（3）广域网（Wide Area Network，WAN）。广域网是将分布在各地的局域网络连接起来的网络，是"网间网"（网络之间的网络）。通常跨接很大的物理范围，所覆盖的范围从几十千米到几千千米，它能连接多个城市或国家，或者横跨几个洲，并且能提供远距离通信，形成国际性的远程网络。

7.1.6　IP 地址与域名

1. IP

在 Internet 中，为了定位每台计算机，需要给每台计算机分配或指定一个确定的"地址"，我们称其为 Internet 的网络地址。

（1）IP 地址的表示。把整个 Internet 看成单一的网络，IP 地址就是给每个连在 Internet 上的主机分配一个在全世界范围内唯一的标识符。目前广泛使用的 IP 版本为 IPv4，它的另一个版本是 IPv6，IPv6 正处在不断发展和完善过程中，其在不久的将来会取代目前被广泛使用的 IPv4。IPv4 中规定 IP 地址长度为 32，分为 4 组，每组 8 位，中间用小数点"."隔开，每组对应 1 字节，每字节的取值范围是 0～255，如 10.0.98.110。这种书写方法叫点分十进制表示法。

一个 IP 地址逻辑上分成两部分，一部分标识主机所属的网络（网络标识），另一部分标识主机本身（主机标识），如图 7.5 所示。

网络号	主机号

图 7.5　IP 地址的组成

① 网络号 netID：标识 Internet 中一个特定网络。

② 主机号 hostID：标识网络中主机的一个特定连接，用于标明该网络中具体的节点（如网络上的工作站、服务器和路由器等）。

（2）IP 地址的分类及构成。为了有效地利用有限的地址空间，IP 地址被划分为 5 个不同的地址类别，分别是 A 类、B 类、C 类、D 类和 E 类。其中常见的 IP 地址为 A 类、B 类和 C 类。D 类地址称为组播（Multicast）地址，而 E 类地址尚未使用，被保留用于实验和将来使用。各类 IP 地址的具体定义如图 7.6 所示。

① A 类地址。在一个 A 类 IP 地址的 4 段号码中，第 1 段号码为网络号码，剩下的 3 段号码为本地计算机的号码。如果用二进制数表示 IP 地址，则 A 类 IP 地址就由 1 字节的网络地址和 3 字节的主机地址组成，网络地址的最高位必须是"0"。A 类 IP 地址中网络的标识长度为 8 位，主机的标识长度为 24 位，A 类网络地址数量较少，有 126 个，每个网络可以容纳主机数达 1600 多万台。

② B 类地址。在一个 B 类 IP 地址的 4 段号码中，前两段号码为网络号码。如果用二进制数表示 IP 地址，则 B 类 IP 地址由 2 字节的网络地址和 2 字节的主机地址组成，网络地址的最高位必须是"10"。B 类 IP 地址中网络的标识长度为 16 位，主机的标识长度也为 16 位，B 类网络地址适用于中等规模的网络，有 16 384 个网络，每个网络所能容纳的计算机数为 6 万多台。

③ C 类地址。在一个 C 类 IP 地址的 4 段号码中，前 3 段号码为网络号码，剩下的 1 段号码为本地计算机号码。如果用二进制数表示 IP 地址，则 C 类 IP 地址由 3 字节的网络地址和 1 字节的主机地址组成，网络地址的最高位必须是"110"。C 类 IP 地址中网络的标识长度为 24 位，主机的标识长度为 8 位。C 类网络地址数量较多，有超过 209 万个，适用于小规模的局域网络，每个网络最多能包含 254 台计算机。

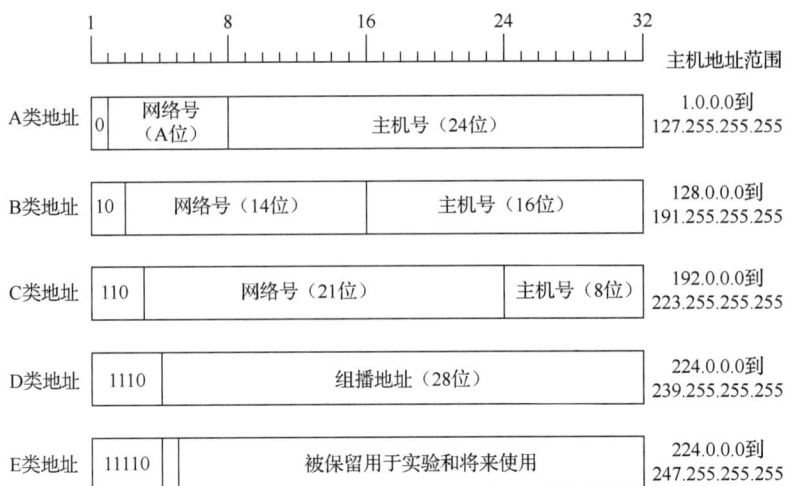

图 7.6　各类 IP 地址的具体定义

④ D 类地址。D 类 IP 地址在历史上被叫作多播地址，即组播地址。在以太网中，多播地址命名了一组应该在这个网络中应用接收到一个分组的站点。多播地址的最高位必须是"1110"，范围从 224.0.0.0 到 239.255.255.255。

（3）IP 地址的分配。IP 地址的分配主要有两种方法，即静态分配和动态分配。

① 静态分配。由用户自行指定固定的 IP 地址，配置操作需要在每台主机上进行。静态分配的缺点是配置和修改工作量大，不方便统一管理。

② 动态分配。由 DHCP（动态主机配置协议）服务器分配 IP 地址和其他网络参数，并且 IP 地址一般不固定。动态分配 IP 地址的优点是配置和修改工作量小，便于统一管理。

注意：服务器必须使用静态 IP 地址。

2. 域名

名字空间的相关信息（其中最重要的就是域名和 IP 地址的映射关系）必须保存在计算机中，供所有其他应用查询。显然不能将所有信息都存储在一台计算机中。DNS 的方法是将域名信息分布到叫作域名服务器的许多计算机上。DNS 将整个名字空间划分为许多不相交的区（zone），每个区的域名信息由一个权威域名服务器（Authoritative Name Server）负责管理。

原则上名字空间中的每个域都可以对应一个区，这样所有权威域名服务器之间就构成了一种与域名树对应的域名服务器等级结构。但完全按照域来划分区，会出现太多很小的区。因此，实际情况是如果一个域比较小，如 y.abc.com，其子域不需要再划分为区，则域 y.abc.com 与区 y.abc.com 的范围是相同的。若一个域比较大，如 abc.com，其子域，如 y.abc.com，可划分出来并委托给其他域名服务器管理，则区 abc.com 的范围只是域 abc.com 的一部分。因此，域和区是两个不同的概念。区是域名服务器管辖范围的单位，每个区有一个权威域名服务器。权威域名服务器的责任就是负责本管辖区的域名转换（显然，它必须知道本管辖区中所有主机的名字和 IP 地址），但其权限范围仅在本管辖区内。

域名（Domain Name）是由一串用"."分隔的字符组成的 Internet 上某一台计算机或计算机组的名称，用于在数据传输时标识计算机的电子方位（有时也指地理位置、地理上的域名，指代有行政自主权的一个地方区域）。为了使 IP 地址便于用户使用，同时也易于管理和维护，Internet 通过域名管理系统（Domain Name System，DNS）对每个 IP 地址指定一个（或几个）

容易识别的名称，该名称就是域名。通过这个域名与 IP 地址的对照表可比较直观、容易地识别网络上的计算机。

DNS 采用分层的命名方法，对网络中的每台计算机赋予一个直观的唯一域名，其结构如下：
计算机名.组织机构名.网络名.最高层域名.

最高层域名代表建立网络的部门、机构或网络所隶属的国家、地区。常见的顶级域名及其含义如表 7.1 所示。

例如，IP 地址 42.247.8.131 对应的域名 www.cqcet.edu.cn 为中国（cn）教育网（edu）上重庆电子工程职业学院（cqcet）的一台名为 www 的计算机，它实际上是重庆电子工程职业学院校园网的 WWW 服务器。

表 7.1　常见的顶级域名及其含义

组织模式顶级域名	含　义	地理模式顶级域名	含　义
com	商业组织	cn	中国大陆
edu	教育机构	hk	中国香港
gov	政府部门	mo	中国澳门
mil	军事部门	tw	中国台湾
net	主要网络支持中心	us	美国
org	上述以外的组织	uk	英国
int	国际组织	jp	日本

3. 局域网内数据共享

在局域网内使用共享文件夹可以方便地进行文件和数据的共享。具体配置步骤如下。在要共享的文件夹上右击，在弹出的快捷菜单中选择"属性"命令，弹出的对话框如图 7.7 所示。

图 7.7　文件夹属性设置对话框

在该对话框中选择"共享"选项卡，然后单击"共享"按钮，弹出如图 7.8 所示的对话框。在该对话框的下拉菜单中选择"Everyone"（此选择代表任何人都可访问，建议在安全性较高的局域网中选择此项），然后单击"添加"按钮。将添加的"Everyone"的权限级别保持为"读取"，然后单击"共享"按钮即可完成共享设置。

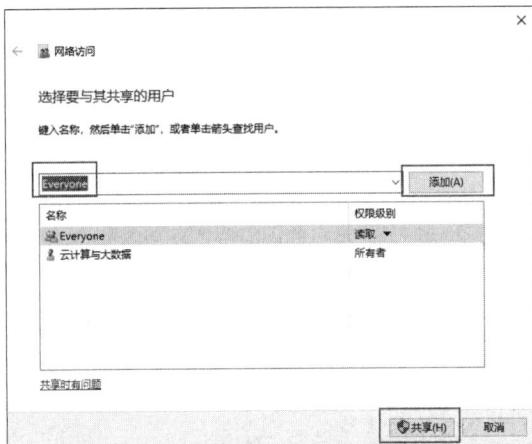

图 7.8　共享用户设置对话框

完成共享后，在局域网的其他计算机的"资源管理器"的"路径"栏中输入"\\192.168.101.9\share"（这里的 IP 地址为共享文件夹所在计算机的局域网 IP 地址），即可访问共享文件夹，如图 7.9 所示。

图 7.9　共享文件夹访问

拓展训练——小组讨论

1. 计算机网络的发展经过了哪几个阶段？
2. 你家里使用的网络是什么网络类型？

3．你所在学校的内部使用的网络是什么网络类型？

4．如何查看计算机的 IP 地址？你会使用几种方法？

任务2 浏览器的设置与使用

🔵 任务描述

小因正在参与一个研讨会的筹办工作。他主要负责行业相关研究单位和企业的搜索、会议筹备文件的下载、邀请函的发送等工作。因为想邀请更多的相关研究单位和企业参会，主管希望他通过网络邀请具有行业影响力的研究单位和企业参会；会议的邀请函模板、配图等资料放在公司的 FTP 服务器上，需要他下载并进行修改；确定参会单位和企业并联系后，需要他通过电子邮件或即时通信软件将包括会议时间、地点等相关信息的邀请函发送给对方。

🔵 任务分析

完成该任务需要了解 Internet 的相关功能、浏览器的使用、搜索引擎的使用、电子邮件的发送和接收、即时通信软件的基本概念、文件传输等方面的知识。只有熟练综合运用这些知识才能较好地完成该任务。

🔵 任务实施

7.2.1 Internet 的网络功能及服务

因特网是目前全球最大的一个电子计算机互联网，是由美国的 ARPA Net 发展演变而来的。因特网是以相互交流信息资源为目的，由遵照同一协议加入网络的计算机、网络设备和各类资源及服务所组成的逻辑上的单一巨大国际网络。互联网（Internet）指由若干个电子计算机网络相互连接而成的网络。因特网和其他类似的由计算机相互连接而成的大型网络系统都可视为互联网，因特网只是互联网中最大的一个子集。Internet 上提供了各类便于信息资源交流的应用，如电子邮件服务、文件传输服务、WWW 服务、信息查询服务等。

1. 电子邮件服务（Electronic Mail，E-mail）

电子邮件服务是 Internet 应用中被广泛使用的一种信息传递服务。电子邮件使用方便、传递迅速、费用低廉，不仅可传送文字信息，还可附上声音、图像以及文件。用户可以通过 E-mail 向世界上任何地方可连入 Internet 的朋友发送电子邮件。

2. 远程终端协议 Telnet 服务

Telnet 是一个简单的远程终端协议，是 Internet 的正式标准。远程登录是 Internet 提供的基本信息服务之一，通过 Telnet 客户端可以使用户的计算机登录到 Internet 上的另一台远程计算机。在远程登录请求成功连接到远程计算机后，可通过注册进入系统成为合法用户，执行操作命令，提交作业，使用系统资源。在完成操作任务后，通过注销退出远端计算机系统。目前，专业人士主要使用它登录到远程设备，如服务器、路由器、交换机等进行一些调试、管理和配置工作。

3. 文件传输（FTP）服务

FTP（File Transfer Protocol，文件传输协议）是 Internet 上使用得最广泛的文件传送协议。FTP 允许用户在计算机之间传送各类文件。FTP 同 Telnet 一样，在进行工作前必须首先登录到 Internet 上的一台远程计算机。利用 FTP，用户能够把远程计算机上的文件传送回自己的计算机系统，或者反过来把本地计算机上的文件传送并装载到远端的计算机系统。

4. WWW 服务

WWW（World Wide Web，万维网，也称 Web），是 Internet 上计算机中数量巨大的文档数据资源的集合，是运行在 Internet 上的一个分布式应用。万维网在 1989 年创建于欧洲粒子物理实验室，其创建是为了解决实验室的研究档案、论文和数据的共享。在万维网创建之前，Internet 上的信息散乱地分布在各处，几乎所有信息的发布都通过 E-mail、FTP 和 Telnet 等完成。万维网以超文本标记语言（Hyper Text Markup Language，HTML）、超文本传输协议 HTTP（Hyper Text Transfer Protocol）和多媒体技术为基础，将不同文件通过关键字建立链接，提供一种交叉式查询方式。用户连入 Internet 后，大部分时间都在与各种各样的 Web 页面打交道。在基于 Web 的方式下，用户可以浏览、搜索、查询各种信息，可以发布自己的信息，可以与他人进行实时或非实时的交流，可以游戏、娱乐、购物等。用户通过浏览器浏览 Web 网站上的信息，并且可单击标记为"超链接"的文本或图形，转换到世界各地的其他 Web 网站，访问丰富的网络信息资源。

5. 电子公告板系统（BBS）

电子公告板系统（Bulletin Board System，BBS），是 Internet 上常用的信息服务系统之一。因为它提供的信息服务涉及的主题相当广泛，如科学研究、升学考试、生活经验等，因此，世界各地的人们可以展开讨论、交流思想、寻求帮助，所以它发展非常迅速，几乎遍及整个Internet。BBS 正如其名字，就像互联网上的公告板，用户在这里可以围绕某一主题开展讨论，把自己的观点分享给其他人。

6. 信息查询服务

由于 Internet 上的信息资源非常丰富，这些信息资源分布在全球数以亿万计的万维网服务器（或称 Web 站点）上，并且由提供信息的网站进行管理和更新。但由于各类资源和信息分散在整个网络上难以利用，于是人们发明了搜索引擎来解决这个问题。搜索引擎是一种十分便捷的查询系统，其主要通过对网络上的信息进行获取、保存、索引并整理后呈现给用户。用户输入关键词进行检索，搜索引擎即可从索引数据库中找到匹配该关键词的网络。为了便于用户判断，除了提供网页标题和 URL，还提供一段来自网页的摘要及其他信息。

7.2.2 浏览器基础

1. 浏览器

Windows10 浏览器设置与使用

浏览器是一种客户端软件，其主要功能是展示网页资源，即请求服务器并将结果显示在浏览器窗口中。资源的格式一般是 HTML，也有 PDF、图片等格式。资源的定位由 URL 实现。

浏览器的种类很多，目前，国内使用较多的浏览器有 360 浏览器、百度浏览器、QQ 浏览器、搜狗浏览器、Chrome 浏览器、UC 浏览器、火狐浏览器、IE 浏览器、Edge 浏览器等。本书将以火狐浏览器为例进行介绍。如果需要访问百度，则打开浏览器，在地址栏中输入百度的网址即可，如图 7.10 所示。

图 7.10 使用浏览器

2. URL

URL（Uniform Resource Locator）即统一资源定位器，通俗地说，它用来指出某一项信息所在的具体位置及存取方式。如果要访问某个网站，在浏览器的地址栏中输入的网址就是 URL。

3. 超文本和超链接

超文本（Hypertext）是带有链接的文本，超文本的基本特征就是可以链接文档。链接的文档可以在当前的文档中、局域网的其他文档中，也可以在 Internet 上的任何位置的文档中。这种链接就是超链接（Hyperlink）。在一个超文本文件里可以包含多个超链接，这些超链接可以形成一个纵横交错的链接网。用户在阅读时可以通过单击超链接从一个网页跳转到另一个网页。

4. Web 页面

Web 是目前 Internet 上应用最广泛、最重要的信息服务类型，它已进入 Internet 上的广告、新闻资讯、电子商务等领域。Web 以超文本标记语言 HTML 与超文本传输协议 HTTP 为基础，采用浏览器/服务器（B/S）工作模式，为用户提供方便、友好的信息浏览接口。用户通过客户端应用程序（即浏览器）向 Web 服务器发出请求，服务器根据客户端的请求将保存在服务器中的某个页面返回给客户端，浏览器接收页面后对其进行解释，最终将信息以页面形式呈现给用户。这些页面采用超文本的方式对信息进行组织，通过链接将一页信息链接到另一页信息。这些相互链接的页面既可以放在同一台主机上，也可以放在不同主机上。Web 将位于全世界 Internet 上不同地址上的相关信息有机地编织在一起，连接成一张逻辑上的信息网，使用户可以方便地从 Internet 上的一个站点访问另一个站点，主动地按需获取丰富的信息。

5. 主页和首页

浏览器主页是用户打开浏览器时默认打开的网页，是可以在 Internet 上进行信息查询的起始信息页。一般浏览器主页主要设置为个人主页、网站主页、组织或活动主页、公司主页等。浏览器的主页可以根据用户的需求自行在浏览器中进行设置。

首页（也称主页或起始页）指一个网站打开后看到的第一个页面，大多数作为首页的文件名是 index、main、welcome 或 default 加上扩展名。一般是用户访问一个网站时所看到的首个页面，用于吸引访问者的注意，通常也起到登录页的作用。在一般情况下，首页是用户访问网站其他模块的媒介，主页会提供网站的重要页面及新文章的链接，并且有一个搜索框供用户搜索相关信息。如图 7.11 所示的金山办公 WPS 首页是 WPS 官方网站首页。

图 7.11　金山办公 WPS 首页

7.2.3　浏览器的使用

安装完浏览器后，通过桌面图标、"开始"菜单、任务栏图标等方式打开浏览器，其主界面如图 7.12 所示。

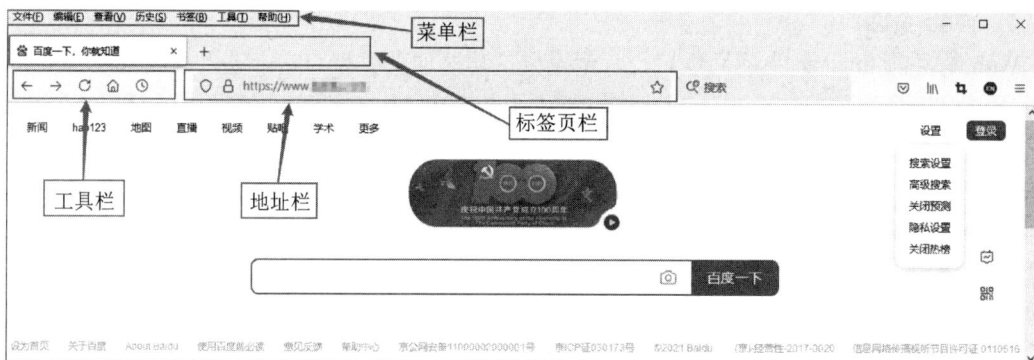

图 7.12　浏览器的主界面

1. 浏览网页

在浏览器地址栏中输入阿里云的网址，按"Enter"键后即可进入阿里云的主界面，如图 7.13 所示。单击主页上的超链接，如"开发者"，即可进入相关界面，如图 7.14 所示。

2. 工具栏的使用

火狐浏览器的工具栏可根据需求自定义。常用的工具栏按钮如图 7.15 所示，从左到右依次为"转到上一页""转到下一页""刷新当前页""主页""显示历史记录"。"转到上一页""转到下一页"用于在浏览器历史跳转记录间切换，"刷新当前页"用于重新加载当前页面，"主页"用于跳转至火狐浏览器中设定的浏览器主页，"显示历史记录"用于查看近期浏览的页面记录。

图 7.13 阿里云主界面

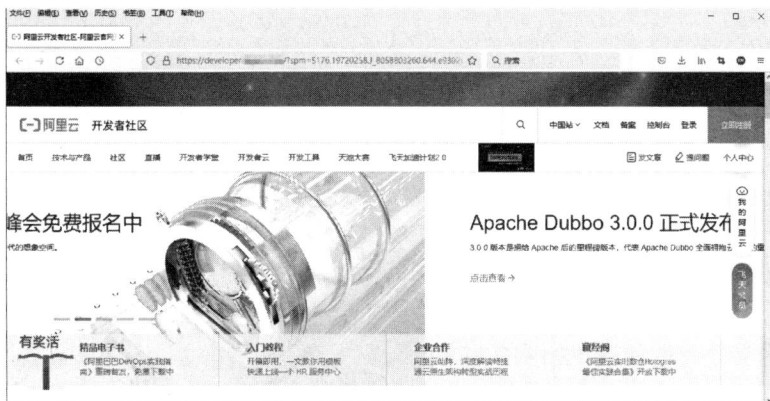

图 7.14 阿里云开发者社区界面

图 7.15 火狐浏览器工具栏常用按钮

3. 保存网页或图片

在浏览网页时若有可参考的信息，可以将需要的网页进行保存。选择菜单栏中的"文件"菜单，弹出如图 7.16 所示的下拉菜单，选择"另存页面为"命令可弹出"另存为"对话框，如图 7.17 所示。设置保存路径、文件名后，在保存类型框中，根据需要从"网页，全部""网页，仅 HTML"和"文本文件"中选择一种，然后单击"保存"按钮即可。若要保存网页上的某张图片，可直接在需要保存的图片上右击，在弹出的快捷菜单中选择"另存图像为"命令，选择图片保存路径和文件名等后即可完成图片的保存。

4. 书签的使用

在使用浏览器浏览网页的过程中，如果发现某个网页比较有价值，今后可能要经常访问，则可将其作为"书签"（也可称为"收藏"）保存在浏览器中。需要再次访问该网页时，不需要在地址栏中输入网址，可直接调出记录单击访问。

火狐浏览器将一个网页地址添加为书签的方法有以下两种。

方法一：在要保存的 Web 页面，在菜单栏中选择"书签"→"将当前标签页加入书签"命令。

方法二：单击地址栏右侧的"五星"图标，如图 7.18 所示，在弹出的对话框中，在"名称"文本框中输入收藏网页的名称便于日后辨别,在"位置"下拉列表框中选择添加书签保存的位置,或者单击"新建文件夹"按钮,将当前正在浏览的网页收藏在新的收藏子文件夹中,即可对不同种类的书签进行分类管理。

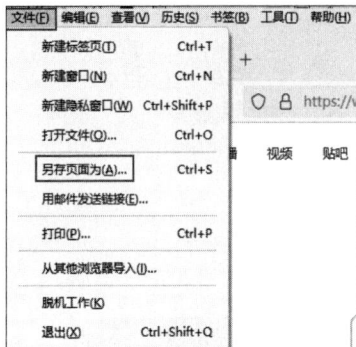

图 7.16　下拉菜单

图 7.17　"另存为"对话框

当书签中的内容太多时,为便于查找和使用,可以利用整理书签的功能对书签进行整理,使其含有的网页地址存放得更有条理。

选择"书签"→"管理所有书签"命令,可以对书签进行整理,包括创建多个文件夹,将不同类型的网页地址添加到不同的文件夹中,还可以实现文件重命名、同一个文件夹中的文件删除和不同文件夹之间的移动,如图 7.19 所示。

图 7.18　单击"五星"图标

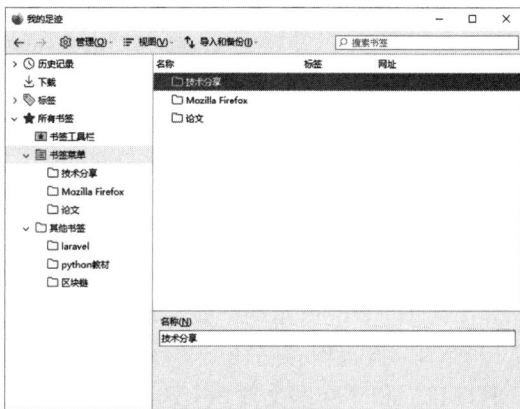

图 7.19　整理书签

5.　历史记录的使用

在使用浏览器浏览网页的过程中,浏览器会记录浏览过网页的时间和页面信息。这些历史访问记录便于用户查找曾经访问过的页面,但也可能会泄露隐私。所以在公用计算机,特别是临时使用的公用计算机上,要注意保护网络浏览记录的个人隐私。如果不想让别人看到曾经访问过的网页,则可以删除历史记录。

打开历史记录的方法除了选择"工具栏"上的"显示历史记录"→"管理历史",还可以通过选择"菜单栏"→"历史"→"管理所有历史记录",打开"我的足迹"窗口,如图 7.20 所示,单击任何一条记录即可打开访问过的网页。删除历史记录,可在一条记录上右击,在弹出的快捷菜单中选择"删除页面"或"清除此站点信息"命令。如果选择"清除此站点信息"命令，则与这个站点有关的所有项目（登录和表单信息、浏览和下载历史、缓存，Cookie、图像和弹出窗口例外）都将被清除。

图 7.20　"我的足迹"窗口

7.2.4　电子邮件

电子邮件（E-mail）是通过电子形式进行信息交换的通信方式，它是 Internet 提供的最早的应用服务之一，至今仍被广泛运用于学术交流、商务交流、政务服务、个人沟通等方面。世界不同地区、不同国家的用户只要能接入 Internet 都可以通过电子邮件方便、快捷地联系，相互传递信息。目前，绝大部分电子邮件服务提供商的基础服务都免费的，所以使用电子邮件的总体成本是非常低的。

SMTP 和 POP3 协议是电子邮件系统常用的两个协议。邮件服务器一般由两部分组成，即 SMTP 服务器和 POP3 服务器。SMTP（Simple Mail Transfer Protocol）简单邮件传输协议，是建立在 FTP 文件传输服务上的一种邮件服务，主要用于系统之间的邮件信息传递，并提供有关来信的通知；POP3（Post Office Protocol Version 3）邮局协议版本 3，负责远程邮件管理。它们都由性能高、速度快、容量大的计算机承担，该系统内所有邮件的收发都必须经过这两个服务器。对于用户来说，由于电子邮件服务提供商数据中心可靠性的大幅提升，除了特别重要的电子邮件，一般邮件都可以放心地保存在电子邮件服务商的服务器上。

电子邮件在 Internet 上发送和接收的原理和现实生活中的邮局运行原理非常类似。当我们要寄一个包裹时，首先要找到一个有这项业务的邮局，在填写完收件人姓名、地址等信息后包裹被寄出，包裹到达收件人所在地的邮局后，收件人取包裹时必须去这个邮局才能取出。电子邮件服务提供商就像我们的邮局，而电子邮件就像我们的包裹。在 Internet 上发送电子邮件需用 E-mail 地址来标识用户在邮件服务器上的信箱位置。一个完整的 Internet 邮件域名地址格式为"用户名@邮件.服务器.域名"，如 abcdefg@qq.com。电子邮件服务提供商确保其管辖范围内每个用户的电子邮箱地址都具有唯一性，这样可使邮件的收发更加方便、准确。

7.2.5 文件传输

文件传输是将一个文件或其中的一部分从一个计算机系统传到另一个计算机系统。它的主要功能是把文件传输到另一台计算机上进行存储，或者获取远程计算机上的文件，或者把文件传输到打印机进行打印。文件传输主要包括上传和下载，且对于文件发送和接收双方上传和下载都是相对的。如果发送方是上传，那么接收方就是下载。

上传是指由本机发送电子数据到远程计算机上的动作。开始上传之前，两台计算机必须已经连接，并且通过特定的通信协议沟通，如 HTTP、FTP 等。下载是指由远程计算机接收电子数据到本机的动作。下载是网络非常基础且重要的活动之一，通过它用户可以获取所需要的电子数据并保存在本机上，包括文字、图片、音乐、视频等。开始下载之前，两台计算机必须已经连接，并且通过特定的通信协议沟通，如 HTTP、FTP 等。

由于网络中各台计算机中的文件系统可能不同，为了控制 Internet 上文件的双向传输，人们制定了网络上进行文件传输的一套标准协议，也称为文件传输协议（File Transfer Protocol，FTP）。FTP 服务器（File Transfer Protocol Server）是在互联网上提供文件存储和访问服务的计算机，其依据 FTP 协议提供服务。不少学校运行着自己的 FTP 服务器，在上面有各类学习资源，学生可使用 FTP 客户端软件来下载。常用的 FTP 软件有 FileZilla（所有平台）、WinSCP（Windows 平台）、Transmit （Mac OS X）、FireFTP （所有平台，且可集成至 Firefox）等。

7.2.6 即时通信

即时通信（Instant Messaging，IM）是一个实时通信系统，允许两人或多人使用网络实时地传递文字消息、文件、语音与视频。一般的即时通信系统都采用 C/S（Client/Server，客户的服务器）架构，各客户端的信息通过服务器中转最终传递给对方。即时通信是目前 Internet 上非常流行的通信方式，各种各样的即时通信软件层出不穷；随着移动互联网的高速发展，服务提供商也提供了越来越丰富的通信服务功能。即时通信软件自 1998 年面世以来，特别是通过近几年的迅速发展，其功能日益丰富，它不再是一个单纯的聊天工具，已经发展成集信息交流、个性化展示、电子支付、资讯阅读、娱乐、信息搜索、电子商务、办公协作和企业客户服务等为一体的综合化信息平台。典型代表有微信、钉钉、QQ、BigAnt、有度即时通、Skype、Gtalk、新浪 UC、MSN 等。

拓展训练——小组讨论

1. 谈谈你使用过的浏览器。
2. 你使用浏览器浏览过什么网站？
3. 你是否注册过电子邮箱？与你的组员交换过电子邮箱地址吗？
4. 你使用过哪些即时通信软件？与你的组员交换过即时通信软件账号吗？

任务3 Internet 的简单应用

任务描述

如任务2所述，小因正在参与一个研讨会的筹办工作。小因在了解浏览器的设置与使用的相关知识后，还需要通过本公司的 FTP 服务器下载邀请函的模板和配套图片来编辑新的邀请函，然后向相关研究单位和企业发送邀请函并接收对方的回复邮件。

任务分析

收发电子邮件需要注册一个电子邮箱。完成电子邮箱注册后可通过邮件服务站点和邮件客户端程序进行电子邮件的收发。通过 FTP 服务器下载文件时可使用 FTP 下载客户端进行下载。

任务实施

7.3.1 收发电子邮件

收发电子邮件主要通过邮件服务站点和邮件客户端程序两种方式。使用邮件服务站点方式收发电子邮件，需要登录提供电子邮件服务的站点。使用邮件客户程序收发电子邮件，需要在用户计算机上安装邮件客户程序，如 Microsoft 公司的 Outlook Express、腾讯公司的 Foxmail 等。如果使用邮件客户端程序收发邮件，需要邮件服务提供商提供 POP3 服务。

下面以 QQ 邮箱为例介绍收发邮件的方法。

1. 通过邮件服务站点收发电子邮件

（1）注册邮箱。在浏览器中打开 QQ 邮箱主界面，单击主界面中的"注册新账号"超链接。因为 QQ 邮箱与 QQ 号码是关联的，所以需要先注册一个 QQ 号码，如图 7.21 所示，从上到下填写昵称、密码、手机号码和手机号码接收到的验证码。单击"立即注册"按钮，就会生成一个 QQ 号码，并提示注册成功。

图 7.21　QQ 注册界面

（2）登录邮件。打开 QQ 邮箱主界面，输入上一步注册的 QQ 号码或者手机号作为登录名和密码，单击"登录"按钮。初次登录会向注册的手机发送验证码，验证通过后单击"立即开通"按钮即可开通邮箱。下面就可以使用邮箱了。

（3）发邮件。单击邮箱中的"写邮件"按钮，进入写邮件窗口，输入收件人的邮箱地址、主题及邮件内容，如果要随信发送文件或图片，则单击"附件"按钮，选择要发送的文件，再单击"确定"按钮，附件上传完毕后，单击"发送"按钮即可。如果要给多人发送电子邮件，则在收件人一栏中输入所有收件人的邮箱地址，邮箱地址之间用英文半角的"；"分隔。

（4）收邮件。单击邮箱中的"收件箱"按钮，切换至收件箱窗口，在邮件列表中单击相应的邮件就可以查看该邮件的内容，此处不进行详述。

（5）删除邮件。在收件箱中，勾选要删除邮件左侧的复选框，单击页面上方的"删除"按钮，邮件会被移至"已删除"文件夹中。打开"已删除"文件夹，勾选邮件右侧的复选框，单击页面上方的"彻底删除"按钮，可以将邮件彻底删除。

（6）管理联系人。单击邮箱上方的"通讯录"，切换至通讯录窗口，可以对联系人进行添加、删除、分组等操作。

2. 使用 Foxmail 客户端收发电子邮件

（1）Foxmail 的邮箱账号设置。

第一次打开 Foxmail 需要进行账户信息设置，设置步骤如图 7.22、图 7.23 所示，先选择需要新建账号的邮件服务商，再输入账号和密码进行登录。这里选择 QQ 邮箱，输入账号和密码进行登录，由于是首次登录，需要通过手机验证码进行验证后完成登录。

图 7.22　Foxmail 账户信息设置（1）　　　　图 7.23　Foxmail 账户信息设置（2）

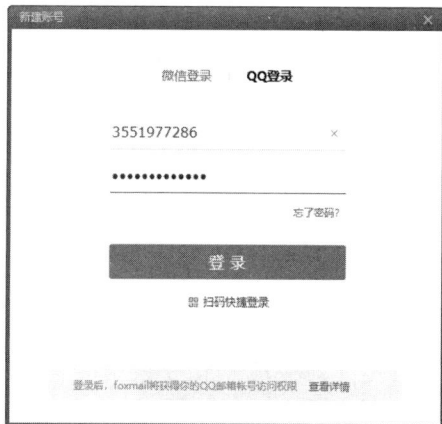

登录后即可打开 Foxmail 客户端窗口，如图 7.24 所示。

（2）编辑并发送邮件。

① 在 Foxmial 客户端窗口中单击"写邮件"按钮，在弹出的写邮件窗口中分别输入收件人邮箱地址、抄送、主题和邮件内容。如果要随信发送文件，单击"附件"按钮，在弹出的对话框中选择要插入的文件，单击"打开"按钮，即可添加附件，如图 7.25 所示。

② 如果不希望多个收件人看到这封邮件都发给了谁，则可以使用密件抄送的方式。在写邮件窗口中单击"抄送"左边的"展开"按钮，在"密送"框中输入邮箱地址，或者从联系人

中选择邮件地址添加到"密送"列表中，单击"确定"按钮，如图 7.26 所示。

图 7.24　Foxmail 客户端窗口

图 7.25　Foxmail 发送邮件

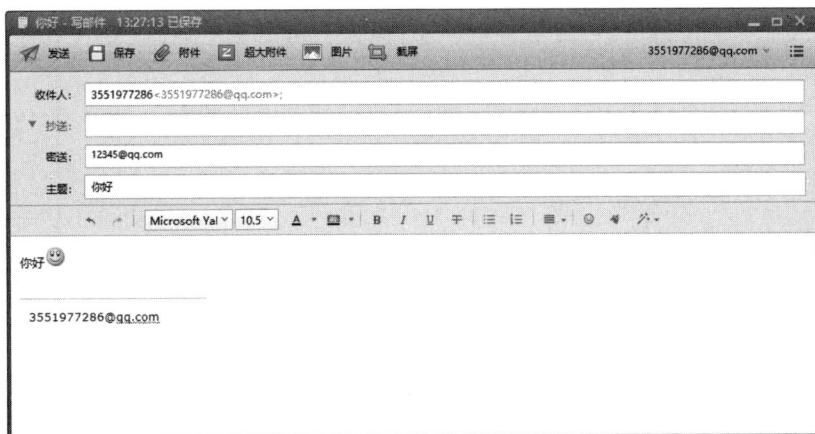

图 7.26　选择密送邮箱地址

③ 单击"发送"按钮，即可发送邮件。

（3）接收和阅读电子邮件。

① 单击"收取"按钮，可以从邮件服务器接收邮件，将本地客户端状态与服务器同步。

② 单击左侧的"收件箱"按钮，在窗口中部出现邮件列表区，右侧出现邮件预览区，如图 7.27 所示。双击邮件列表区中的邮件，弹出阅读邮件窗口，可以阅读邮件。

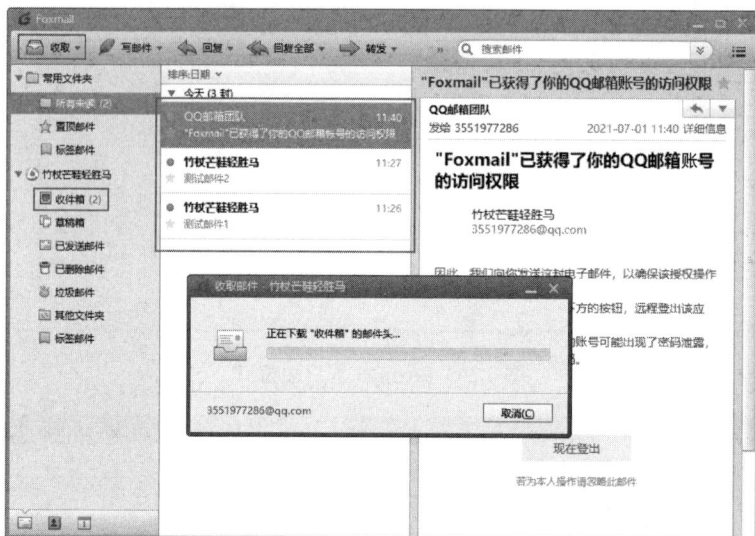

图 7.27　阅读邮件

③ 如果邮件中有附件，双击附件名称，可以在 Foxmail 中预览该附件的内容。右击附件名称可以对附件进行打开、保存、删除等操作，如图 7.28 所示。

图 7.28　对附件进行操作

（4）回复与转发邮件。

在阅读邮件窗口中单击上方的"回复"或"转发"按钮，进入与写邮件类似的窗口，修改相应内容后单击"发送"按钮，即可回复或转发邮件。

7.3.2 文件的上传和下载

1. 使用 FTP 传输文件

前面已介绍使用 FTP 协议可以将文件从 Internet 上的一台计算机传送到另一台计算机，不受它们所处位置、所采用连接方式和操作系统的影响。除了能以 Web 的方式访问，还能以 FTP 客户端软件的方式连接 FTP 站点。

使用 FileZilla FTP 客户端站点并下载文件的步骤如下：

（1）创建 FTP 站点。打开客户端，单击"打开站点管理器"按钮，如图 7.29 所示。在弹出的对话框中单击"新站点"按钮，对新建站点命名后，在常规栏中进行进一步的设置。其中"协议"选择"FTP-文件传输协议"；"主机"填写要登录的 FTP 服务器 IP 地址或者域名地址；"端口"默认是 21，如果 FTP 服务端口是 21 那么也可以不填；"加密"根据 FTP 服务器实际情况选择，没有特殊情况可以使用默认选项；"登录类型"根据所要登录服务器的实际情况选择，如果无须用户名和密码则选择匿名。配置完成后可单击"确认"按钮保存，也可单击"连接"按钮保存并连接 FTP 服务器。

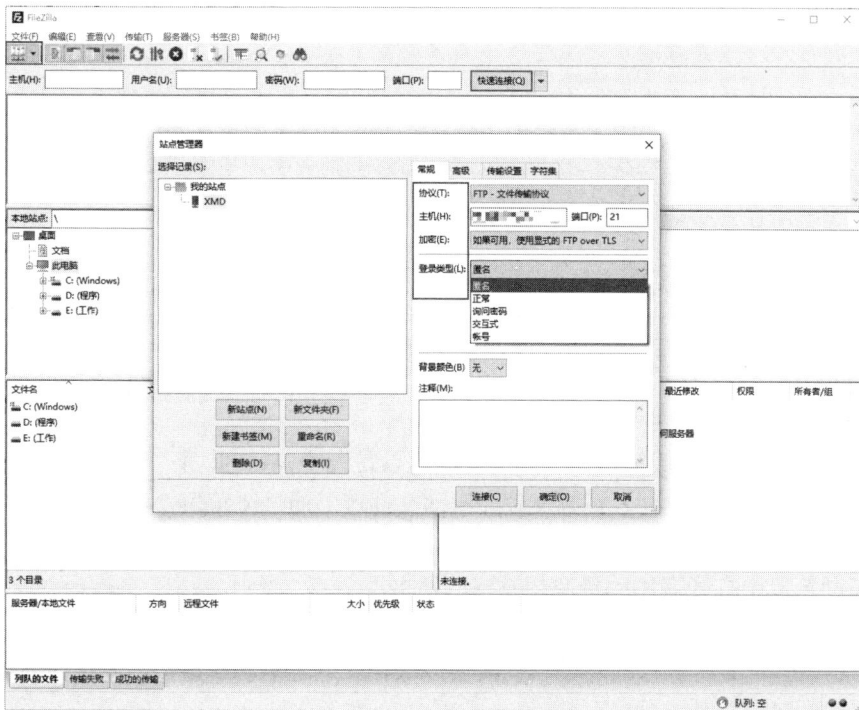

图 7.29 浏览 FTP 服务器

（2）连接 FTP 服务器。连接 FTP 服务器的方法可以如步骤（1）中所述的在创建的同时连接，也可以单击"打开站点管理器"按钮旁边的下拉按钮，在"站点列表"中选择需要连接的条目。连接成功后，即可在客户端界面显示该 FTP 服务器的文件夹和文件名列表，如图 7.30 所示。

（3）浏览远程文件。在打开的 FTP 客户端界面中查找需要的资源，双击相关资源可打开目录或者文件。此时的操作与浏览本地资源的方式类似。

（4）文件的上传和下载。如果要上传文件，则从图 7.30 左侧的本地文件中选中并拖动到右侧后放开鼠标。反之，如果要下载文件则从右侧的服务器端选中文件并拖动到左侧后放开鼠标。

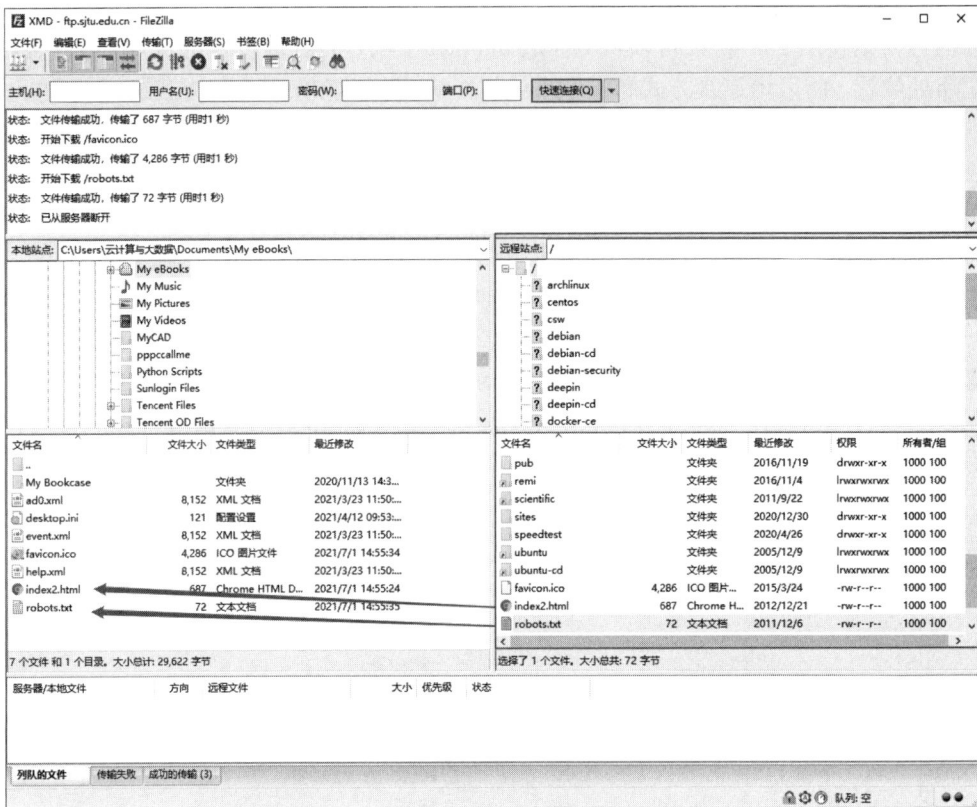

图 7.30　远程 FTP 服务器文件夹和文件名列表

2. 利用浏览器下载文件

Internet 上的每个超链接都指向一个资源，可以是一个 Web 页面，也可以是图片文件、文档文件、演示文档、声音文件、视频文件、压缩文件等。通过浏览器，可以下载并保存这些资源。具体操作步骤如下：

（1）在浏览器中打开有相关资源超链接的网页。

（2）在想要下载的文件资源的超链接上右击，在弹出的快捷菜单中选择"从链接另存文件为"命令，然后确定文件保存的路径和文件名并保存。或者单击超链接，浏览器会自动将文件下载到浏览器的目的文件夹中。

3. 使用下载软件

利用浏览器下载文件操作简单，但其最大的缺点是并不是所有的浏览器都支持断点续传功能。也就是说，一旦网络线路中断或主机出现故障等造成文件下载中断，用户只能重新下载文件。如果下载视频、软件安装包等较大的文件，那么出现下载中断的概率是较大的。要解决这个问题，可使用专门的下载软件来进行文件下载。这类下载软件一般都具有断点续传功能，允许用户从上次断线的地方继续传输，这样大大提高了文件下载的可靠性并避免了用户因下载中断的不可控性。常用的下载软件有迅雷下载、BitComet（BT 下载）、电驴（easyMule）等。

任务4 网络信息安全

➡ 任务描述

恰逢网络安全周，重电云科技有限公司将举行大型的网络安全周宣传活动，向全体员工宣传网络信息安全的重要性以及一些网络信息安全保障措施。小因所在的综合办公室将组织这次的宣传活动。

➡ 任务分析

进行网络信息安全宣传，应先介绍网络信息安全的概念以及网络信息安全的现状；然后介绍网络信息安全的一些常用技术，使员工有基本的防范应对意识；最后向员工介绍一些具体的网络信息安全保障措施，如计算机病毒的防范措施以及防火墙的配置。

➡ 任务实施

7.4.1 网络信息安全概述

网络信息安全概述

1. 网络信息安全的含义

"安全"在现代汉语词典中的意思为没有危险，不受威胁。网络信息安全问题，从计算机网络的诞生就存在。网络信息安全的威胁包括非授权访问、假冒合法用户、破坏数据完整性、干扰系统的正常运行、病毒破坏、通信线路被窃听等。

网络信息安全就是为防范计算机网络硬件、软件、数据偶然或蓄意破坏、篡改、窃听、假冒、泄露、非法访问和保护网络系统持续有效工作的措施总和。

信息安全、网络安全与计算机系统安全和密码安全密切相关，但涉及的保护范围不同。信息安全所涉及的保护范围包括所有信息资源，计算机系统安全将保护范围限定在计算机系统硬件、软件、文件和数据范畴，安全措施通过限制使用计算机的物理场所和利用专用软件或操作系统来实现。

随着经济信息化的迅速发展，计算机网络对安全的要求越来越高，尤其在互联网深度发展的今天，网络信息安全已经涉及国家主权等重大问题。随着"黑客"工具技术的日益发展，使用这些工具所需具备的各种技巧和知识的门槛在不断降低，造成全球范围内"黑客"行为泛滥，从而导致一个全新战争形式的出现，即网络安全技术的大战。

2016 年 11 月，全国人民代表大会常务委员会通过《中华人民共和国网络安全法》。这是我国第一部全面规范网络空间安全管理方面问题的基础性法律，为网络安全工作提供切实法律保障。"十三五"期间，我国网络安全相关政策陆续出台，网络安全防护水平不断提高。可见网络信息安全已上升为国家战略，成为创新发展的强大动力。

2. 我国网络安全现状

我国已发展成为全球互联网用户规模最大的国家。2021 年 2 月中国互联网络信息中心（CNNIC）在京发布第 47 次"中国互联网络发展状况统计报告"（以下简称"报告"）。"报告"中指出我国网民规模和互联网普及率快速提升，如图 7.31 所示。截至 2020 年 12 月，我国网民规模为 9.89 亿，互联网普及率达 70.4%，手机网民规模为 9.86 亿，网民使用手机上网比例达 99.7%。在乡村网络覆盖方面，农村网民规模为 3.09 亿，农村地区互联网普及率为 55.9%，贫困村通光纤比例达 98%，电子商务进农村实现对 832 个贫困县全覆盖。在网络扶智方面，学校联网加快，在线教育加速推广，全国中小学（含教学点）互联网接入率达 99.7%。在信息服务方面，远程医疗实现国家级贫困县县级医院全覆盖，全国行政村基础金融服务覆盖率达 99.2%，网络扶贫信息服务体系基本建立。在网络支付方面，截至 2020 年 12 月，我国网络支付用户规模达 8.54 亿，占网民整体的 86.4%。

图 7.31　我国网民规模和互联网普及率（2016—2020 年）

由上面的数据可见，身处互联网时代，每个人都与互联网有着直接或间接的联系。我们的购物、出行购票、学习、沟通交流都与网络服务产生了深度的融合，互联网已经全面融入我们生活的各个方面，并为我们的生活带来许多便利。

由于我国的网民基数非常高，我国的互联网业务呈现规模巨大、种类繁多的特点，也存在业务环境多样、面临安全威胁复杂的情形。调查显示，比例较高的网络安全威胁有个人信息泄露、网络诈骗、设备中病毒或木马、账号或密码被盗等，如图 7.32 所示。

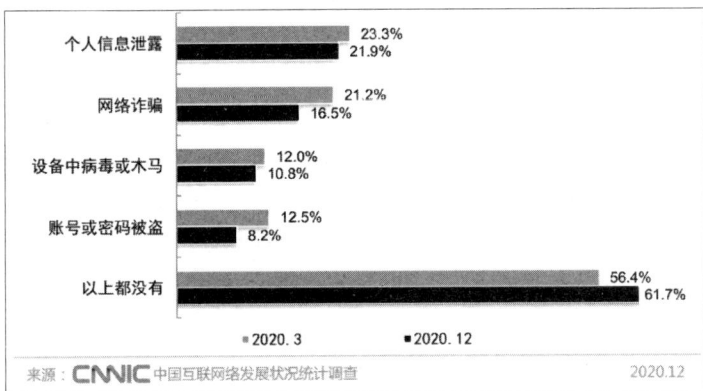

图 7.32　我国网民遭遇各类网络安全问题比例

目前，我国网络安全防护水平不断提高，个人信息安全防护力度不断加强。作为互联网的参与者，我们应该提高自身网络信息安全意识，远离网络安全威胁，积极宣传网络安全知识，为网络信息安全事业发挥自己的力量。

7.4.2　网络信息安全技术

网络安全研究人员都想提出自己的安全解决方案，来提高系统的网络信息安全防护水平。安全解决方案是一个涉及多学科、多技术的系统工程，单凭几个安全解决方案不可能保障网络信息系统的安全性。

事实上，安全只具有相对意义，绝对的安全只是一个理念，任何安全模型不可能将所有可能的安全隐患都考虑周全。因此，理想的信息安全模型永远不会存在。人们不断探索，期望不断提高网络信息安全防护水平。当前网络信息安全防御技术主要包括信息加密、身份认证、访问控制、防火墙、病毒防治、风险评估、虚拟专用网、入侵检测等。下面简单介绍几种常用的技术。

1.　密码技术

密码技术是实现网络信息安全的核心技术，是保护数据最重要的工具之一。密码技术以保持信息的机密性，实现秘密通信为目的。密码技术建立在密码学的基础上，密码学包括两个分支，即密码编码学和密码分析学。密码编码学通过研究对信息的加密和解密变换，以保护信息在信道的传输过程中不被通信双方以外的第三者窃用；而收信端则可凭借与发信端事先约定的密钥轻易地对信息进行解密还原。密码分析学主要研究如何在不知密钥的前提下，通过唯密文分析来破译密码并获得信息。

2.　身份认证与访问控制技术

身份认证和访问控制是实现网络安全的重要技术。在安全的网络通信中，通信双方必须通过某种形式来判明和确认双方的真实身份，确认身份后要根据身份设置对系统资源的访问权限，以实现不同身份用户的访问控制。通过身份认证，防止网络用户与服务器以及服务器与服务器之间的欺骗和抵赖，而通过访问控制，可以限制对关键资源的访问权限，防止非法用户的不合法操作和合法用户的不慎操作而造成的破坏。身份认证的目的是保证信息资源被合法用户访问，而访问控制的目的是保证被认证的合法用户根据权限访问信息资源。

3.　防火墙技术

防火墙是建立在网络通信技术和信息安全技术上且应用非常广泛的一种网络安全技术，其作用类似于门卫，是网络安全的第一道防线，当涉及不同信任级别（如内部网、Internet 或者网络划分）的两个网络通信时，执行访问控制策略。因此，防火墙技术的研究已经成为网络信息安全技术的主要研究方向。

4.　计算机病毒防治技术

计算机病毒的出现成为信息化社会的公害，计算机病毒的蔓延威胁着计算机系统的安全，影响了正常的社会生活秩序，造成资源和财富的浪费，甚至成为社会性灾难，是一种特殊的犯罪形式。随着计算机网络的迅速发展，计算机病毒出现了新的特点，计算机病毒的危害性更大，波及面更广，对信息安全的威胁也更为严重，计算机病毒和反计算机病毒的对抗将长期存在。防治计算机病毒是一个系统工程，不仅要有强大的技术支持，而且要有完善的法律法规、严谨的管理体系、科学的规章制度以及系统的防范措施。了解防治计算机病毒的基础知识，提高对计算机系统安全的认识，对做好计算机防护，构建安全的计算机系统环境有积极的作用。

5.　入侵检测技术

为了保护信息系统，人们构建了多种信息安全防御机制。传统的安全防御机制主要通过信息加密、身份认证、访问控制、安全路由、防火墙和虚拟专用网等安全措施来保护计算机系统及网络基础设施。然而，入侵者一旦利用脆弱程序或系统漏洞绕过这些安全措施，就可以进行未经授权的资源访问，从而导致系统的巨大损失或完全崩溃。为了全面保障整个信息系统的安全，不仅要采取安全防御措施，还应该采取积极主动的入侵检测与响应措施。入侵检测技术是近年发展起来的用于检测任何损害或企图损害系统保密性、完整性或可用性行为的一种新型安全防范技术，不同于传统的安全防御机制。通过对计算机网络或计算机系统中的关键点采集审计数据并对其进行分析，能够发现是否有违反安全策略的行为和被攻击的迹象，在网络系统受到危害之前拦截和响应入侵。入侵检测不仅可以检测来自外部的入侵行为，还可以监督内部用户的未授权活动，弥补防火墙等传统防御技术的不足。它作为网络安全的最后一道防线，已经成为完整的现代信息安全技术的一个重要组成部分。

7.4.3　计算机病毒

1．计算机病毒的起源

早在 1949 年，计算机的先驱者约翰·冯·诺依曼在他的论文《自我繁衍的自动机理论》中已把计算机病毒的蓝图勾勒出来。他提出"一部事实上足够复杂的机器能够复制自身"，而能够复制自身正是计算机病毒的本质特征之一。当时，很多计算机专家还不太相信这种会自我繁殖的程序。然而短短十年之后，磁芯大战在贝尔实验室中诞生，使他的设想成为事实。病毒是一段通过复制自身来摆脱对方控制或破坏的程序。

全球第一个通过互联网传播的蠕虫病毒是麻省理工学院的学生 Robert Tappan Morris 在 1988 年 11 月 2 日编写的，该病毒被取名为 Morris。他编写这个程序的初衷不是影响计算机网络的运行，而是统计互联网在网计算机的数量。该程序可以在计算机间传播，并要求每台计算机将信号发送回控制服务器，以进行计数，总共仅有 99 行程序代码。当该程序施放到当时网络上数小时后，就有数以千计的 UNIX 服务器受到感染。短短 12 小时内，超过 6200 台采用 UNIX 操作系统的 SUN 工作站和 VAX 小型机瘫痪或半瘫痪，其中涉及 NASA、各主要大学以及未被披露的美国军事基地，不计其数的数据和资料被毁。

2．计算机病毒的概念及危害

与医学上的"病毒"不同，计算机病毒不是天然存在的，是某些人利用计算机软件和硬件所固有的脆弱性编制的一组指令集或程序代码。它能通过某种途径潜伏在计算机的存储介质（或程序）里，当达到某种条件时即被激活，通过修改其他程序的方法将自己精确复制或以能演化的形式放入其他程序中，从而感染其他程序，对计算机资源进行破坏。

简单来说，计算机病毒指编制或者在计算机程序中插入的破坏计算机功能或者数据，影响计算机使用并且能够自我复制的一组计算机指令或者程序代码。计算机病毒一般具有寄生性、破坏性、传染性、潜伏性和隐蔽性等特性。按计算机病毒的感染方式可分为引导区型病毒、文件型病毒、网络型病毒、混合型病毒。目前，计算机病毒主要通过移动存储设备和计算机网络两大途径进行传播。

计算机病毒的危害：产生错误显示、错误动作；干扰计算机创作；删除文件；修改数据；破坏软件系统；使硬件设备发生故障，甚至损坏。

3．判断感染计算机病毒的技巧

计算机病毒具有很强的隐蔽性和极大的破坏性，因此，在日常使用中判断计算机病毒是否存在于系统中是非常关键的工作。一般用户可以根据下列情况来判断系统是否感染计算机病毒：

（1）磁盘文件数目无故增多。

（2）系统的内存空间明显变小。

（3）文件的日期或时间值被修改成最近的日期或时间值（用户并没有修改）。

（4）可执行文件的长度明显增加。

（5）正常情况下可以运行的程序突然因内存不足而不能运行。

（6）程序的加载时间或程序的执行时间比正常情况下明显变长。

（7）计算机经常出现死机现象或不能正常启动。

4．计算机病毒防范措施

为了有效防范计算机病毒，保护计算机不被计算机病毒破坏，需了解以下计算机保护常识。

（1）及时给系统打上补丁，设置一个安全的密码。

（2）安装杀毒软件。如果用户的计算机上没有安装防病毒软件，则最好安装一个。如果是家庭或个人用户，下载任何一个排名最佳的程序都相当容易，并且可以按照安装向导进行操作。

（3）定期扫描系统，如果用户是第一次启动防病毒软件，则最好让它扫描一下整个系统。

（4）定期更新防病毒软件。既然安装了防病毒软件，就应该确保它是最新的。

（5）不要乱单击链接和下载软件，特别是那些含有明显错误的网页。如果要下载软件，应到正规官方网站下载。

（6）不要访问无名和不熟悉的网站，防止受到恶意代码攻击或被恶意篡改注册表和 IE 主页。

（7）不要与陌生人和不熟悉的网友聊天，特别是那些 QQ 病毒携带者，因为他们不时自动发送消息，这也是其中毒的明显特征。

（8）关闭无用的应用程序，因为那些程序对系统会构成威胁，同时会占用内存，降低系统运行速度。

（9）安装软件时，切记不要安装那些附带的软件，一旦安装了，想删都删除不了，需要重装系统才能清除。

（10）不要轻易执行附件中的 EXE 和 COM 等可执行程序，这些附件极有可能带有计算机病毒或黑客程序，轻易运行很可能带来不可预测的结果。

（11）不要轻易打开附件中的文档文件。对方发送过来的电子函件及相关附件的文档，首先要用"另存为"命令（Save As）保存到本地硬盘，待用查杀计算机病毒软件检查无计算机病毒后才可以打开使用。

尽管计算机病毒和黑客程序的种类繁多，发展和传播迅速，感染形式多样，危害极大，但还是可以预防和查杀的，只要在使用计算机和计算机网络的过程中增强安全意识，采取有效的预防措施，随时注意工作中计算机的运行情况，发现异常及时处理，就可以降低计算机病毒和黑客的危害。

7.4.4 防火墙配置

防火墙配置

防火墙（Firewall）技术是通过有机结合各类用于安全管理与筛选的软件和硬件设备，帮助计算机网络在其内、外网之间构建一道相对隔绝的保护屏障，以保护用户资料与信息安全性的一种技术。可见防火墙是一个广义的概念，包含软件防火墙和硬件防火墙。硬件防火墙将防火墙软件嵌入硬件设备中，相对于软件防火墙它能降低被防护设备的系统资源消耗，还能提供一些软件防火墙无法达到的功能，但价格较高。下面介绍 Windows 自带的软件防火墙"Microsoft Defender 防火墙"的配置。

1. 防火墙的打开与关闭

在任务栏的搜索框中输入"防火墙和网络保护"，然后单击搜索出来的图标，即可进入"防火墙和网络保护"设置界面，如图 7.33 所示。

图 7.33 "防火墙和网络保护"设置界面

在该设置界面中有"域网络""专用网络""公用网络"防火墙设置链接。在链接下方有该网络防火墙打开情况的说明，在该设置界面中这三类网络的防火墙都已打开。要更改防火墙"打开/关闭"状态，可单击链接打开防火墙"打开/关闭"设置界面，如图 7.34 所示，单击"切换"按钮即可进行状态切换。

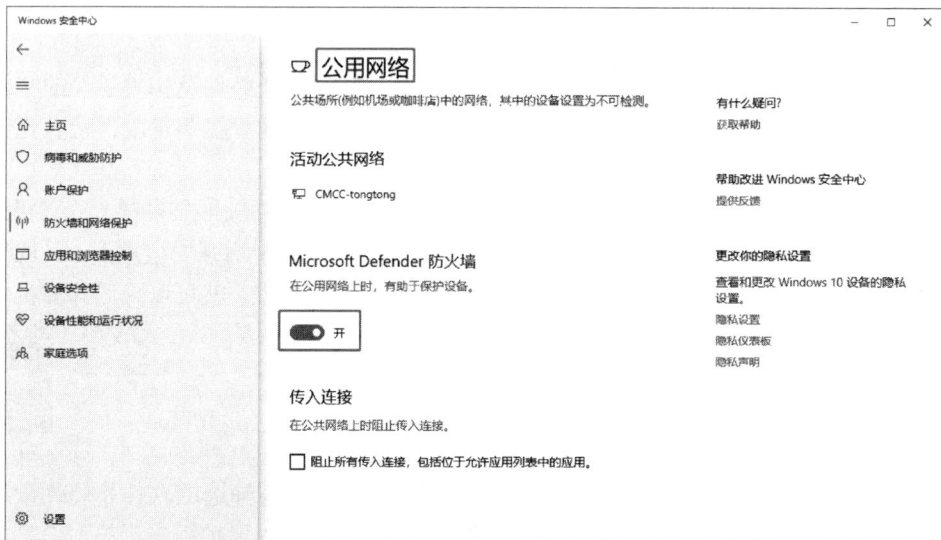

图 7.34 防火墙"打开/关闭"设置界面

2. 允许或禁止应用通过防火墙

单击图 7.33 中的"允许应用通过防火墙"链接，打开如图 7.35 所示的设置界面。单击"更改设置"按钮，即可确认应用能否在对应的网络类型下通过防火墙，勾选后单击"确定"按钮。在不能通过防火墙的网络类型下，应用不能与此网络下的其他设备通信。

图 7.35 "允许应用通过防火墙"设置界面

3. 防火墙通知设置

防火墙通知在"Windows Defender 防火墙"阻止新应用时在通知栏中进行通知，便于用户了解应用阻止的情况。防火墙通知设置的具体步骤如下。

单击图 7.33 中的"防火墙通知设置"链接，在弹出的"设置"界面中单击"通知管理"链接，然后在弹出的"通知"界面中进行设置，如图 7.36 所示，在方框中可以打开或者关闭"防火墙和网络保护通知"，还可以对"域防火墙""专用防火墙""公共防火墙"进行选择。

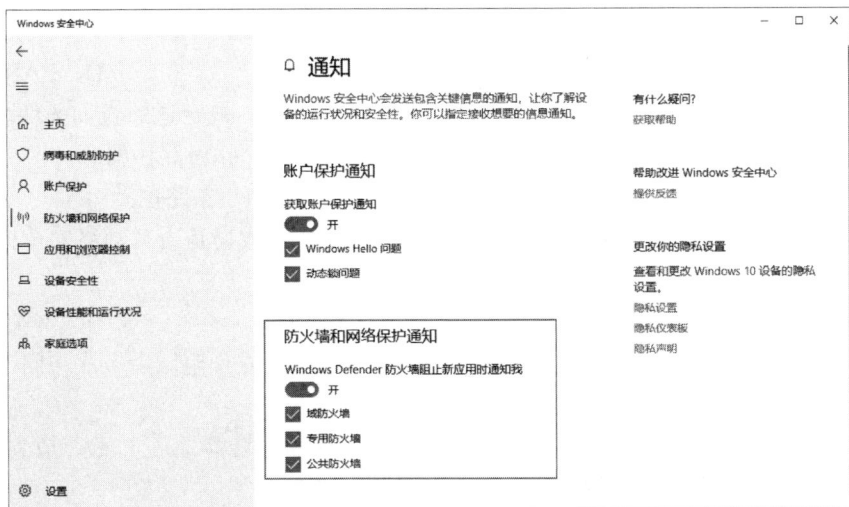

图 7.36 防火墙通知设置

拓展训练——小组讨论

1. 什么是网络信息安全？

2. 网络信息安全常用技术有哪些？请列举你接触过的相关技术并进行简要说明。

3. 你使用过哪些计算机防毒软件？

4. 在你使用的计算机上，哪些应用在"专网"中使用？哪些应用在"公网"中使用？

5. 你如何给上一题中列举的应用设置防火墙策略？

项目考核

一、选择题

1. 以太网的拓扑结构是（　　　）。

    A．树形　　　　　　B．环形　　　　　　C．星形　　　　　　D．总线型

2. 局域网常用的网络拓扑结构是（　　　）。

    A．星形和环形　　　　　　　　　　B．总线型、星形和环形

    C．总线型和树形　　　　　　　　　　D．总线型、星形和树形

3. Internet 上使用的协议是（　　　）。

    A．TCP/IP　　　　B．CSMA/CD 协议　　C．X.25 协议　　　D．令牌环协议

4. 在计算机网络中，TCP/IP 是一组（　　　）。

    A．广域网技术

    B．局域网技术

    C．支持异种类型的计算机（网络）互联的通信协议

    D．支持同种类型的计算机（网络）互联的通信协议

5. 在 Internet 中，IP 地址分为（　　　）类。

    A．3　　　　　　　B．4　　　　　　　C．5　　　　　　　D．6

6. 成本低、应用广泛，但覆盖范围有限的网络是（　　　）。

    A．Internet　　　　B．WAN　　　　　　C．FAN　　　　　　D．LAN

7. 在搜索引擎中搜索计算机网络中的互联设备"路由器"，最合适的查询条件为（　　　）。

    A．计算机网络 路由器　　　　　　　　B．计算机网络+路由器

    C．计算机网络-路由器　　　　　　　　D．计算机网络/路由器

8. 目前，在企业内部网与外部网之间，检查网络传送的数据是否对网络安全构成威胁的主要设备是（　　　）。

    A．路由器　　　　B．防火墙　　　　　C．交换机　　　　　D．网关

9. 在浏览 Web 网站的过程中，如果发现自己喜欢的网页并希望以后多次访问，应当把这个页面（　　　）。

    A．用 Word 保存　　B．建立浏览　　　　C．建立地址簿　　　D．放到收藏夹中

10. 在下列有关电子邮件的叙述中，错误的是（　　　）。

    A．电子邮件可以带附件

B．电子邮件地址具有特定的格式："<邮箱名>"@"<邮件服务器域名>"

C．目前邮件发送时一般采用 POP3，接收时采用 SMTP

D．用 Outlook 收发电子邮件之前，必须先进行邮件账户的设置

11．电子邮件地址中"@"的含义为（　　）。

    A．与　　　　　　　B．或　　　　　　　C．在　　　　　　　D．和

12．你想通过电子邮件给某人发送某个小文件时，必须（　　）。

    A．在主题上写"含有小文件"

    B．把这个小文件先复制再粘贴在邮件内容里

    C．无法办到

    D．使用粘贴附件功能，通过粘贴上传附件来完成

13．如果电子邮件在发送的过程中有误，则（　　）。

    A．电子邮件服务器自动将有误的邮件删除

    B．邮件将丢失

    C．电子邮件服务器会将原邮件退回，并且给出不能寄达的原因

    D．电子邮件服务器会将原邮件退回，但不给出不能寄达的原因

14．在下列电子邮件的地址格式中，不合法的是（　　）。

    A．ZhangSan@sina.com.cn　　　　　　B．Helen@163.com

    C．Helen%126.com　　　　　　　　　　D．Zhang_san@edu.com

15．在 Foxmail 中，登录电子邮箱账户"one@qq.com"，现发送一封电子邮件到 two@163.com，在发送完成后（　　）。

    A．发件箱中有 one @qq.com 的邮件　　B．发件箱中有 two@163.com 的邮件

    C．已发送箱中有 one @qq.com 的邮件　D．已发送箱中有 two@163.com 的邮件

16．下列专用于浏览网页的应用软件是（　　）。

    A．Word　　　　　B．Firefox　　　　　C．Foxmail　　　　　D．Frontpage

17．下列各项不能作为域名的是（　　）。

    A．www.ccs.com　　　　　　　　　　B．wwwm，cnc.com.cn

    C．www.num-1.edu.cn　　　　　　　　D．www.redcross.org

18．FTP 的英文全称是（　　）。

    A．Find Transport Protocol　　　　　　B．File Transform Protocol

    C．File Transport Protocol　　　　　　D．File Transition Protocol

19．www.pku.edu.cn 是中国的一个（　　）站点。

    A．教育部门　　　B．工商部门　　　C．军事部门　　　D．非营利组织

20．FTP 的含义是（　　）。

    A．高级程序设计语言　　　　　　　　B．域名

    C．文件传输协议　　　　　　　　　　D．网址

21．对于接入 Internet 并支持 FTP 的两台计算机之间的文件传输，下列说法中正确的是（　　）。

    A．只能传输文本文件　　　　　　　　B．不能传输压缩文件

    C．所有文件均能传输　　　　　　　　D．只能传输电子邮件

22．使用 FTP 下载文件时，不需要知道（　　）。

A．文件存放的服务器名称和目录名称　　B．文件的名称和内容

C．文件格式　　　　　　　　　　　　D．文件所在服务器的距离

23．网络的主要作用是（　　）。

A．收发电子邮件　　B．资源共享　　C．玩网络游戏　　　D．在网上聊天

二、简答题

1．什么是计算机网络？它由哪些部分组成？其主要功能是什么？

2．计算机网络有哪几个发展阶段？

3．目前常见的局域网有哪些类型？

4．IP 地址由哪几部分组成？各有什么意义？

5．Internet 提供了哪些服务？如何使用这些服务？

6．电子邮件常用的协议有哪些？

7．简述文件传输协议。

8．什么是计算机病毒？其有什么特点和危害？

9．什么是信息安全？

10．简述常用的信息安全技术。

三、思考与练习

1．观察你家里是如何接入 Internet 的，查找资料分析是否有其他接入方式。如果家里有多台计算机，如何让所有计算机都连入 Internet？

2．创建一个家庭组，并且将你的图片在家庭组中共享。

3．将你的计算机上的浏览器进行如下设置：将百度设置成主页。

4．整理你的计算机上的浏览器的网页书签。

5．利用百度搜索引擎搜索云计算技术发展相关资料，并且下载有代表性的论文、演示文稿各一篇。

6．申请并开通你的电子邮箱。

7．体验即时通信软件的使用。

8．下载并使用一种杀毒软件，了解其病毒库是如何更新的。

项目 8

新一代信息技术

项目介绍

工业 4.0 时代，是利用信息化技术促进产业变革的时代，也是智能化时代。国家高度重视信息化技术的发展，并确定以云计算、大数据、人工智能、区块链、现代通信、物联网等技术为代表的新一代信息技术相关产业作为战略性产业。在国家大力支持下，我国的各类新兴信息技术得到了飞速发展，并在我国经济社会发展中发挥了重大作用。这些新兴技术不仅存在于统计数字中，还与我们的生活、学习、工作完成了深度融合，如云文档、云盘、自动驾驶、城市大脑、智慧医疗等。所以了解这些新兴信息技术对我们的生活、学习、工作都非常有帮助。

任务安排

任务 1　了解新一代信息技术

任务 2　了解新一代信息技术的特点和典型应用

任务 3　了解新一代信息技术与其他产业的融合发展

学习目标

◇ 了解新一代信息技术的发展情况。

◇ 了解新一代技术的特点与典型应用。

◇ 能从产业发展的角度，对促进产业提质增效的新一代信息技术解决方案进行思考。

任务1 了解新一代信息技术

➡ 任务描述

最近在重电云科技有限公司工作的小辛，接到撰写"新一代信息技术"调研报告的任务。小辛打算从新一代信息技术的基本概念和主要代表技术两个方面来撰写这份报告。

➡ 任务分析

要较好地完成这个任务，应了解"新一代信息技术"概念的提出、定义及基本概念。在了解相关基本概念后，还应对新一代信息技术中的主要代表技术进行初步了解。

➡ 任务实施

8.1.1 新一代信息技术的基本概念

新一代信息技术的基本概念

新一代信息技术（New Generation of Information Technology，NGIT）是对传统计算机、集成电路与无线通信的升级，并将原来的信息技术的平台和产业进行变迁，打造适合未来市场的一种技术。

"十二五"规划提出大力发展节能环保、新一代信息技术、生物、高端装备制造、新能源、新材料、新能源汽车等战略性新兴产业。其中新一代信息技术产业重点发展新一代移动通信、下一代互联网、三网融合、物联网、云计算、集成电路、新型显示、高端软件、高端服务器和信息服务。

2016年，经国务院同意，工业和信息化部、国家发展改革委正式印发了《信息产业发展指南》，并先后下发了《大数据产业发展规划（2016—2020年）》《云计算发展三年行动计划（2017—2019年）》《促进新一代人工智能产业发展三年行动计划（2018—2020年）》等文件，明确云计算、区块链、大数据、物联网、移动互联网、人工智能、虚拟现实、物联网等是新时期我国经济社会发展的重点领域，是建设网络强国、推动产业数字化转型升级的关键支撑。

"十四五"规划和2035年远景目标中建议：加快壮大新一代信息技术、生物技术、新能源、新材料、高端装备、新能源汽车、绿色环保，以及航空航天、海洋装备等产业。培育壮大人工智能、大数据、区块链、云计算、网络安全等新兴数字产业，提升通信设备、核心电子元器件、关键软件等产业水平。构建基于5G的应用场景和产业生态，在智能交通、智慧物流、智慧能源、智慧医疗等重点领域开展试点示范。

可见从国家层面是非常重视新一代信息技术的发展的，多年来持续推进新一代信息技术的培育及发展。

8.1.2 新一代信息技术的主要代表技术

新一代信息技术涉及的领域较为广泛，包括云计算、区块链、人工智能、大数据、虚拟现实、物联网、下一代通信技术等。现在科技领域有个形象而好记的简称"ABC"技术，其中，

A 表示 AI（Artificial Intelligence，人工智能），B 表示 BD（Big Data，大数据），C 表示 CC（Cloud Computing，云计算）。这三个技术是当前运用非常广泛的新一代信息技术，其关系如图 8.1 所示。云计算作为基础架构平台，支撑大数据模型分析、数据挖掘，最后为人工智能的实现奠定基础。

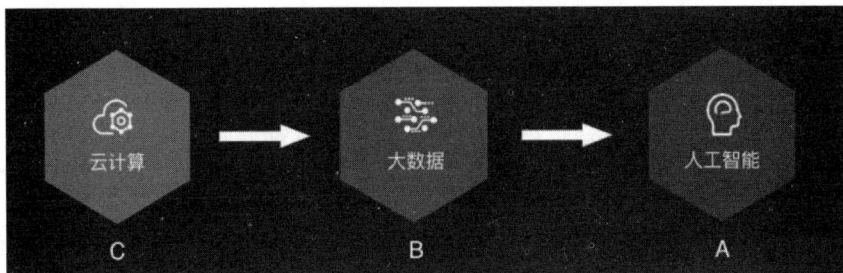

图 8.1　"ABC" 技术

拓展训练——小组讨论

1．谈谈你接触过的新一代信息技术。
2．你使用过哪些与云计算相关的应用？
3．你的手机上有哪些与人工智能相关的应用？

任务 2　了解新一代信息技术的特点和典型应用

任务描述

小辛正在撰写"新一代信息技术"调研报告，目前已了解新一代信息技术的基本概念以及主要代表技术。小辛接下来的任务是进一步了解各技术的相关概念及应用情况。

任务分析

完成该任务应能描述各技术的相关概念，在选取各技术典型应用案例时，应注意兼顾产业支撑的案例和贴近生活的案例。

任务实施

8.2.1　云计算技术

云计算技术

1．云计算概念

2006 年 8 月 9 日，谷歌首席执行官埃里克·施密特在搜索引擎大会上首次提出云计算的概念。那么什么是云计算？云计算是一种商业计算模型。它将计算任务分布在大量计算机构成的资源池上，使各种应用系统能够根据需要获取计算力、存储空间和信息服务，如图 8.2 所示。这里的资源池包括计算资源、内存资源、存储资源、各类云服务资源等。

图 8.2　云计算概念图

有一种通俗的比喻，把云计算服务比作一个电力供应商，各类云计算资源就相当于电力，网络就相当于电网，各类应用服务相当于电气设备。无论电气设备大如复兴号电力动车组或小如电风扇，只要接入电网就能按需获取电力并运行起来。用户无须关心电力是如何产生的，只需专注于电气设备的建设，需要电力资源时就按需获取。

在业界有一句话"云生万物"，也就是如同上面的比喻，在万物互联时代云计算作为底层的基础设施支撑服务为各类业务提供保障。

云计算具有超大规模、虚拟化、高可靠性、通用性、高可伸缩性、按需服务、费用低廉等特点。

按照云计算应用范围可分为公有云、私有云、混合云。

公有云是最常见的云计算部署类型。公有云资源由第三方云服务提供商拥有和运营，这些资源通过 Internet 提供。在公有云中，所有硬件、软件和其他支持性基础结构均为云提供商所拥有和管理。

私有云由专供一个企业或组织使用的云计算资源构成。私有云可在物理上位于组织的现场数据中心，也可由第三方服务提供商托管。但是，在私有云中，服务和基础结构始终在私有网络上进行维护，硬件和软件专供组织使用。

混合云是云计算的一种类型，它将本地基础结构（或私有云）与公有云结合在一起。使用混合云，可以在两种环境之间移动数据和应用。

2. 云计算的典型应用

（1）金山文档。

金山文档是一款基于云计算的在线办公套件。享有超大容量的云端存储空间，支持手机、计算机、平板电脑等终端，实时同步，随时随地轻松编辑。云端文件加密存储，文档编辑过程中的改动自动保存，实时保存历史版本，随时可以恢复任何一个历史版本，不必担心软件或者计算机崩溃导致的资料丢失。多人可实时在线查看和编辑，一个文档可多人同时在线修改；除了由发起者指定可协作人，还可以设置查看/编辑的权限。

例如，在软件开发公司中，为了跟进团队的整体开发计划和进度，首先需要团队成员将各自的开发计划和进度分别发给相关人员进行汇总，再将汇总结果挨个发给大家。这个过程非常烦琐。使用金山文档后如图 8.3 所示，团队成员在同一个在线表格内填写各自的每日/每周开发计划和完成进度。只需打开这个表格链接，就能了解团队所有人员每日/每周的开发计划和完成进度信息。如有变动，直接在表格内更新。无论何时打开这个表格，看到的信息都是最新的。

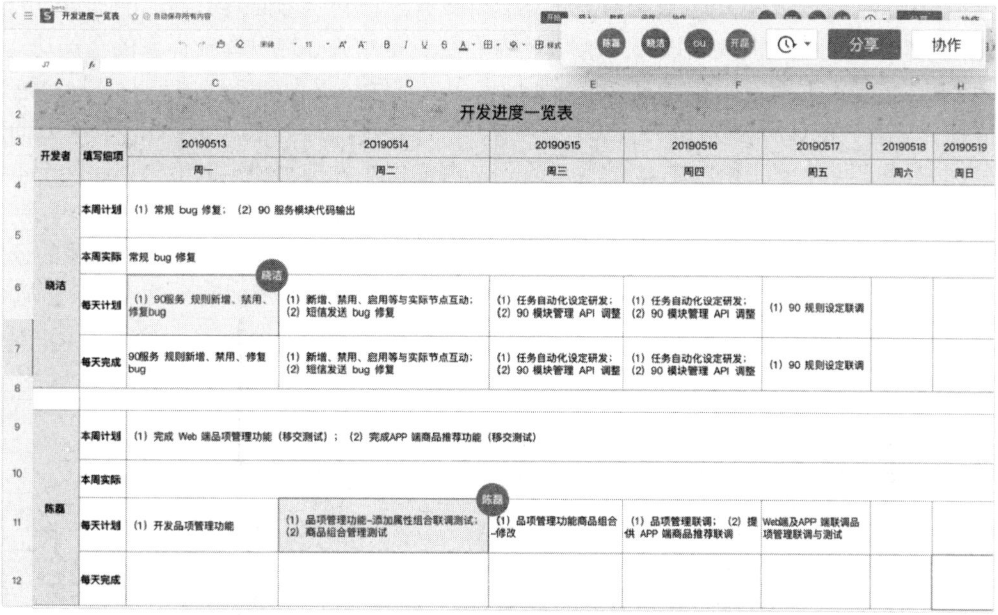

开发进度一览表

开发者	填写细项	20190513 周一	20190514 周二	20190515 周三	20190516 周四	20190517 周五	20190518 周六	20190519 周日
晓洁	本周计划	(1) 常规 bug 修复；(2) 90 服务模块代码输出						
	本周实际	常规 bug 修复						
	每天计划	(1) 90服务 规则新增、禁用、修复bug	(1) 新增、禁用、启用等与实际节点互动；(2) 短信发送 bug 修复	(1) 任务自动化设定研发；(2) 90 模块管理 API 调整	(1) 任务自动化设定研发；(2) 90 模块管理 API 调整	(1) 90 规则设定联调		
	每天完成	90服务 规则新增、禁用、修复bug	(1) 新增、禁用、启用等与实际节点互动；(2) 短信发送 bug 修复	(1) 任务自动化设定研发；(2) 90 模块管理 API 调整	(1) 任务自动化设定研发；(2) 90 模块管理 API 调整	(1) 90 规则设定联调		
陈磊	本周计划	(1) 完成 Web 端品项管理功能（移交测试）；(2) 完成APP 端商品推荐功能（移交测试）						
	本周实际							
	每天计划	(1) 开发品项管理功能	(1) 品项管理功能-添加属性组合联调测试；(2) 商品组合管理测试	(1) 品项管理功能商品组合-修改	(1) 品项管理联调；(2) 提供 APP 端商品推荐联调	Web端及APP 端联调品项管理联调与测试		
	每天完成							

图 8.3　金山文档

（2）阿里云。

阿里云是阿里巴巴集团旗下的全球领先的云计算及人工智能科技公司。阿里云是一个公有云，提供云服务器、云数据库、云安全、云存储、企业应用及行业解决方案服务。阿里云服务的客户非常广泛，如零售、在线教育、视频直播、医疗、能源等行业。如图 8.4 所示为阿里云的一些热门产品。

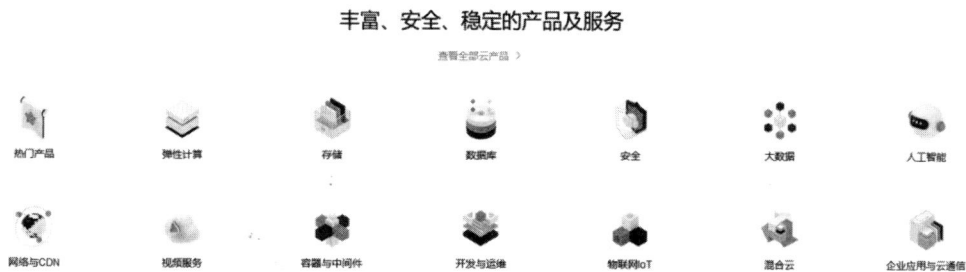

图 8.4　阿里云的一些热门产品

使用云计算的好处非常多。一是成本方面，企业无须购买实体设备，并且能够大幅降低运维人员的需求，降低企业构建数据中心的成本；二是灵活性方面，有部分业务的访问需求具有阶段性特点，例如，火车票购买集中在寒暑假及春运期间，电商促销集中在“618”或“双 11”期间，使用云计算能够在业务需求大的时候增加相关的资源，并在不需要的时候释放资源，非常灵活；三是便利性方面，采用云计算时相关的资源创建非常快捷，例如，部署一台主机可能只要几分钟，数据迁移也非常方便，若要构建多地的数据中心，也可在很短的时间内部署完成；四是可靠性，云计算的可靠性非常高，例如，单台云服务器的可靠性可达 99.96%以上。

（3）Openstack。

公有云目前已发展得非常成熟，但政府部门和多数企业不愿意将关键的数据存储在公有云上，也不太可能将关键的应用放到公有云上运行。私有云在安全方面具有绝对的优势，因其可以构建在政府或企业数据中心的防火墙后，政府和企业可以放心地发挥云计算的全部功能，且不必担心数据失窃。私有云是指通过 Internet 或专用内部网络仅面向特选用户（而非一般公众）提供的计算服务。私有云也称作内部云或公司云，私有云计算为企业提供了许多公有云的优势（包括自助服务、可伸缩性和弹性），其通过专用资源提供额外控制和定制能力，远胜于本地托管的计算基础结构。

在项目 2 中介绍过，OpenStack 是一个管理大型计算、存储、网络资源池的开源的云操作系统项目。有很多公司构建以 OpenStack 为核心的开源云生态体系并进行二次开发，向客户提供私有云的服务，如华为、新华三、华云等。如图 8.5 所示为华为公司基于 OpenStack 架构开发的 FusionSphere 华为云操作系统的架构示意图。

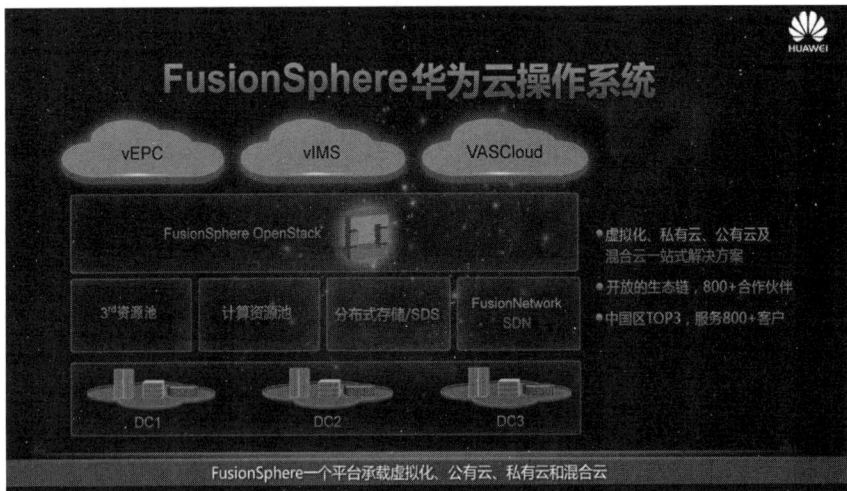

图 8.5　FusionSphere 华为云操作系统的架构示意图

8.2.2　大数据应用

1. 大数据概念

大数据被誉为未来的新石油、本世纪最珍贵的财产；大数据产业的发展关系到国家的安全和经济繁荣。云计算、移动互联网、泛在感知、物联网、人工智能等新一代信息技术的深入应用，无一不以数据为基础，反过来又带动海量数据的爆炸式增长。根据美国互联网数据中心的数据，互联网上的数据每年将呈现 50%的增长，即每两年将会翻一番。实际上，因为网络、云计算技术的发展，越来越多的视频应用快速占领市场，世界上 90%以上的数据都是最近几年产生的。

大数据是指需要借助新的处理模式才能拥有更强的决策力、洞察发现力和流程优化能力的具有海量、多样化和高增长率等特点的信息资产。大数据有四个基本特征，即 Volume（数据规模大）、

Variety（数据种类多）、Velocity（处理速度快）及 Value（数据价值密度低），如图 8.6 所示。

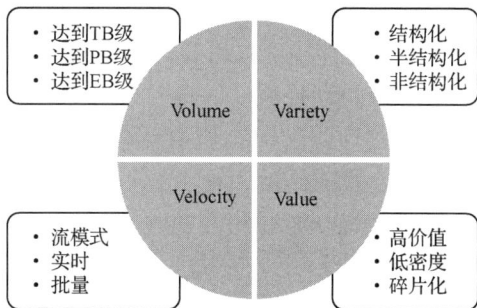

图 8.6 大数据的四个基本特征

2. 大数据技术应用

（1）高德地图交通情况预测。

现在人们出行越来越离不开电子地图，包括旅游出行、日常路径规划、行程时间规划等。在行程时间规划方面以高德地图为例，在路径规划的同时还能预测到达时间。这里的时间预测就结合了路程、实时路况以及历史路况大数据的分析。如图 8.7 所示为高德地图对于驾驶路径的规划及时间预测。

图 8.7 高德地图对于驾驶路径的规划及时间预测

高德地图一般会根据其拥有的交通和旅游大数据，在长假前发布"出行预测报告"，对各地旅游景点、自驾路线、交通状况等进行分析预测，提前为有假期出行计划的用户提供决策参考。在长假后，高德地图会基于长假期间积累的海量用户行为大数据，对假期交通和旅游大数据进行分析并发布假期的"出行报告"。

随着高德地图的用户规模越来越大、数据越来越丰富、信息更新越来越及时，其通过大数据对交通状况进行的预测也更加精准，对未来治理交通拥堵具有非常积极的意义。

（2）警务大数据应用。

目前，全国各地的公安机关积极探索警务大数据建设，包括数据平台基础建设、群众办事流程简化、视频图像识别追踪、刑事案件线索打通等。如贵州警方就通过大数据平台对诈骗电话自动分析、自动识别、自动预警、自动拦截，如图 8.8 所示。当群众遇到电信诈骗案件时，通信部门可以迅速对涉诈手机号码进行处置，向被骗群众发送提示短信，银行部门迅速就涉诈账号进行冻结，最大限度地降低群众被骗风险。

图 8.8　警务大数据侦查中心

8.2.3　人工智能应用

人工智能应用

1. 人工智能概念

1950 年，被誉为人工智能之父的英国著名学者阿兰·图灵（Alan Turing）发表了一篇名为《计算机器与智能》的具有划时代意义的论文。他在论文中提出一个用于判断机器是否有智能的想法：如果一台机器能够与人类展开对话（通过电传设备）而不会被辨别出其机器身份，那么这台机器就具有智能。图灵的这个想法后来被称为著名的图灵测试。图灵测试就是让测试者与被测试者（一个人和一台机器）隔开，如图 8.9 所示，通过一些装置（如键盘）向被测试者随意提问。进行多次测试后，如果有超过 30%的测试者不能确定被测试者是人还是机器，那么这台机器就通过了测试，并被认为具有人工智能。

但在论文中图灵并未明确人工智能的定义。目前，人工智能的定义很多，比较权威的有中国工程院的李德毅院士在《不确定性人工智能》一书中对人工智能做出的定义：人类的各种智能行为和各种脑力劳动，如感知、记忆、情感、判断、推理、证明、识别、设计、思考、学习等思维活动，用某种物化了的机器予以人工实现。

2. 人工智能技术的应用

（1）AlphaGo。

AlphaGo 是第一个击败人类职业围棋选手、第一个战胜围棋世界冠军的人工智能机器人，由谷歌旗下 DeepMind 公司的研发团队开发。AlphaGo 主要工作原理是"深度学习"，采用多层人工神经网络，结合数百万人类围棋专家的棋谱，以及强化学习进行自我训练，最终击败了韩国的世界围棋冠军李世石以及当时排名世界第一的世界围棋冠军柯洁等职业选手。如图 8.10

所示为柯洁与人工智能围棋机器人 AlphaGo 在中国乌镇围棋峰会上的对弈场景。

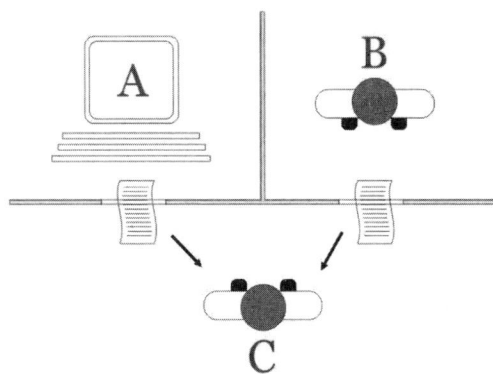

图 8.9 图灵测试

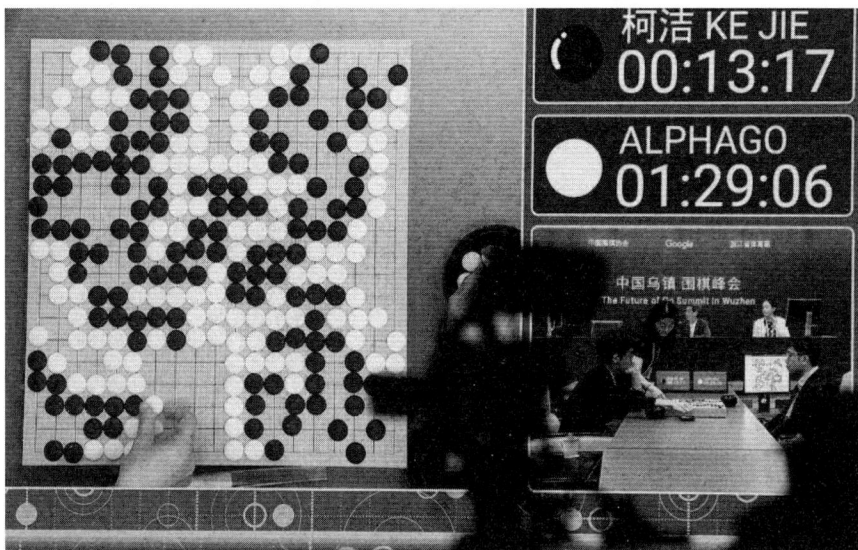

图 8.10 中国乌镇围棋峰会上柯洁与 AlphaGo 对弈场景

（2）AI 动画照片。

最近，家谱网站 MyHeritage 推出一个基于人工智能的照片增强工具：让老照片中的人物"活"起来。该工具名称为 Deep Nostalgia，它能够为老照片中的人创建短视频动画，从而看起来就像是在拍照时摆出姿势准备照肖像，如图 8.11 所示。该工具在互联网上掀起了一股风潮。网友们纷纷将家中的老照片翻出来，用该工具让老照片中的人物动了起来。不少网友看着动画中的亲人，不禁流下眼泪。

转换过程是完全自动化的，用户只需通过 MyHeritage 网站上传一张照片。为了提高最终动画的质量，照片上传后，会使用人工智能技术自动进行锐化和增强。深度学习算法分析照片中人的方位，确定他们的头部和眼睛看向的方向，然后在驱动视频库中选择一个驱动视频将老照片中提取的人物特征渲染成能够活动的动画。

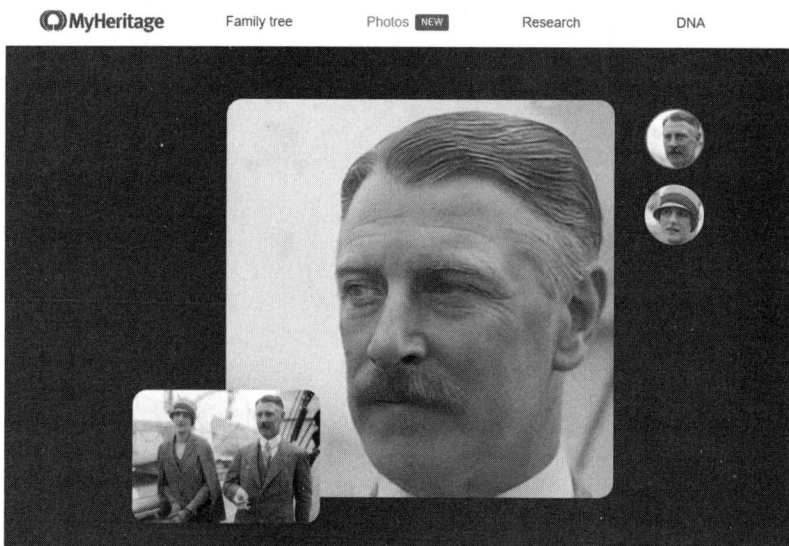

图 8.11　人工智能照片增强工具让老照片"动"起来

8.2.4　区块链技术

1．区块链概念

2008 年 10 月 31 日，中本聪发表一篇题为《比特币：一种点对点式的电子现金系统》的论文，标志着不需要交易双方互信就可以安全交易的点对点价值交换体系的诞生。中本聪所撰写的这篇论文，重点在于讨论比特币系统，实际上并没有明确提出区块链的定义和概念，在其中描述了用于记录比特币交易账目历史的数据结构"区块"和"链"，如图 8.12 所示。区块链的概念是从比特币系统的结构中抽象出来的。很多学者对比特币的数据结构、运行机制进行了研究，引申出很多区块链的应用。

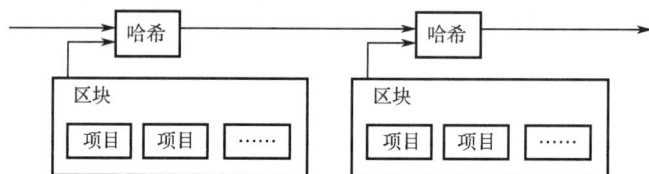

图 8.12　区块链的数据结构

那么区块链到底是什么？区块链是一种全新的融合型技术，存储上基于块链式数据结构，通信上基于点对点对等网络，架构上基于去中心化的分布式系统，交易上基于哈希算法与非对称加密，维护上基于共识机制。作为一种多方共享的数据库，融合了计算机科学、社会学、经济学、管理学等学科，实现了多个主体之间的分布式协作，构建了信任基础。

2．区块链的基本特性

区块链具有五大基本特性，分别是去中心化、不可篡改性、开放性、匿名性和自治性。下面针对这几个特性进行简要的说明。

（1）去中心化。

区块链的去中心化是指加入区块链网络的节点均具有平等的地位，没有永久性的特权节点，只有临时主导记账的节点。节点加入或者离开网络，对网络整体功能不构成影响。无论是存储还是计算任务，都由全部节点分别独立承担，以增加信息冗余、处理复杂度等作为代价换取系统的可靠性和稳定性。点对点的交易系统通过密码学等数学算法建立信任关系，不需要第三方进行信任背书，从而彻底改造了传统的中心化信任机制。

（2）不可篡改性。

区块链的不可篡改性体现在，信息一经打包为区块并加入区块链的最长合法链，那么此信息就永久地被记录在区块链上，无法被篡改。从概率学角度分析，在一个参与节点足够多的区块链网络中，几乎没有可能篡改或者删除链上信息，除非恶意节点超过 51%并集体篡改数据库。通过区块链的巧妙设计，结合哈希函数、非对称加密等技术，衍生出应用潜力广泛的不可篡改特性，成为构建信任的重要基础。

（3）开放性。

区块链系统是相对开放的。对于公有链，所有人都可以申请成为本区块链的一个节点。而对于联盟链和私有链，尽管需要经过一定的身份审核，但是一旦成为正式节点，所有的权利和义务都与其他节点平等，共同分享数据和接口。对于加入区块链系统的节点，所有数据公开透明，查询内容真实可靠，应用开发规范清晰。

（4）匿名性。

尽管区块链上的所有数据都是公开透明的，但是用户的隐私依然能够得到保护。区块链借鉴非对称加密中公私钥对的设计，将私钥作为用户的核心隐私，对外接收、发送、转账只需暴露公钥，从而让交易对方无从获取其真实身份。另外，公私钥对可以无限次重复生成，且从公钥无法推算出私钥，一个用户可以拥有多个账户，这也为用户真实身份和交易信息的保护提供了保障。

（5）自治性。

去中心化的结构导致区块链中节点的独立性很高，但是独立性不代表充分自由，不遵守区块链协议和规范的节点往往会受到惩罚。区块链通过全体节点协商一致的规则维护了区块链的安全性和稳定性，通过区块链社区的自行治理，不断完善规则帮助区块链达成既定目标。

3. 区块链的分类

区块链技术的本质目的是解决效率和信任问题，由于不同场景下的应用对象不同，因而开放程度、应用范围也存在差异，根据开放程度的不同，一般按照准入机制可将区块链分为公有链（Public blockchain）、私有链（Private blockchain）、联盟链（Consortium blockchain）。

（1）公有链。

公有链面向互联网对外公开，无须注册任意一个遵守公有链协议的用户都能加入。用户加入后能够自由访问区块链上的所有信息。公有链是真正意义上的完全去中心化的区块链，通过密码学保证信息不被篡改，通过经济学上的激励，在匿名的 P2P 网络中形成共识，从而形成去中心化的区块链。其网络结构如图 8.13 所示。

公有链通常也称为非许可链（Permissionless blockchain），比特币和以太坊等都是公有链。公有链一般适合于虚拟货币、面向大宗的电子商务、互联网金融等 B2C、C2C 或 C2B 应用场景。

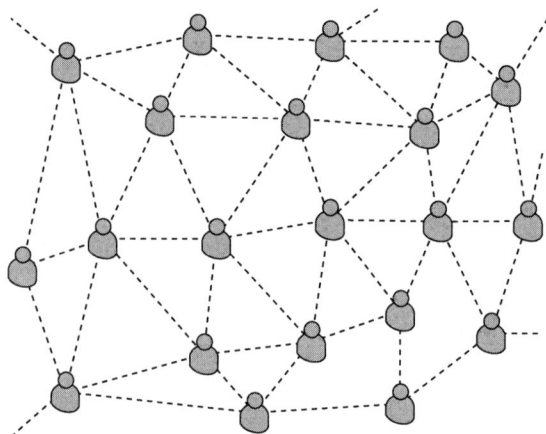

图 8.13 公有链网络结构

（2）私有链。

私有链是指其写入权限由某个组织和机构控制的区块链。读取权限或者对外开放，或者被进行了任意程度的限制。私有链可以理解为是一个小范围系统内部的公有链。其网络结构如图 8.14 所示。

私有链的应用场景一般是政府机关、企业内部，如政府部门报销审批流程过程存证、公司合同管理、铁路客运业务交易记录等。

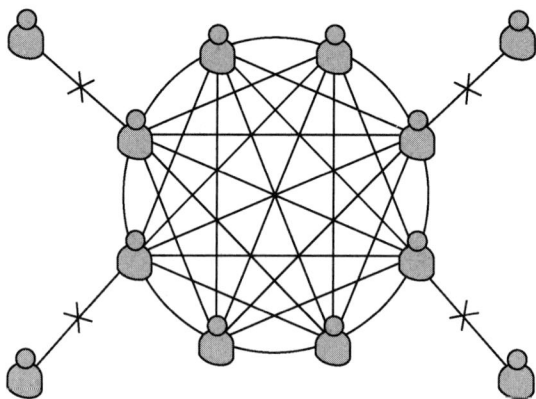

图 8.14 私有链网络结构

（3）联盟链。

联盟链是指由若干个机构共同参与管理的区块链，在联盟链的内部通过达成的协议指定多个预选的节点为记账人，每个块的生成由所有预选节点共同决定。其他接入节点可以参与交易，但不过问记账的过程（联盟链的本质是分布式托管记账系统），其他第三方都可以通过该区块链开放的 API 进行限定查询。从本质上来说，联盟链也是私有链，只有获得许可的用户才能接入联盟链网络。其网络结构如图 8.15 所示。

联盟链主要用户群体包括银行、保险、证券、商业、协会等。使用场景包括食品协会的产品溯源、金融机构的结算和清算、各类机构的合同存证等。

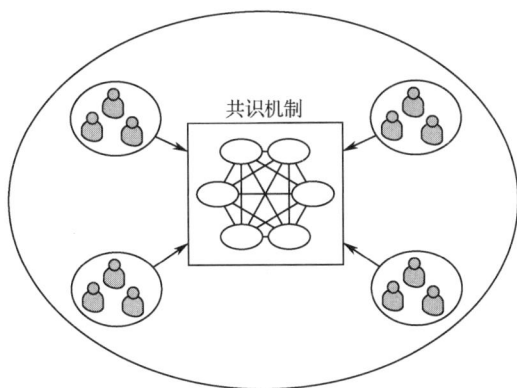

图 8.15　联盟链网络结构

4. 区块链技术的应用

（1）区块链+政务。

区块链作为新一代信息技术的重要组成部分，得到了社会各界的广泛重视。在政务服务方面，各地政府以区块链作为核心技术重要突破口，加快推动区块链+政务服务平台的研发，为提高营商环境提供助力。

2019 年 6 月，浙江省电子票据平台率先上线区块链票据，打通医院与保险公司的业务流程，实现部分商业保险报销等使用场景，如图 8.16 所示。2019 年 10 月，广东省正式上线区块链财政电子票据，广州市妇女儿童医疗中心和华南师范大学率先开出区块链财政电子票据，这也是广东省首批上链开票单位。2021 年，海南实现区块链财政电子票据全覆盖，形成网上申办、链上开具、可信流转、多方共享的区块链电子票据应用区块链平台。

图 8.16　浙江省电子票据平台区块链票据

使用区块链技术的优势在于，票据的生成、传送、存储及社会流传全过程信息更真实、全面地记录在区块链上，各环节操作痕迹可实时查看、追溯，防篡改和造假；所有数据加密保存，贯穿电子票据流转使用各业务场景中，只有所涉及的授信方才能查看和打开该电子票据信息，确保交款人隐私保护。未来利用区块链技术打破各部门信息壁垒后，还可实现跨单位、跨部门、跨区域的数据共享，实现从网上业务办理到报销、入账等全服务的链上信息共享互识，让报销、审计等业务更加方便、快捷。

（2）京东区块链防伪追溯平台。

京东智臻链防伪追溯平台，通过物联网信息采集和区块链技术，针对每个商品，记录从原材料采购到售后的全生命周期闭环中每个环节的重要数据，结合大数据处理能力，与监管部门、第三方机构和品牌商等联合打造全链条闭环区块链追溯开放平台。平台基于区块链技术，与联盟链成员共同维护安全透明的追溯信息，建立科技互信机制，保证数据的不可篡改性和隐私保护性，做到真正的防伪和全流程追溯。如图 8.17 所示为京东区块链防伪追溯平台产品特点。

截至 2021 年 6 月，落链数据达 10 亿级，与 1900 多家品牌商开展了溯源合作，售后用户访问查询的次数超过 1000 万。

产品优势特点

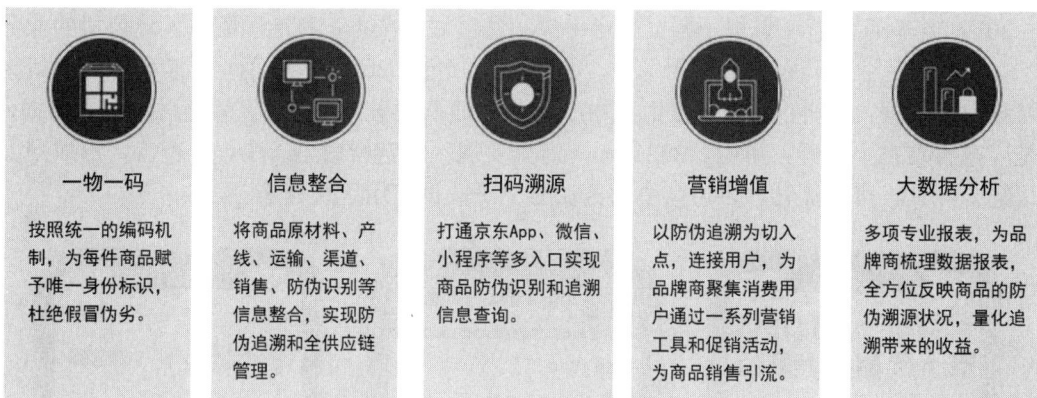

一物一码	信息整合	扫码溯源	营销增值	大数据分析
按照统一的编码机制，为每件商品赋予唯一身份标识，杜绝假冒伪劣。	将商品原材料、产线、运输、渠道、销售、防伪识别等信息整合，实现防伪追溯和全供应链管理。	打通京东App、微信、小程序等多入口实现商品防伪识别和追溯信息查询。	以防伪追溯为切入点，连接用户，为品牌商聚集消费用户通过一系列营销工具和促销活动，为商品销售引流。	多项专业报表，为品牌商梳理数据报表，全方位反映商品的防伪溯源状况，量化追溯带来的收益。

图 8.17　京东区块链防伪追溯平台产品特点

8.2.5　物联网技术

1. 物联网技术概念

物联网技术

物联网（Internet of Things，IoT）的出现打破了传统的思维。传统思维下，接入网络的是具有网络功能的电子产品，如计算机、交换机、路由器等单纯的电子设备。而物联网是互联网基础上的延伸和扩展的网络，是将物理世界的人或物结合各种信息传感设备与网络而形成的一个巨大网络，能实现在任何时间、任何地点，具有信息传感设备的人、物与网络的互联互通。物联网不仅提供传感器的连接，还能收集传感器获取的各类数据，利用云计算、大数据分析、人工智能等各种智能技术，实现其智能处理能力。如图 8.18 所示为物联网示意图。

图 8.18　物联网示意图

物联网到现在为止还没有一个约定俗成的概念。一般来说，物联网是指通过安装在各类物体上的传感设备，并通过网络接口接入网络，赋予物体与网络及智能服务交互的能力，进而获得物联网智能处理能力。用通俗的话来讲，物联网是一个万物互联的互联网。

根据物联网自身的特征，物联网应该提供以下几类通用服务。

（1）联网类服务：物品标志、物品通信、物品定位。

（2）信息类服务：信息采集、信息分析、信息存储、信息查询。

（3）操作类服务：远程监测、远程操作、远程控制、远程配置。

（4）安全类服务：用户管理、访问控制、事件报警、入侵检测、攻击防御。

（5）管理类服务：故障诊断、性能优化、系统升级、计费管理服务。

2. 物联网技术应用

2014 年，中储粮公司开始进行智能化粮库建设，用 4 年实现了全系统 980 多个直属库、分库智能化建设的全覆盖，在粮库部署了 432 万个温度传感器和 8 万多个监控摄像头，建成粮食仓储行业最大的一个物联网。如图 8.19 所示为中储粮公司的物联网监控平台监控室。

图 8.19　中储粮公司的物联网监控平台监控室

通过智能化粮库在线监测系统，各粮库成功地融入物联网。管理人员可以通过监控摄像头实时查看库区实景，通过温度传感器及时了解仓内粮食的温度变化，以便及时调整仓内的温度。通过系统能够掌握直属粮库出入仓作业动态，查阅每辆车的检验、检斤、结算、合同执行情况等信息，实现粮食出入库信息化记录，库存量有据可查。

8.2.6　虚拟现实技术

1. 虚拟现实技术概念

虚拟现实技术

虚拟现实（Virtual Reality，VR）技术是 20 世纪发展起来的一项全新的实用技术，涉及计算机图形学、多媒体技术、传感技术、人机交互、显示技术、人工智能等领域，交叉性非常强。VR 采用以计算机技术为核心的现代高科技手段生成一种虚拟环境，是一种多源信息融合的交互式三维动态视景和实体行为的系统仿真，使用户沉浸到该环境中，与虚拟世界中的物体进行自然的交互，从而通过视觉、听觉和触觉等获得与真实世界相同的感受。目前，虚拟现实的视觉效果大多依靠虚拟现实眼镜实现，如图 8.20 所示。

虚拟现实技术在教育、医疗、飞行训练、娱乐、军事等领域有非常广泛的应用前景。在教育方面，可以通过虚拟现实模拟历史事件场景，加深学生的体验；在医疗方面，通过 VR 可以帮助医生实施远程手术等。

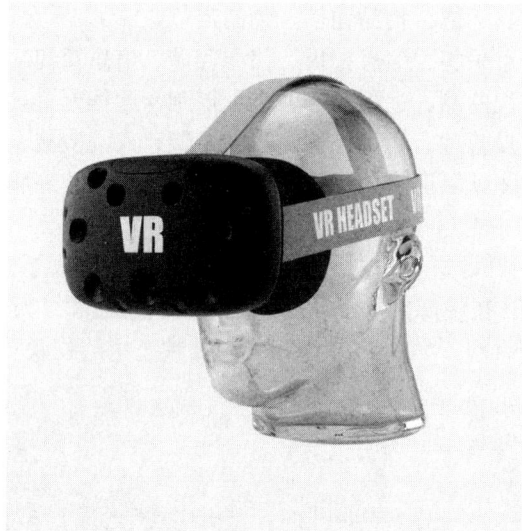

图 8.20　虚拟现实眼镜

2. 虚拟现实技术的应用

当前工业生产复杂程度高，产品升级更新换代快，在一些自动化生产流水线不能解决的装配环节，仍需依赖工人参与解决。这样就面临两个问题，一是产品更新换代快，装配流程随之变化也快；二是熟练工培训成本高，且蓝领工人流动性高，新工人培训周期长。

使用虚拟现实作业指导技术，能够较好地解决上面的问题，如图 8.21 所示。虚拟现实眼镜将根据最新的装配工艺及步骤要求，提示装配人员进行操作。这样即使装配流程步骤经常发生变化，装配人员也能快速适应，并能降低装配错误率；新职工的培训成本也能大大降低。

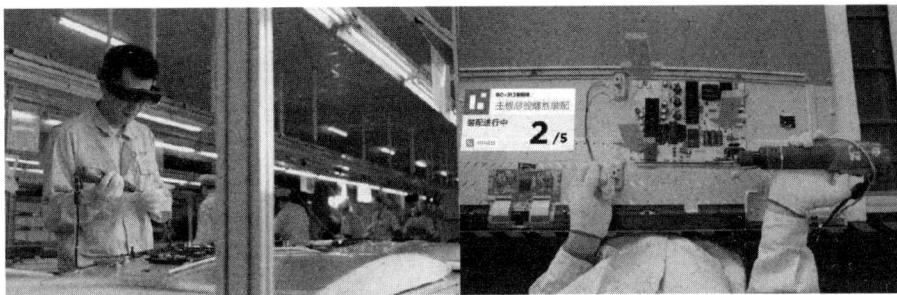

图 8.21 使用虚拟现实（AR）作业指导技术

现代通信技术

8.2.7 现代通信技术

1. 现代通信技术概述

通信伴随着整个人类文明发展史。古代人类通过采取以物示意、击鼓传声、结绳记事、壁画、烽火狼烟、飞鸽传信、驿站邮递等传递信息；19 世纪中叶以后，由于电报、电话的发明以及电磁波的发现，开创了电气通信新时代，人类的通信手段发生了根本性的变革，大大提高了人们信息交流的时效性；随着科技水平的不断提高，相继出现了无线电、移动电话、互联网、移动互联网等通信手段，极大地丰富了人们的通信手段以及信息传递类型。

随着移动互联网的发展，我国的网民数量不断攀升。截至 2020 年 12 月，我国网民规模达 9.89 亿，互联网普及率达 70.4%，手机网民规模达 9.86 亿。作为移动互联网基础支撑的 5G（第五代移动通信技术，英文全称为 5th Generation Mobile Communication Technology，简称 5G）技术是世界科技大国必争的技术。5G 超高速、低时延以及海量接入的特性，使得 5G 网络可以支持很多新兴科技，如超高清视频、虚拟现实、增强现实、工业控制、无人机控制、智能驾驶、智慧城市、智能家居等，将深刻改变人们的生产生活。

当今，我国已进入 5G 时代。在 1G 到 4G 的发展过程中，参与竞争的主要通信设备企业有摩托罗拉、诺基亚、阿尔卡特、爱立信、LG、朗讯、富士通、日本电器、西门子、三星、华为、中兴等。而到 5G 时代有能力参与标准制定的，只剩下华为、爱立信、诺基亚和中兴 4 家企业。不难发现，随着通信技术的升级，制定标准的难度和复杂性不断上升，有实力或有条件参与标准制定的国家和地区数量整体呈下降趋势。

5G 是具有高速率、低时延和大连接特点的新一代宽带移动通信技术，是实现人机物互联的网络基础设施。

2. 第五代通信技术的应用

（1）5G+工业互联网。

电子设备制造行业具有自动化水平高，数字化、网络化基础好的先天优势。现在很多制造企业在生产线现场辅助装配、机器视觉质检、厂区智能物流等典型应用场景，显著提高了生产制造效率，降低了生产成本，提升了系统柔性，为电子设备制造行业实现数字化转型进行了有益探索。

电子设备制造行业还有产品迭代速度快的特点。以某手机厂为例，其生产线平均每半年随新产品更新需要进行调整，包括因物料变更、工序增减等对所有网线进行重新布放，每次调整需要停工 2 周。若通过 5G 网络替换原有布线网络，生产线调整的灵活性可大大提高，且每次生产线调整的时间从 2 周缩短为 2 天。同时，在手机组装过程中的点隔热胶、打螺钉、手机贴膜、打包封箱等工位部署视觉检测相机，通过 5G 网络连接，把图片或视频发送到部署在 MEC（多接入边缘计算）上的（人工智能）AI 模块中进行训练，一方面多线共享样本后缩短了模型训练周期，另一方面实现了从"多步一检"到"一步一检"模式的改变，及时发现产品质量问题。如图 8.22 所示为"5G+工业互联网"的应用场景。

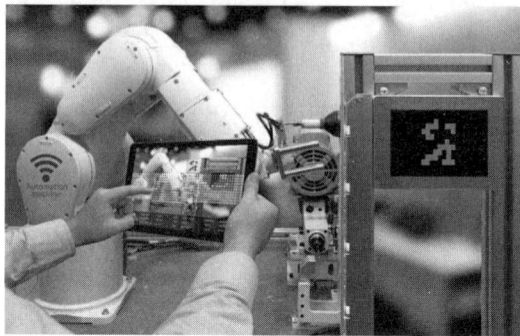

图 8.22 "5G+工业互联网"的应用场景

（2）"5G+无人机"。

无人机的应用越来越广泛，特别是人们不便于执行或者原来需要人员操控飞机才能执行的任务，如航拍、巡检、农药喷洒等。在电力系统的输电线路巡检中，巡检范围一般为几十千米至上百千米。近年来为了减轻输电线路巡检工作强度，传统无人机巡线作业模式开始大规模推广。随着这种模式的逐渐推行，一些问题也逐步显现。一是控制距离非常有限。传统的无人机以使用遥控系统进行人为控制为主，一般有效控制范围在几公里以内。二是无人机操控风险大。巡检人员操作不当容易造成坠机或触碰线路造成事故，影响飞行巡检的安全和质量。三是数据时效性低。传统无人机巡检拍摄的内容存储在无人机的存储设备上，需要完成飞行任务后，才能导入计算机中分析处理。图像不能实时回传，严重制约缺陷发现的及时性。

而采用 5G 技术与传统无人机相结合，远程控制飞行更安全、定位更精准、采集效率更高，这些问题可迎刃而解。通过 5G 网络可远程控制无人机，后台的云计算大数据平台记录实时高清画面、视频和传感器数据，同时对这些实时视频和数据进行分析可以避免无人机的触碰事故。云端还可使用人工智能技术对无人机回传的画面和视频进行电力传输风险分析，对智能识别的风险点进行报警。如图 8.23 所示为电力部门采用"5G+无人机"进行线路巡检及实时分析的场景。

图 8.23 电力部门采用"5G+无人机"进行线路巡检及实时分析的场景

拓展训练——小组讨论

1. 谈谈你了解的新一代信息技术发展的方向。
2. 谈谈你了解的新一代信息技术及其应用。
3. 选一个你感兴趣的技术方向作为你的拓展学习方向。谈谈你打算如何开展这项技术的学习。

任务3 了解新一代信息技术与其他产业的融合发展

➡ 任务描述

小辛出色地完成了"新一代信息技术"调研报告的撰写，得到了领导和同事的赞赏。近日领导安排小辛在原调研报告的基础上撰写一份新一代信息技术与其他产业融合发展方面的调研报告。小辛准备对自动驾驶、城市大脑、智慧医疗进行调研。

➡ 任务分析

新一代信息技术与其他产业融合时，往往不是孤立地使用某一种技术，所以在完成该任务时要侧重于多种信息技术融合的案例。

➡ 任务实施

8.3.1 自动驾驶

自动驾驶汽车的愿景，就是由自动驾驶系统接管汽车的驾驶，可以完全解放人类驾驶员。虽然这样的场景还没有真正实现，但已经离我们越来越近。创新历来都是循序渐进、一步一步变成现实的。不能仅仅因为它不会一蹴而就，就认为它永远不会变成现实。

国际汽车工程师学会（SAE）2021年更新了自动驾驶等级定义，且明确定义了已经量产和正在开发的自动驾驶技术，如图8.24所示。按照该新框架将L0至L2级系统命名为"驾驶员辅助系统"，而L3级至L5级则被视为"自动驾驶系统"。自动驾驶级别从0级至5级分别为无自动化、驾驶员辅助、部分自动化、条件自动化、高度自动化和完全自动化。目前，国内外很多科技公司、汽车厂商，特别是新能源汽车厂商都在从事这方面的研究，如小鹏汽车、蔚来汽车、特斯拉等。这些厂商最终的目标是实现L5的完全自动驾驶，当前汽车搭载的商业化自动驾驶一般为L2或L3级别。可见，自动驾驶技术的发展还有很大的发展空间。

1. 自动驾驶原理

在驾驶汽车前，先在车载电子地图上选择要去的目的地，做好行驶路径规划。一般汽车上都会在交互系统中装载地图服务，如图8.25所示。接下来，交互系统会根据地图服务提供的路程路况信息，在地图里智能规划出合理的行驶路径。

图 8.24　国际汽车工程师学会（SAE）驾驶自动化分级

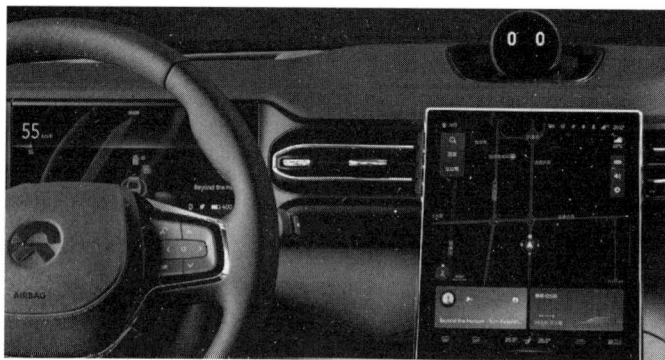

图 8.25　车载地图服务

　　自动驾驶系统接收来自各类传感器，如行车雷达、激光测距雷达、声波雷达、摄像头等行车数据。自动驾驶系统将实时行车数据项的分析请求发送给车载超算平台以及通过 5G 通信技术发送给后台云端。根据车载超算平台以及云端的反馈进行综合分析后，由车载计算机发出指令来合理控制转向、刹车等操控模块，实现对车辆的智能控制。

2. 自动驾驶与人工智能

（1）环境感知技术。

　　环境感知是自动驾驶中最重要的基础功能之一，它的主要作用是帮助自动驾驶汽车感知周边环境，将传感数据提供给智能驾驶决策系统分析，从而决定汽车的行驶路线。这里，需要用激光测距仪来感知与前后车的距离，判断障碍物等；用视频摄像头来捕捉附近的景象，分析交通标志，判断道路转向等；用传感器监控刹车、油路、冷却液等车辆内部环境；用车载雷达感知周边突然出现的各类物体，以便采取避让措施；所有的这一切，都要通过车载计算机进行综合分析并给出实时指令。如图 8.26 所示为典型的自动驾驶汽车的传感器分布情况。

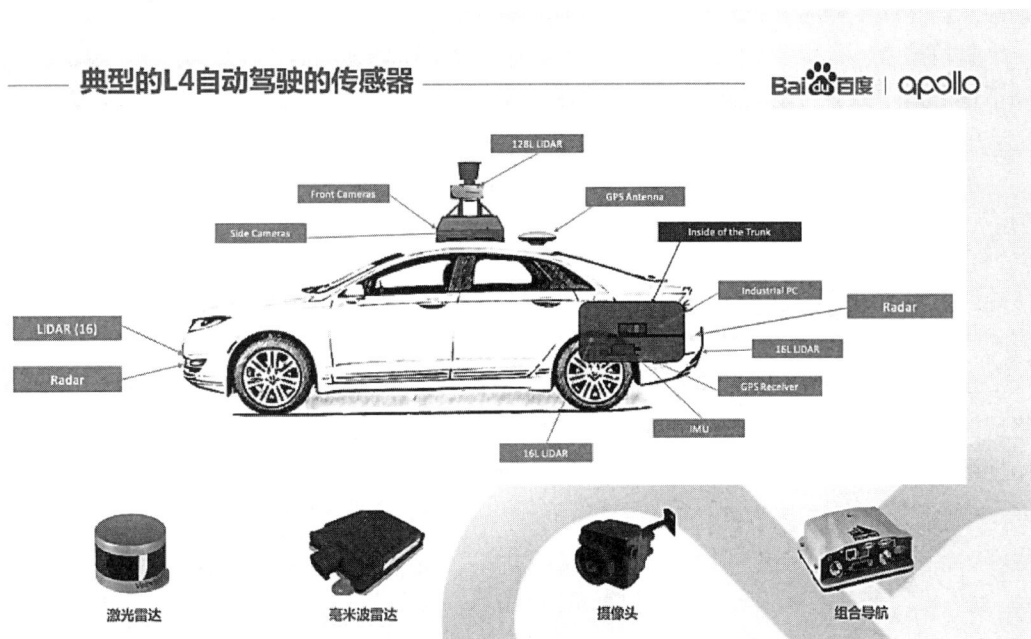

图 8.26　自动驾驶汽车的传感器分布情况

（2）行为决策系统技术。

行为决策系统也叫驾驶决策系统，包括全局的路径规划导航和局部的避障避险判断，以及常规的基于交通规则的行驶策略（最简单地让车保持在车道内）。决策系统根据来自传感器的数据和车载计算机、云端的分析结果决定汽车的驾驶行为策略。如图 8.27 所示为障碍物识别及响应场景的示意图。

图 8.27　障碍物识别及响应场景示意图

有一种最简单的设计无人驾驶系统的办法，就是使用人工智能技术中的深度神经网络来进行全面控制，我们只需要用大量的数据来训练它，这样就不用写复杂的控制策略算法代码。特斯拉目前就采用这种办法,其在 2020 年底发布的自动驾驶软件中采用 48 种神经网络。但是单纯采用深度神经网络来实现自动驾驶也存在问题,在前不久,特斯拉自动驾驶汽车造成的交通事故,就是深度神经网络对紧急出现的障碍物判断失误,导致车毁人亡。

目前来看,无人驾驶系统中基于传感器的环境感知系统和基于深度神经网络的控制系统协同工作是技术上对自动驾驶最为可行的方案。

(3)车辆控制技术。

车辆控制技术除了传统的控制技术,在无人车系统中也越来越多地引入神经网络模糊控制,包括自动应急转向、转弯车身稳定、急刹自动防抱死,以及爆胎后的方向盘自动修正等。

自 2015 年以来,在上海、杭州、重庆、武汉、长春、无锡、长沙等城市或地区,国家智能网联汽车测试区相继投入使用,为我国智能网联汽车的发展提供测试示范支持。如图 8.28 所示为"国家智能网联汽车(长沙)测试区"的车辆正在测试中。

多个城市相继发布智能网联汽车上路测试的有关政策法规,开创了国内开展智能网联汽车路试的先例,既解决了企业的迫切需求,也使企业在此方面的成本大大降低。可以预见随着时间推移,将会有更多的城市开放测试环境,方便国内各企业开展上路测试工作。

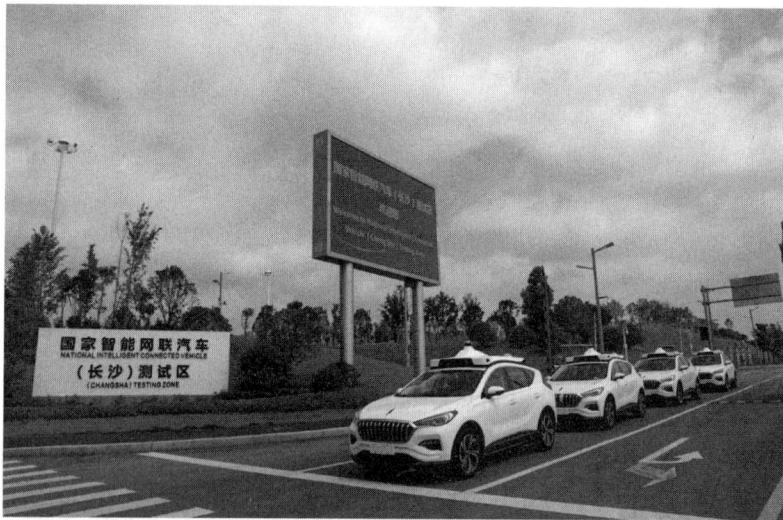

图 8.28 测试道路障碍物识别及响应

8.3.2 城市大脑

1. 城市大脑概述

"智慧城市"概念提出之前,世界各地都在开展"数字城市"和"无线城市"等建设。近年来,随着云计算、大数据、人工智能、下一代通信技术的发展,城市建设逐步转向了"智慧城市"建设,实际上就是城市数字化向智能化发展。

工业和信息化部电信研究院通信标准研究所给出的"智慧城市"的定义为:将现有资源进行整合,包括数据的智慧整合、应用整合、感知网络整合。数据的智慧整合就是打破信息孤岛,实现城市级的信息共享,加强数据的统一管理,实现数据的准确性和及时性,建立以数据转化为价值的体系,实现数据从部门级到城市级的提升;应用整合就是通过基础能力、服务与流程的全面集成，统一整合城市运营和产业，实现城市一体化运营，基于应用，聚合门户，提供统一的智慧应用服务，实现整个智慧城市运营产业链的高效协同；感知网络整合就是整合视频监控、传感器、射频识别等感知网络，实现对城市感知网络的统一监控和管理，并在此基础上进行城市运营感知数据的统一分析与优化，从而实现对城市运营的智能管理，提供更有效的城市服务。

中国城市科学研究会数字城市专业委员会认为，"智慧城市"是指架构在城市实景模型上，以城市建筑物为承载主体，以城市中的人、企业、城市设施为基本要素，融合城市资源、环境、社会、经济、信息，采用物联网等技术获取动态城市运行数据，在城市公共信息平台上集成各种行业应用。

城市大脑就是"智慧城市"的智能核心，是实现"智慧城市"的重要基础，它通过现代通信技术、云计算、大数据及人工智能等技术，打通城市数据管道，发掘数据价值，构建城市新的基础设施，推进城市的精细化管理和政务的智能化升级。城市大脑是城市管理现代化、智能化的需求和产物。城市大脑近年在我国多个城市落地，应用范围覆盖交通管理、治安维护、市政建设、城市规划等领域。

城市大脑的应用包括城市交通预测与干预、城市复杂环境感知与理解、城市视觉搜索引擎、城市市政规划和公共资源分析等。如图8.29所示为杭州城市大脑数据展示屏。

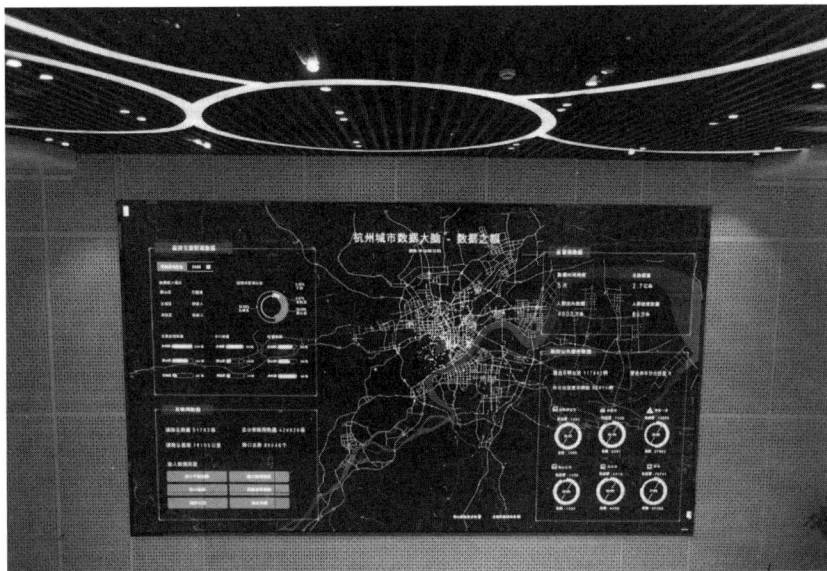

图8.29 杭州城市大脑数据展示屏

2. 城市大脑技术及应用

（1）"城市大脑+城市事件感知与智能处理"应用场景。

若城市大脑通过摄像头智能巡检发现某地小汽车和行人相撞，造成人员受伤和道路拥堵，它会发出报警信息。一方面通知交警指挥中心，另一方面通知最近的医院并通过分析向救护车发布最佳行车路线。城市大脑甚至可以根据实时路况调整交通信号灯，帮助救护车以最快的速度抵达事故现场，同时通过交通信号灯的调整避免道路的进一步拥堵。如图8.30所示为杭州城市大脑"城市事件感知与智能处理"系统。

图8.30 杭州城市大脑"城市事件感知与智能处理"系统

（2）"城市大脑+公交优化"应用场景。

"城市大脑+公交优化"已应用于苏州工业园区主干线公交线路的调度。传统的公交线路调度一般为固定时间间隔的调度，如在上下班高峰时间发车间隔 5 分钟、常规时间发车间隔 10 分钟、凌晨深夜发车时间间隔 15 分钟。采用城市大脑后，调度室可以根据城市大脑的监控及分析动态调整发车间隔。如图 8.31 所示，运用"公交优化"系统后公交线路客运能力提升了 17%。

现在城市大脑除了可以根据实际情况动态调整发车间隔，还可以精准预测 10 分钟后哪个车站乘客数量会增加，或者何时由于某个活动在哪个车站会有大量乘车需求，这样就能帮助调度室提前做加开班车的准备。

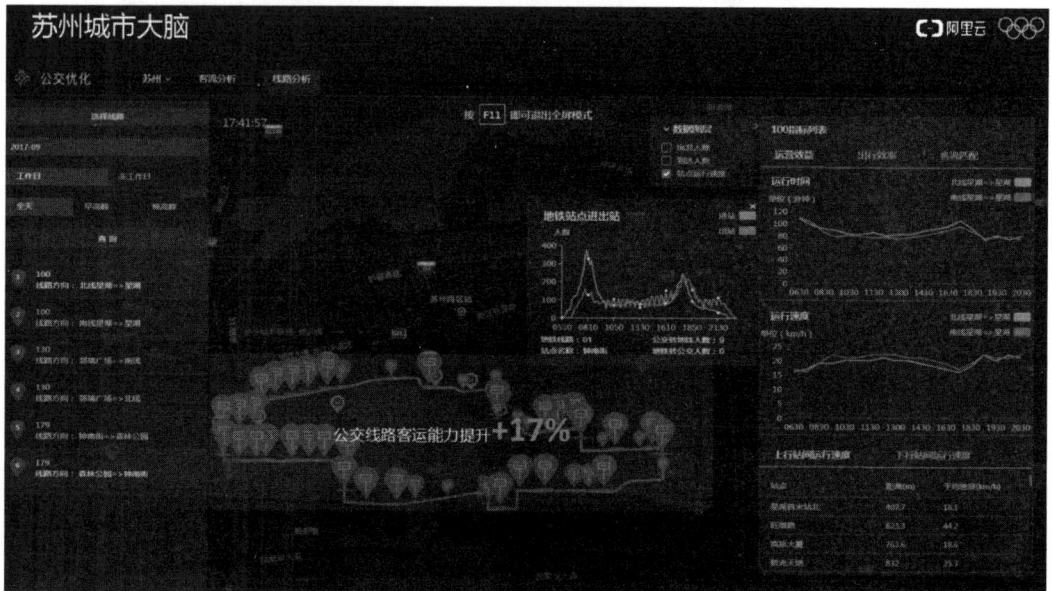

图8.31 苏州城市大脑"公交优化"系统

8.3.3　智慧医疗

1. 智慧医疗概述

智慧医疗是一个涉及面非常广的概念，包括医疗的各个方面，如远程医疗、智能科研应用、电子病历云应用、远程医疗监控、医疗智能管理等。总的来说，智慧医疗是指基于移动通信、互联网、物联网、云计算、大数据、人工智能等先进的信息技术，实现医疗的信息化、自动化、移动化和智能化，为人们提供高质量的医疗服务。

2. 智慧医疗的应用

（1）"AR+5G"三维数字化远程会诊。

远程会诊就是利用摄像设备、音频系统、显示设备、远程会诊软件通过互联网等现代化通信工具，远程异地为患者完成病历分析、病情诊断，进一步确定治疗方案的治疗方式，是对治疗方式的改革。在我国地域辽阔、医疗资源分布不均，特别是有些农村或偏远地区的居民难以获得及时、高质量的医疗服务的情况下，远程会诊以更加便捷、经济的方式为这些居民带来了摆脱病痛折磨的机会。

2020年3月，昆明医科大学第一附属医院与云南省传染病医院的医学专家使用云南省首个"5G+AR"三维数字化远程会诊系统，如图8.32所示，对某新冠肺炎病例进行远程会诊。现场专家通过AR眼镜，针对患者肺部的三维重建模型通过手中的遥控器进行旋转、放大缩小等操作，观察患者器官的病灶和细微结构，通过视频连线进行会诊。该系统能让来自全国的医务工作者直观地看到器官的病变和细微的结构，使患者能够得到精准的诊断和治疗，快速完成会诊提出会诊意见。该系统还能够通过5G技术，实现随时随地接入会诊。

图8.32　医学专家对某新冠肺炎病例进行"AR+5G"三维数字化远程会诊

（2）人工智能医疗诊断。

近年来，人工智能领域深度学习技术的引入为图像识别和分析带来了革命性发展，在医疗诊断中实现了前所未有的飞跃，推动了医疗诊断向自动化、高准确率、经济高效方向发展。目前，利用人工智能诊断技术已在癌症和心血管疾病等诊断中实现商业化应用。

2020年以来，新冠肺炎疫情引发全球公共卫生危机，当前人类健康面临重大挑战。在各国公共卫生系统承受极端压力的情况下，人工智能技术的介入为医疗工作者诊断工作提供了极大的帮助。同济医学院的研究人员最近开发了一种人工智能模型，可以通过监听健康人和感染者咳嗽的细微差异来检测无症状的新冠肺炎病例。该人工智能模型能够分辨出与新冠肺炎特征相关的咳嗽差异。香港理工大学及澳门科技大学研发出能快速诊断新冠肺炎的人工智能系统，只需 20 秒便能做出诊断，并预测病情是否会恶化，准确率达 90%以上，相关对比图如图 8.33 所示。

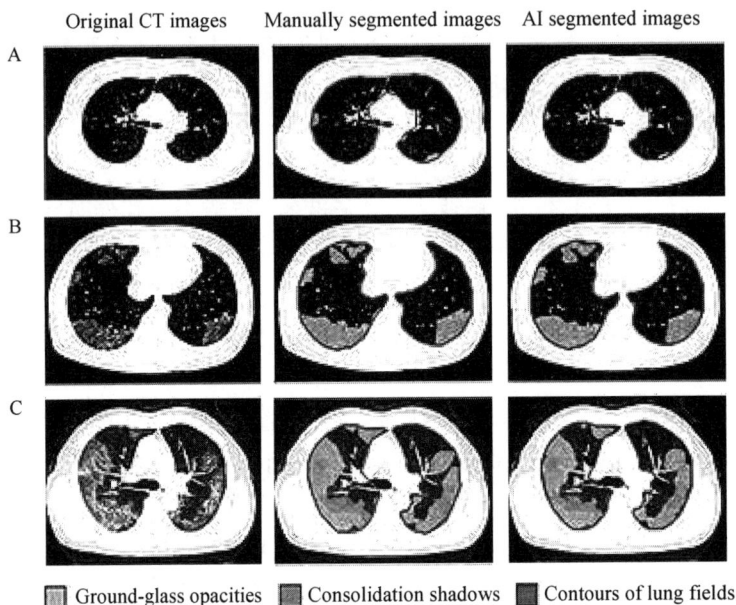

图 8.33　人工智能系统在肺病灶分割任务上与人工识别病灶对比图

拓展训练——小组讨论

1．谈谈目前自动驾驶技术中面临的问题。
2．谈谈城市大脑为城市管理带来的好处。
3．谈谈智慧医疗能够为你的家乡提供什么帮助。

项目考核

一、选择题

1．（　　）不是新一代信息技术。
　　A．物联网　　　　B．互联网　　　　　C．云计算　　　　　D．人工智能
2．（　　）不是云计算的应用。
　　A．金山文档　　　B．百度云盘　　　　C．阿里云　　　　　D．记事本
3．（　　）是大数据的特征。
　　A．数据规模大　　　　　　　　　　　B．数据种类多
　　C．处理速度慢　　　　　　　　　　　D．数据价值密度低

4.（　　）是大数据技术的应用。

A．警务大数据报警平台　　　　　　　B．局域网数据传输技术

C．文件断点续传技术　　　　　　　　D．POP3

5．区块链一般分为（　　）类。

A．3　　　　　　B．4　　　　　　C．5　　　　　　D．6

6．（　　）不是区块链技术的应用。

A．比特币　　　　　　　　　　　　　B．区块链产品溯源

C．政务区块链　　　　　　　　　　　D．网络硬盘

7．（　　）不属于虚拟现实技术的典型应用。

A．虚拟现实远程手术　　　　　　　　B．虚拟现实服装

C．虚拟现实作业指导　　　　　　　　D．虚拟货币

8．我国移动通信技术已进入（　　）G时代。

A．4　　　　　　B．5　　　　　　C．6　　　　　　D．7

9．国际汽车工程师学会（SAE）定义的自动驾驶等级中，（　　）属于"自动驾驶系统"的自动驾驶级别。

A．L2　　　　　　B．L4　　　　　　C．L6　　　　　　D．L8

10．（　　）不属于"城市大脑"的典型应用。

A．城市交通预测与干预　　　　　　　B．城市复杂环境感知与理解

C．城市视觉搜索引擎　　　　　　　　D．城市地名命名

二、简答题

1．什么是云计算？

2．什么是大数据？

3．什么是人工智能？

4．什么是区块链？

5．什么是物联网？

三、思考与练习

1．虚拟现实技术将会有哪些应用？

2．为什么各科技强国非常重视下一代移动通信技术的发展？

3．城市大脑给城市带来了什么？你有什么建议？

项目 9

信息素养与社会责任

项目介绍

通过前面的学习，大家已经基本具备一定的信息操作能力，但还需要具备一定的信息素养，尽早明确职业生涯规划，树立科学择业观，明确社会责任，具有职业行为自律能力。将伦理道德融入课程学习中，为学习新一代信息技术提供信息伦理指引，从而使学生有保护隐私安全的意识，确保风险可控，强化责任担当，提升信息伦理素养。

任务安排

任务1　认识信息素养

任务2　职业素养与职业行为自律

学习目标

◇ 具备信息素养。

◇ 具备职业素养及职业行为自律能力。

任务1　认识信息素养

信息素养的概念

➤ 任务描述

信息素养教育是对信息用户有意识、有目的地普及信息知识，启发其信息意识，强化其信息能力，规范其信息行为的一种教育活动。信息素养是一种对信息社会的适应能力。能力素质包括基本学习技能（指读、写、算）、信息素养、创新思维能力、人际交往与合作精神、实践能力，信息素养是其中一个方面。

➤ 任务分析

信息素养涉及各方面的知识，是一个特殊的、涵盖面很宽的能力，它包含人文的、技术的、经济的、法律的诸多因素，与许多学科有着紧密的联系。认识信息素养，了解信息素养和终身学习，提升自身的数字素养。

➤ 任务实施

9.1.1　信息素养的概念

1. 信息素养的概念与内涵

信息素养这一概念最早是由美国信息产业协会主席保罗·泽考斯基于 1974 年在美国提出的，其本质是全球信息化需要人们具备的一种基本能力。简单地说，信息素养就是人们利用大量的信息工具及原始信息源使问题得到解答的技术和技能。

美国图书馆协会提出，具有信息素养的人必须在需要时能够识别、查找、评价和有效地使用信息。在信息时代，没有信息素养能力的人将成为"信息文盲"。

信息素养的内涵主要包括信息知识、信息意识、信息能力和信息道德。

（1）信息意识。

信息意识是指客观存在的信息和信息活动在人们头脑中的主观能动反映，表现为人们对所关心的事或物的相关信息敏感力、观察力和分析判断能力，以及对信息的创新能力，为人类所特有的意识。信息意识是人们产生信息需求，形成信息动机、信息兴趣，进而自觉寻求信息、利用信息的动力和源泉。通俗地讲，面对不懂的东西，能积极主动地去寻找答案，并知道到哪里、用什么方法去寻找答案，这就是信息意识。信息时代处处蕴藏着各种信息，能否很好地利用现有信息资料，是人们信息意识强不强的重要体现。使用信息技术解决工作和生活问题的意识，是信息技术教育中最重要的一点。

（2）信息知识。

信息知识是指与信息有关的理论、知识和方法，包括信息理论知识与信息技术知识。

信息理论知识包括信息的基本概念、信息处理的方法与原则、信息的社会文化特征等。有了对信息本身的认知，就能更好地辨别信息，获取、利用信息。信息知识是信息素养教育的基础。

广义而言，信息技术是指对信息进行采集、传输、存储、加工、表达的各种技术之和。该定义强调的是人们对信息技术功能与过程的一般理解。

狭义而言，信息技术是指利用计算机、网络、广播电视等硬件设备及软件工具与科学方法，对文、图、声、像等信息进行获取、加工、存储、传输与使用的技术之和。该定义强调的是信息技术的现代化与高科技含量。

（3）信息能力。

信息能力包括信息技术的基本操作能力，信息的采集、传输、加工处理和应用的能力，以及对信息系统与信息进行理解、评价、利用的能力等。这也是信息时代重要的生存能力。

理解信息能力是指通过对信息进行分析、评价和决策来鉴别信息质量和评价信息价值。

获取信息能力就是通过各种途径和方法收集、查找、提取、记录和存储信息的能力。

利用信息能力就是将信息用于解决实际问题、学习和科学研究之中，通过已知信息来挖掘信息的潜在价值以创造新知识的能力。

利用信息技术能力就是使用计算机网络以及多媒体等工具搜集信息、处理信息、传递信息、发布信息和表达信息的能力。

（4）信息道德。

信息道德是信息活动各个环节中，用来规范其间产生的各种社会关系的道德意识、道德规范和道德行为的总和。一般通过社会舆论、法律法规、传统习俗的约束，使人们形成一定的信念、价值观和习惯，从而使人们自觉地规范自己的信息活动行为。

对于学生而言，信息道德就是培养正确的信息伦理道德修养，要学会对媒体信息进行判断和选择，自觉地选择对学习、生活有用的内容，自觉抵制不健康的内容，不组织和参与非法活动，不利用计算机网络从事危害他人信息系统和网络安全、侵犯他人合法权益的活动。

信息素养的四个要素共同构成一个不可分割的整体，其中信息意识是先导，信息知识是基础，信息能力是核心，信息道德是保证。

2. 信息素养标准

（1）美国图书馆协会和教育传播协会九大信息素养标准。

1998 年，美国图书馆协会和教育传播协会制定了学生学习的九大信息素养标准，概括了信息素养的具体内容。

标准一：具有信息素养的学生能够有效地、高效地获取信息。

标准二：具有信息素养的学生能够熟练地、批判地评价信息。

标准三：具有信息素养的学生能够精确地、创造性地使用信息。

标准四：作为一个独立学习者的学生具有信息素养，并能探求与个人兴趣有关的信息。

标准五：作为一个独立学习者的学生具有信息素养，并能欣赏作品和其他对信息进行创造性表达的内容。

标准六：作为一个独立学习者的学生具有信息素养，并能力争在信息查询和知识创新中做得最好。

标准七：对学习社区和社会有积极贡献的学生具有信息素养，并能认识信息对民主化社会的重要性。

标准八：对学习社区和社会有积极贡献的学生具有信息素养，并能实施与信息和信息技术相关的符合伦理道德的行为。

标准九：对学习社区和社会有积极贡献的学生具有信息素养，并能积极参与小组的活动探求和创建信息。

（2）澳大利亚和新西兰信息素养标准。

澳大利亚和新西兰核心信息素养标准包括六大标准。

标准一：能理解信息需求并能确定所需信息的性质和范围。

标准二：能确实有效地查找出所需信息。

标准三：能批判新的评价信息和信息查找过程。

标准四：能对信息收集和生产进行管理。

标准五：能优先应用新信息形成新概念或产生新认识。

标准六：能通过信息的使用认识和处理有关文化、伦理、经济、法律和社会问题。

（3）我国信息素养能力标准。

清华大学孙平教授主持建立的高校信息素质能力标准体系于 2005 年发布，由 7 个一级标准，19 个二级标准，61 个三级标准组成。7 个一级标准是：

标准一：具备信息素质的学生能够了解信息以及信息素质能力在现代社会中的作用、价值与力量。

标准二：具备信息素质的学生能够确定所需信息的性质和范围。

标准三：具备信息素质的学生能够有效地获取所需要的信息。

标准四：具备信息素质的学生能够正确地评价信息及其信息源，并且把选择的信息融入自身的知识体系中，重构新的知识体系。

标准五：具备信息素质的学生能够有效地管理、组织和交流信息。

标准六：具备信息素质的学生作为个人或群体的一员能够有效地利用信息来完成具体的任务。

标准七：具备信息素质的学生了解与信息检索、利用相关的法律、伦理和社会经济问题，能够合理、合法地检索和利用信息。

9.1.2　信息素养和终身学习

终身学习是"在人的生命当中，随时可能发生的所有正式的、非正式的学习，不管它是有意的或者是事先未预料到的"。在当今信息时代，正式的或自我管理的有意终身学习被认为是科技、社会、文化和经济快速发展所必需的。信息素养是终身学习的前提和必要条件。终身学习与自我导向、独立学习以及参与公民权利有着密切的联系。美国图书馆协会认为具有信息素养的人是"知道怎样去学习，因为他们知道知识是怎样组织起来的，知道怎样找到信息，知道怎样使用信息，其他人能够以这样的方式向他们学习。他们为终身学习做好了准备，因为他们总是能够发现身边的任务和决定所需要的信息"。

1. 信息素养

类似地，澳大利亚学校图书馆协会将信息素养描述为"知道怎样学习的同义词"。美国图书馆协会认为信息素养是"一种自我授权的方式，它允许人们去证实、反驳专家意见和成为真理的独立追求者"。信息素养能够被看作独立学习的一部分，因而也是终身学习的一部分，如图 9.1 所示。

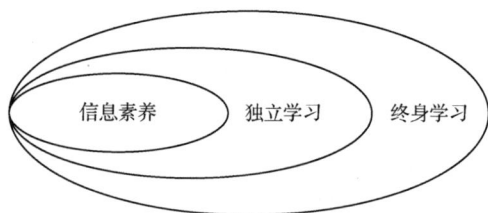

图 9.1　信息素养与终身学习的关系

1994 年，Candy Crebert 和 O'Leary 的报告"通过大学生教育发展终身学习者"将信息素养与终身学习联系起来。终身学习者包括以下信息素养品质或特点。

（1）能够利用至少一个研究领域的当前专业知识资源。

（2）构造至少一个研究领域研究问题的能力。

（3）利用多种媒体找回信息的能力。

（4）解读多种形式信息的能力，无论是文字的、统计的、坐标的、曲线的，还是示意图和表格。

（5）批评地评估信息。

信息素养对于所有准则、所有学习环境和所有教育水平是相同的。它使学习者能够批判内容、扩展调查，变得更加自我导向，承担对自我学习的管理。

2．信息素养教育

信息素养教育是对信息用户有意识、有目的地普及信息知识，启发其信息意识，强化其信息能力，规范其信息行为的一种教育活动。信息素养是一种对信息社会的适应能力。能力素质包括基本学习技能（指读、写、算）、信息素养、创新思维能力、人际交往与合作精神、实践能力，信息素养是其中一个方面。

信息素养涉及各方面的知识，是一个特殊的、涵盖面很宽的能力，它包含人文的、技术的、经济的、法律的诸多因素，与许多学科有着紧密的联系。

（1）信息意识的培养。

信息意识是人对信息的敏感程度，对信息的认识、观念和需求，要求学生具备信息敏感性、信息应用意识和信息保健意识。

（2）信息源的认知与选取。

由于信息源的多样化，使得对其可靠性和权威性的评价更加复杂，甚至评价标准也不绝对唯一，这要求学生以批判性思维理解信息源的评估过程，根据具体问题，结合学习目标和应用情境合理选择信息源。

（3）信息的查询与获取。

信息的查询与获取是一个不断探索的过程，贯穿于问题的发现、研究和解决的各个环节，包括将复杂问题分解为若干简单问题，具体问题具体分析，确定检索需求，制定检索策略，分析检索结果，并根据需求不断改进检索策略，掌握信息内容的各种获取途径，反思信息查询过程，从而养成有效的信息检索与获取思维习惯。

（4）信息的管理与利用。

在参与式信息环境下，每位学生或相关人员不仅是信息的使用者，也是信息的生产者和传播者，应将获得的信息和知识进行分析、整合，形成新的成果，与同学或同行分享、交流，并融入不同层次的学术对话中，促进科学研究的发展。

（5）信息的伦理与安全。

学生应该了解信息查询、获取、传播与利用过程中的相关法律政策，约束和规范信息行为，尊重和保护知识产权；在学术研究与交流中，遵守学术规范和学术道德，杜绝学术不端行为；加强信息安全意识，防止涉密信息和个人隐私泄露。

9.1.3　数字素养

1. 数字素养定义

保罗吉尔斯特（Paul Gilster）在其 1997 年的著作《数字素养》中简化了"数字素养"这个术语，将数字素养描述为对数字时代信息的使用与理解，并强调数字技术作为基本生活技能的重要性。

关于数字素养的概念，经济合作与发展组织（OECD）的专家认为"数字素养是指获得工作场所和社会生活各个方面的全部精致能力，个人需要领会全部技术潜力，学会运用能力，具备批判精神与判断能力"。

以色列学者 Yoram Eshet Alkalia 根据多年研究和工作经验，在分析相关文献并开展试点研究之后，提出了以下数字素养概念的五个框架。

（1）图片-图像素养。

该素养指的是学会理解视觉图形信息的能力。因为数字环境已经从原来基于文本的句法环境演变为基于图形的语义环境，所以我们必须掌握"用视觉思考"的认知技能，最终做到本能、无误地"解读"和理解以视觉图形形式呈现的信息。最有代表性的是"用户界面"和现代计算机游戏。

（2）再创造素养。

该素养指的是创造性"复制"能力。也就是说，通过整合各种媒体（文本、图像和声音）的现有的、相互独立的信息，赋予新的意义，从而培养能进行合成和多维思考的能力。

（3）分支素养。

该素养指的是驾驭超媒体素养技能。现代超媒体的非线性特征使我们能用新的思维方式思考。因此，我们应该学会运用非线性的信息搜索策略，并通过同样的方式从貌似不相干的零碎信息中建构知识。也就是说，在超媒体空间，虽然寻找到所需信息的线路可能会非常复杂，但我们不仅要清楚目的，不失方向，还要在各种复杂的知识领域中"游刃有余"。

（4）信息素养。

该素养指的是辨别信息适用性的能力。在信息剧增时代，我们不仅要学会搜索所需的信息，还要学会去伪存真，数字环境下的每一项工作都与这种素养有关。换言之，信息素养并不仅仅指搜索信息，我们还要学会批判性思考。这是在任何学习环境中都必须掌握的技能，但在数字学习环境中显得更加重要。

（5）社会-情感素养。

我们不仅要学会共享知识，还要能以数字化的交流形式进行情感交流，识别虚拟空间中各式各样的人，避免掉进互联网上的陷阱中。Yoram Eshet • Alkalai 认为这是所有技能中最高级、最复杂的素养。

Yomm Eshet • Alkalai 的这个理论框架被认为是数字素养最全面的模式之一，因此也被《远程教育百科全书》列入数字学习的主要模式。相比之下，类似的研究都没有这个框架全面，且或多或少把重点局限在搜索信息上，容易造成误解。

按照以上的观点，我们可以认为，所谓数字素养就是指在数字环境下利用一定的信息技术手段和方法，能够快速有效地发现并获取信息、评价信息、整合信息、交流信息的综合科学技能与文化素养。

2. 数字素养的四个原则

（1）使用数码工作环境。

几乎在每个现代工作场所，我们用来完成日常任务的工具都明显是数字化的。尽管软件无处不在，但经济合作与发展组织（OECD）最近发布的一份题为"数字世界的技能"（Skills for a Digital World）的报告披露，在每天因工作使用软件的人中，40%以上的人不具备有效使用数字技术所需的技能。

（2）过程和应用。

知道如何引导他人识别、评估、吸收和应用信息是一项技能，该技能对技术丰富的工作环境至关重要。人们为寻找信息来完成任务而花费的时间是惊人的。例如，21%的工作效率是因为查找和管理信息而丧失的，经理们平均每天多花两个小时来查找信息。

（3）创建和连接。

虽然搜索和定位信息很重要，但是在任何数字化的敏捷工作环境中，创造力都扮演着关键的角色。无论行业如何，创建吸引人的内容、将其与受众联系起来并激发协作的能力，对于任何以数字为核心的活跃组织来说都是至关重要的技能。

（4）思考和适应。

研究人员发现，持续的干扰会导致难以专注于复杂问题的解决和创造性想法的产生。数字工作场所的员工不断受到来自各种不同流和工具的信息、平台通知和工作流的"轰炸"。在Marsh的最后一个框架章节中，她强调数字素养的一个关键部分是知道如何定制数字和物理环境来支持专注和专注的工作。

拓展训练——小组讨论

1. 讨论对信息素养的认识，以及如何提升信息素养。
2. 讨论人们的信息素养与社会文明、发展进步的关系。

任务2 职业素养与职业行为自律

➡ 任务描述

职业素养与职业行为自律

云计算大数据与人工智能时代的到来，引发了各行业的深刻变革。不仅催生了全新的行业，还催生了对新型人才的海量需求。近年来，世界主要发达国家都高度重视新一代信息技术的发展，重视相关领域的人才培养，但不论是国内还是世界主要发达国家，人才培养都存在一定的滞后性，还有较大的人才缺口。在可以预见的未来，新一代信息技术一定有光辉的前景，我们需要提前完成对职业世界的认知，拟订职业行动计划，做好自己的职业生涯规划。恪守信息技术伦理，加强职业行为自律，做到尊重他人的隐私，获得和保持职业技能，了解和尊重现有的与职业工作有关的法律。

➡️ 任务分析

新一代信息技术作为引领行业变革的"风口"技术，有着广阔的就业前景，当我们进行就业选择时，面对媒体铺天盖地的报道、吹捧，一定不能陷入自我麻痹的状态，务必了解现实社会中的就业态势，并做好就业的一切准备。应将信息伦理融入课程学习中，营造公平、公正、和谐、安全的竞争环境，避免偏见、歧视、隐私和信息泄露等问题。

➡️ 任务实施

9.2.1　树立正确的择业观

1. 积极主动

企业对优秀人才的需求始终存在，学校也于每年的下半年举办各种类型的"双选会"，如果没有积极主动的就业心态，不做相关准备，不会在各类招聘会中推销自己，那么就业的缘分就会擦肩而过。因此，面对各类招聘会，同学们应当积极主动，树立信心，理想的工作正在前方等着你们。

2. 注重发展

面对多个企业递过来的橄榄枝，同学们在择业过程中要考虑企业的发展和个人的发展问题，尽量选择有活力、有发展前途的企业，与企业共同成长将有助于提升工作的成就感，也有助于保持工作的稳定性。选择对自己有提升空间的企业、岗位，可助你进一步提升自我，在社会这所"大学"充实自己的精神境界和实践能力。

3. 面向基层

一是面向中小企业择业，这些企业的优势在于工种齐全、门类多样、分布面广、手续简单，有利于同学们展示自己的才能，有很好的提升空间。

二是面向西部地区、偏远地区择业。这些地区人才需求巨大，且近年来随着国家脱贫攻坚政策的深度落实，对就业人员的待遇也有所提升。同学们应当响应国家号召，在艰苦的地方绽放自己的青春。

4. 灵活就业

一是不再狭隘地强调专业对口。敢于大胆从事与自己专业不相近的工作，坚信能力可以通过实践锻炼获得，读书不再是学习的唯一形式，能够开动脑筋、解放思想，在工作实践中不断提升自己的社会实践能力。

二是学会自谋发展。随着经济社会的发展和社会分工的进一步细化，快递小哥、外卖小哥、淘宝网店、网络主播、游戏代练等都是同学们在规划未来的过程中可以考虑的从业方向。

总之，在就业过程中同学们要摒弃"等靠要"的落后观念，在校期间认真学习、锤炼本领，就业季积极主动、有所作为，相信同学们都能在求职中获得自己理想的工作岗位。

9.2.2　信息素养与就业能力

在现代职场竞争中，信息素养对就业能力的影响非常显著。培养和提高信息素养，能够有效提升职业竞争力和就业能力。通过理论研究与实证研究发现，就业能力主要包括就业道德（职业素养、忠诚度、责任意识、诚信意识、道德品质）、职业人格（社交能力、抗压能力、执行能力、合作能力、沟通能力、适应能力）、个人素质（应变和反应能力、判断分析能力、逻辑思维、专业学习、信息素养及基础能力）。因此，信息素养是就业能力的有机组成部分，是个人素质的重要体现。通过培养学生的信息素养，能够有效提升学生的素质，进而提高学生的就业能力。信息素养与学生的就业能力之间存在明显的正相关关系，拥有较强就业能力的学生，其信息素养相对较高，而信息素养较低的学生，其就业能力相对较弱。

信息素养将通过以下四个要素影响学生的就业能力。

（1）信息意识。

思想意识能够影响并决定学生的社会行为及对数据信息的反应程度。在实际的学习生活中，学生群体对岗位信息的注意力和感受力，直接影响学生是否可以主动、积极地关注并了解相应的就业信息。只有主动、积极地关注相关的就业信息、岗位信息，才能从根本上让学生在就业竞争中抢占先机，有效、及时地抓住岗位机会，从而不会对岗位机会、就业压力及就业竞争产生被动情绪。英国教育学家坎德尔·德鲁克曾指出，意识是行动的主导，是思维活动在社会生活中的有效表征，是决定行为质量、时机的决定性因素。因此，在培养信息素养的过程中，只有提升学生的信息意识，才能更好地传授信息知识并提高学生的信息能力。

（2）信息知识。

在理论层面上，对数据信息知识的传授与培养，能够影响学生建立信息意识，获得就业渠道及选择正确的就业工具。在信息获取工具层面上，青年学生所掌握的就业渠道有校园招聘会、招聘网站、人才市场等三种渠道，而在实际的就业市场中，就业渠道又可分为隐性渠道和显性渠道，显性渠道就是学生不通过任何信息检索工具便可获取的就业路径，而隐性渠道则隐藏在社会活动、校园活动及社会交际中，通过培养学生的信息知识，能够帮助学生明确所有的就业渠道，提升学生的就业竞争力。

（3）信息能力。

学生在筛选真假难辨、良莠不齐、种类繁多的就业信息时，应有针对性地分析、收集行业或地区的就业信息，如用人企业经营情况、学科专业的发展前景、区域经济的发展计划和形式等。能否在众多岗位信息中，筛选出真正的职业信息，规避就业陷阱？能否通过分析就业信息获得与他人沟通、交流的机会，从而创造并共享就业信息？这取决于学生信息能力的强弱。因此，信息能力是就业能力的具体表现，同时也是学生把握就业市场发展趋势，明确自身价值定位的主要手段。

（4）信息道德。

一些学生在求职时，缺乏相应的道德规范和自我约束能力，具体表现为在求职时提交虚假简历、虚假信息及隐瞒从业经历等。这会导致企业相关人力资源成本增加，影响企业招聘的主动性和积极性，从整体和长远角度看，会使学生的就业环境不断恶化，影响职业教育的健康发展。由此可见，信息伦理对学生的就业也有一定的影响。

9.2.3 信息伦理与职业行为自律

1. 信息伦理

将伦理道德融入课程学习中，为学习新一代信息技术提供信息伦理指引，从而使学生有保护隐私安全的意识，确保风险可控，强化责任担当，提升信息伦理素养。

（1）保护隐私安全。充分尊重个人信息知情、同意等权利，依照合法、正当、必要和诚信原则处理个人信息，保障个人隐私与数据安全，不得损害个人合法数据权益，不得以窃取、篡改、泄露等方式非法收集利用个人信息，不得侵害个人隐私权。

（2）确保自主可控。保障人类拥有充分自主决策权，有权选择是否接受信息技术提供的服务，有权随时退出信息技术系统，确保信息技术始终处于人类控制下。

（3）强化责任担当。坚持最终责任主体，明确利益相关者的责任，全面增强责任意识，在信息技术全生命周期各环节自省自律，建立信息技术问责机制，不回避责任审查，不逃避应负的责任。

（4）提升伦理素养。积极学习和普及信息技术伦理知识，客观认识信息技术伦理问题，不低估不夸大伦理风险。主动开展或参与信息技术伦理问题讨论，深入推动信息技术伦理治理实践，提升应对能力。

2. 职业行为自律

规范就是员工懂得职业规则，养成自律行为，使自身行为标准化和规范化。任何一个从业人员的职业行为自律的提高，主要靠自己，在学习信息技术后要养成良好的职业自律行为，其主要表现在以下几方面：

（1）提倡善意使用。加强信息技术产品与服务使用前的论证和评估，充分了解信息技术产品与服务带来的益处，充分考虑各利益相关主体的合法权益，更好地促进经济繁荣、社会进步和可持续发展。

（2）禁止违规恶用。禁止使用不符合法律法规、伦理道德和标准规范的信息技术产品与服务，禁止使用信息技术产品与服务从事不法活动，严禁危害国家安全、公共安全和生产安全，严禁损害社会公共利益等。

（3）及时主动反馈。积极参与信息技术伦理治理实践，对在使用信息技术产品与服务的过程中发现的技术安全漏洞、政策法规真空、监管滞后等问题，应及时向相关主体反馈，并协助解决。

（4）提高使用能力。积极学习信息技术相关知识，主动掌握信息技术产品与服务的运营、维护、应急处置等环节所需的技能，确保信息技术产品与服务被安全和高效地使用。

拓展训练——小组讨论

1. 谈谈信息素养与职业素质的关系。
2. 谈谈信息伦理与职业行为的关系，并谈谈自己了解的爱岗敬业先进事迹。

项目考核

一、选择题

1. 关于信息伦理道德，下列说法中错误的是（　　）。
   A. 网络非法外之地，必须遵守伦理道德和法律法规
   B. 在网络上，必须有知识产权保护意识
   C. 每个网民都应该自觉地参加网络道德讨伐，伸张网络正义
   D. 网民上网冲浪时，要有信息保护意识

2. 与信息系统相关的伦理道德义务，不包括（　　）。
   A. 尊重知识和知识产权　　　　　　B. 与计算机犯罪做斗争

      C．个人信息要无私共享   D．注重搜集和发送信息的可靠性、可信性

3. 信息伦理就是指人们在从事信息活动时所展现的（　　　）。

      A．伦理道德   B．综合素质   C．认识水平   D．专业素养

4. 信息素养最早是由（　　　）提出的。

      A．日本学者增田米二

      B．信息学家 Patrieia Breivik

      C．美国信息产业协会主席保罗·泽考斯基

      D．美国信息学家霍顿

5. 信息素养包括（　　　）。

      A．信息意识   B．信息知识   C．信息能力   D．信息道德

6. 具备信息意识和学习能力主要表现在（　　　）。

      A．善于从大量信息中发现有用的信息

      B．能积极主动地吸取新信息

      C．善于从信息中找出解决问题的关键

      D．善于运用合理的工具迅速地解决问题

7. 信息意识的表现形式有（　　　）。

      A．信息价值意识   B．信息吸收意识   C．信息保密意识

      D．信息成果意识   E．信息污染防治意识   F．信息更新意识

8. 信息能力包括（　　　）。

      A．信息分析能力   B．信息检索能力   C．信息获取能力

      D．信息评价能力   E．信息管理能力   F．信息利用能力

9. 如何保护个人信息？（　　　）

      A．快递收货单据消除个人信息后再丢弃

      B．不在不安全的公共网络环境里处理个人敏感信息

      C．在身份证复印件上写明用途

      D．用 U 盘存储交互个人信息

10. 信息伦理道德的结构包括哪几个方面？（　　　）

      A．个人信息道德   B．内心信息道德

      C．社会信息道德   D．动态信息道德

二、判断题

1. 信息意识就是信息的判断力和信息能力。（　　　）

2. 信息素养的内涵主要包括信息意识、信息能力和信息道德。（　　　）

3. 信息意识是生存的重要能力之一。（　　　）

4. 信息伦理道德是指在信息获取、使用、创造和传播的过程中应该遵守一定的伦理规范。（　　　）

5. 信息素养是指判断何时、何地需要信息，并有效地定位、获取、评价和利用信息的一系列能力的总和。（　　　）

三、简答题

1. 什么是信息素养？信息素养的含义？

2. 简述信息素养的内涵。